Renal Denervation

Treatment and Device-Based Neuromodulation

去肾神经术

基于器械的神经调节治疗

(2nd Edition)

(原书第 2 版)

原　著　[美] Richard R. Heuser
[澳] Markus P. Schlaich
[波兰] Dagmara Hering
[德] Stefan C. Bertog
主　审　陈　茂　陈晓平
主　译　彭　勇
副主译　刘　凯　肖乾凤　孙玉喜　王俊文　倪国华

中国科学技术出版社
· 北 京 ·

图书在版编目（CIP）数据

去肾神经术：基于器械的神经调节治疗：原书第 2 版 / (美) 理查德 · R. 豪瑟 (Richard R. Heuser) 等原著；彭勇主译 . — 北京：中国科学技术出版社，2025.8

ISBN 978-7-5236-1484-6

Ⅰ. Q423

中国国家版本馆 CIP 数据核字第 2025W1Q851 号

著作权合同登记号：01-2025-3292

First published in English under the title

Renal Denervation: Treatment and Device-Based Neuromodulation, 2e

edited by Richard R. Heuser, Markus P. Schlaich, Dagmara Hering, Stefan C. Bertog

策划编辑 丁亚红 孙 超
责任编辑 张 龙
装帧设计 佳木水轩
责任印制 徐 飞

出　　版 中国科学技术出版社
发　　行 中国科学技术出版社有限公司
地　　址 北京市海淀区中关村南大街 16 号
邮　　编 100081
发行电话 010-62173865
传　　真 010-62179148
网　　址 http://www.cspbooks.com.cn

开　　本 889mm × 1194mm 1/16
字　　数 413 千字
印　　张 16
版　　次 2025 年 8 月第 1 版
印　　次 2025 年 8 月第 1 次印刷
印　　刷 北京博海升彩色印刷有限公司
书　　号 ISBN 978-7-5236-1484-6
定　　价 180.00 元

译校者名单

主　审　陈　茂　陈晓平

主　译　彭　勇

副主译　刘　凯　肖乾凤　孙玉喜　王俊文　倪国华

译校者　（以姓氏笔画为序）

于　江　马　骏　左祥浩　石汝峰　叶渝洋　司马仪·阿布力克木
杨广梅　肖　姚　张志鹏　陈可馨　陈雪峰　林沛文　赵亦非
胡　腾　胡欣茹

内容提要

本书引进自 Springer 出版社，由国际知名专家共同编写，四川大学华西医院的多位专家共同翻译。全书共六篇 26 章，从去肾神经术（renal denervation，RDN）相关生理学、解剖学及高血压实验设计，高血压以外 RDN 的应用，RDN 的装置，肾交感神经兴奋性的测量与引导去神经术的实施，基于器械的高血压诊断和治疗新概念，未解决的问题等多维度入手，对 RDN 相关的内容进行了专业且系统的介绍。本书以实验数据及相关研究结论为基础，辅以图表及文字说明，将 RDN 这一富有活力的技术生动地展现给读者，可作为心血管疾病研究与治疗相关人员学习 RDN 的指南，也可供患者及家属了解 RDN 相关知识。

主审简介

陈　茂

教授，博士研究生导师、博士后合作导师，四川大学华西医院心内科主任，国家“万人计划”科技创新领军人才，四川省卫生健康首席专家，四川省卫生计生领军人才，四川省卫生厅学术技术带头人，四川省卫生厅“有突出贡献中青年专家”、首届“国之名医”荣誉称号获得者。亚洲首例经房间隔途径经导管二尖瓣置换术（TMVR）术者，我国西部地区第一例经导管主动脉瓣置换术（TAVR）术者，TAVR 完成例数居全国领先水平。在全国率先开展经导管二尖瓣、三尖瓣及肺动脉瓣介入治疗，完成例数居全国前列。研究方向为经导管心脏瓣膜病介入治疗相关基础、应用基础及临床研究。FCSC，FACC，FESC，中华医学会心血管病分会副主任委员，中国医师协会心血管内科医师分会常务委员，中华医学会心血管病分会结构心脏病学组组长，中国医疗保健国际交流促进会心血管健康医学分会副主任委员，四川省国际医学促进会副会长，四川省医学会心血管病专业委员会前任及候任主任委员，长城国际心脏病学组委员会县域心血管医师联盟副理事长，PCR—CIT China Chengdu Valves 会议、中国中西部心血管病会议执行主席，London Valves 会议、Tokyo Valves 会议联合国际主席，ESC、PCR、TCT、CSI 等会议的专家会员。研究成果多次发表在 *Nature Review of Cardiology*、*European Heart Journal*、*Radiology*、*JACC: Cardiovascular Interventions* 等国际高水平学术期刊上，现以第一作者或通讯作者身份发表 SCI 论文 200 余篇。主持多项国家“十三五”、“十二五”、国家自然科学基金等国家级、省部级科研项目。获四川省科技进步一等奖、中华医学科技二等奖、四川省医学科技一等奖、四川省科学技术进步二等奖等。

陈晓平

教授，博士研究生导师、博士后合作导师，四川大学华西医院心内科学科主任，华西高血压中心主任，四川大学华西医院高原病预警及干预实验室学术带头人。四川省卫生和计划生育委员会首席专家，四川省人事厅和卫生厅学术技术带头人，中国医师协会心血管内科医师分会常务委员，中国医师协会高血压专业委员会副主任委员，四川省医师协会高血压专业委员会主任委员，四川省国际医学交流促进会高血压专业委员会主任委员等。作为四川大学华西医院心脏内科高血压亚专业组负责人，带领专业团队从事高血压基础及临床研究，高血压管理模式创新，高原高血压疾病特点、机制及干预，为高原地区心血管慢性病的防控做出重要的贡献。研究方向为高血压的基础和临床研究及新药临床研究，尤其在高血压动脉硬化发病机制和治疗靶点、高原地区高血压患病特征及临床干预、互联网+高血压远程管理模式创新取得科研成果。“健康四川 2030 心脑血管防治专项行动”专家组组长。承担国家自然科学基金及国家科技攻关项目多项，承担省部级科技支撑及重点研发项目多项，牵头及参与 20 多项国际及国内多中心心血管新药临床研究。获省部级科学技术进步奖 6 项，获 2017 年度四川大学“唐力新教学名师奖”。以第一作者或通讯作者身份在国外重要期刊（包括 *Sig Transduct Target Ther*、*Hypertension*、*Hypertension Research*、*Journal of Hypertension* 等）发表 SCI 论文 120 余篇，单篇最高影响因子 39.3。主编或副主编专著 6 部，参编专著 20 余部，参与制订指南 / 共识 27 部。

主译简介

彭　勇

医学博士，主任医师，教授，博士研究生导师，四川大学华西医院心脏内科副主任、心脏瓣膜病亚专业组组长。中华医学会心血管病分会结构心脏病学组秘书，中国医师协会心血管内科医师分会精准医学与罕见病学组委员，欧洲心脏病学会专家会员（FESC），澳大利亚悉尼大学乔治全球健康研究院荣誉研究员，四川省医学会心血管病学专委会第十一届委员会常务委员，四川省医师协会心血管内科医师分会第三届委员会常务委员，四川省医师协会心血管内科医师分会第二届高血压专业委员会副主任委员，中国心血管健康联盟高血压介入治疗工作委员会委员。擅长心脏瓣膜病及难治性高血压的介入治疗。主要研究方向为心脏瓣膜病介入技术和器械研发；冠心病的风险评估和指南实践、介入治疗技术和器械研发；高血压介入治疗的临床研究。同时担任 *Reviews in Cardiovascular Medicine* 编委，*Journal of Geriatric Cardiology*、*Precision Clinical Medicine*、《生物医学工程杂志》及《临床内科杂志》青年编委或通讯编委。主持完成了国家自然科学基金在内的国家及省部级课题 8 项，以第一作者或通讯作者身份发表 SCI 论文 60 余篇。执笔撰写国内专家共识 2 部，参与撰写国际专家共识 1 部。作为主要完成人获得四川省科学技术进步奖一等奖 1 项，四川省科学技术进步奖二等奖 1 项，中华医学科技奖二等奖 1 项，华夏医学科技奖三等奖 2 项，四川省医学科技奖一等奖 1 项。

中文版序

1889 年，伦敦大学学院生理实验室的 Bradford 博士发表了一篇关于肾血管神经支配的研究论文，证实了初级传出神经依靠肾交感神经系统控制肾血管。后期的一系列研究证明了肾动脉消融对麻醉动物具有明显的利尿排钠作用，能够导致血压明显下降。此后，人类便开始了在去神经支配治疗高血压道路上的探索。历经数年的浮浮沉沉，依靠着器械功能的不断革新与消融血管的选择改进，RDN 重新站上了历史的舞台，作为高血压的辅助与补充治疗方式散发出自己耀眼的光芒。2023 年 11 月 8 日，美国首个用于高血压治疗的 RDN 产品获批。同年 11 月 17 日，美敦力的 Symplicity Spyral 射频消融系统也获得 FDA 批准，用于药物治疗无法控制的高血压患者。至此，高血压微创介入治疗进入了一个新时代。对于国内心血管专业从业人员来说，学习与掌握 RDN 技术已成了一项迫切的需求，RDN 中文版权威专著呼之欲出。

本书英文版由国际知名学者 Richard R. Heuser、Markus P. Schlaich、Dagmara Hering 和 Stefan C. Bertog 共同编撰，以 RDN 相关生理学、解剖学基础为开篇，全面介绍了 RDN 相关的高血压实验，用于高血压外其他适应证的 RDN，肾去神经装置，肾交感神经活动的测量与引导去神经，基于器械的高血压诊断和治疗新概念等相关内容，同时提出了目前 RDN 领域未解决的问题，为未来研究引领了方向。身为心血管领域的一位学者，我深感自己对国内 RDN 技术发展的责任感与使命感，在初次翻阅本书后，我便被书中的内容深深吸引，在中国科学技术出版社的大力支持下，经过多番审校修订，中译本终于付梓。

RDN 技术在国内起步较晚，但随着相关技术的日渐成熟，越来越多的医院开始开展 RDN。希望本书的出版，能够帮助国内相关从业人员进一步学习与掌握 RDN 技术，与国内先进的治疗器械相互配合，造福更多处在高血压病痛之中的患者。

四川大学华西医院心脏内科主任　陈茂

译者前言

高血压是心血管疾病的主要危险因素之一，严重危害当今社会、危及人民生命健康。然而在我国乃至全世界范围内，有众多的高血压患者并未得到充分治疗，从而导致病情逐步进展，甚至发生悲剧。作为临床医生，我们发现患者药物依从性差是高血压治疗过程中的一个重要问题，而 RDN 的出现，无疑为处于瓶颈的高血压治疗带来了一线希望。随着最近几项随机试验结果的报道，我们欣喜地发现 RDN 在多项随访调查中，对高血压的治疗发挥了积极作用。同时，也有更多的证据表明，RDN 作为药物及生活方式管理的补充治疗方法，对于高血压患者血压控制的作用是平稳且长期有效的，这对于未来高血压患者的治疗，无疑起到了重要的指引。这些结论的得出，是所有参与人员共同努力的结果，更是全世界高血压患者的福音。作为一名医务工作者，我们需要做的便是将 RDN 带入到大家的视野当中，并最终将其落到实处。

为了将 RDN 这一优秀的治疗手段更快地引进我国心血管疾病治疗领域，也为了造福更多处于高血压困扰中的患者，我们团队翻译了本书，希望它能作为我国 RDN 治疗领域的一块基石，助力 RDN 在我国的快速发展。在翻译过程中，我们团队查阅了大量相关资料与文献，对书中出现的专业术语及图表进行了注释，降低了 RDN 的学习门槛。同时，在内容的编排上，本书以模块化的形式，对 RDN 的相关生理及解剖学机制、临床研究、RDN 治疗装置等内容进行了全面介绍，引导读者对 RDN 产生系统且全面的认知。此外，本书还提出了有关 RDN 的一些未解决问题，为 RDN 进一步的研究提出了思考与方向。

在此，我要感谢整个翻译团队做出的贡献，也要感谢中国科学技术出版社对翻译出版工作的大力支持，正是多方的通力合作，造就了这一精良作品。希望在未来，本书能够作为 RDN 在国内开展治疗的入门之钥，为国内高血压治疗迈向一个新的阶段做出贡献。

四川大学华西医院心脏内科副主任　彭勇

原著前言

Renal Denervation 出版 6 年后，有读者联系我们，希望我们可以更新版本。为此，我要感谢 Springer 出版社，特别感谢 Grant Westin 对我们修订再版的支持。对于再版，我的第一反应是“为什么要再写一部专著”。从事医疗保健工作的人们主要通过学术文章来获取医疗信息，专著通常不是他们的第一选择。而 Springer 出版社告知我们，*Renal Denervation* 引起了很多人的兴趣，很多章节被下载查阅过多次。在修订撰写第 2 版的过程中，我们遇到了很多挑战，其中之一便是 COVID-19 大流行及相关人员面临的工作挑战。在这场全球大流行的疾病中，COVID-19 导致除了患者护理之外的其他资源受限，这给我们的工作带来了巨大挑战。为此，我们感谢所有参与这项艰巨而有意义工作的作者。

当你描述任何一种新的治疗方法时，它总是与需求有关，而我们对高血压治疗的需求是不言而喻的。有 70% 的美国人和欧洲国家的人已经意识到，动脉高血压是心血管疾病最重要的诱因。SPRINT 试验让我们认识到这样一个事实，许多高血压患者没有得到充分的治疗，如果 RDN 在临床上有效，这将是解决全球心血管护理不足的一种重要方法。在本书第 1 版出版时，有 60 多家公司正在进行 RDN。但初期一些令人沮丧的随机对照试验结果，使这种创业式的爆炸增长急剧减少。然而，最近这种情况发生了变化，一些新的假手术对照随机试验在长达 3 年的随访中显示出振奋人心的结果。同时，肾素 – 血管紧张素 – 醛固酮系统的研究也取得了重大进展，相关结果提示去肾神经术也可能通过中断交感神经激素通路途径，作为其降低血压的作用机制之一。作为临床医生，我们面临的最大问题是，许多高血压患者服药依从性差，导致高血压控制效果不佳。现在我们有 7 项试验表明，RDN 能在临床上有效和持久地降低血压，且与降压药物无关。从长期的安全性和有效性来看，RDN 作为药物治疗和生活方式管理的辅助治疗方式是可行的。本书为全新第 2 版，所以还讨论了其他的治疗方法，如起搏器刺激颈动脉窦体部所致的血压下降。同时，有证据表明，消融肾脏收集系统中的神经也可能成为消融肾动脉平行神经的另一种选择。

Richard R. Heuser
Phoenis, A Z, USA

Markus P. Schlaich
Perth, WA, Australia

Dagmara Hering
Gdańsk, Poland

Stefan C. Bertog
Frankfurt,Germany

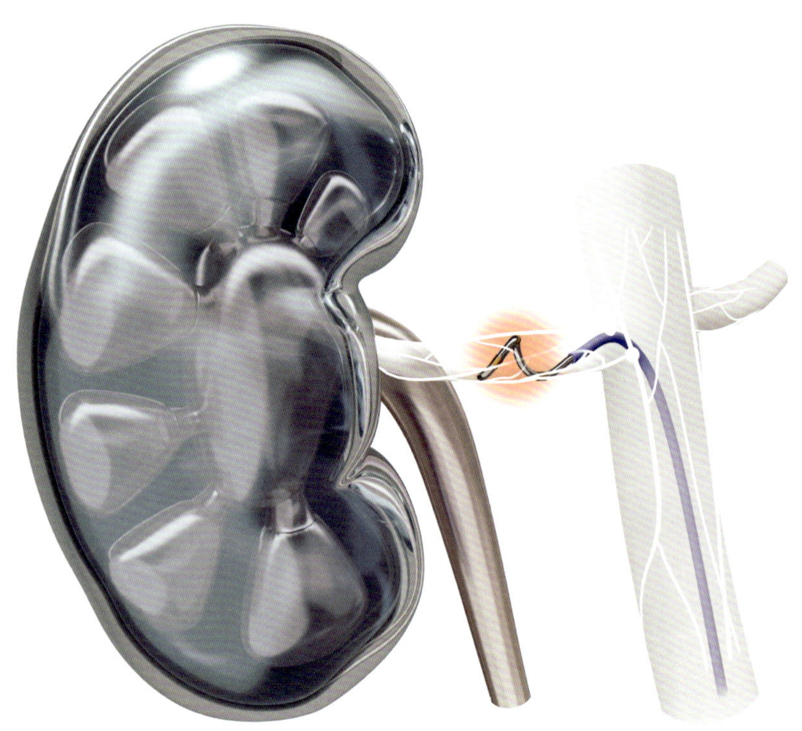

目　录

第一篇　生理学、解剖学、关键高血压试验和用于试验设计的注意事项

第二篇　去肾神经术除高血压外的其他适应证

第三篇　去肾神经术的设备

第四篇　肾交感神经活动的测定及引导性 RDN

第五篇　器械治疗高血压的诊断和治疗新概念

第六篇　未解决的问题

第一篇　生理学、解剖学、关键高血压试验和用于试验设计的注意事项

Physiology, Anatomy, Pivotal Hypertension Trials and Considerations for Trial Design

第 1 章　肾神经在稳态和病理生理学中的作用

Renal Nerves: Roles in Homeostasis and Pathophysiology

Roman Tyshynsky　Lucy Vulchanova　John Osborn　著

左祥浩　译　　肖乾凤　校

肾脏在体液平衡调节中起核心作用。整个肾单位的生理过程都参与了这一调节，包括肾小球对血液滤过，肾小管和肾小管周围毛细血管之间溶质和水的交换。这些生理过程可使多余的水、溶质和代谢废物从尿液中排泄，并受到肾脏固有调控机制和相关激素（如肾素 – 血管紧张素 – 醛固酮系统）的调节。此外，肾功能也受肾感觉神经和交感神经支配[1]，这将是本章的重点。

肾交感传出神经活性增强会通过降低肾小球滤过率和增加肾小管对钠的重吸收导致钠潴留。此外，肾交感神经刺激肾素释放，启动肾素 – 血管紧张素 – 醛固酮系统，导致钠潴留和外周血管收缩。肾交感神经的这些协同作用与慢性增强的肾神经活动导致高血压的假设相一致。这一假说与高血压动物模型上成功实施的去肾神经术（renal denervation，RDN）形成了支持 RDN 作为人类高血压治疗方法的理论框架[1, 2]。

基于导管的肾神经消融术（catheter-based renal nerve ablation，CBRNA）可非选择性地消融肾脏的传入 / 传出感觉神经和交感神经，在治疗高血压的临床试验中产生了很有前景的成果[3, 4]。此外，CBRNA 临床试验意料之外的结果包括葡萄糖代谢改善、心律失常发生率降低和骨骼肌交感神经活性降低，引起人们对理解肾神经在疾病状态中病理生理作用的新兴趣[5]。这些研究发现提示，肾脏感觉 / 传入神经向中枢神经系统传递信息，从而调节几个器官的交感神经活性，而这可能解释了 CBRNA 的额外治疗效果。

此章我们将介绍肾交感神经和感觉神经在生理和病理生理状态下调节肾功能的解剖和生理学知识。

一、肾神经在稳态中的作用

（一）肾交感（传出）神经

如图 1–1（左侧）所示，节后肾交感（传出）神经起源于椎旁神经节和椎前神经节（即肠系膜上神经节、腹腔神经节和主动脉肾交感神经节）。这些神经与其肾脏组织形成神经效应器连接，包括刺激肾素释放的入球小动脉球旁细胞，增强尿钠重吸收的肾小管，以及调节肾血管阻力和肾小球滤过率的入球小动脉[6–9]。我们在最近的综述[1]中阐述了目前对肾交感神经支配及其功能的理解。肾交感神经纤维释放去甲肾上腺素作为主要神经递质，以及如腺苷三磷酸（adenosine triphosphate，ATP）、血管活性肠肽（vasoactive intestinal peptide，VIP）和神经肽 Y（neuropeptide，NPY）等协同递质[10]。虽然关于肾上腺素（即去甲肾上腺素）、嘌呤（即 ATP）和肽（即 VIP 和 NPY）信号转导的具体作用机制仍在研究中，但对肾脏的传出神经活性增加的总结果是：①血管收缩导致肾血管阻力增加和肾小球滤过率降低；②通过刺激肾素释放激活肾素血管紧张素系统；

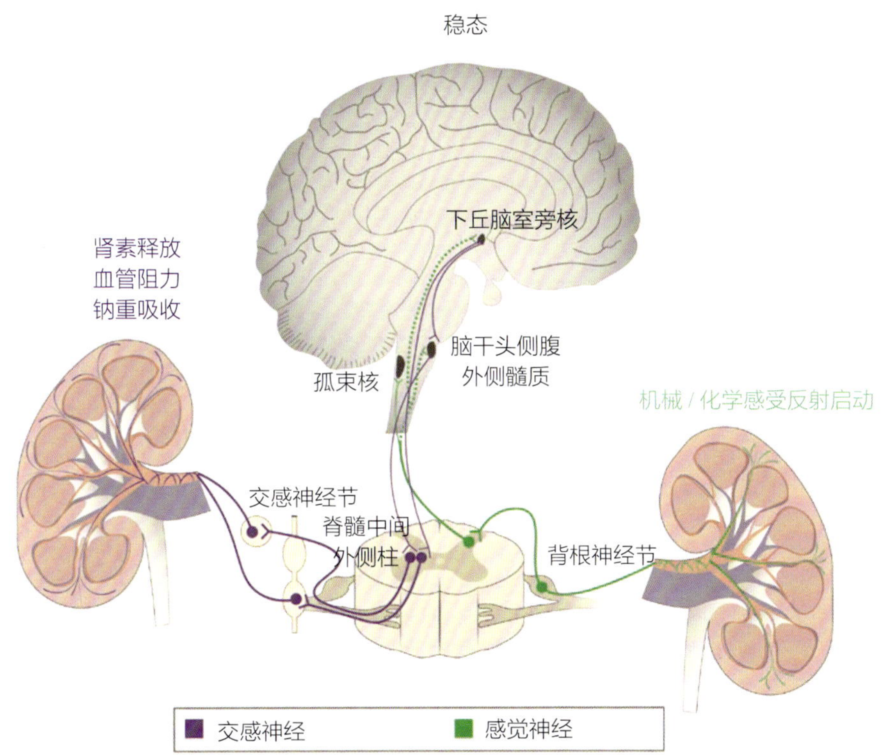

▲ **图 1–1　肾神经解剖通路及其在稳态中的作用**

来自下丘脑室旁核（PVN）和脑干头侧腹外侧髓质（RVLM）的中枢神经元将突触投射到脊髓中间外侧柱（IML）的神经元上，从而使肾交感（传出）神经接收来自中枢的输入信号。这些节前神经元投射到交感神经节中的节后神经元，而交感神经节后神经元则进一步投射到它们在肾脏中的神经效应部位。肾交感神经通过引起球旁细胞释放肾素、收缩周围血管以增加血管阻力及增加肾小管对钠的重吸收来维持血流动力学稳定。双侧背根神经节神经元则投射至肾脏和脊髓背角的神经元。这些神经元进一步投射到孤束核（NTS）以及 RVLM 和 PVN 的中央。虽然肾感觉神经在体内稳态中的功能尚未完全阐明，但已知它们对机械和化学刺激敏感，并会启动神经反射，导致交感抑制和交感兴奋

③肾小管钠重吸收增加[1]。

肾交感神经节后神经元的活动由节前神经元驱动，其胞体位于脊髓中间外侧柱（intermediolateral，IML）（图 1–2）。脑干头侧腹外侧髓质（rostral ventrolateral medulla，RVLM）和下丘脑室旁核（paraventricular nucleus，PVN）在调节肾交感神经活性（renal sympathetic nerve activity，RSNA）中发挥着重要作用，因为它们向肾神经节前神经元发送兴奋性投射，并受到许多与心血管和体液平衡相关的大脑感觉传入神经的影响[11-16]。例如，心肺压力感受器传入脑干[17]的神经活性减弱，中心血容量减少会增加 RSNA，导致交感神经介导的入球小动脉收缩（即肾小球滤过率降低）、肾素血管紧张素系统激活和肾小管对钠的重吸收增加，这些作用均可促使血容量恢复。肾交感兴奋通路也受到一些循环激素的调节，如血管紧张素 Ⅱ 和醛固酮[18-20]。因此，在正常生理条件下，通过下丘脑和脑干环路内的神经和激素输入信号整合调节 RSNA，以维持体液和心血管稳态[21]。

（二）肾感觉（传入）神经

肾脏也有丰富的感觉神经支配，这些感觉神经会对肾内环境的变化做出反应（图 1–1，右侧）。由于与其他肾脏结构相比，肾盂的平滑肌层、上皮层和上皮下层中有高密度的感觉纤维，因此肾盂的感觉神经支配最值得重视[21-25]。顺行示踪试验表明，肾脏感觉神经纤维与所有肾内动脉分支均有联系，而与肾内静脉[22]联系稀疏。最近

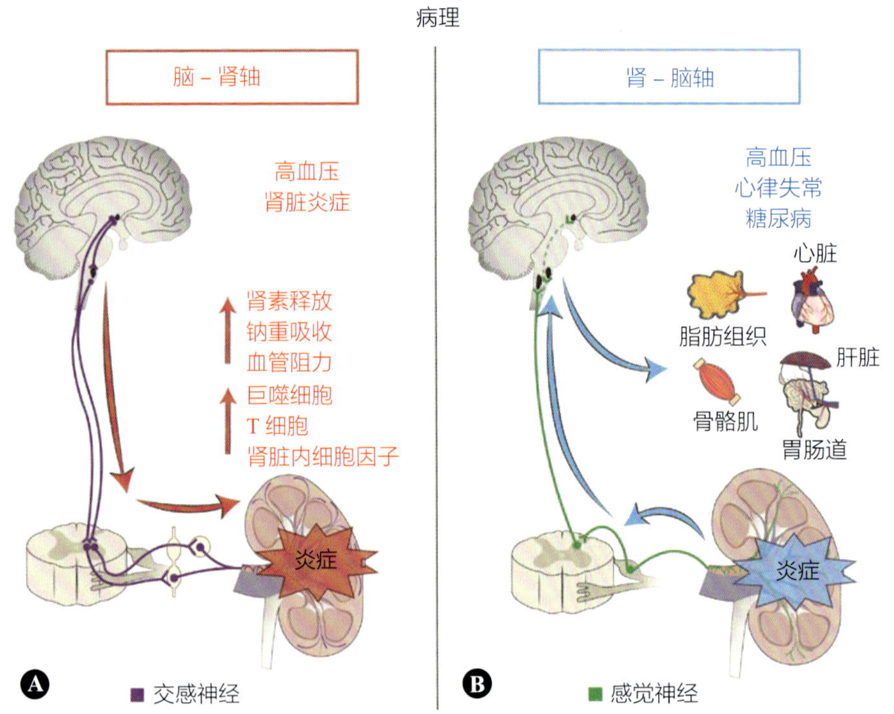

▲ 图 1–2 脑 – 肾轴和肾 – 脑轴在疾病中的作用

脑 – 肾轴（A）的过度活动可通过以下方式启动高血压和肾脏炎症：肾素释放增加、钠重吸收增加、血管阻力增加、巨噬细胞和 T 细胞的迁徙或活化，以及肾脏内细胞因子的释放。肾脏炎症导致肾脏感觉神经激活，从而进一步激活肾 – 脑轴（B）。因为肾 – 脑轴投射到调节许多器官交感神经活性的中枢性区域，所以肾 – 脑轴过度激活是高血压的一个原因，并据推测可导致心律失常、糖尿病等其他疾病

的研究强调了以往被忽视的肾脏皮质结构（入球小动脉、出球小动脉[26]及肾小球[27]）神经支配的重要性，虽然这些皮质感觉纤维的功能在很大程度上仍然是未解之谜。肾感觉神经的主要模式是机械感受（感知骨盆壁和其他结构的机械拉伸增加），化学感受（对极端缺血情况做出反应）和感知体液成分（如钠、钾渗透压和 pH）的变化[21, 26, 28, 29]。

肾感觉神经的生理作用尚未完全阐明。现已知的观点是基于麻醉动物盆腔感觉肾神经的生理学研究，并由此衍生了“肾 – 肾反射”的概念[30]。这一假说认为，盆腔传入神经激活能反射性地抑制 RSNA，从而利钠利尿。据推测，这种神经反射能对肾内信号，如盆腔压力增加（容量扩张的信号）做出反应，从而对动脉压的稳态调节起重要作用。然而，值得注意的是，关于这种交感抑制性肾神经反射的研究大多是在麻醉动物身上进行的。

相反，最近的一项研究表明，在未麻醉的去大脑大鼠中，肾脏感觉神经的激活导致交感神经兴奋反应，而不是交感神经抑制反应[31]。这与肾内给予一种已知的感觉神经激活剂（如缓激肽）可以增加清醒大鼠的动脉压和心率的报道一致[32, 33]。这种肾交感神经兴奋反射可能导致汇聚于脑干 RVLM 和下丘脑 PVN 的感觉通路激活，这两者对调节肾和其他器官的交感神经活性都很重要[3, 34–37]。

基于位置和感受模式的不同，肾感觉神经的特定亚群可能会引起不同的交感神经反应，其中部分为交感兴奋性的，还有一部分为交感抑制性的，这些反应都可能是维持体内内环境稳态的关键。这是一个活跃的科学研究领域。此外，有假

设认为病理状态下交感抑制或交感兴奋反应的主导地位将发生改变[30]。

二、肾神经的病理生理作用

（一）肾交感神经：病理状态下的脑–肾轴

1. 经典观点

RSNA 活性增强可通过增加肾素释放、尿钠重吸收和血管阻力等升高动脉压。这一发现催生了一种观点，即针对作为高血压根源的“脑–肾轴”，CBRNA 可作为治疗高血压的一种有效疗法（图 1–2A）。大量的临床前研究支持了这一概念，在这些研究中，外科去肾神经术减缓了几种高血压模型的疾病进展[38–41]。然而，尽管少数动物研究已经成功记录了实验性高血压发展过程中的 RSNA，但在非麻醉动物和人类中记录 RSNA 的技术难题使我们难以提供高血压中脑–肾轴激活的直接证据[42]。在肥胖诱导的高血压兔中，RSNA 已被证明升高，但在血管紧张素诱导的高血压（以及血管紧张素–盐模型[44–46]）中，RSNA 保持不变或减少。相反，RSNA 的间接测定值（如肾去甲肾上腺素外溢）在原发性高血压患者中升高[47]。因此，RSNA 升高及其导致的肾素释放、尿钠重吸收和肾血管阻力增加均能升高动脉压，故而常被认为是导致高血压的原因。

2. 肾神经与炎症

除了经典的脑–肾轴激活导致高血压的观点外，肾神经活动与肾脏炎症之间也可能存在关系（图 1–2A）。这一假设得到了早期实验的支持，在这些实验中，全去肾神经术（total renal denervation，TRDN）（传出 + 传入）可保护狗的肾脏免受结肠杆菌注射后的感染，并且在 5 例接受外科 TRDN 的肾炎患者中，有 4 例可减少蛋白尿[48, 49]。近期更多的临床前研究进一步支持脑肾轴参与肾脏炎症和纤维化的假设并证明了 TRDN 的治疗作用，如改善肾小球肾炎[50]，预防输尿管梗阻后的间质纤维化和炎症[51]，以及减少在血管紧张素 Ⅱ 诱导的高血压小鼠模型中 T 细胞聚集和肾纤维化[52]。我们实验室的研究表明，在 DOCA– 盐高血压大鼠模型中，肾神经介导肾脏中巨噬细胞的转运和（或）活化。TRDN 能减轻此模型中促炎细胞因子（IL-2、IL-6）和趋化因子（GRO/KC、MCP-1）的增加[39]，但不能逆转 DOCA– 盐性高血压大鼠的肾脏炎症。虽然这些实验利用 TRDN 同时消融了肾交感神经和感觉神经，但这些效应大部分被认为是由于消融了脑–肾轴所致。

（二）肾感觉神经：病理状态下的肾–脑轴

正如肾神经可引起肾脏炎症一样，肾脏炎症（无论其病因）反过来也可激活肾–脑轴，导致交感神经系统的慢性激活及其导致的病理变化（图 1–2B）。在这里，我们总结了肾–脑轴激活如何导致高血压和其他交感驱动疾病状态。

1. 高血压

由于高血压导致脑–肾轴浸润肾脏的免疫细胞释放细胞因子，从而可增加肾脏感觉神经纤维的活性[53–55]。因此，RSNA 活性增强可引起高血压和肾脏炎症的同时也可导致肾感觉神经活性增加，这有可能进一步加重疾病状态。RDN 正被用于研究这些相互作用。CBRNA 可非选择性地消融肾感觉神经和肾交感神经，但也有研究者应用特异性消融肾感觉神经技术，以研究肾–脑轴在高血压临床前模型中的作用。

脊神经背根切断术就是这种技术之一，在苯酚肾损伤模型[57, 58]、Goldblatt 肾动脉狭窄模型[59, 60]和环孢素诱导的高血压模型[61]中，脊神经背根切断术被用于靶向去除肾感觉神经而保留肾交感神经[56]，从而降低高血压。虽然该技术保留了 CBRNA 和 TRDN 不能保留的肾交感神经，但它并非仅针对来自肾脏的感觉神经，而是在目标脊髓水平消融了来自所有器官的所有感觉传入。

为了特异性靶向针对支配肾脏的感觉神经，我们实验室开发了一种更有选择性的方法，在轴突周围使用辣椒素靶向消融肾感觉神经［去肾传入神经支配术（afferent renal denervation，ARDN］[33]。我们采用这种技术及无线电遥测，获取自由活动的高血压肾脏炎症模型（DOCA-salt 模型）动物的动脉压。我们的结果表明，TRDN 对 DOCA 盐性高血压的治疗作用是通过消融肾感觉神经而不是肾交感神经来介导的，因为 TRDN 和 ARDN 对高血压的缓解程度相同。在小鼠的 DOCA– 盐模型 [62]，以及大鼠和小鼠的 2K-1C 模型中 [63–65] 也得到了相同的结果。与这些模型中感觉肾神经活动驱动高血压的假设一致，Rossi 及其同事直接测量到未麻醉的 2K-1C 大鼠非夹闭肾中 RSNA 的升高，夹闭肾的 TRDN 则可使其正常化 [66]。这些结果表明，在 2K-1C 模型中，肾感觉神经引起交感兴奋反应，提示病理状态下肾感觉神经中交感兴奋状态中占主导地位。

然而，一些能被 TRDN 改善的临床前模型却对 ARDN 无反应，如 Dahl 盐敏感大鼠 [41]。ARDN 在不同高血压模型中的疗效差异提示，高血压部分是由肾交感神经驱动，而部分是由肾感觉神经驱动。我们需要鉴别在动物模型和人类患者中哪个神经轴占主导地位，以在未来开发出更有针对性的基于肾神经的治疗方法。

2. 其他的临床疾病

除了高血压之外，肾 – 脑轴的激活和肾脏炎症可能促发其他涉及交感神经系统慢性激活的临床疾病，而 CBRNA 是针对这些疾病的有效疗法。例如，在临床试验中，一些因高血压接受 CBRNA 的患者被发现葡萄糖代谢改善，心律失常和呼吸暂停的发生率降低 [5]。此外，有研究提出将慢性终末期肾病作为 CBRNA 的适应证，因为这类疾病会引起肌肉交感神经激活 [3, 35–37]。这些效应支持以下假设：肾 – 脑轴可能导致交感神经活性增加，而交感神经活性增加可导致心律失常和糖尿病等其他疾病。为了更好地理解肾 – 脑轴如何促进高血压和其他疾病，以及如何改善去肾神经术以更好地治疗这些疾病，我们有必要进一步研究肾感觉神经激活的机制和生理效应。

鉴于脑 – 肾轴在维持血流动力学方面的重要性，以及临床前研究结果提示某些高血压模型是由肾 – 脑轴过度激活而驱动，因此选择性消融肾感觉神经可能对某些疾病有益。最近的一项研究调查了 CBRNA 对绵羊的影响，研究结果表明尽管该手术成功地降低了绵羊慢性肾脏病模型的动脉压，但接受 TRDN 的绵羊对失血性和感染性休克的血流动力学代偿反应能力受损，这可能是由脑 – 肾轴丢失导致的 [67]。随着 CBRNA 技术的进步，在肾 – 脑轴活性增加的情况下能选择性地靶向消融肾感觉神经，以保留脑 – 肾轴的这些调节过程。不幸的是，目前没有诊断测试或生物标志物可用于确定患者的高血压是否主要由肾传入神经驱动。这是一个活跃的研究领域。

三、基于导管的肾神经消融术治疗高血压和其他疾病

CBRNA 用于高血压治疗的核心理论基础是肾神经过度激活可导致高血压。这一理念最早于 1945 年通过对狗进行慢性肾神经刺激而确立 [68]。因此，正如大量综述所提及的，目前正在开展多项临床试验，以探究 CBRNA 治疗患者高血压的疗效 [3, 4]。这些手术通常包括将导管通过患者的股动脉送入肾动脉，并采用针对肾动脉外膜及附近组织的消融技术来消融肾神经（图 1–3）。各种消融技术已被引入 CBRNA 手术，在门诊手术后 6 个月产生相似的动脉压降低。这些包括 ReCor Paradise™ 导管（超声消融）、Medtronic Spyral™ 消融导管（射频消融）和 Ablative Solutions Peregrine™ 导管（乙醇消融）[3, 69]。与药物治疗相比，CBRNA 治疗高血压的主要优势是它能持久降低动脉压，从而避免与降压药物耐药性和患者服药依从性相关的问题。

临床试验结果提示，脑 – 肾轴和肾 – 脑轴的消融均介导了 CBRNA 的临床获益。对肾神经在维持内环境稳态和病理状态中的作用的进一步研究将有助于更好地指导 RDN 的持续发展和完善。

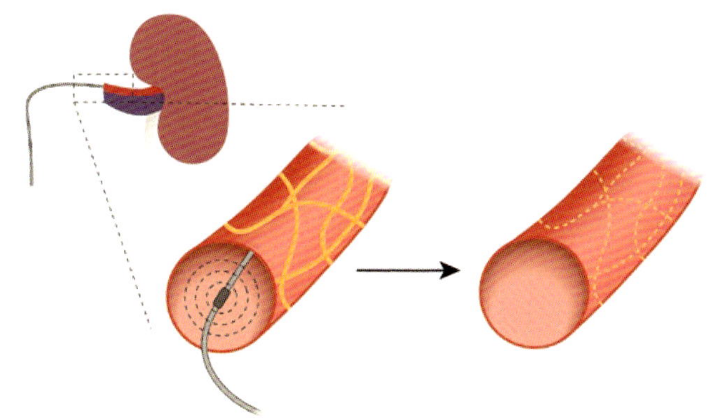

▲ 图 1-3　基于导管的肾神经消融术

尽管不同的消融设备采用不同的技术来消融肾神经，但每种技术背后的基本原理是相同的。导管被送入肾动脉，发放消融能量（射频、超声）或化学物质（乙醇）至血管外膜周围。这些消融技术将产生持久疗效[3, 5]，一并消融肾交感神经和感觉神经

参考文献

[1] Osborn JW, Tyshynsky R, Vulchanova L. Function of renal nerves in kidney physiology and pathophysiology. Annu Rev Physiol. 2021;83.

[2] Osborn JW, Foss JD. Renal nerves and long-term control of arterial pressure. Compr Physiol. 2017;263-320.

[3] Kiuchi MG, Esler MD, Fink GD, et al. Renal denervation update from the international sympathetic nervous system summit: JACC state-of-the-art review. J Am Coll Cardiol. 2019;73:3006-17.

[4] Weber MA, Mahfoud F, Schmieder RE, et al. Renal denervation for treating hypertension: current scientific and clinical evidence. JACC Cardiovasc Interv. 2019;12:1095-105.

[5] Schlaich MP, Sobotka PA, Krum H, Whitbourn R, Walton A, Esler MD. Renal denervation as a therapeutic approach for hypertension: novel implications for an old concept. Hypertension. 2009;54:1195-201.

[6] Burnstock G, Loesch A. Sympathetic innervation of the kidney in health and disease: emphasis on the role of purinergic cotransmission. Auton Neurosci Basic Clin. 2017;204:4-16.

[7] Nakamura A, Johns EJ. Effect of renal nerves on expression of renin and angiotensinogen genes in rat kidneys. Am J Physiol - Endocrinol Metab. 1994. https://doi.org/10.1152/ajpendo.1994.266.2.e230

[8] Kobayashi H, Takei Y. Innervation in the JGA. In: Renin-Angiotensin Syst. Comp. Asp; 1996. p. 37-40.

[9] Osborn JL, Roman RJ, Ewens JD. Renal nerves and the development of Dahl salt-sensitive hypertension. Hypertension. 1988;11:523-8.

[10] Gaál K, Forgács I, Bácsalmásy Z. Effect of adenosine compounds (ATP, cAMP) on renin release in vitro. Acta Physiol Acad Sci Hung. 1976;47:49-54.

[11] Simon OR, Schramm LP. Spinal superfusion of dopamine excites renal sympathetic nerve activity. Neuropharmacology. 1983;22:287-93.

[12] Ciriello J, Calaresu FR. Central projections of afferent renal fibers in the rat: an anterograde transport study of horseradish peroxidase. J Auton Nerv Syst. 1983;8:273-85.

[13] Kuo DC, Nadelhaft I, Hisamitsu T, de Groat WC. Segmental distribution and central projectionsof renal afferent fibers in the cat studied by transganglionic transport of horseradish peroxidase. J Comp Neurol. 1983;216:162-74.

[14] Wyss JM, Donovan MK. A direct projection from the kidney to the brainstem. Brain Res. 1984;298:130-4.

[15] Knuepfer MM, Akeyson EW, Schramm LP. Spinal projections of renal afferent nerves in the rat. Brain Res. 1988;446:17-25.

[16] Ammons WS. Renal afferent input to thoracolumbar spinal neurons of the cat. Am J Physiol - Regul Integr Comp Physiol. 1986. https://doi.org/10.1152/ajpregu. 1986. 250. 3.r435

[17] Dorward PK, Riedel W, Burke SL, Gipps J, Komer PI. The renal sympathetic baroreflex in the rabbit. Arterial and cardiac baroreceptor influences, resetting, and effect of anesthesia. Circ Res. 1985;57:618-33.

[18] Huang BS, Leenen FHH. Sympathoexcitatory and pressor responses to increased brain sodium and ouabain are mediated via brain ANG II. Am J Physiol - Hear Circ Physiol. 1996. https://doi.org/10.1152/ajpheart.1996.270.1.h275

[19] Kawano Y, Ferrario CM. Neurohormonal characteristics of cardiovascular response due to intraventricular hypertonic NaCl. Am J Physiol - Hear Circ Physiol. 1984. https://doi.org/10.1152/ajpheart.1984.247.3.h422

[20] Tobey JC, Fry HK, Mizejewski CS. Differential sympathetic responses initiated by angiotensin and sodium chloride. Am

J Physiol - Regul Integr Comp Physiol. 1983. https://doi.org/10.1152/ajpregu.1983.245.1.r60

[21] Kopp UC. Role of renal sensory nerves in physiological and pathophysiological conditions. Am J Physiol - Regul Integr Comp Physiol. 2015;308:R79-95.

[22] Marfurt CF, Echtenkamp SF. Sensory innervation of the rat kidney and ureter as revealed by the anterograde transport of wheat germ agglutinin-horseradish peroxidase (WGA-HRP) from dorsal root ganglia. J Comp Neurol. 1991;311: 389-404.

[23] Kopp UC, Cicha MZ, Smith LA, Mulder J, Hökfelt T. Renal sympathetic nerve activity modulates afferent renal nerve activity by PGE2-dependent activation of α1- and α2-adrenoceptors on renal sensory nerve fibers. Am J Physiol - Regul Integr Comp Physiol. 2007;293:1561-72.

[24] Liu L, Barajas L. The rat renal nerves during development. Anat Embryol (Berl). 1993;188:345-61.

[25] Kopp UC, Grisk O, Cicha MZ, Smith LA, Steinbach A, Schlüter T, Mähler N, Hökfelt T. Dietary sodium modulates the interaction between efferent renal sympathetic nerve activity and afferent renal nerve activity: role of endothelin. Am J Physiol - Regul Integr Comp Physiol. 2009;297: 337-51.

[26] Ditting T, Tiegs G, Rodionova K, Reeh PW, Neuhuber W, Freisinger W, Veelken R. Do distinct populations of dorsal root ganglion neurons account for the sensory peptidergic innervation of the kidney? Am J Physiol Renal Physiol. 2009;297:F1427-34.

[27] Tyshynsky R, Sensarma S, Riedl M, Bukowy J, Schramm LP, Vulchanova L, Osborn JW. Periglomerular afferent innervation of the mouse renal cortex. Front. Neurosci. 2023;17:974197.

[28] Stella A, Zanchetti A. Functional role of renal afferents. Physiol Rev. 1991;71:659-82.

[29] Genovesi S, Pieruzzi F, Wijnmaalen P, Centonza L, Golin R, Zanchetti A, Stella A. Renal afferents signaling diuretic activity in the cat. Circ Res. 2011;73:906-13.

[30] Kopp UC. Neural control of renal function, 2nd edition. Colloq Ser Integr Syst Physiol From Mol to Funct. 2018;10:i-106.

[31] DeLalio LJ, Stocker SD. Impact of anesthesia, sex, and circadian cycle on renal afferent nerve sensitivity. Am J Physiol - Hear Circ Physiol. 2020;1.

[32] Smits JF, Brody MJ. Activation of afferent renal nerves by intrarenal bradykinin in conscious rats. Am J Physiol Integr Comp Physiol. 2017;247:R1003-8.

[33] Foss JD, Wainford RD, Engeland WC, Fink GD, Osborn JW. A novel method of selective ablation of afferent renal nerves by periaxonal application of capsaicin. Am J Physiol Integr Comp Physiol. 2015. https://doi.org/10.1152/ajpregu.00427.2014

[34] Blankestijin PJ. Sympathetic hyperactivity in chronic kidney disease. Nephrol Dial Transplant. 2004;19:1354-7.

[35] De Beus E, De Jager R, Joles JA, Grassi G, Blankestijn PJ. Sympathetic activation secondary to chronic kidney disease: therapeutic target for renal denervation? J Hypertens. 2014;32:1751-61.

[36] Park J, Campese VM, Nobakht N, Middlekauff HR. Differential distribution of muscle and skin sympathetic nerve activity in patients with end-stage renal disease. J Appl Physiol. 2008;105:1873-6.

[37] Sata Y, Schlaich MP. The potential role of catheter-based renal sympathetic denervation in chronic and end-stage kidney disease. J Cardiovasc Pharmacol Ther. 2016;21:344-52.

[38] Asirvatham-Jeyaraj N, Fiege JK, Han R, et al. Renal denervation normalizes arterial pressure with no effect on glucose metabolism or renal inflammation in obese hypertensive mice. Hypertension. 2016;68:929-36.

[39] Banek CT, Knuepfer MM, Foss JD, Fiege JK, Asirvatham-Jeyaraj N, Van Helden D, Shimizu Y, Osborn JW. Resting afferent renal nerve discharge and renal inflammation: elucidating the role of afferent and efferent renal nerves in deoxycorticosterone acetate salt hypertension. Hypertension. 2016;68:1415-23.

[40] Banek CT, Gauthier MM, Van Helden D, Fink GD, Osborn JW. Renal inflammation in DOCA-salt hypertension: role of renal nerves and arterial pressure. Physiol Behav. 2019; 73:1079-86.

[41] Foss JD, Fink GD, Osborn JW. Differential role of afferent and efferent renal nerves in the maintenance of early- and late-phase Dahl S hypertension. Am J Physiol Integr Comp Physiol. 2016;310:R262-7.

[42] Hart EC, Head GA, Carter JR, Wallin BG, May CN, Hamza SM, Hall JE, Charkoudian N, Osborn JW. Recording sympathetic nerve activity in conscious humans and other mammals: guidelines and the road to standardization. Am J Physiol - Hear Circ Physiol. 2017;312:H1031-51.

[43] Armitage JA, Burke SL, Prior LJ, Barzel B, Eikelis N, Lim K, Head GA. Rapid onset of renal sympathetic nerve activation in Rabbits fed a high-fat diet. Hypertension. 2012;60:163-71.

[44] Barrett CJ, Ramchandra R, Guild SJ, Lala A, Budgett DM, Malpas SC. What sets the long-term level of renal sympathetic nerve activity: a role for angiotensin II and baroreflexes? Circ Res. 2003;92:1330-6.

[45] Yoshimoto M, Miki K, Fink GD, King A, Osborn JW. Chronic angiotensin II infusion causes differential responses in regional sympathetic nerve activity in rats. Hypertension. 2010;55:644-51.

[46] Yoshimoto M, Onishi Y, Mineyama N, Ikegame S, Shirai M, Osborn JW, Miki K. Renal and lumbar sympathetic nerve activity during development of hypertension in dahl salt-sensitive rats. Hypertension. 2019;74:888-95.

[47] Grassi G, Mark A, Esler M. The sympathetic nervous system alterations in human hypertension. Circ Res. 2015;116: 976-90.

[48] Page IH, Heuer GJ. The effect of renal denervation on patients suffering from nephritis. J Clin Invest. 1935;14: 443-58.

[49] Muller E, Petersen W. Ueber den anteil des vegetativen nervensystems an den infections-schaden der nierengefasse. Deutsch Deselisch Int Med. 1932;44.

[50] Veelken R, Vogel E-M, Hilgers K, Amann K, Hartner A, Sass G, Neuhuber W, Tiegs G. Autonomic renal denervation ameliorates experimental glomerulonephritis. J Am Soc Nephrol. 2008;19:1371-8.

[51] Kim J, Padanilam BJ. Renal nerves drive interstitial fibrogenesis in obstructive nephropathy. J Am Soc Nephrol.

2013;24:229-42.
[52] Xiao L, Kirabo A, Wu J, et al. Renal denervation prevents immune cell activation and renal inflammation in Angiotensin II-induced hypertension. Circ Res. 2015;117:547-57.
[53] Harrison DG, Guzik TJ, Lob HE, Madhur MS, Marvar PJ, Thabet SR, Vinh A, Weyand CM. Inflammation, immunity, and hypertension. Hypertension. 2011;57:132-40.
[54] Schiffrin EL. Inflammation, immunity and development of essential hypertension. J Hypertens. 2014;32:228-9.
[55] Chiu IM, Von Hehn CA, Woolf CJ. Neurogenic inflammation and the peripheral nervous system in host defense and immunopathology. Nat Neurosci. 2012;15:1063-7.
[56] Lappe RW, Webb RL, Brody MJ. Selective destruction of renal afferent versus efferent nerves in rats. Am J Physiol - Regul Integr Comp Physiol. 1985. https://doi.org/10.1152/ajpregu.1985.249.5.r634
[57] Campese VM, Kogosov E, Koss M. Renal afferent denervation prevents the progression of renal disease in the renal ablation model of chronic renal failure in the rat. Am J Kidney Dis. 1995;26:861-5.
[58] Campese VM, Kogosov E. Renal afferent denervation prevents hypertension in rats with chronic renal failure. Hypertension. 1995;25:878-82.
[59] Wang Q, Fan XP, Chen Z, Zhao QH, Chen SQ, Wan ZH. Role of afferent renal nerves in 2K2C Goldblatt hypertension. Sheng Li Xue Bao. 1995;47:366-72.
[60] Wyss JM, Aboukarsh N, Oparil S. Sensory denervation of the kidney attenuates renovascular hypertension in the rat. Am J Physiol - Hear Circ Physiol. 1986. https://doi.org/10.1152/ajpheart.1986.250.1.h82
[61] Zhang W, Victor RG. Calcineurin inhibitors cause renal afferent activation in rats: a novel mechanism of cyclosporine-induced hypertension. Am J Hypertens. 2000;13:999-1004.
[62] Baumann DC, Van Helden D, Evans L, Osborn J. SPARC: renal denervation attenuates DOCA-salt hypertension in the mouse. FASEB J. 2020;34:1.
[63] Lopes NR, Milanez MIO, Martins BS, et al. Afferent innervation of the ischemic kidney contributes to renal dysfunction in renovascular hypertensive rats. Pflugers Arch Eur J Physiol. 2020;472:325-34.
[64] Ruiz Lauar MR, Evans L, Van Helden D, Fink GD, Banek CT, Menani JV, Osborn JW. Renal and hypothalamic inflammation in renovascular hypertension: Role of afferent renal nerves. Am. J. Physiol. - Regul. Integr. Comp. 2023.
[65] Ong J, Kinsman BJ, Sved AF, Rush BM, Tan RJ, Carattino MD, Stocker SD. Renal sensory nerves increase sympathetic nerve activity and blood pressure in 2-kidney 1-clip hypertensive mice. J Neurophysiol. 2019;122:358-67.
[66] Rossi NF, Pajewski R, Chen H, Littrup PJ, Maliszewska-Scislo M. Hemodynamic and neural responses to renal denervation of the nerve to the clipped kidney by cryoablation in two-kidney, one-clip hypertensive rats. Am J Physiol - Regul Integr Comp Physiol. 2016;310:R197-208.
[67] Singh RR, Sajeesh V, Booth LC, McArdle Z, May CN, Head GA, Moritz KM, Schlaich MP, Denton KM. Catheter-based renal denervation exacerbates blood pressure fall during hemorrhage. J Am Coll Cardiol. 2017;69:951-64.
[68] Kottke F, Kubicek W, Visscher M. The production of arterial hypertension by chronic renal artery-nerve stimulation. Am J Physiol. 1945;145:38-47.
[69] Mahfoud F, Renkin J, Sievert H, et al. Alcohol-mediated renal denervation using the peregrine system infusion catheter for treatment of hypertension. JACC Cardiovasc Interv. 2020;13:471-84.

第 2 章　量化去肾神经术对交感神经系统活性影响的动物 / 人体经验

Animal and Human Experience in Quantifying the Effects of Renal Denervation on Sympathetic Nervous System Activity

Dagmara Hering　Richard R. Heuser　Murray Esler　著
左祥浩　译　　肖乾凤　校

各种高血压实验动物模型和人体研究发现，破坏肾交感神经具有显著的病理生理影响，会导致血压（blood pressure，BP）降低。然而，不同的高血压患者对去肾神经术（renal denervation，RDN）的血压反应是不同的。神经消融过程有效性不足导致神经不完全破坏被认为是疗效相关变异或对 RDN 无反应的原因。在研究交感神经系统的几种方法［即测定血浆中的儿茶酚胺和（或）其尿液中的代谢产物、动脉压力感受器的敏感性、心率变异性的频谱分析、放射性同位素成像方法］中，局部器官特异性去甲肾上腺素（norepinephrine，NE）外溢和显微神经成像被认为是量化人体交感神经系统活性的两种金标准技术，并已被用于明确 RDN 后的神经消融完成度 [1–4]。

在临床前模型中，广泛用于对肾神经消融程度的评价手段包括：测量肾皮质 NE 组织含量、肾皮质轴突密度，以及使用抗肾传出交感神经标志物［酪氨酸羟化酶（tyrosine hydroxylase，TH）、神经肽 Y（neuropeptide，NPY）］和肾传入感觉神经标志物［降钙素基因相关肽（calcitonin gene-related peptide，CGRP）和 P 物质（substance P，SP）］抗体进行的免疫组化染色等。值得注意的是，动物研究结果表明，肾脏组织 NE 含量的测量不能即刻用于验证 RDN 的完成度，因为 NE 含量通常需要 2～3 天才会发生改变 [5]。在 RDN 后 14～24 天，当肾组织 NE 含量仍低于对照组的 30%[6] 时，肾血管收缩反应和基础尿钠排泄恢复到正常水平。这些数据表明，RDN 后神经损伤的完全性评估是复杂的，在评估手术的疗效和潜在的神经再支配时需要全面检查。

一、去甲肾上腺素溢出

20 世纪 80 年代中期，作者 Murray Esler[7] 教授在血浆 NE 外溢率测定的基础上发明了放射性示踪技术，这是交感神经系统研究的一个突破。该方法通过静脉给药（通常采用尺静脉），持续不断地注入少量同位素标记的 NE（图 2–1），同时从静脉和动脉血管采集血液以区分标记的神经递质的摄取，并精确地测定交感神经向血浆释放的 NE 量（全身 NE 溢出）。通过对动脉及冠状窦或肾静脉采血进行区域性评估，可以准确地量化器官特异性心或肾交感神经中 NE 的释放。这项技术为之前众多关于交感神经系统在人类原发性高血压发病机制中重要性的研究提供了关联性依据。高血压患者体内 NE 的释放比对照组高 20%～25%，且以从肾和心脏交感神经释放的神

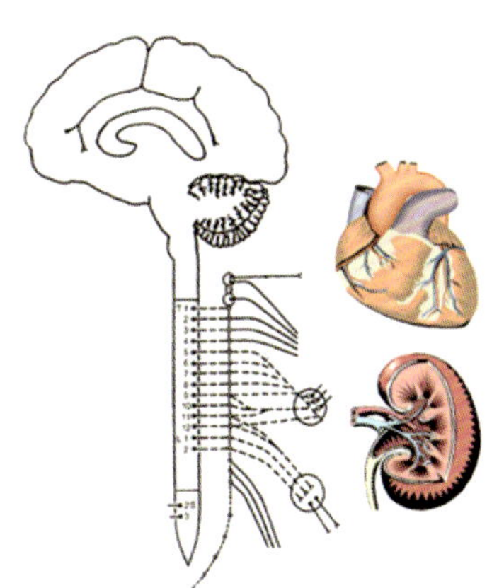

➢ 放射性标记的去甲肾上腺素（NE）输注

➢ 动脉血采样

➢ 区域性静脉血采样

➢ 特定器官血流量

➢ ^{3}H-NE 的部分摄取
器官的 NE 外溢 =［(C_V−C_A)+C_A(E)］PF
其中 C_V 和 C_A 分别代表静脉和动脉血浆中 NE 的浓度，E 代表经过某器官后氚化 NE 的部分摄取量，PF 为器官血浆流量

▲ 图 2-1　放射性同位素稀释法测量去甲肾上腺素溢出

经递质增加为主，表明肾和心脏是与人类高血压进展有关的两个主要器官[8]。

二、微神经电图

微神经电图允许从多条神经纤维（更精确地说，从单条神经纤维）直接记录腓神经的节后传出交感神经活性（图 2-2），这些神经纤维支配骨骼肌血管［肌肉交感神经活性（muscle sympathetic nerve activity，MSNA）］或皮肤［皮肤交感神经活性（skin sympathetic nerve activity，SSNA）］。骨骼肌中的阻力血管是血流量和血管阻力的主要决定因素。这项技术使用两个微电极（尖端直径 1～5μm）。其中一个电极记录来自腓神经交感纤维的电位，第二个电极位于 2～3cm 外，作为参考电极。与 SSNA 脉冲相比，MSNA 脉冲记录的交感神经流量与心率（hear rate，HR）同步，而 SSNA 脉冲的活动不依赖于心率，对外界刺激（如噪音、温度和多汗症）敏感。记录神经活动同时记录心率、呼吸频率和血压至关重要，以确保对交感神经系统活动进行全面准确的评估（图 2-2）。微神经电图的优势包括：①对静息状态下 MSNA 活性的精确评估；②可以进行特定人群（如健康对照者、患者）交感神经活性的比较；③能够追踪不同刺激（如算术测试、等长测试、冷加压测试）下在相同配准过程中循环系统的调节变化；④明确影响交感神经系统张力的机制（动脉化学感受器、动脉压力感受器、心肺机械感受器）。

三、心率升高是否为原发性高血压交感神经激活的生物标志物

心率升高被认为是交感神经系统激活的一种简单易测的指标，然而，这种直接关联是很复杂的，因为心率仅受交感神经系统的部分控制[9]。

既往的微神经电图研究发现，MSNA 和心率与血压水平有交互作用[10]。在心率较快的正常血压受试者（仅男性而非女性）中，较高水平的 MSNA 与较高的收缩压和脉压相关，而在心率较低的受试者中未发现类似的关系[10]。静息心率和 MSNA 在原发性高血压中的关联是复杂的，尚未完全了解。有文献表明，心率并不是总体交感神经活性的可靠指标，因为在原发性高血压[11]患者中，卧位静息诊室心率和 MSNA 之间没有发现关联。研究发现动态心率是优于诊室或心电图心率的风险指标[12]。当进行 24h 动态血压监测时，在大量未经治疗的原发性高血压患者中，观察到 MSNA 与日间动态 HR 和夜间 HR 之间存在直接关联，且与年龄、BMI 和性别无相关性[13]。

另外一项研究应用同位素稀释法测量了全身 NE 外溢、肾脏 NE 外溢和心脏 NE 外溢，以验证心率升高作为交感神经系统激活的生物标志物[9]。该研究在未服药的原发性高血压患者和健康对照

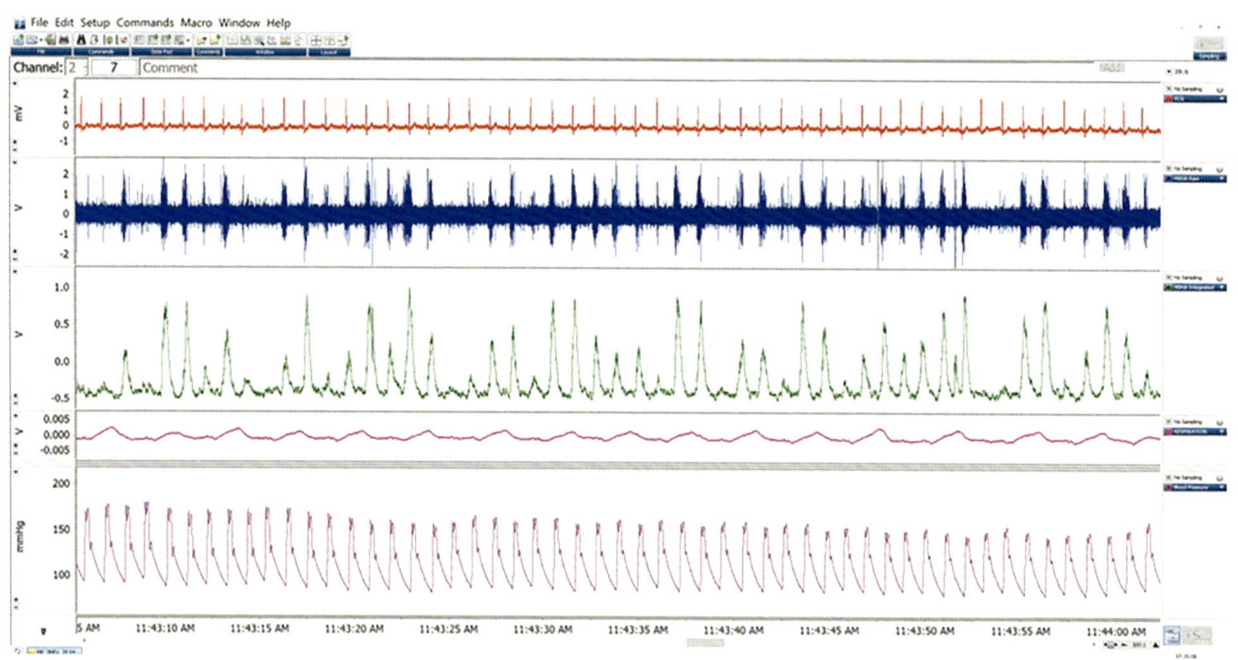

▲ 图 2-2 42 岁女性难治性高血压患者的心率、单单位肌肉交感神经活性（MSNA）和多单位 MSNA 原始信号，以及呼吸和血压的综合静息记录

者中进行，为高血压病理生理学中的交感神经系统激活提供了新见解。高血压患者心率升高仅与心脏 NE 外溢直接相关，而与肾脏 NE 外溢或肾上腺素分泌无关。在这项研究中，67% 的心率变化归因于心脏交感神经活性的差异。虽然原发性高血压患者的心脏、肾脏和全身 NE 平均外溢率均显著升高，但其心脏 NE 外溢、肾脏 NE 外溢与肾上腺素分泌并无内在关联。这些发现清楚地表明了心率升高仅仅是心脏交感神经激活的有效标志物。人类原发性高血压交感神经激活的区域性差异表明，没有一个简单可靠的指标可以代表高血压患者各部分的交感神经传出活性[9]。

四、在临床前模型中 RDN 对交感神经活性的影响

在大量实验性高血压动物模型（包括遗传性、盐敏感性和肥胖性高血压）中，双侧 RDN 均可以阻止高血压的发生或降低血压升高的幅度[14]。

（一）RDN 对肾脏 NE 和神经组织学影响

在一项实验研究中，常通过测定肾组织 NE 浓度来评估神经消融的有效性。射频消融治疗 3 个月后，自发性高血压大鼠除血压降低外，肾组织 NE 和肾神经束的组织学破坏明显减少，血浆肾素活性也显著降低[15]。我们在肥胖的高血压狗模型中检验了射频 RDN 对肾功能、血压、肾组织 NE 含量和肾动脉神经组织学的影响。这是一个非常类似于肥胖高血压患者的心肾和代谢变化的实验模型[16]。在这项研究中，经过术后 8 周的随访发现，与对照组狗相比，基于导管的 RDN 使血压和肾皮质 NE 水平总体降低了 42%。肾动脉切片检查发现，RDN 后约 46% 的肾神经出现损伤。肾神经损伤最常发生在距肾动脉管腔为 0.28～3.5mm，90% 的神经损伤发生在该范围内。这项研究中一个有趣的观察结果是，在肾血管分叉附近观察到 49% 的神经、主肾动脉内观察到 38% 的神经和肾动脉开口附近观察到 63% 的神经中，出现了包括神经周围纤维化、坏死和神经元丢失的肾神经损伤征象[16]。

（二）RDN 对肾传入和传出神经的影响

另一项研究在血压正常的 6 只绵羊中进一步评估了 RDN 对传入感觉 / 传出交感肾神经的效应，以及在消融术后 5.5 个月和 11 个月时可能的

神经功能和解剖重建程度。RDN 后，肾交感神经活动及电刺激反应性立即消失。RDN 后 11 个月时肾交感神经活性和对电刺激的反应性均恢复至正常水平，肾传出神经（TH）和肾传入神经（CGRP）免疫组化染色和肾 NE 水平正常。RDN 有效地消融了正常血压绵羊的肾传入和传出神经，但术后电刺激的传入和传出反应功能恢复，肾传入和传出神经的解剖分布正常化，提示 RDN 后 11 个月时肾神经再生[17]。

（三）基于人体尸检研究的肾神经解剖

降低血压所需的 RDN 消融程度阈值仍不清楚。因为 RDN 消融过程中没有手术疗效测量指标，所以由肾神经消融不充分导致的临床血压反应变异性仍不清楚。人体解剖学研究拓展了我们对肾神经解剖及其在肾动脉腔内定位的认识，这可能有助于解释血压对 RDN 反应的变异性。消融主肾动脉远端（此处传出神经靠近动脉管腔），联合对肾动脉分支的消融，可能能更有效地降低肾脏去甲肾上腺素水平[18]。肾神经纤维直到越过主要血管分叉才会完全汇集在肾动脉上[19]。肾脏神经分布和支配的个体差异性可能会影响 RDN 的疗效。这一假设促使一系列临床前模型和人类高血压研究的启动。

（四）RDN 对 NE 含量的影响取决于肾动脉解剖

有研究在猪模型中评估不同的消融损伤模式对导管射频消融疗效和一致性的影响[20]。在该研究中，增加主肾动脉射频消融灶的数量（4 个、8 个和 12 个）显著降低肾皮质 NE 浓度（−71% ± 27%），但对 NE 含量和轴突密度之间的剂量 – 反应关系无明显影响。相反，针对肾动脉分支的靶向消融导致 NE 的降幅更大（−83% ± 21%）。在主肾动脉联合肾动脉分支的单轮消融中，NE 降幅最大（−92% ± 9%），变异性最小。与单纯消融主肾动脉相比，在主肾动脉及其分支进行两轮射频消融显著增加了肾 NE 降幅（−91% ± 11%），但与单轮联合消融相比并无显著差异。与对侧的自体肾脏相比，所有治疗组的肾皮质轴突密度均显著降低。

一项健康猪模型的研究进一步支持将肾 NE 作为评估 RDN 有效性的生物标志物[21]。该研究发现，与未治疗的对侧肾相比，治疗组的每条动脉接受 1 次消融后 7 天 NE 下降 −78.3%，接受全动脉长度消融后 7 天 NE 下降 −88.1%，表明神经损伤程度充分。然而，在 28 天随访时，NE 的降幅不太明显，每条肾动脉单次射频消融后为 40%，而全动脉长度消融后为 −59%。虽然肾脏 NE 水平随时间恢复的确切原因尚不清楚，但这可能是由于术后炎症反应的消退和退化神经束的愈合而导致的神经再生[21]。

神经纤维组织学分析显示，消融术后 7 天时受损神经的形态学改变包括变性、坏死性或慢性改变，而 28 天时仅表现为慢性改变。更多的神经（29%）在单次治疗后未受影响，而仅有 15% 的神经在全动脉长度消融后未受影响[21]。该研究表明，与未治疗对照相比，肾 NE 和肾传出神经的免疫染色变化证明肾神经损伤程度与消融电极和沿肾动脉的纵向治疗长度成比例，这为进一步优化 RDN 方法以减少疗效变异性提供了理论基础。

有研究利用 14 头猪的肾组织 NE 水平评估了不同肾动脉部位行 RDN 的有效性[22]。消融术后 2 周，主肾动脉开口处 RDN 使 NE 降低 12%，分叉处 RDN 使 NE 降低 45%，外侧肾动脉分支 RDN 使 NE 降低 74%。与肾动脉开口处相比，外侧肾动脉分支和主肾动脉的肾神经数量最多。肾神经距管腔的平均距离在肾动脉开口处最远，在肾动脉分支处最近。在离肾脏较近的肾动脉分支处行 RDN 消融时，肾 NE 水平下降更明显，这可能与肾动脉分支处靠近动脉管腔的神经数量较多有关。

（五）RDN 后肾动脉的变化

为了更好地了解血压持续性降低的机制，有研究在猪模型中随访评估了 RDN 后消融肾动脉和相关组织的长期时序变化[23]。在本研究中，与消融术后 30 天、60 天相比，亚急性期（7 天）

肾神经损伤最大，神经功能受损在术后 30 天达到峰值，至少持续至术后 180 天。肾神经损伤变化与肾动脉损伤程度平行，其中亚急性期（7 天）损伤变化最大，慢性期（180 天）变化最小，此时动脉壁及软组织完全愈合。消融术后 7 天、30 天血清肾传出神经免疫组化染色水平明显低于术后 60 天、180 天。消融后 60 天和 180 天时，分别有 17% 和 71% 的肾动脉消融部位出现局灶性神经再生。这些发现表明肾动脉壁和周围组织逐渐恢复。

（六）RDN 后是否会发生肾神经再支配

虽然目前还没有关于人类动脉 RDN 后肾神经再生的组织学证据，但来自移植肾的数据表明，术后 27 个月患者对循环 NE 超敏感且对下体负压反应不足，提示移植肾发生了功能性的去神经支配[24]。

我们需要在临床前高血压模型消融术后不同的时间点中进行更多研究，以更好地了解肾动脉 RDN 后是否会发生神经再生并影响血压水平。与假手术对照组相比，导管射频 RDN 后产生了独立于降压药物且长达 36 个月的具有临床意义的持久性血压降低。这提示高血压患者似乎不受肾神经功能和相关再生的影响，支持肾脏感觉神经及源自肾脏的兴奋性反射缺失的假设[25]。

五、肾脏切除对肌肉交感神经活性的影响

人体研究提示，起源于自体衰竭肾脏的传入信号介导中枢交感神经激活并增强交感神经向外周的输出[26]，即使是在接受肾移植无尿毒症患者但存在病变的自体肾脏的情况下也是如此[27]。然而，在肾移植患者中行双侧自体肾切除已被证明可以减弱甚至使 MSNA 正常化，这证实了来自病变肾脏的肾传入信号可以对大脑中央整合结构产生影响，从而导致交感神经放电增加和高血压。与该假设一致的是，双肾切除术已被证明可改善血液透析合并难治性高血压患者的血压控制，为这一患者群体提供了最佳治疗方案[28]。这些临床研究的观察结果支持了动物研究的结论，并从原理上证明阻断肾传出和传入通路可降低高血压和慢性肾脏病患者的肾交感神经信号输出和动脉血压。

六、人体手术疗效的即刻评估

难治性高血压的机制研究结果可能会为揭示肾动脉 RDN 降压机制提供线索。来自实验研究的证据表明，肾脏传入感觉神经可以调节支配肾脏和其他参与血压调节的神经支配器官的交感神经输出信号。消融肾传出神经和传入神经可能直接导致血压降低和（或）改变了尚未完全清楚的参与长期血压调节的其他机制（如肾脏化学 / 机械感受器）。虽然人类的传入感觉神经活动不能直接测量，但腺苷可通过激活传入神经化学感受器等，以增加交感神经张力，而这可以通过 MSNA 记录并直接评估。既往的观察性研究，包括我们对 RDN 的研究，都试图通过输入腺苷来检测传入神经活性，并测量 RDN 术前术后的有创每搏动脉血压。这一试验很难在人体上进行验证，不仅因为腺苷的半衰期很短（几秒），而且在术中镇静药 / 镇痛药会对血压和交感神经反应产生干扰。其他方法便是利用高频肾神经刺激来检测人体传入感觉神经活性，以评估 RDN 的神经消融完成度和预测患者血压对 RDN 的治疗反应。几项研究表明，RDN 后神经刺激的升高血压效应明显减弱[29]，但在未行消融的副肾动脉中，神经刺激的血压反应却不受影响[30]。虽然肾神经电刺激和随之的血压反应可以帮助 RDN 消融导管定位并进行有效的神经消融，但可能仅针对主肾动脉。根据我们实验室的经验，这种方法有一定的局限性，因为患者难以忍受的疼痛而需要全身麻醉，这会改变镇静药对交感血压反应的影响。

七、基于导管的 RDN 对去甲肾上腺素外溢的影响

首项人体 RDN 临床试验应用了放射性示踪剂稀释法来评估 RDN 手术前后神经递质从肾脏

释放进入血液循环的溢出量[1]。该研究显示，双侧RDN后1个月，肾脏NE外溢平均减少47%（95%CI 28%～65%），并伴有肾素分泌减少和肾血流量增加，证实了肾传出神经中断[2]。然而，有研究表明，在接受消融的患者中，以NE外溢评估的RDN疗效是不完全和不一致的，这提示实现肾神经消融在技术上并不容易[31]。

八、基于导管的RDN对肌肉交感神经活性的影响

交感神经激活是难治性高血压的一个标志。尽管在多种降压药物抑制交感传出神经信号输出的情况下，其节后传出多单位多纤维MSNA[3]和单单位MSNA[4]与慢性肾脏病和心力衰竭患者的高水平MSNA相当。鉴于交感神经激活与动脉高血压的相关性，RDN可用于几种伴有慢性交感神经激活的疾病。与对照组相比，在消融术后1年，双肾动脉导管RDN消融除了降低了动态血压外，还降低了难治性高血压患者节后传出多单位MSNA[3, 4, 32, 33]。此外，RDN导致单个活性血管收缩神经元的所有特性（图2-3）迅速而显著降低，包括放电速率（图2-3A）、放电概率（图2-3B）和一个心动周期内多个棘波的发生率（图2-3C），这可能对交感神经抑制和血压控制具有重要的临床意义[3]。

一个有趣的观察结果来自于91例接受RDN的难治性高血压患者队列。其中双侧单肾动脉患者65例，单侧或双侧双肾动脉患者16例，合并其他解剖或结构异常患者10例。该研究的主要发现是，无论肾脏的解剖结构如何，RDN都可以安全地完成。在难治性高血压患者中，与双肾动脉相比（或称为副肾动脉），单肾动脉伴或不伴结构异常患者的血压和MSNA降低更显著。但是，当双肾动脉患者的所有肾动脉均接受了肾神经消融时，血压有更大的下降趋势。肾交感神经消融不完全可能是造成这些差异的原因。该研究证实了临床前模型的类似观察结果，表明肾动脉解剖会影响RDN后的血压和交感神经反应。

一项研究进一步证实了交感神经活性与难治性高血压的相关性[34]。双侧肾动脉RDN使MSNA和动态血压从基线到术后6个月期间显著降低。MSNA和血压的时间综合变化表明，MSNA随时间的比例变化与同时发生的收缩压和舒张压变化之间存在稳健的相关性，这提示交感神经活动与血压反应之间存在密切联系。

然而，并不是所有的研究都表明难治性高血压患者RDN后的MSNA均会降低[35, 36]。在一项对10例患者进行的小型研究中，在RDN治疗前及术后6个月进行MSNA检测，发现RDN没有导致MSNA的变化。RDN后未发生MSNA改变可能与该研究队列小、用药变化有关，其中5例患者在无药物间隔期间测量了MSNA，4例患者使用不同的药物，只有1例患者在2次MSNA测量时使用了相同的药物[35]。重要的是，在这项研究中，MSNA的基线水平提示中度神经活动（37±4次/分），这通常是原发性高血压而非难治性高血压的特征。

另一项小型研究也未证实RDN后MSNA的变化[36]。该研究对患者进行术前和术后（11例患者在RDN后6个月，8例患者在术后12个月）行MSNA检查，结果显示基线时的平均爆发频率为34±3次/分，RDN后6个月时无显著变化。令人惊讶的是，11例患者中只有3例血压下降[36]。虽然本研究未能证实接受治疗的患者存在交感神经抑制，但值得注意的是，鉴于患者对RDN无反应，血压未下降可能与RDN消融程度不足有关。此外，本研究选择的患者与之前描述的难治性高血压患者显著不同[36]。难治性高血压患者的基线MSNA水平保持较高水平，但爆发活动（50±2次爆发/分，79±3次爆发/100次心跳）与HR同步[3]，这是与原发性高血压［平均MSNA为32±2次爆发/分[13]）相比，难治性高血压的一个共同特征。

九、RDN对心率的影响

已有大量研究探讨了RDN对高血压患者心率

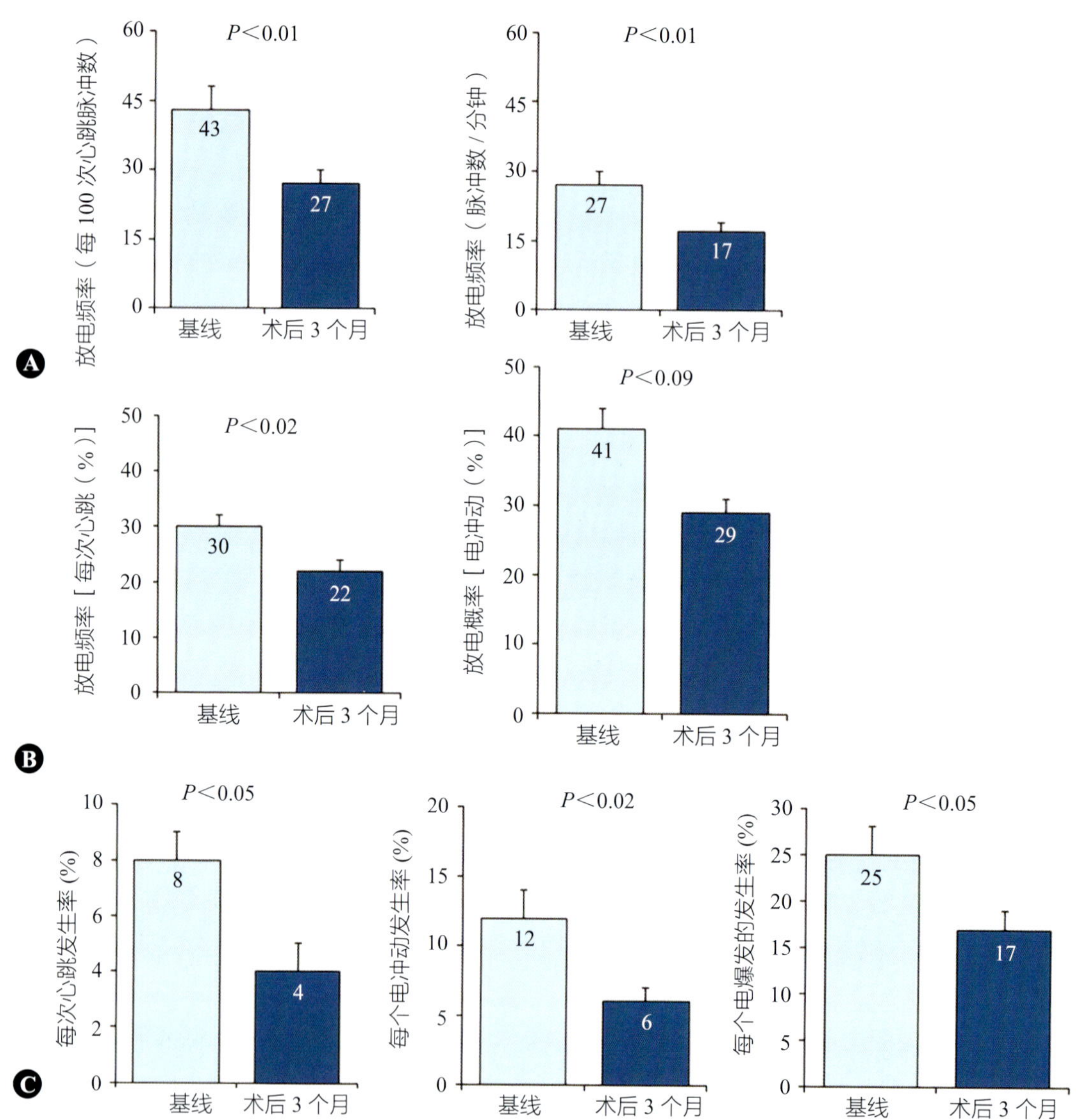

▲ 图 2-3 **A. 去肾神经术后 3 个月（M）随访（FU）时，单单位肌肉交感神经活动（MSNA）放电频率降低，分别以每 100 次心跳的脉冲数和每分钟脉冲数表示；B. 放电概率降低，分别以心跳占比和爆发活动占比表示；C. 多重放电发生率降低，分别以心跳占比、爆发活动占比以及爆发性放电占比表示（基于参考文献 [13] 的原始研究结果）**

的影响。然而，研究结果是相互矛盾的。SPYRAL HTN-OFF MED 研究的一项子分析表明，未服用任何降压药、基线诊室心率≥70 次 / 分的患者（血压下降 -6.2mmHg）比诊室心率＜70 次 / 分（血压下降 -0.1mmHg）的患者及与假手术对照组患者的 24h 收缩压降幅较大[37]。在这项研究中，RDN 后的诊室、白天和夜间收缩压均观察到类似的结果。这些发现可能对 RDN 后的患者选择有重要意义。一项系统综述分析了 RDN 对心率控制的疗效，发现心率的降低与收缩压的降低幅度相关，并在实现血压控制的同时得到改善[38]。该 Meta 分析显示，RDN 不影响夜间心率[39]。然而，这项 Meta 分析所纳入研究的主要局限性是样本量小，缺乏 β 受体拮抗药使用的数据，以及研究内和研究间的异质性。β 受体拮抗药对心率和 MSNA 的影响取决于心脏选择性和年龄，该药物的使用对量化交感神经活性非常重要[39]。最后，心率升高表明心脏的交感神经处于激活状态，但并不能表明肾交感神经激活，而肾交感神经才是肾神经消融的靶点[9]。

十、展望

交感神经激活是促发高血压及其心血管和肾脏并发症的主要因素。靶向神经内分泌异常治疗是高血压管理的主要目标，能更有效地预防心血管事件。肾素－血管紧张素－醛固酮系统阻滞药和抗肾上腺素药物治疗可降低大部分高血压患者的血压，并且仍是高血压管理的重要治疗策略。然而，高血压药物治疗的一个持续性问题是患者对处方药物的依从性差。30%～50% 的患者在随访至 12 个月时没有遵医嘱治疗（自行部分或完全停药）。这种依从性差的现象间接地印证了一次性器械治疗的潜在价值。该疗法具有持续的甚至可能是永久性的降压获益。

随机对照临床试验得出的 RDN 具有长期安全性和持久降压疗效的阳性结果。这提示，基于导管的 RDN 为高血压未达标患者提供了一种降压药物治疗的替代方案或更好的辅助治疗选择。现阶段，在人体研究中测试 RDN 的消融完成度是具有挑战性的，仅有少数实验室拥有测量人体交感神经活性和 NE 外溢的设备。然而，在 RDN 治疗前，需要对患者进行全面评估和选择，排除假性难治性高血压和考量肾动脉解剖结构等。

参考文献

[1] Krum H, Schlaich M, Whitbourn R, Sobotka PA, Sadowski J, Bartus K, Kapelak B, Walton A, Sievert H, Thambar S, Abraham WT, Esler M. Catheter-based renal sympathetic denervation for resistant hypertension: a multicentre safety and proof-of-principle cohort study. Lancet. 2009;373:1275-81.

[2] Schlaich MP, Sobotka PA, Krum H, Lambert E, Esler MD. Renal sympathetic-nerve ablation for uncontrolled hypertension. N Engl J Med. 2009;361:932-4.

[3] Hering D, Lambert EA, Marusic P, Walton AS, Krum H, Lambert GW, Esler MD, Schlaich MP. Substantial reduction in single sympathetic nerve firing after renal denervation in patients with resistant hypertension. Hypertension. 2013;61:457-64.

[4] Hering D, Marusic P, Walton AS, Lambert EA, Krum H, Narkiewicz K, Lambert GW, Esler MD, Schlaich MP. Sustained sympathetic and blood pressure reduction 1 year after renal denervation in patients with resistant hypertension. Hypertension. 2014;64:118-24.

[5] Kopp U. Neural control of renal function. San Rafael (CA): Morgan & Claypool Life Sciences; 2011. p. 2011.

[6] Kline RL, Mercer PF. Functional reinnervation and development of supersensitivity to NE after renal denervation in rats. Am J Physiol. 1980;238:R353-8.

[7] Esler M, Jennings G, Korner P, Blombery P, Burke F, Willett I, Leonard P. Total, and organ-specific, noradrenaline plasma kinetics in essential hypertension. Clin Exp Hypertens A. 1984;6:507-21.

[8] Esler MD, Jennings GL, Johns J, Burke F, Little PJ, Leonard P. Estimation of 'total' renal, cardiac and splanchnic sympathetic nervous tone in essential hypertension from measurements of noradrenaline release. J Hypertens Suppl. 1984;2:S123-5.

[9] Esler M, Lambert G, Esler D, Ika Sari C, Guo L, Jennings G. Evaluation of elevated heart rate as a sympathetic nerD. vous system biomarker in essential hypertension. J Hypertens. 2020;38:1488-95.

[10] Narkiewicz K, Somers VK. Interactive effect of heart rate and muscle sympathetic nerve activity on blood pressure. Circulation. 1999;100:2514-8.

[11] Grassi G, Vailati S, Bertinieri G, Seravalle G, Stella ML, Dell'Oro R, Mancia G. Heart rate as marker of sympathetic activity. J Hypertens. 1998;16:1635-9.

[12] Salles GF, Cardoso CR, Fonseca LL, Fiszman R, Muxfeldt ES. Prognostic significance of baseline heart rate and its interaction with beta-blocker use in resistant hypertension: a cohort study. Am J Hypertens. 2013;26:218-26.

[13] Hering D, Kucharska W, Kara T, Somers VK, Narkiewicz K. Resting sympathetic outflow does not predict the morning blood pressure surge in hypertension. J Hypertens. 2011;29:2381-6.

[14] DiBona GF, Kopp UC. Neural control of renal function. Physiol Rev. 1997;77:75-197.

[15] Machino T, Murakoshi N, Sato A, Xu D, Hoshi T, Kimura T, Aonuma K. Anti-hypertensive effect of radiofrequency renal denervation in spontaneously hypertensive rats. Life Sci. 2014;110:86-92.

[16] Henegar JR, Zhang Y, De Rama R, Hata C, Hall ME, Hall JE. Catheter-based radiorefrequency renal denervation lowers blood pressure in obese hypertensive dogs. Am J Hypertens. 2014;27:1285-92.

[17] Booth LC, Nishi EE, Yao ST, Ramchandra R, Lambert GW,

Schlaich MP, May CN. Reinnervation of renal afferent and efferent nerves at 5.5 and 11 months after catheter-based radiofrequency renal denervation in sheep. Hypertension. 2015;65:393-400.

[18] Sakakura K, Ladich E, Cheng Q, Otsuka F, Yahagi K, Fowler DR, Kolodgie FD, Virmani R, Joner M. Anatomic assessment of sympathetic peri-arterial renal nerves in man. J Am Coll Cardiol. 2014;64:635-43.

[19] Mompeo B, Maranillo E, Garcia-Touchard A, Larkin T, Sanudo J. The gross anatomy of the renal sympathetic nerves revisited. Clin Anat. 2016;29:660-4.

[20] Mahfoud F, Tunev S, Ewen S, Cremers B, Ruwart J, Schulz-Jander D, Linz D, Davies J, Kandzari DE, Whitbourn R, Bohm M, Melder RJ. Impact of lesion placement on efficacy and safety of catheter-based radiofrequency renal denervation. J Am Coll Cardiol. 2015;66:1766-75.

[21] Cohen-Mazor M, Mathur P, Stanley JR, Mendelsohn FO, Lee H, Baird R, Zani BG, Markham PM, Rocha-Singh K. Evaluation of renal nerve morphological changes and norepinephrine levels following treatment with novel bipolar radiofrequency delivery systems in a porcine model. J Hypertens. 2014;32:1678-91. discussion 1691-1672

[22] Henegar JR, Zhang Y, Hata C, Narciso I, Hall ME, Hall JE. Catheter-based radiofrequency renal denervation: location effects on renal norepinephrine. Am J Hypertens. 2015;28:909-14.

[23] Sakakura K, Tunev S, Yahagi K, O'Brien AJ, Ladich E, Kolodgie FD, Melder RJ, Joner M, Virmani R. Comparison of histopathologic analysis following renal sympathetic denervation over multiple time points. Circ Cardiovasc Interv. 2015;8:e001813.

[24] Hansen JM, Abildgaard U, Fogh-Andersen N, Kanstrup IL, Bratholm P, Plum I, Strandgaard S. The transplanted human kidney does not achieve functional reinnervation. Clin Sci (Lond). 1994;87:13-20.

[25] Mahfoud F, Kandzari DE, Kario K, Townsend RR, Weber MA, Schmieder RE, Tsioufis K, Pocock S, Dimitriadis K, Choi JW, East C, D'Souza R, Sharp ASP, Ewen S, Walton A, Hopper I, Brar S, McKenna P, Fahy M, Bohm M. Long-term efficacy and safety of renal denervation in the presence of antihypertensive drugs (SPYRAL HTN-ON MED): a randomised, sham-controlled trial. Lancet. 2022;399: 1401-10.

[26] Tuncel M, Augustyniak R, Zhang W, Toto RD, Victor RG. Sympathetic nervous system function in renal hypertension. Curr Hypertens Rep. 2002;4:229-36.

[27] Hausberg M, Kosch M, Harmelink P, Barenbrock M, Hohage H, Kisters K, Dietl KH, Rahn KH. Sympathetic nerve activity in end-stage renal disease. Circulation. 2002;106:1974-9.

[28] Zazgornik J, Biesenbach G, Janko O, Gross C, Mair R, Brucke P, Debska-Slizien A, Rutkowski B. Bilateral nephrectomy: the best, but often overlooked, treatment for refractory hypertension in hemodialysis patients. Am J Hypertens. 1998;11:1364-70.

[29] Gal P, de Jong MR, Smit JJ, Adiyaman A, Staessen JA, Elvan A. Blood pressure response to renal nerve stimulation in patients undergoing renal denervation: a feasibility study. J Hum Hypertens. 2015;29:292-5.

[30] de Jong MR, Hoogerwaard AF, Gal P, Adiyaman A, Smit JJ, Delnoy PP, Ramdat Misier AR, van Hasselt BA, Heeg JE, le Polain de Waroux JB, Lau EO, Staessen JA, Persu A, Elvan A. Persistent increase in blood pressure after renal nerve stimulation in accessory renal arteries after sympathetic renal denervation. Hypertension. 2016;67:1211-7.

[31] Esler M. Illusions of truths in the symplicity HTN-3 trial: generic design strengths but neuroscience failings. J Am Soc Hypertens. 2014;8:593-8.

[32] Hering D, Lambert EA, Marusic P, Ika-Sari C, Walton AS, Krum H, Sobotka PA, Mahfoud F, Bohm M, Lambert GW, Esler MD, Schlaich MP. Renal nerve ablation reduces augmentation index in patients with resistant hypertension. J Hypertens. 2013;31:1893-900.

[33] Hering D, Marusic P, Walton AS, Duval J, Lee R, Sata Y, Krum H, Lambert E, Peter K, Head G, Lambert G, Esler MD, Schlaich MP. Renal artery anatomy affects the blood pressure response to renal denervation in patients with resistant hypertension. Int J Cardiol. 2016;202:388-93.

[34] Seravalle G, D'Arrigo G, Tripepi G, Mallamaci F, Brambilla G, Mancia G, Grassi G, Zoccali C. Sympathetic nerve traffic and blood pressure changes after bilateral renal denervation in resistant hypertension: a time-integrated analysis. Nephrol Dial Transplant. 2017;32:1351-6.

[35] Vink EE, Verloop WL, Siddiqi L, van Schelven LJ, Liam Oey P, Blankestijn PJ. The effect of percutaneous renal denervation on muscle sympathetic nerve activity in hypertensive patients. Int J Cardiol. 2014;176:8-12.

[36] Tank J, Heusser K, Brinkmann J, Schmidt BM, Menne J, Bauersachs J, Haller H, Diedrich A, Jordan J. Spike rate of multi-unit muscle sympathetic nerve fibers after catheter-based renal nerve ablation. J Am Soc Hypertens. 2015;9:794-801.

[37] Bohm M, Tsioufis K, Kandzari DE, Kario K, Weber MA, Schmieder RE, Townsend RR, Kulenthiran S, Ukena C, Pocock S, Ewen S, Weil J, Fahy M, Mahfoud F. Effect of heart rate on the outcome of renal denervation in patients with uncontrolled hypertension. J Am Coll Cardiol. 2021;78:1028-38.

[38] Li L, Xiong Y, Hu Z, Yao Y. Effect of renal denervation for the management of heart rate in patients with hypertension: a systematic review and meta-analysis. Front Cardiovasc Med. 2021;8:810321.

[39] Hering D, Kucharska W, Chrostowska M, Narkiewicz K. Age-dependent sympathetic neural responses to ss1 selective beta-blockade in untreated hypertension-related tachycardia. Blood Press. 2018;27:158-65.

第3章　临床前模型和组织病理学转化医学和去肾神经术

Preclinical Model and Histopathology Translational Medicine and Renal Denervation

Yu Sato　Kenichi Sakakura　Maria E. Romero　Frank D. Kolodgie　Renu Virmani　Aloke V. Finn 著
胡欣茹　译　　肖乾凤　校

要　点

1. 由于猪的肾血管系统的解剖结构与人类相似，因此猪模型最常用于临床前研究。
2. 半定量有序分级系统有助于评估肾脏去神经化引起的组织病理学变化。
3. 在进行临床前研究之前，必须选择适当的时间点（急性、亚急性或慢性）。

一、概述

动脉高血压是发达国家和发展中国家的一个主要健康问题。2000 年，世界上超过 1/4 的成年人患有高血压，预计到 2025 年这一比例将增加到 29%[1]。高血压与心肌梗死、心力衰竭、卒中和肾脏疾病的风险增加有关[2]。对于 40—69 岁的个体，收缩压每增加 20mmHg 或舒张压每增加 10mmHg，死于卒中或缺血性心脏病的风险增加 1 倍[3]。虽然降压药物是高血压患者控制血压的一线治疗手段，尤其是在美国老年人、非西班牙裔黑种人、糖尿病患者和慢性肾病患者中，但高血压控制率仍然很低[4]。此外，难治性高血压［尽管采用最佳剂量的 3 种或 3 种以上降压药（包括利尿药）治疗］仍未能达到血压控制标准。年龄＞60 岁，血压＜150/90mmHg；年龄＜60 岁，血压＜140/90mmHg[5] 在高血压患者中仍高达 12%～15%[6-8]。

去肾神经术（renal sympathetic denervation，RDN）是高血压患者的一种新的治疗选择。在最初的随机非假手术对照试验中，基于导管的 RDN 证明了其有效性和安全性[9-11]。这些研究的结果进一步推动了该技术的临床应用[12-15]。然而，与预期相反，Symplicity HTN-3 试验未能达到其主要疗效终点[16]。Symplicity HTN-3 试验是一项前瞻性、随机、操作设盲、假手术对照的单盲试验，旨在评估在患者尽管已按最大耐受剂量服用至少 3 种不同类型的降压药物但高血压仍未得到控制的情况下，基于导管的 RDN 治疗的安全性和有效性[16]。在令人失望的结果之后，大多数设备制造商对这项技术的热情大大降低而退出了开发。然而，对 Symplicity HTN-3 试验的事后分析揭示了该试验的局限性。旨在克服这些局限性的新一代随机假手术对照试验显示出令人鼓舞的结果 [17-19]。尽管仍有许多未解决的问题，但在目前和未来，使用不同动物模型的临床前研究将帮助研究人员和临床医生进一步完善这项技术，以提高其安全性和有效性。

二、临床前动物模型及人类肾动脉周围神经解剖

在小型啮齿动物中进行的研究已经评估了肾交感神经去神经的效果 [20-22]，然而，小动物模型可能不是测试经皮手术的理想模型。较大的动物，如猪、狗或羊，可用于经皮肾交感神经切除术的临床前研究，并可使用类似于人类使用的设备。因为猪肾脏的血管解剖结构和交感神经分布与人类非常相似，因此猪临床前模型是最常用的 [23, 24]。2013 年，Tellez 等曾报道猪模型中的肾动脉交感神经分布 [25]。结果表明：近端神经数量最多（45.62%），远端神经数量逐渐减少（中端：24.58%；远端：29.79%）[25]。52% 的神经位于距动脉壁 2.5mm 以内 [25]。因为猪模型用于预测人类的安全结果，所以确定猪和人类之间的神经解剖学差异尤为重要。Atherton 等报道了 5 例人肾动脉的神经分布 [26]。他们总结出 90.5% 的神经存在于肾动脉管腔 2.0mm 内，神经数量沿动脉长度从近端到远端有增加的趋势（近端：216；中间：323；远端：417）[26]。然而，这篇研究在方法上有许多问题，最重要的弱点是他们只测量了距离腔内 2.5mm 以内的神经，而超过 2.5mm 的神经未被包括或提及。此外，此研究的样本数量太少，且未使用灌注固定程序，因此无法确定采样过程中引入的变异性和固定处理导致的塌陷及收缩伪影。2014 年，我们报道了一项更大规模、更详细的人体尸检研究，以评估人类交感神经的分布 [27]。共纳入了 40 个在生理压力下灌注固定的肾动脉和周围组织。近段与中段神经数目相近（每节 39.6 ± 16.7 条和 39.9 ± 13.9 条），远段神经数目较少（每节 33.6 ± 13.1 条）（P=0.01）。管腔到神经的距离以近段最大（3.40 ± 0.78mm），中段次之（3.10 ± 0.69mm），远段最小（2.60 ± 0.77mm）（P<0.001）。管腔到神经距离的第 50 百分位、第 75 百分位、第 90 百分位分别为 2.44mm、4.28mm、6.39mm（图 3-1）。这一结果与之前的人类研究 [26] 不同。一个可能的原因是之前的研究遗漏了近端节段的神经，因为这些研究只观察到了距离动脉管腔 2.5mm 范围内的神经，而事实上管腔到神经的距离在近端节段是最远的。我们还报道了人类副肾动脉周围神经的解剖分布 [28]，结果与人类主肾动脉相似，动脉直径与周围神经数量之间存在关系（即动脉越大，神经数量越多）。

三、临床前模型的组织病理学评估方法

动物模型经皮消融术中引起的神经损伤的组织学评估必须系统分级，并且必须确定从动脉管腔到周围神经存在的距离。同样，肾动脉损伤的程度也必须通过一种完善的、可重复的方法来分级。我们提出了标准化的方法来评估基于导管的 RDN 临床前评估 [29]。首先，所有肾动脉的灌注压必须固定在 80～100mmHg。其次，肾动脉的长度必须在体内确定，当组织尤其是动脉从体内移除后会出现收缩现象。研究表明，当主动脉从身体上取出时，会发生明显的收缩，估计收缩幅度可达 30%～40%，但这取决于患者的年龄，年轻人比老年人收缩更大，因为随着年龄的增长，主动脉失去了弹性。同样，据估计，仅石蜡切片前的固定和脱水就会导致 20% 的收缩 [30]。

当去神经支配后评估神经、肾动脉和动脉周围软组织的变化时，半定量有序分级方案是有用的 [29]。在评估神经损伤时，必须注意到组织损伤可能会影响肾神经的神经元周围和（或）神经元内部分。对神经元周围损伤的评估应包括炎症和纤维化。虽然急性期神经损伤不一定伴有神经元周围炎症或纤维化，但慢性期神经损伤通常表现为神经元周围纤维化（图 3-2）。空泡化和消化腔

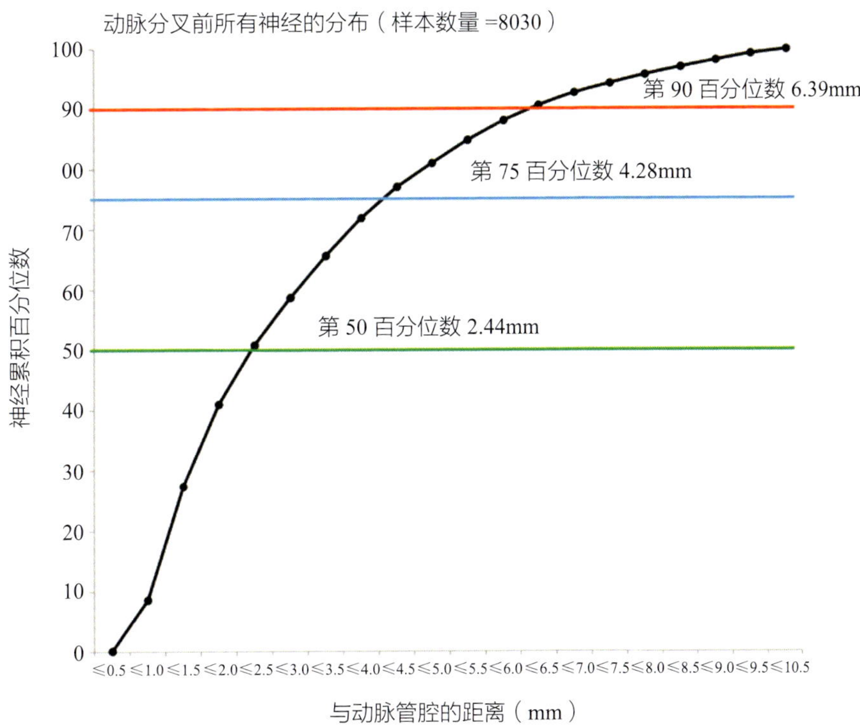

▲ **图 3-1 神经距离腔内的累积分布**

该图展示了在动脉分叉前，根据 8030 条神经计算得出的神经距离腔内的累积分布。从腔内到神经的距离，其第 50 百分位数为 2.44mm，而第 75 和第 90 百分位数分别为 4.28mm 和 6.39mm

Sakakura K 等许可转载，J Am Coll Cardiol 2014;64:635-643 [27]

是内皮细胞损伤的独特表现（图 3–2）。空泡化的特点是存在空泡区，其中含有疏松的结缔组织，细胞质呈均匀的嗜酸性染色，细胞核固缩 [31]。消化室由不同数量的聚集髓磷脂（嗜酸性透明蛋白小球）和偶尔穿插细胞的空泡化空间来识别 [31]。由于即使是未经处理的动物也可能因人为因素而出现微小或轻度损伤，因此，中度和重度损伤，通常表现为消化腔、频繁的空泡化和坏死，这些被认为是由 RDN 治疗引起的明确损伤 [29]。肾血管损伤，包括内皮细胞脱落和中膜损伤，也可以使用半定量的顺序分级系统进行评估（图 3–3）。在评估中膜损伤时，Movat 五色染色很有用，因为蛋白多糖沉积很容易观察到 [18]。

免疫组织化学染色可用于区分与肾交感神经活动相关的神经元标志物的形态或功能状态。然而，迄今为止应用的大多数标志物对交感神经并不具有特异性。例如，S-100 蛋白是施万细胞和胶质细胞的标志物 [32]，在所有髓鞘神经中都可以观察到对 S-100 蛋白的免疫反应性；神经丝蛋白（neurofilament protein，NFP）作为中间丝，是神经元和神经节细胞的标志物。胶质原纤维酸性蛋白（glial fibrillary acidic protein，GFAP）是胶质细胞的标志物，可用于神经束的识别 [33]。此外，酪氨酸羟化酶（tyrosine hydroxylase，TH）是将酪氨酸转化为二羟基苯丙氨酸（dihydroxyphenylalanine，DOPA）所需的酶，其免疫组化是用于识别传出神经的最常用标志物 [34]，可分为无染色、极弱染色、中度染色和强染色 [29]。因此，将任何一种轴突标志物（S-100、NFP 或 GFAP）和功能标志物（酪氨酸羟化酶）结合起来，对于临床前去神经疗法的综合评估中传出纤维的识别非常重要。降钙素基因相关肽（calcitonin gene-related peptide，CGRP）是感觉神经的一种神经递质，其免疫印迹可用作猪传

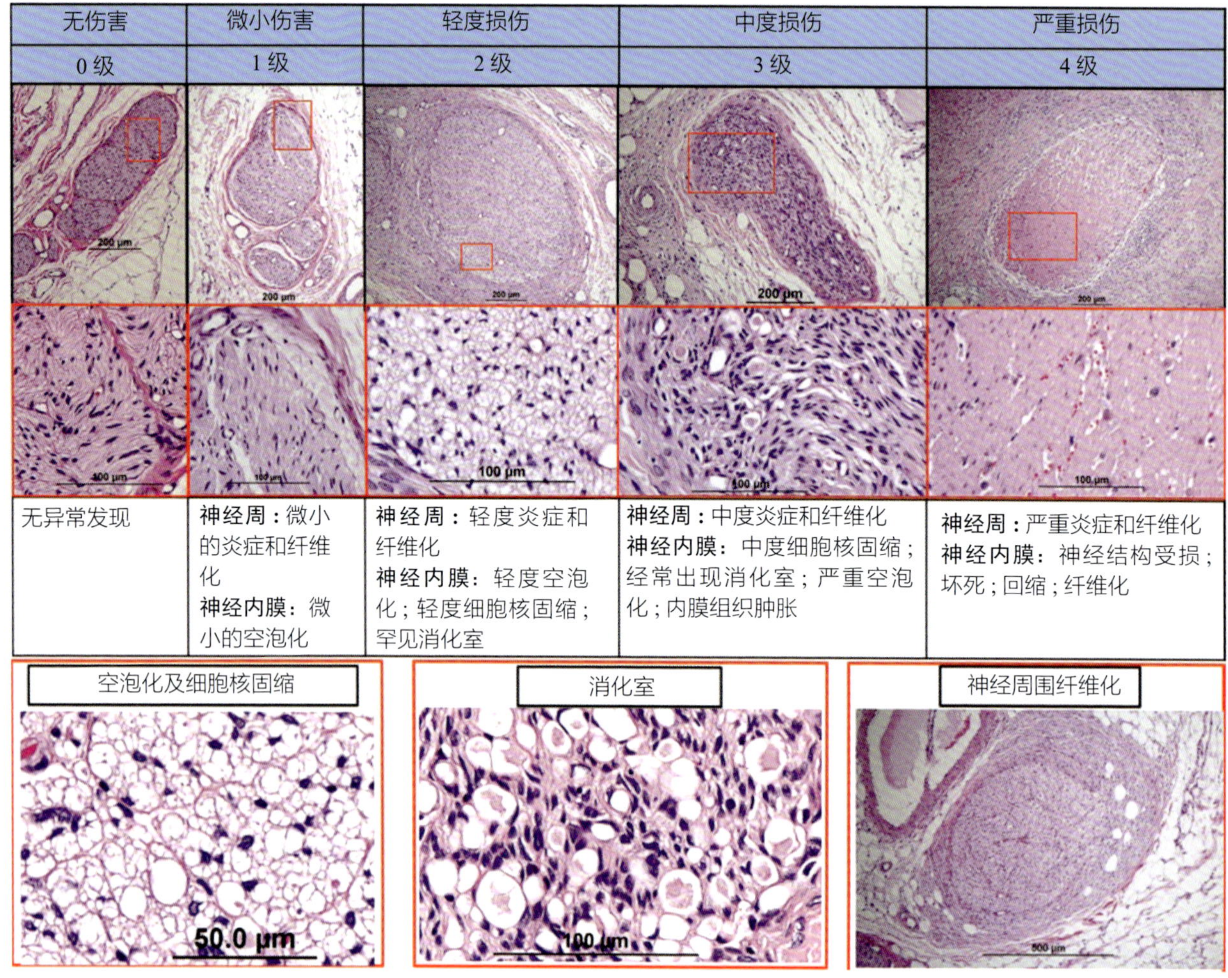

▲ 图 3-2 神经改变的半定量分级方案

上图为按损伤程度递增的神经典型图像。中图为各等级受伤神经（上图红色框内区域）的高倍率图像。下图为典型的空泡化、核固缩、消化室和神经周围纤维化。所有图片均采用 HE 染色。经 Sakakura K 等许可转载，JACC Cardiovasc Interv 2014;7: 1184-93 [29]

入纤维的标志物 [25]。然而，由于传入神经纤维的比例比传出神经纤维小，因此很难完全使用传入神经纤维来评估治疗效果 [25]。免疫组化的代表性图像见图 3-4。

为了评估血管和血管周围软组织包括邻近器官（肾脏、淋巴结、输尿管和肾静脉）的治疗反应，可获得多个参数的序数数据，包括内皮损伤、动静脉中膜损伤、炎症、退行性变化和坏死。功能健全的内皮是防止凝血途径激活和血栓黏附的最重要的管腔屏障，因此，尤其是在早期评估其存在与否非常重要。急性或慢性炎症可能是不可逆组织损伤的标志，应结合是否存在退行性病变或坏死进行评估。此外，在组织学切片中，可以用数字形态测量法测量受损组织到治疗动脉段内膜腔表面的距离，这些测量有助于确定损伤的纵向深度（图 3-5）。

四、基于导管的 RDN 技术

有 3 种类型的导管 RDN 设备，其有效性和安全性正越来越多地通过设置假手术对照组的随机对照试验（randomized controlled trials，RCT）得到证实。Simplicity Spyral（射频导管；Medtronic, Minneapolis,MN）、Paradise System（超声导管；ReCor Medical，Palo Alto,CA）和 Peregrine System

无伤害	微小损伤	轻度损伤	中度损伤	严重损伤
0 级	1 级	2 级	3 级	4 级
内皮损失占血管周长的 0%	内皮损失占血管周长的<25%	内皮损失占血管周长的 25%～50%	内皮损失占血管周长的 50%～75%	内皮损失占血管周长≥75%
中膜壁损伤深度占中膜厚度的 0%	中膜壁损伤深度占中膜厚度<25%	中膜壁损伤深度占中膜厚度 25%～50%	中膜壁损伤深度占中膜厚度 50%～75%	中膜壁损伤深度占中膜厚度≥75% 中膜变薄：受损中膜厚度小于未受影响中膜的 50%
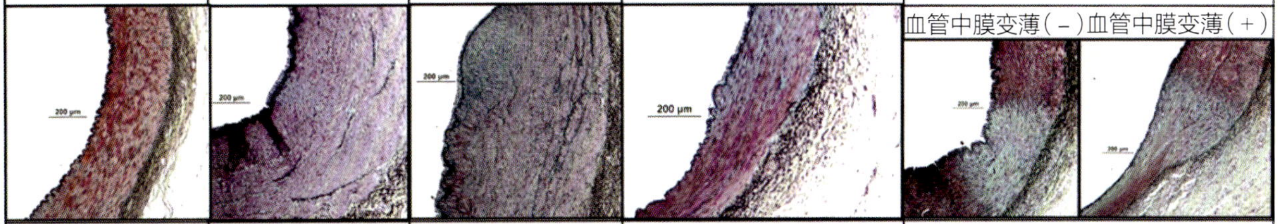 200 μm	200 μm	200 μm	200 μm	血管中膜变薄（–）血管中膜变薄（+） 200 μm 200 μm
中膜壁变化周长占血管周长的 0%	中膜壁变化周长占血管周长<25%	中膜壁变化周长占血管周长 25%～50%	中膜壁变化周长占血管周长 50%～75%	中膜变薄（+或–），内侧壁变化周长占血管周长≥75%
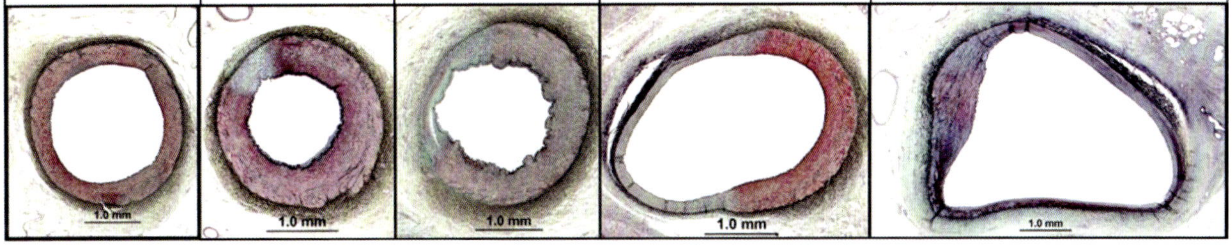 1.0 mm	1.0 mm	1.0 mm	1.0 mm	1.0 mm

▲ 图 3–3 肾动脉损伤的半定量分级方案

上图为按损伤等级划分的中膜壁损伤深度，下图表示中膜壁环形损伤等级。需要注意的是，介质变薄只有在损伤深度达到 4 级时才会发生，应加以区分。所有图像均用 Movat 五色染色。经 Sakakura K 等许可转载，JACC Cardiovasc Interv 2014;7:1184-93 [38]

（微注入导管；Ablative Solutions,Inc,San Jose,CA）。

五、导管射频消融所致病变的组织病理学研究

射频能量是一种交流电，通过两种机制进行消融：①直接电阻加热与导管尖端接触的组织；②热传导或被动热传导至更深的组织层 [35]。靠近射频电流区域的直接电阻加热速度很快，而向更深组织层的被动热传导则较为缓慢 [36]。即使在射频电流传输中断后，热传导仍在继续，因此射频电流停止后，消融区域可能会继续扩大。双极模式和单极模式都用于产生射频电流。射频电流通过导管尖端长度为 4～10mm 的经动脉电极导管输送到靶区。

Steigerwald 等报道了猪模型射频消融后的急性（45min）和亚急性（10 天）组织病理学变化和光学相干断层扫描（optical coherence tomography，OCT）结果 [37]。7 头猪采用 Symplicity 导管系统（Medtronic,Minneapolis,MN）对肾动脉进行射频消融。在急性期，血管造影显示导管尖端定位的消融部位有血管缺口。急性期 OCT 显示血栓和由于急性细胞耗竭和细胞水肿导致的中膜壁信号强度下降，而在 10 天的随访中血栓已消失（图 3–6）。组织学检查结果显示存在血栓形成和内皮细胞耗竭，这一点通过血友病因子染色证实（图 3–7）[37]。动脉介质出现水肿性细胞肿胀，细胞数量减少 [37]（图 3–8）。此外，相邻的外皮层结缔组织也出现结缔组织凝固性坏死和细胞耗竭。与未治疗的动脉

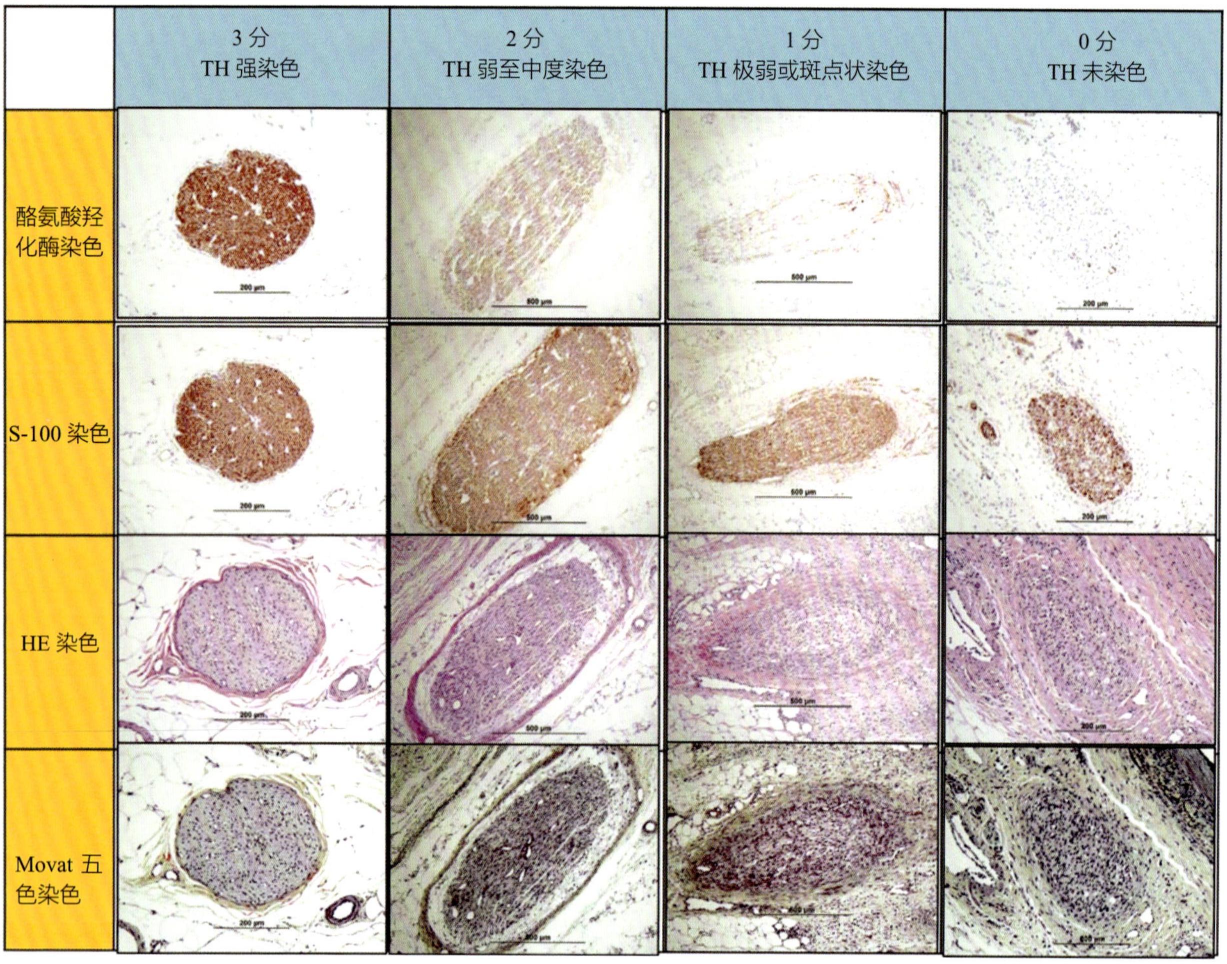

	3 分 TH 强染色	2 分 TH 弱至中度染色	1 分 TH 极弱或斑点状染色	0 分 TH 未染色
酪氨酸羟化酶染色				
S-100 染色				
HE 染色				
Movat 五色染色				

▲ 图 3-4 酪氨酸羟化酶免疫染色的半定量评分标准

上图为抗酪氨酸羟化酶（TH）染色的损伤神经典型图像。下图是用 HE 染色和 Movat 五色染色的损伤神经图像。经 Sakakura K 等许可转载，JACC Cardiovasc Interv 2014;7:1184-93 [30]

相比，治疗后动脉周围的神经束数量明显受到影响。在急性损伤的神经中，神经丝蛋白的免疫染色未见异常。在亚急性期，通过血友病因子染色可观察到再内皮化（91%），且血栓不复存在（图 3-7）[37]。恢复后的中层显示出纤维化瘢痕组织，占中层面积的 11%，但中层纤维化程度明显不同（图 3-8）[37]。神经束表现出退行性形态改变，包括神经周围空泡化和增厚 [37]。此外，对神经丝蛋白的免疫染色显示染色弱或失去染色 [37]。本研究提示了在猪临床前模型中射频交感神经切断后的神经损伤和染色特征的急性和亚急性的差异的重要性。

Rippy 等报道了猪射频消融的慢性组织病理学变化 [23]。7 头猪接受了 Symplicity 导管系统治疗，6 个月时进行血管造影和组织病理学检查。经血管造影，随访 6 个月未见狭窄及其他血管并发症 [23]。6 个月时肾动脉的组织病理学显示中膜损伤，包括中膜平滑肌细胞的纤维化替代和内弹力层的破坏（10%～25%）[23]。在完全内皮化治疗的肾动脉中，观察到最小的内膜增厚 [23]。6 个月后的肾神经损伤表现为神经纤维化和神经周围增厚（图 3-6）[23]。

我们报道了对猪射频消融后组织病理学变化的系统和时间调查 [38]。我们对 28 头猪的 49 条肾动脉进行了 Symplicity 导管系统治疗，并在 4 个不同的时间点（7 天、30 天、60 天和 180 天）进

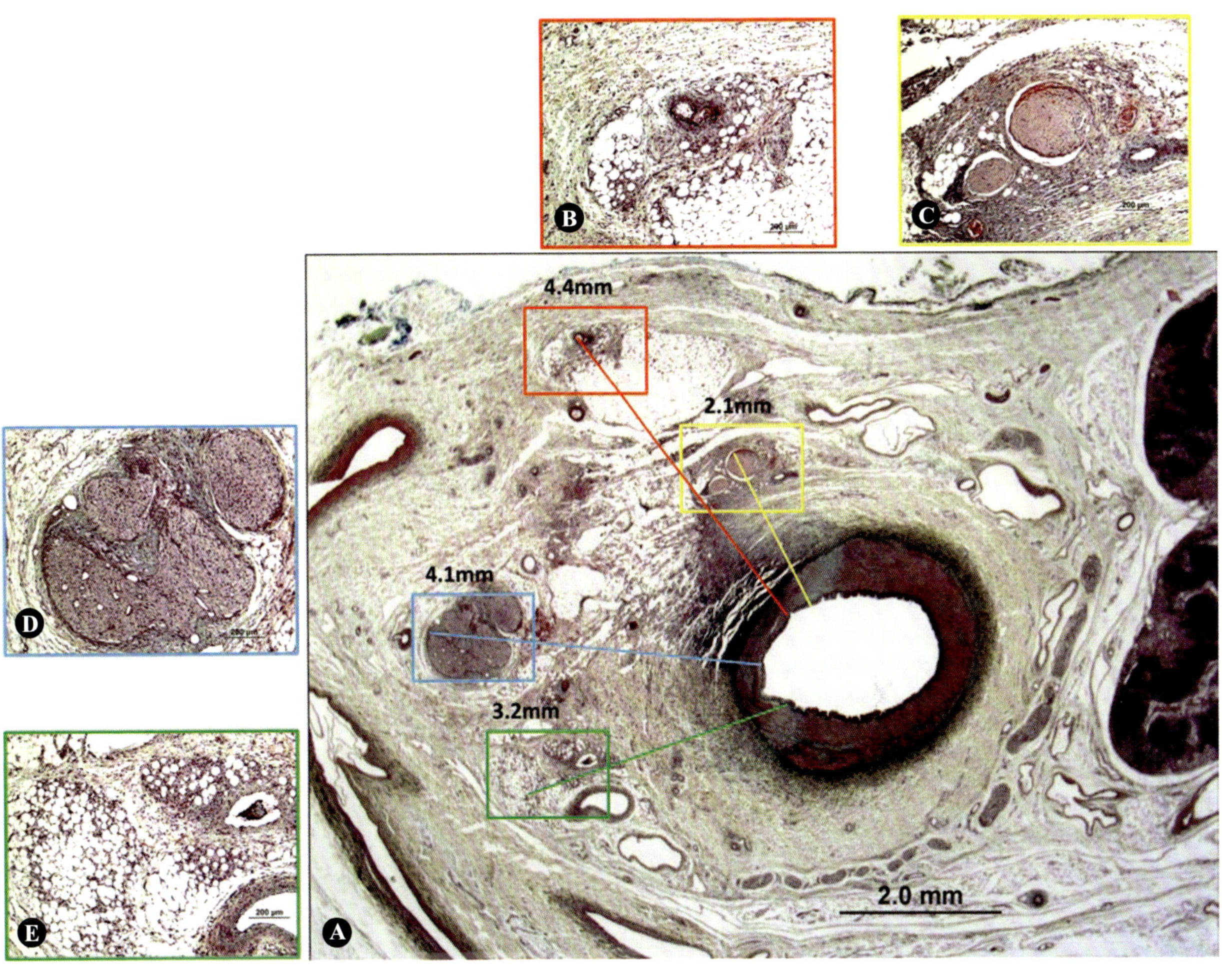

▲ 图 3-5 从动脉管腔到各种损伤的距离的典型图像

A. 治疗后肾动脉和肾周的低倍成像。B. 损伤小动脉的高倍成像（A 中红框区域）。管腔到损伤小动脉的距离为 4.4 mm。C. 神经损伤高倍图像（A 中黄色框区）。管腔到损伤神经的距离为 2.1 mm。D. 损伤神经高倍成像（A 中蓝框区域）。E. 软组织损伤高倍图像（A 中绿色框区）。管腔到损伤组织的距离为 3.2 mm。经 Sakakura K 等许可转载，JACC Cardiovasc Interv 2014;7: 1184-93 [42]

行了组织学检查。采用半定量组织学评分 [29]，并对动脉和相关组织进行评估，以表征射频病变的时间进展。急性（7 天）神经损伤的特征是神经坏死（凝固性坏死，神经束内的核完全或局灶性缺失）和变性（消化室、空泡化、细胞核凋亡和炎症）。慢性期（60 天和 180 天）的神经损伤以神经周围纤维化和神经萎缩为特征。射频消融术后的神经损伤在 7 天时达到高峰，随后随着时间的推移逐渐减轻（图 3-9）。用酪氨酸羟化酶染色法评估的功能性神经损伤在 7 天时达到高峰，但在 30 天时仍持续存在，而在随后的时间点则部分恢复。肾动脉和周围软组织损伤在 7 天时最大，在 180 天时最小，这表明肾动脉壁和周围组织在逐渐恢复（图 3-10）。

上述结果表明射频消融的长期安全性。Symplicity Spyral 系统是在 Symplicity HTN-3 试验之后开发的新一代设备，旨在克服第一代 Symplicity 系统的缺点。随机、假对照试验已经证明了该技术的有效性和安全性 [17, 39, 40]，全球注册显示该技术的长期安全性 [41]。

六、导管超声消融所致病变的组织病理学研究

Paradise 超声去肾神经系统是一种基于超声

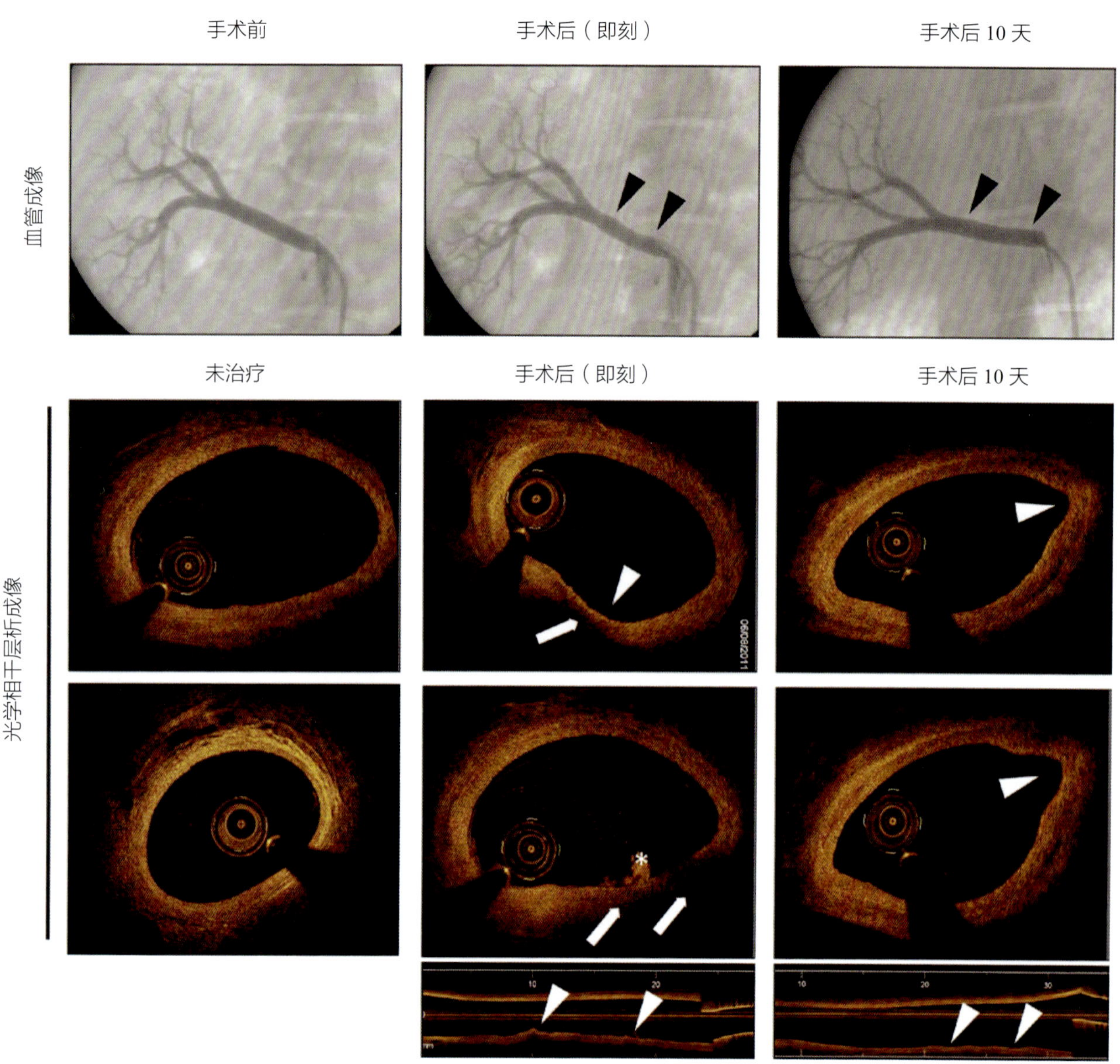

▲ 图 3-6　肾动脉造影和光学相干断层扫描（OCT）下的肾动脉成像

上图：基线（左）、射频治疗后急性期（中）和随访 10 天的亚急性期（右）的血管造影图像。在急性期，病变部位的血管缺口明显（黑箭头），并伴有中度血管痉挛。10 天后，血管缺口仍清晰可见。下图：未经治疗的动脉（左）、治疗后急性期动脉（中）和治疗后 10 天动脉（右）的 OCT 图像。在管腔内缩（白箭头）的情况下，可以将病变部位与原始组织区分开来。射频治疗后，动脉显示血栓物质（*）和射频治疗后信号强度急剧下降（白箭头）。经 Steigerwald 等许可转载，Journal of Hypertension 2012; 30: 2230–9 [37]

的导管，其远端球囊可作为冷却剂保护肾动脉壁。该系统可进行环周消融，穿透深度更深（图 3-11），而不会出现对中膜进行 360 度消融而导致纤维化环的风险。该设备于 2012 年获得 CE 标志，一项随机假手术对照试验显示其良好的疗效和安全性 [19, 42]。我们进行了一项临床前猪研究，以评估 Paradise 超声系统引起的病变的组织学变化 [43]。我们对 15 头猪的 29 条肾动脉进行了不同剂量（即功率和持续时间）的超声治疗，并使用半定量评分法 [29] 和消融面积对组织学结果进行了评估。在所有 5 种不同的剂量设置中，观察到环形神经损伤，没有内皮细胞损失的证据，动脉内侧壁损伤极小甚至没有。低功率 – 长持续时间组的消融面积和深度最大，而中等功率 – 短

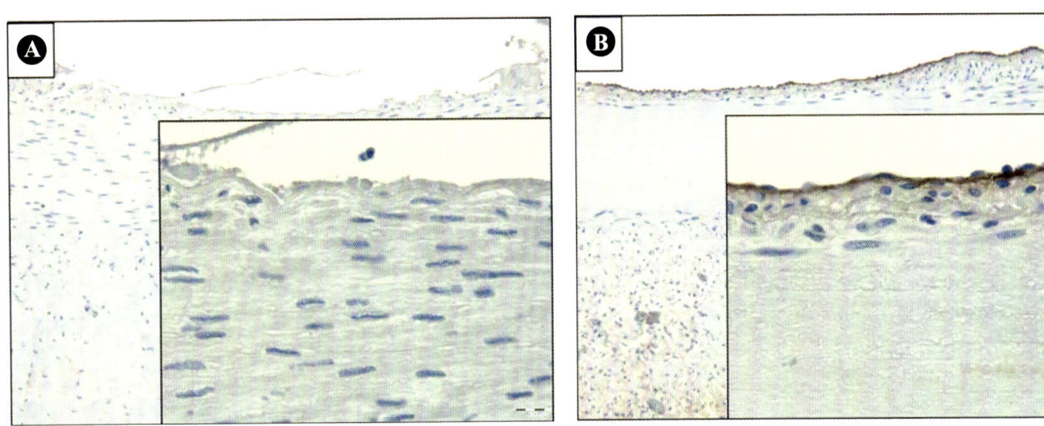

▲ 图 3-7　射频消融去肾神经术后动脉的血管性血友病因子免疫组织化学染色

上图显示了治疗后急性期（A）和亚急性期（B）的肾动脉管腔表面。插图为放大后的图像。治疗后急性期没有血管性血友病因子染色，而在亚急性期有较强的染色。经 Steigerwald 等许可转载，Journal of Hypertension 2012; 30: 2230-9 [37]

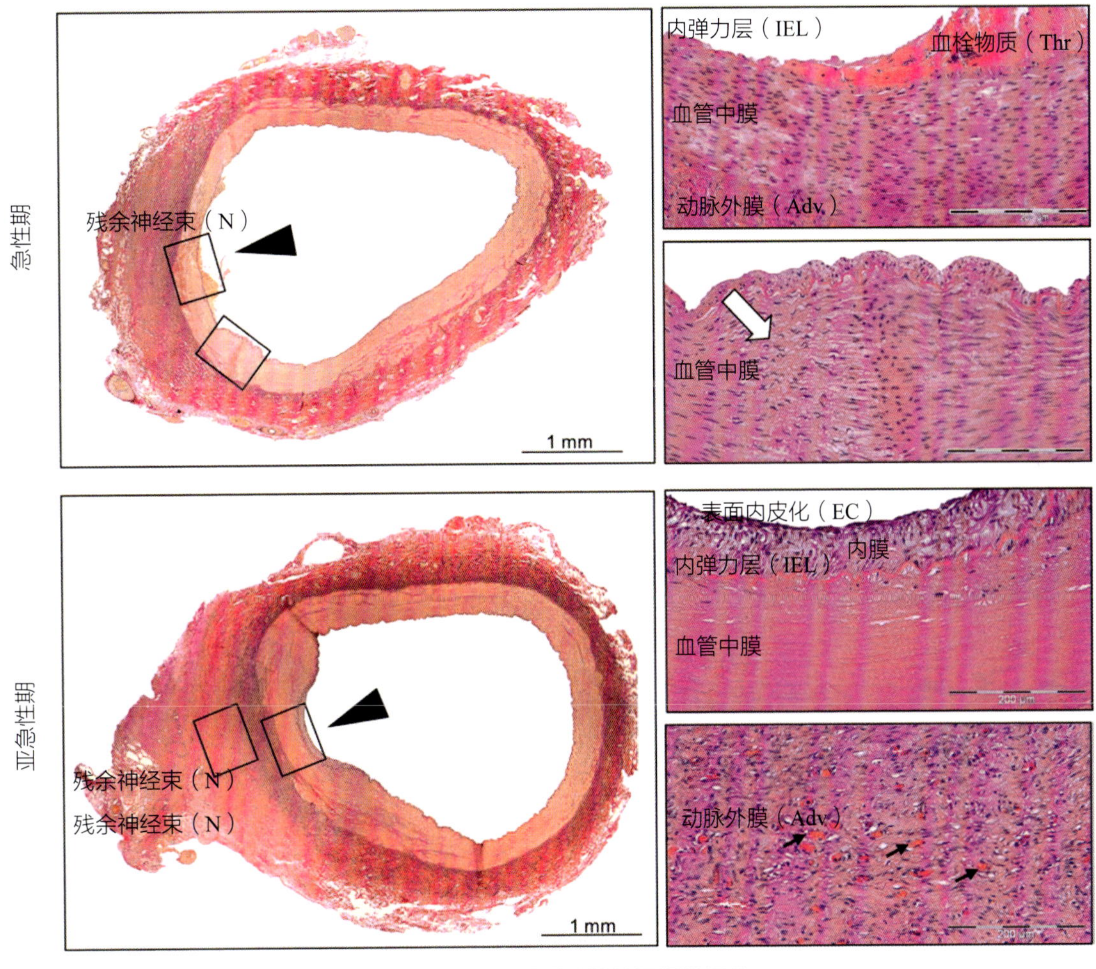

▲ 图 3-8　治疗后肾动脉的组织学切片

概览图像为 VG 染色切片。放大后的图像为 HE 染色（比例尺代表 200 mm 的长度）。黑箭头指向病变部位，约占血管周长的 20%。两组病变部位均有明显的残余神经束（N）。上图：射频治疗后肾动脉横截面的急性期图像。在病变部位，内弹力层（IEL）显示出最小的破坏。在没有内皮层的部位，血栓物质（Thr）堆积明显。中层回缩，显示细胞密度降低和水肿（白箭头）。血管内膜（Adv）显示结缔组织凝结。下图：射频治疗后亚急性期（10 天随访）肾动脉横截面图像。表面内皮化（EC）已恢复，血栓已无法辨认。内膜增厚程度很小，中膜显示存在纤维化瘢痕组织，覆盖整个中膜厚度。血管内膜显示炎症反应和血管生成（黑箭）。经 Steigerwald 等许可转载，Journal of Hypertension 2012; 30: 2230-9 [37]

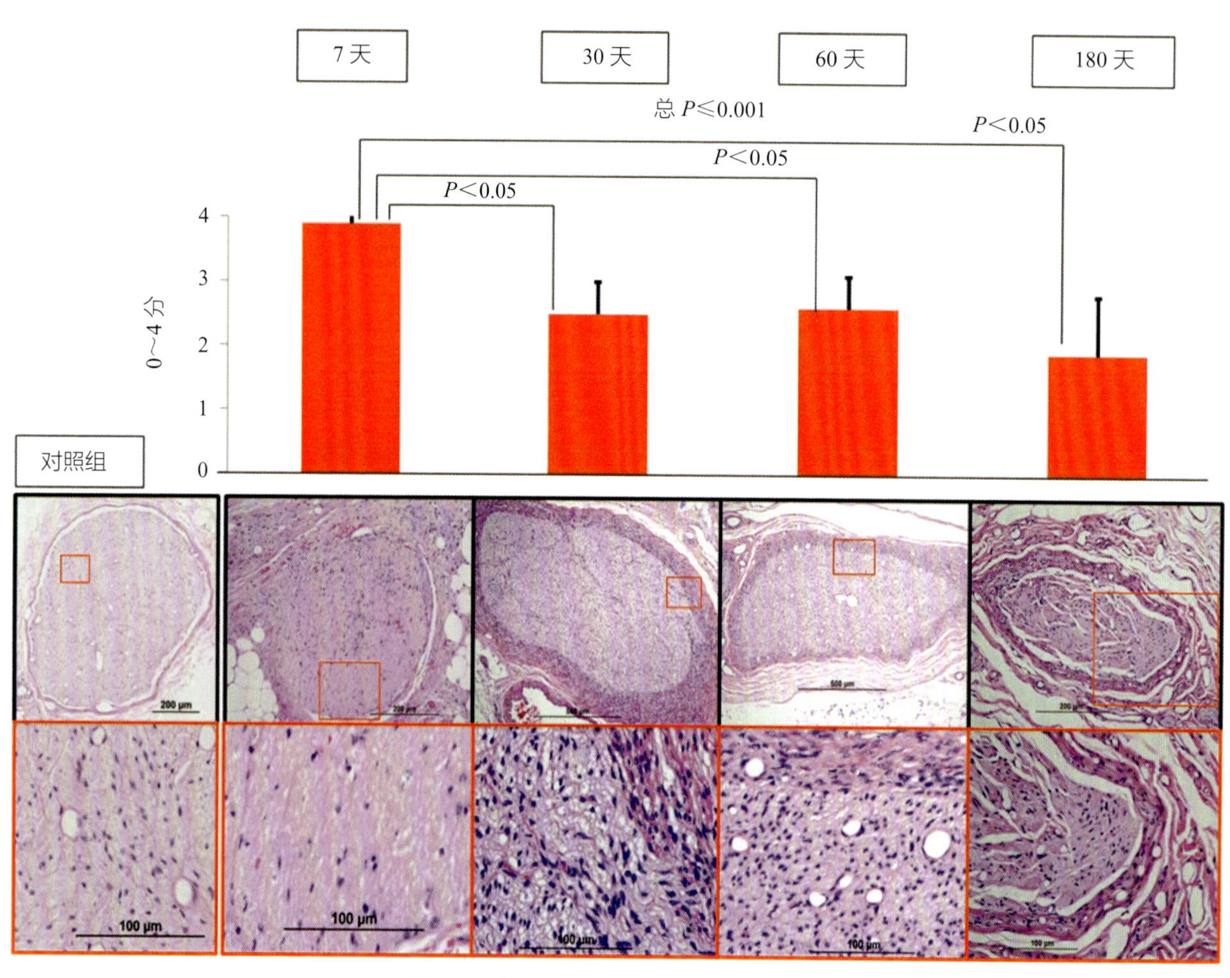

▲ 图 3-9 损伤神经在不同时间点的典型图像

上图为低倍图像，下图为上图红色框内区域的高倍图像（HE 染色）。7 天后的神经束显示凝固性坏死和无核。30 天时的神经束显示中度神经周围纤维化、空泡化和细胞核凋亡。60 天时的神经束显示轻度至中度神经周围纤维化。180 天时的神经束显示轻度神经周围纤维化。60 天和 180 天时，神经束和周围纤维组织内的毛细血管扩张。经 Sakakura K 等许可转载，Circ Cardiovasc Interv 2015;8:e001813 [38]

持续时间组的消融面积最小，消融深度最大（图 3-12）。这一结果表明，可以通过改变超声剂量来控制消融面积和最大消融深度，而冷却球囊系统则始终保持对动脉壁的保护。这一事实对于保持超声消融的有效性和安全性至关重要。理想情况下，最大消融距离应足够长，以消融大部分动脉周围神经，但也不能太深，以免造成过度深度消融而损伤邻近器官。事实上，根据超声剂量的不同，可以观察到腹膜后器官损伤，包括局灶性腰肌坏死、小肠透壁坏死和输尿管损伤。所有神经与肾动脉管腔距离的第 90 百分位数为：主肾动脉 6.39mm，附属肾动脉 6.73mm[27, 44]。考虑到肾动脉周围神经的解剖分布，中功率短持续时间（7.4 ± 2.0mm）是在不牺牲疗效的情况下最安全的范围。

七、导管介导的乙醇 RDN 的组织病理学研究

Fischell 等报道导管介导的乙醇 RDN 对猪模型第 14 天的影响[14]。他们使用 Peregrine 导管为基础的微注入 RDN 系统，在透视引导下经股动脉经皮插入成年猪肾动脉[14]。本研究使用了 3 种体积的脱水乙醇（98%）：0.15ml/ 动脉（n=3 头猪 /6 条肾动脉）、0.30ml/ 动脉（n=3 头猪 /6 条肾

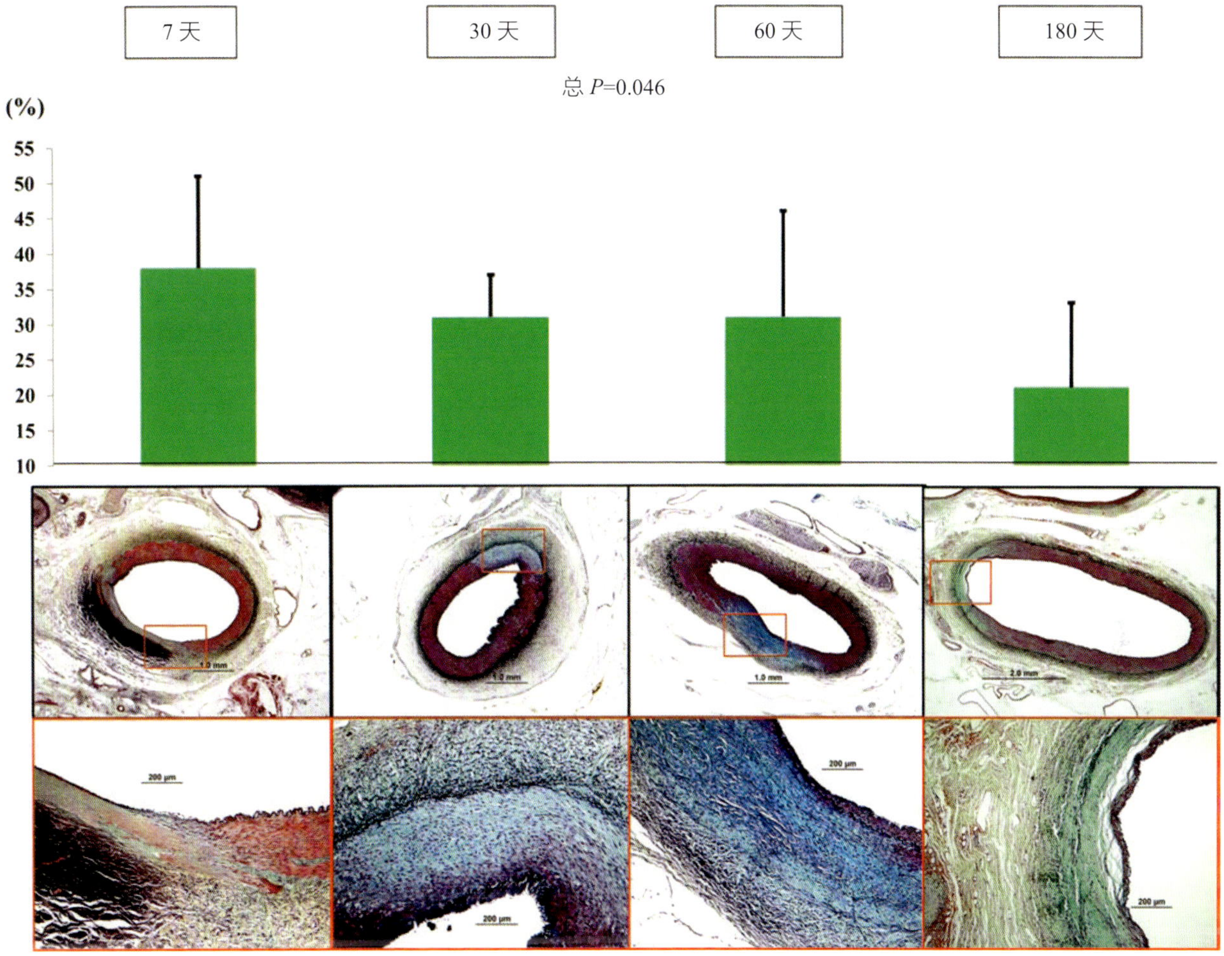

7 天
30 天
60 天
180 天
总 P=0.046
(%)
55
50
45
40
35
30
25
20
15
10

▲ 图 3-10 不同时间点动脉损伤的代表性图像

上图为低倍图像，下图为上图红框区域的高倍图像（Movat 五色染色）。7 天时的肾动脉显示出透壁性中膜损伤，中膜变薄，胶原变性，在 Movat 五色染色上染成黑色。30 天、60 天和 180 天后的肾动脉显示透壁性中膜损伤和蛋白多糖替代平滑肌细胞损失，但没有中膜变薄。经 Sakakura K 等许可转载，Circ Cardiovasc Interv 2015;8:e001813 [30]

肾动脉
淋巴结
肾静脉
下腔静脉

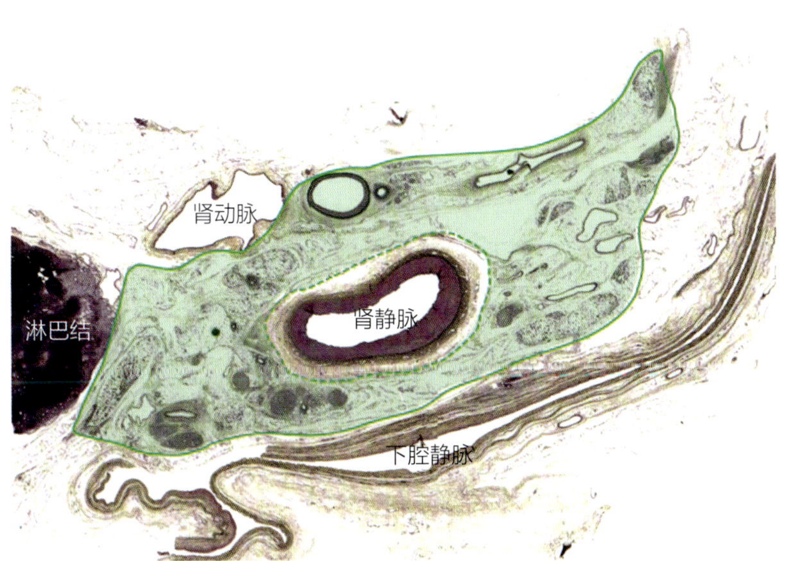

◀ 图 3-11 消融部位的典型组织学图像

绿色划线区域为消融区域（绿色阴影）。需要注意的是，即使是环形消融，肾动脉壁也受到保护（绿色虚线）。经 Sato Y 等许可转载，Future Cardiol 2021 Apr 20. https://doi.org/10.2217/fca-2020-0228. Epub ahead of print [45]

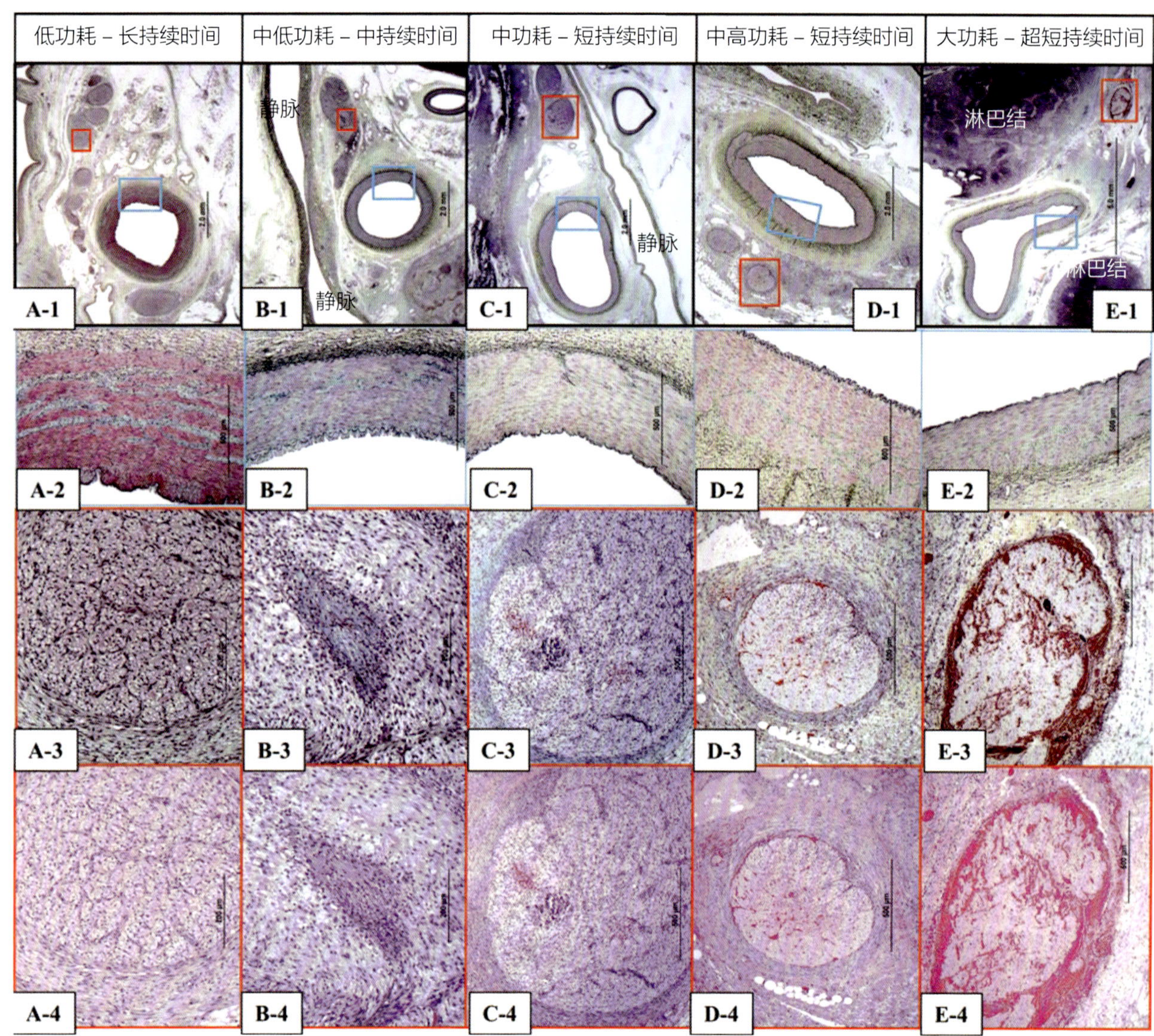

▲ 图 3–12　5 个不同剂量组消融部位的代表性组织学图像

A：低功耗 – 长持续时间。A-1：肾动脉及周围组织低倍镜图像（Movat 五色染色）。A-2：动脉中膜高倍成像（A-1 中蓝框区域）。动脉中膜完好无损（Movat 五色染色）。A-3，A-4：损伤神经束高倍成像（A-1 中红框区域）。观察到中度（3 级）神经损伤（A-3：Movat 染色；A-4：HE 染色）。B：中低功耗 – 中持续时间。B-1：肾动脉及周围组织低倍镜图像（Movat 五色染色）。B-2：动脉中膜高倍成像（B-1 中蓝色框区）。动脉中膜完好无损（Movat 五色染色）。B-3 和 B-4：损伤神经束高倍成像（B-1 中红框区域）。观察到严重（4 级）神经损伤（B-3：Movat 五色染色；B-4：HE 染色）。C：中功耗 – 短持续时间。C-1：肾动脉及周围组织低倍镜图像（Movat 五色染色）。C-2：动脉中膜高倍成像（C-1 中蓝色框状区域）。动脉中膜完好无损（Movat 五色染色）。C-3 和 C-4：损伤神经束高倍成像（C-1 红框区域）。观察到严重（4 级）神经损伤（C-3：Movat 五色染色；C-4：HE 染色）。D：中高功耗 – 短持续时间。D-1：肾动脉及周围组织低倍镜图像（Movat 五色染色）。D-2：动脉中膜高倍图像（D-1 中蓝框区域）。动脉中膜完好无损（Movat 五色染色）。D-3 和 D-4：损伤神经束高倍成像（D-1 中红框区域）。观察到严重（4 级）神经损伤（D-3：Movat 五色染色；D-4：HE 染色）。E：大功耗 – 超短持续时间。E-1：肾动脉及周围组织低倍镜图像（Movat 五色染色）。E-2：动脉中膜高倍图像（E-1 中蓝框区域）。动脉中膜完好无损（Movat 五色染色）。E-3 和 E-4：损伤神经束高倍成像（E-1 中红框区域）。观察到严重（4 级）神经损伤（E-3：Movat 五色染色；E-4：HE 染色）。经 Sakakura K 等许可转载，EuroIntervention 2015;10:1230-8 [43]

动脉）和 0.60ml/ 动脉（n=3 头猪 /6 条肾动脉）。对照组动物也注射生理盐水作为假手术治疗。14 天后的血管造影检查未发现异常。组织病理学检查显示，肾动脉周围神经损伤明显且程度较深，表现为空泡化、神经束坏死、神经周围纤维化和炎症，而假手术治疗组未观察到神经损伤。肾动脉的组织病理学检查显示没有血栓、断裂、动脉瘤、穿孔、血肿或其他与器械相关的病变。然而，在较大剂量时（0.30ml 和 0.60ml 脱水乙醇），一些平滑肌细胞偶尔会出现灶性脱落，中膜最外层中出现蛋白多糖沉积，这种沉积通常起源于血管外膜表面，与注射部位有关。

Peregrine 系统的早期临床研究表明其降压效果显著，安全性高。目前有 2 项随机、假手术对照试验正在进行（NCT02910414、NCT03503773）。

八、结论

RDN 已成为治疗高血压患者的一种很有前景的方法，然而，关于射频消融与安慰剂对照试验的疗效仍有许多未解之谜。不过，在各种动物模型中进行肾周交感去神经的临床前研究结果令人信服，显示了其有效性和安全性。迄今为止，射频消融是在临床和动物模型中应用最广泛的方式。不过，包括超声导管和乙醇注射在内的其他治疗方式也得到了推广。临床前模型中肾脏周围交感神经和肾脏中去甲肾上腺素水平的组织病理学研究显示，肾脏坏死及肾脏周围和内部神经纤维化与去甲肾上腺素减少有关。形态学研究将继续在评估正在开发的新器械的有效性和安全性方面发挥关键作用。无论采用何种方法，标准化的半定量有序分级系统都可用于评估 RDN 后神经、肾动脉和动脉周围软组织的变化程度。

参考文献

[1] Kearney PM, Whelton M, Reynolds K, Muntner P, Whelton PK, He J. Global burden of hypertension: analysis of worldwide data. Lancet. 2005;365:217-23.

[2] Chobanian AV, Bakris GL, Black HR, et al. The seventh report of the Joint National Committee on Prevention, Detection, Evaluation, and Treatment of High Blood Pressure: the JNC 7 report. JAMA. 2003;289:2560-72.

[3] Lewington S, Clarke R, Qizilbash N, Peto R, Collins R. Age specific relevance of usual blood pressure to vascular mortality: a meta-analysis of individual data for one million adults in 61 prospective studies. Lancet. 2002;360:1903-13.

[4] Gu Q, Burt VL, Dillon CF, Yoon S. Trends in antihypertensive medication use and blood pressure control among United States adults with hypertension: the National Health And Nutrition Examination Survey, 2001 to 2010. Circulation. 2012;126:2105-14.

[5] James PA, Oparil S, Carter BL, et al. Evidence-based guideline for the management of high blood pressure in adults: report from the panel members appointed to the eighth joint national committee (JNC 8). JAMA. 2014;311:507-20.

[6] Grassi G, Mancia G. New therapeutic approaches for resistant hypertension. J Nephrol. 2012;25:276-81.

[7] Sarafidis PA. Epidemiology of resistant hypertension. J Clin Hypertens (Greenwich). 2011;13:523-8.

[8] Calhoun DA, Jones D, Textor S, et al. Resistant hypertension: diagnosis, evaluation, and treatment. A scientific statement from the American Heart Association Professional Education Committee of the Council for High Blood Pressure Research. Hypertension. 2008;51:1403-19.

[9] Worthley SG, Tsioufis CP, Worthley MI, et al. Safety and efficacy of a multi-electrode renal sympathetic denervation system in resistant hypertension: the EnligHTN I trial. Eur Heart J. 2013;34:2132-40.

[10] Krum H, Schlaich M, Whitbourn R, et al. Catheter-based renal sympathetic denervation for resistant hypertension: a multicentre safety and proof-of-principle cohort study. Lancet. 2009;373:1275-81.

[11] Esler MD, Krum H, Sobotka PA, Schlaich MP, Schmieder RE, Bohm M. Renal sympathetic denervation in patients with treatment-resistant hypertension (The Symplicity HTN-2 Trial): a randomised controlled trial. Lancet. 2010;376:1903-9.

[12] Ahmed H, Neuzil P, Skoda J, et al. Renal sympathetic denervation using an irrigated radiofrequency ablation catheter for the management of drug-resistant hypertension. JACC Cardiovasc Interv. 2012;5:758-65.

[13] Wang Q, Guo R, Rong S, et al. Noninvasive renal sympathetic denervation by extracorporeal high-intensity focused ultrasound in a preclinical canine model. J Am Coll Cardiol. 2013;61:2185-92.

[14] Fischell TA, Vega F, Raju N, et al. Ethanol-mediated perivascular renal sympathetic denervation: preclinical validation of safety and efficacy in a porcine model. EuroIntervention. 2013;9:140-7.

[15] Rocha-Singh K. Renal artery denervation: a brave new frontier. Endovascular Today. 2012;45-53.

[16] Bhatt DL, Kandzari DE, O'Neill WW, et al. A controlled trial of renal denervation for resistant hypertension. N Engl J Med. 2014;370:1393-401.
[17] Böhm M, Kario K, Kandzari DE, et al. Efficacy of catheter-based renal denervation in the absence of antihypertensive medications (SPYRAL HTN-OFF MED Pivotal): a multicentre, randomised, sham-controlled trial. Lancet. 2020;27:30554-7.
[18] Kandzari DE, Bohm M, Mahfoud F, et al. Effect of renal denervation on blood pressure in the presence of antihypertensive drugs: 6-month efficacy and safety results from the SPYRAL HTN-ON MED proof-of-concept randomised trial. Lancet. 2018;391:2346-55.
[19] Azizi M, Schmieder RE, Mahfoud F et al. Six-month results of treatment-blinded medication titration for hypertension control following randomization to endovascular ultrasound renal denervation or a sham procedure in the RADIANCE-HTN SOLO trial. Circulation. 2019.
[20] Mulder J, Hokfelt T, Knuepfer MM, Kopp UC. Renal sensory and sympathetic nerves reinnervate the kidney in a similar time-dependent fashion after renal denervation in rats. Am J Physiol Regul Integr Comp Physiol. 2013;304:R675-82.
[21] Nagasu H, Satoh M, Kuwabara A, et al. Renal denervation reduces glomerular injury by suppressing NAD(P)H oxidase activity in Dahl salt-sensitive rats. Nephrol Dial Transplant. 2010;25:2889-98.
[22] Girchev R, Markova P, Vuchidolova V. Influence of renal denervation on renal effects of acute nitric oxide and ETA/ETB receptor inhibition in conscious normotensive rats. J Physiol Pharmacol. 2006;57:17-27.
[23] Rippy MK, Zarins D, Barman NC, Wu A, Duncan KL, Zarins CK. Catheter-based renal sympathetic denervation: chronic preclinical evidence for renal artery safety. Clin Res Cardiol. 2011;100:1095-101.
[24] Lerman LO, Schwartz RS, Grande JP, Sheedy PF, Romero JC. Noninvasive evaluation of a novel swine model of renal artery stenosis. J Am Soc Nephrol. 1999;10:1455-65.
[25] Tellez A, Rousselle S, Palmieri T, et al. Renal artery nerve distribution and density in the porcine model: biologic implications for the development of radiofrequency ablation therapies. Transl Res. 2013;162:381-9.
[26] Atherton DS, Deep NL, Mendelsohn FO. Micro-anatomy of the renal sympathetic nervous system: a human postmortem histologic study. Clin Anat. 2012;25:628-33.
[27] Sakakura K, Ladich E, Cheng Q, et al. Anatomic assessment of sympathetic peri-arterial renal nerves in man. J Am Coll Cardiol. 2014;64:635-43.
[28] Sato Y, Kawakami R, Jinnouchi H et al. Comprehensive assessment of human accessory renal artery peri-arterial renal sympathetic nerve distribution. JACC;0.
[29] Sakakura K, Ladich E, Edelman ER, et al. Methodological standardization for the pre-clinical evaluation of renal sympathetic denervation. JACC Cardiovasc Interv. 2014;7:1184-93.
[30] Virmani R, Avolio AP, Mergner WJ, et al. Effect of aging on aortic morphology in populations with high and low prevalence of hypertension and atherosclerosis. Comparison between occidental and Chinese communities. Am J Pathol. 1991;139:1119-29.
[31] Whitney KM, Schwartz Sterman AJ, O'Connor J, Foley GL, Garman RH. Light microscopic sciatic nerve changes in control beagle dogs from toxicity studies. Toxicol Pathol. 2011;39:835-40.
[32] Biberthaler P, Mussack T, Wiedemann E, et al. Evaluation of S-100b as a specific marker for neuronal damage due to minor head trauma. World J Surg. 2001;25:93-7.
[33] Pace V, Perentes E, Germann PG. Pheochromocytomas and ganglioneuromas in the aging rats: morphological and immunohistochemical characterization. Toxicol Pathol. 2002;30:492-500.
[34] Burgi K, Cavalleri MT, Alves AS, Britto LR, Antunes VR, Michelini LC. Tyrosine hydroxylase immunoreactivity as indicator of sympathetic activity: simultaneous evaluation in different tissues of hypertensive rats. Am J Physiol Regul Integr Comp Physiol. 2011;300:R264-71.
[35] Ammar S, Ladich E, Steigerwald K, Deisenhofer I, Joner M. Pathophysiology of renal denervation procedures: from renal nerve anatomy to procedural parameters. EuroIntervention. 2013;9 Suppl R:R89-95.
[36] Wittkampf FH, Nakagawa H, Yamanashi WS, Imai S, Jackman WM. Thermal latency in radiofrequency ablation. Circulation. 1996;93:1083-6.
[37] Steigerwald K, Titova A, Malle C, et al. Morphological assessment of renal arteries after radiofrequency catheter-based sympathetic denervation in a porcine model. J Hypertens. 2012;30:2230-9.
[38] Sakakura K, Tunev S, Yahagi K, et al. Comparison of histopathologic analysis following renal sympathetic denervation over multiple time points. Circ Cardiovasc Interv. 2015;8:e001813.
[39] Kandzari DE, Böhm M, Mahfoud F, et al. Effect of renal denervation on blood pressure in the presence of antihypertensive drugs: 6-month efficacy and safety results from the SPYRAL HTN-ON MED proof-of-concept randomised trial. Lancet. 2018;391:2346-55.
[40] Townsend RR, Mahfoud F, Kandzari DE, et al. Catheter-based renal denervation in patients with uncontrolled hypertension in the absence of antihypertensive medications (SPYRAL HTN-OFF MED): a randomised, sham-controlled, proof-of-concept trial. Lancet. 2017;390:2160-70.
[41] Mahfoud F, Mancia G, Schmieder R, et al. Renal denervation in high-risk patients with hypertension. J Am Coll Cardiol. 2020;75:2879-88.
[42] Azizi M, Schmieder RE, Mahfoud F, et al. Endovascular ultrasound renal denervation to treat hypertension (RADIANCE-HTN SOLO): a multicentre, international, single-blind, randomised, sham-controlled trial. Lancet. 2018;391:2335-45.
[43] Sakakura K, Roth A, Ladich E, et al. Controlled circumferential renal sympathetic denervation with preservation of the renal arterial wall using intraluminal ultrasound: a next-generation approach for treating sympathetic overactivity. EuroIntervention. 2015;10:1230-8.
[44] Sato Y, Kawakami R, Jinnouchi H et al. Comprehensive assessment of human accessory renal artery peri-arterial renal sympathetic nerve distribution. JACC: Cardiovascular Interventions. 2020.
[45] Sato Y, Kawakami R, Sakamoto A, et al. Paradise™ Ultrasound renal denervation system for the treatment of hypertension. Future Cardiol. 2021. https://doi.org/10.2217/fca-2020-0228

第 4 章 评估随机假手术对照试验数据：去肾神经术在高血压管理中的应用

Appraisal of Randomized Sham-Controlled Trial Data on Renal Denervation for the Management of Hypertension

Stefan C. Bertog Aung Myat Alok Sharma Kolja Sievert Kerstin Piayda Iris Grunwald Markus Reinartz Anja Vogel Iloska Pamela Natalia Galeru Judith Anna Luisa Steffan Gerhard Sell Johann Raab Erhard Starck Andreas Zeiher Wolfgang Stelter Dagmara Hering Deepak L. Bhatt Horst Sievert 著

赵亦非 译 肖乾凤 校

是什么激发了人们对于去肾神经术（renal denervation，RDN）的热情？

前几章中概述的众多动物研究的证据展示了 RDN 的潜在效果和益处，而在其中最值得注意的是，使用单电极射频（radiofrequency，RF）导管的猪模型研究不仅显示了预期的坏死性神经纤维和纤维化，还表明了经血管射频消融的安全性[1, 2]。首个（非随机）发表的研究（Symplicity-1）包括了 45 例难治性高血压（hypertension，HTN）患者，他们接受了使用单电极 RF 导管的 RDN 治疗，其一年后的诊室血压降低了 27/17mmHg，动态血压监测（ambulatory blood pressure，ABPM）中收缩压降低了 11mmHg（与对照组比较，$P<0.05$）[3]。血压反应被定义为诊室收缩压下降 10mmHg 或更多。其中 13% 的患者未显示出反应。并发症包括由导管引起的需要支架治疗的肾动脉夹层，以及与手术相关的假性动脉瘤。ABPM 反应不如诊室血压反应明显的现象，在后续几乎所有检验 RDN 效果的非假手术对照研究中均存在。在 10 例患者中测量了肾脏和整体去甲肾上腺素溢出（由 Hering 教授在前一章中描述的方法），发现在 RDN 后有所减少。此外，2 例患者显示肌肉交感神经活动［(muscle sympathetic nerve activity，MSNA) 由 Hering 教授在前一章中描述的方法］减少，这支持了交感神经活动减少不仅发生在肾脏，同时还出现了包括整体交感神经活动减少的观点[4, 5]。随后，包括 Symplicity-1 和其他患者（n=87）的随访结果发布，显示了 RDN 降低血压效果的持久性（在 24 个月和 36 个月时，诊室血压分别降低了 33/14mmHg 和 32/14mmHg，与基线相比，$P<0.05$）[6, 7]。它还表明随着时间的推移，反应率增加（在 36 个月时达到 93%）[6]。而相反的，在随访时仅报道了 1 例可能与治疗相关的肾动脉狭窄和 1 例远离治疗部位的狭窄（在 RDN 前已存在一定程度的先天性狭窄），这无疑为 RDN 的有效性与安全性提供了强有力的支持。

在这些令人鼓舞的结果之后，紧随而来的是 Symplicity HTN-2[8]。这是第一项评估 RDN 但没有使用假手术组的随机试验。患者（n=106）

患有难治性高血压，被随机分配到使用单电极 RFSymplicity 导管的 RDN 加药物治疗与单纯药物治疗之间。与之前结果类似，在 6 个月时，去神经组显示诊室血压和 ABPM 分别下降了 32/12mmHg 和 11/7mmHg（与对照组比较，$P<0.05$），而药物治疗组没有显著血压降低。并且，这些成果具有非常良好的持续性，在 12 个月时，诊室收缩压降低保持在 28mmHg（与对照组比较，$P<0.05$）[9]，且没有重大不良事件，更令人放心的是，在随访时肾功能或尿白蛋白与肌酐比没有显著变化。研究完成后，46 例患者在征求同意后进行交叉研究。在这些患者的后续随访中，他们的诊室血压下降了 24/8mmHg（与对照组比较，$P<0.05$）[9]。最后，在 3 年的随访中，诊室血压降低得以维持（33/14mmHg，$P<0.001$）[10]。后来证实，接受 RDN 的患者在运动时血压增加较少，并且在运动后心率恢复更好，同时降低了基线心率并保持了心率调节的能力 [11]。

在类似于 Symplicity HTN-2 设计的 SYMPATHY 试验中（n=139），RDN 与对照组相比没有显著血压降低 [12]。在公开标签多中心 Prague-15 研究中，106 例患有难治性高血压的患者被随机分配到使用单电极 RF Symplicity 导管的 RDN 或强化降压治疗，包括添加螺内酯。在 6 个月时，两组都显示了类似幅度的 ABPM 收缩压显著降低（约 8mmHg），最后得出结论，RDN 的降血压效果类似于添加螺内酯 [13]。在同一研究的 12 个月时，血压的降低程度出现了显著差异，添加螺内酯的效果超过了 RDN，但这在 24 个月时并未持续 [14, 15]。类似地，一个较小的开放标签随机试验使用单电极 RFSymplicity 导管或添加螺内酯作为第四种药物，表明添加螺内酯的血压降低更为明显 [16]。在法国 15 个中心进行的 DENERHTN 开放标签多中心随机试验中，对患有难治性高血压的患者（n=106）研究后的结果显示，与对照组相比，RDN 组的 ABPM 收缩压显著降低，尽管幅度较小（5.9mmHg）[17]。在这次试验中，显示了夜间 ABPM 收缩压和变异性可能是 RDN 后血压反应的预测因素 [18]。使用单电极 RF 导管的小型单臂研究表明，患有轻度高血压的患者血压有所降低，但程度较小。

上述研究存在明显的局限性。尽管 Symplicity HTN-2 是一个随机试验，但患者和研究者并未实施盲法，可能导致霍桑效应、假手术效应和观察者偏差混淆结果。更重要的是，纳入患者是基于诊室收缩压，且随访时的比较是以基线（纳入时）血压为准。因此，回归均值可能导致对 RDN 效果的过度估计，这可能解释了 ABPM 上不那么显著的效果（虽然 ABPM 也可能受到回归均值的影响，但可能程度较小）。这些限制促使了第一个随机假手术对照实验的进行，即在单电极 RFSymplicity HTN-3 导管使用的基础上，比较了 RDN 加药物治疗与单纯药物治疗的效果 [19, 20]。随机到假手术组的患者仅接受肾动脉造影，并尽最大努力防止患者识别出是否接受了治疗。应提及的是，许多迹象已显示患者不知道自己接受了何种治疗。虽然 6 个月时两组的血压均有下降，但在接受 RDN 的患者与假手术组之间，无论是诊室收缩压下降（14mmHg vs. 12mmHg）还是 ABPM 收缩压下降（6.8mmHg vs. 4.8mmHg），均无显著差异。诊室收缩压反应的预测因素包括基线诊室收缩压≥180mmHg、使用醛固酮拮抗药及不使用血管扩张药 [21]。

尽管之前的研究表明 RDN 有显著的获益，而 Symplicity HTN-3 的结果却不尽人意。究其原因，一些可能的因素已被提出。第一，Symplicity HTN-1 和 Symplicity HTN-2 的获益可能由于试验设计的限制性（包括前述的假手术效应、霍桑效应、观察者偏差和回归均值）而被过分夸大。第二，操作者对单电极 RF Symplicity HTN-3 的经验有限，其中 31% 的操作者只进行了 1 次去神经手术，每位操作者平均进行的去神经手术次数为 3.3 次（尽管如此，无论进行了多少次手术，结果均无差异）。第三，去神经不全可能是一个重要因素。例如，Symplicity HTN-3 中每条动脉的平均消融次数为 3.9 次，这显著少于常规临床实践中的消融次数（但与 Symplicity HTN-1 中的平均消融次数每动脉 4 次相比并没有太大差异）。此外，Symplicity HTN-3 的一项事后分析显示，更高数量的消融和四象限模式的能量传递与诊室血压及 ABPM 收缩压大幅降低及心率的降低有关[21]。第四，患者的纳入标准可能影响了试验结果。例如，分组分析显示，在 65 岁以下的患者中，RDN 导致的诊室血压降低显著优于对照组。还可以看出，患有混合型（收缩期－舒张期）高血压的患者从 RDN 中获益更多，而单纯收缩期高血压的患者获益较少[22]。应当提到的是，Symplicity HTN-3 并不是唯一一个结果为阴性的假手术对照试验。在另一项单中心试验中，患者（n=69）随机分配到单电极 RF 导管 RDN 与假手术[23]，其结果未能证明 RDN 有显著的血压降低效果，同时也未对动脉硬化、中心血压或心率变异性产生影响[24]。另一项针对难治性高血压患者的随机假手术对照试验显示，使用单电极 Symplicity Flex 导管进行的 RDN 术未表现出显著治疗效果。在一项随机假手术对照试验中，患有轻度难治性高血压的患者（n=71）接受了单电极 RF 导管的 RDN 或假手术处理，按治疗意向分析，未能显示出显著的血压降低，但在符合方案分析中，RDN 组在动态收缩期血压中有小幅但显著的降低（–8.3mmHg vs. 3.5mmHg）[26]。然而，与 Symplicity HTN-2 相似，RDN 后减少了运动引起的血压增加[27]。同时，心脏 MRI 显示，接受 RDN 的患者心输出量有所减少[28]。

不管导致阴性结果的原因是什么，这些令人失望的数据促使人们设计了新一代设备，这些设备可能有助于简化手术过程并实现更完全的去神经化。首代单电极 RF 导管的一个重要缺陷是，尝试实现环状去神经时经常需要大量的导管操作，并且无法保证这一操作的实际完成度。根据数据显示，肾交感神经纤维与肾动脉在肾外分段动脉中的距离更近，这也导致了仅对主肾动脉进行去神经化的策略转变为同时对主肾和肾外分段支进行去神经化。此外，基于肾交感纤维的深度远超过 3～4mm 的外膜的结论，能够更深入地达到目标神经，并限制对中膜和内膜的损伤的技术已经被开发（如使用冷冻的超声能量或乙醇注射，这些技术将在后续章节中更详细描述）。接下来的重点将是使用这些新一代设备进行的随机假手术对照试验的结果，这是 RDN 继续在临床实践和科学试验中被追求的原因（表 4–1）。然而，应当提及的是，Symplicity HTN-3 的最终随访结果表明，即使使用较旧一代的 Symplicity Flex 导管，RDN 还是显示了显著的血压降低，且在减轻了假手术或霍桑效应后，这种效果在长期随访中变得更加明显[29]。实际上，在 36 个月时，RDN 组的诊室收缩压变化为 –26mmHg，而假手术对照组为 –6mmHg（调整后的治疗差异为 22mmHg，P≤0.0001）。在 26 个月时，收缩期 ABPM 在 RDN 组中降低了 16mmHg，而在假手术对照组中降低了 0.3mmHg（P≤0.0001）。此外，RDN 组的血压在治疗范围内维持的时间显著长于假手术组（18% vs. 9%，P≤0.0001），且未发现晚期手术相关的不良事件。最终，在 48 个月的时间里，复合安全终点（包括所有原因死亡、新发终末期肾病、栓塞事件、血管并发症、肾动脉再干预或高血压危机）之间没有差异。这些发现表明，在考察 RDN 的潜在益处时，长期跟踪可能非常重要。

一、使用 SPYRAL 导管（Medtronic, Minneapolis, MN, USA）的随机假手术对照试验

两项使用多电极 SPYRAL 导管的大型随机假手术对照试验[30]已经开展。使用 SPYRAL 导管的去神经术通常在主肾动脉和肾外分段支进行（该技术和技术细节将在后续章节更详细描述）。如前所述，与单独肾动脉干去神经术相比，更远端分支的去神经术可能更有效[31]。在 SPYRAL HTN-OFF MED 试验中，331 例未服用任何药物、诊室收缩压为 150～180mmHg 且舒张压≥90mmHg 的患者被随机分配到 RDN 或假手术（肾动脉造影）[30, 32, 33]。所有参与随访护理的

表 4-1　随机假手术对照试验

	工　具	患者类型	纳入血压	平均年龄（岁）	人　数	血压降低效果	安全性
Symplicity HTN-3	单电极 Symplicity Flex 导管	难治性高血压患者	诊室收缩压至少 160mmHg，ABPM 至少收缩压 135mmHg	58	535	与假手术组（6 个月时）相比，在亚组分析中，<65 岁的患者有显著获益，且复合性 HTN 患者比孤立收缩期 HTN 患者获益更多。注意：在长期（36 个月）随访中，RDN 后的 ABPM 收缩压降低了 16mmHg，对比假手术组仅降低 0.3mmHg，$P \leqslant 0.0001$	RDN 组中出现 1 例新发的肾动脉狭窄
Desch et al.	单电极 Symplicity Flex 导管	轻度难治性高血压患者	ABPM 日间收缩压 135～145mmHg 或 ABPM90 日间舒张期～94mmHg	65	71	在 6 个月时，治疗意向分析没有差异，但在符合方案分析中，ABPM 收缩压的具有较小的获益（4.8 mmHg），肯定了 RDN 的价值	无相关事件
ReSET	单电极 Symplicity Flex 导管	难治性高血压患者	ABPM 日间收缩压>145mmHg	54	69	6 个月时无差异	无相关事件
SPYRAL HTN-OFF MED	SPYRAL 导管	高血压患者，且在研究过程不服用任何药物	诊室收缩压 150～180mmHg 及诊室舒张压至少 90mmHg，此外 ABPM 收缩压至少 140mmHg	52	331	3 个月时，与假手术组相比，ABPM 收缩压降低 4mm Hg（P= 0.0005），ABPM 舒张压降低 3.1mmHg（P<0.0001），诊室收缩压降低 6.5mmHg（P<0.0001），诊室舒张压降低 4.4mmHg（P<0.0001）	无相关事件
SPYRAL HTN-ON MED	SPYRAL 导管	难以控制的高血压患者	诊室收缩压 150～180mmHg，诊室舒张压 90mmHg 或更高，ABPM 收缩压 140～170mmHg	54	80	6 个月时，与假手术组相比，ABPM 收缩压降低 7mmHg（P=0.0059），ABPM 舒张压降低 4.1mmHg（P=0.0174），诊室收缩压和舒张压分别显著降低 6.6mmHg 和 4.2mmHg（P<0.05）。在 36 个月时 RDN 的 ABPM 降低 10/6mmHg 更明显（P<0.05）	无相关事件

（续表）

	工 具	患者类型	纳入血压	平均年龄（岁）	人 数	血压降低效果	安全性
REQUIRE	Paradise 超声导管	难治性高血压患者	日间 ABPM 至少 150/90mmHg	51	143	3 个月时，与假手术组相比，血压没有差异，假手术组的血压降低高于预期	无相关事件
RADIANCE SOLO	Paradise 超声导管	高血压患者，且在研究过程不服用任何药物	诊室血压至少 140/90mmHg 但＜ 180/110 mmHg	54	146	2 个月时，与假手术组相比，RDN 后 ABPM 降低 4.1/1.8mmHg（收缩压 P=0.006，舒张压 P=0.07），诊室血压降低 6.5/4mmHg（收缩压 P= 0.007，舒张压 P= 0.005）；在 12 个月时，与假手术组相比，RDN 后日间动态收缩压没有差异，诊室收缩压显著降低 6mmHg，家庭收缩压没有差异，RDN 组的用药更少	RDN 组的 1 例患者接受了肾动脉支架置入术，但该患者可能预先就存在病变
RADIANCE TRIO	Paradise 超声导管	难治性高血压患者	诊室血压至少 140/90mmHg 但＜180/110mmHg	52	136	2个月时，RDN后 ABPM日间收缩压比对照组降低 4.5mmHg（P=0.022），ABPM 24h收缩压降低比假手术组高 4.2mmHg（P=0.016），同时 RDN 组的诊室收缩压也降低了 7mmHg（P＜0.05），但舒张压两者没有显著差异。6个月时，ABPM没有差异，但假手术组的药物数量更多	1 例通路假性动脉瘤
REDUCE HTN: REINFORCE	安装在球囊导管上的双极射频电极	抗高血压药物洗脱后的患者	诊室收缩压至少 150mmHg 和＜181mmHg，ABPM 收缩压至少 135mmHg	58	51	6 个月时具有更低的诊室收缩压，但 12 个月时没有差异	RDN 组随访时发生 1 例肾动脉狭窄

研究者对手术情况均不知情。在 3 个月时，接受 RDN 的患者在 ABPM 收缩压的降压效果比接受假手术的患者大 3.9mmHg，在诊室收缩压上的降压效果大 6.5mmHg（$P<0.05$）。同样，ABPM 舒张压降压效果大 3.1mmHg（$P<0.05$），且没有出现相关的安全问题。值得强调的是，该研究平均患者年龄为 52 岁，并且仅纳入混合型（收缩期 / 舒张期）高血压的患者。在对 SPYRAL HTN-OFF MED 的事后分析中，使用臂式血压计获取的血压波形，基线增强指数、增强压、后向波幅、前向波幅和估算的主动脉脉搏波传导速度与 RDN 的血压反应呈现反向关系[34]。因此，这些参数可能被用来帮助预测对 RDN 的血压反应。与此同时，基线心率也被展现出预测 RDN 反应的能力。在基线心率≥70 次 / 分钟的患者中，诊室平均血压和 ABPM 的降低更大，且 RDN 后的心率降低比假手术组更为明显[35, 36]。此外，基线肾素水平较高［≥ 0.65ng/（ml・h）］的患者在 RDN 后的血压降低更为显著，与基线肾素水平较低的患者相比[37]，接受 RDN 的患者在 RDN 后的肾素和醛固酮水平低于假手术组。

在 SPYRAL HTN-ON MED 试验中，80 例使用 1～3 种降压药物但仍未达到较好控制的高血压患者被随机分配到 RDN 与假手术（肾动脉造影）组之间[38]。与 SPYRAL HTN-OFF MED 类似，所有参与随访的研究者对治疗情况采取盲法。同样的，与假手术组相比，在 6 个月时，RDN 组的 ABPM 降压效果更为显著（收缩压和舒张压分别降低 7.4mmHg 和 4.1mmHg，与假手术组相比，$P<0.05$）。诊室血压的变化在 RDN 组也比假手术组更为明显（降低 6.8/3.5mmHg，$P<0.05$）。此次研究平均患者年龄为 54 岁，并且同样只纳入混合型高血压的患者。在 3 年的随访中，这种益处得以维持（ABPM 收缩压和舒张压降低更多，分别为 10mmHg 和 5.9mmHg，$P<0.05$）。ABPM 舒张压的降低也显著（减少 5.90mmHg，与假手术组相比，P=0.0055）。两组之间降压药物的数量没有变化（RDN 组使用 3.3 种药物，假手术组使用 3.1 种）[39]。在一项事后分析中，可以看到早晨舒张压急升斜率的减少（这是一个反映交感神经驱动的早晨血压急升的指标）[40]。应提及的是，在 24 个月和 36 个月进行 ABPM 随访的患者数量有限（24 个月时 RDN 组 33 例患者，假手术组 17 例）。

二、使用 Recor Medical Paradise 系统（Recor Medical, Palo Alto, CA, USA）的随机假手术对照试验

该系统自 2012 年起用于治疗难治性高血压。首个人体试验单臂 REDUCE 研究（n=11）显示，在难治性高血压患者中，诊室血压和 ABPM 在治疗后均有显著降低[41]。鉴于对病灶周向能量发射相关的肾动脉狭窄的担忧，研究者提高了推荐的冷却液流速，并随后在 REALISE（n=20）和 ACHIEVE（n=96）研究中，对其效果和安全性进行了研究[42, 43]。后者在难治性高血压患者中显示，在 12 个月随访时，ABPM 收缩压降低了 7.5mmHg，未发生肾动脉狭窄。最近，RADIANCE 试验的结果已经发表[44]。这是一个随机的、假手术 / 安慰手术对照试验，设有两个研究臂。在第一个 SOLO 臂（n=146），患有中度高血压（服用 0～2 种药物）的患者停用降压药物，并接受了 RDN 或安慰手术[45]。RDN 后，在 2 个月随访时，与安慰手术相比，ABPM 收缩压显著降低了 4.1mmHg（$P<0.05$），ABPM 舒张压的变化没有达到统计学意义（降低 1.8mmHg，P=0.07）。诊室收缩压和舒张压也显著降低（比假手术组多降低了 6.5/4.1mmHg，$P<0.05$），并且在调整了降压药物数量后，这种有利效果在 6 个月时仍然维持[46]。虽然在 12 个月时 ABPM 没有显著差异，但治疗组患者所用的降压药物显著减少[47]。此外，最初被分配到假手术组并最终转为 RDN 治疗的患者，在 RDN 后 6 个月，ABPM 收缩压降低了 10.8mmHg[48]。然而，与 SPYRAL HTN-OFF MED 相反，在事后分析中，本试验并未显示出 RDN 后血浆肾素或醛

固酮水平有显著降低，且肾素水平也未能预测对RDN的反应[49]。试验完成后，原假手术组的患者被允许进行RDN治疗，并显示出显著的血压降低（日间ABPM基线后2个月和6个月分别降低了11/7mmHg和11/8mmHg），且在揭盲后，尽管用药量减少，血压降低在12个月时仍得以维持[47, 48]。在TRIO组（n=136）中，对于难治性高血压患者，降压药物方案改为每日1片含3种抗高血压药的药物（钙通道阻滞药、血管紧张素受体拮抗药和噻嗪类利尿药）[50]。此外，患者随机分配到去肾神经术或假手术组。在接受RDN的患者中，2个月时，与假手术相比，ABPM日间收缩压显著地多降低了4.5mmHg（P<0.05）。此外，ABPM 24h收缩压（降低4.2mmHg，P=0.016）和诊室收缩压（降低7mmHg，P=0.037）的降低在RDN后也更为显著，但舒张压无显著差异。在2个月后，如果血压控制不充分（家庭血压测量>135/85mmHg），研究者则会为患者增加包括螺内酯、比索洛尔、中枢作用的α_2受体激动药和α_1受体拮抗药在内的降压药物。6个月时，与接受RDN的患者相比，假手术组增加的降压药物数量更多（0.7，P=0.045），但两组间ABPM无显著差异（在2021年奥兰多的经导管治疗[TCT]会议上呈现的摘要）。最近发表的另一项随机试验（REQUIRE）[44, 48]，招募了143例亚洲人口中的难治性高血压患者[51]，结果显示使用Recor系统的RDN与假手术相比无显著差异。最后，RADIANCE Ⅱ关键试验招募了224例轻中度高血压患者，以2∶1的方式随机分配到器械治疗与假手术组[48]。与假手术组相比，RDN组ABPM日间收缩压降低了6.3mmHg（主要终点，P<0.001）。此外，与假手术相比，RDN后所有其他血压参数（ABPM收缩压和舒张压、诊室收缩压）的降低幅度也明显更大，但诊室舒张压除外［RDN组在数值上较低，但未达到统计学意义（P=0.07）］[52]。在随机RADIOSOUND试验中，120例难治性高血压患者被分配至仅使用主肾动脉SPYRAL（射频）导管的RDN，在主肾动脉、侧支和副肾动脉使用SPYRAL导管进行RDN，或者使用Recor Medical Paradise（超声）系统进行RDN[53]。结果显示，与仅在主肾动脉进行射频消融术相比，接受超声介导RDN的患者的日间ABPM降低更为明显。然而，超声组与在主肾动脉、侧支和副肾动脉中接受射频消融的患者组之间没有显著差异。

三、使用安装在球囊上的双极电极进行的随机假手术对照试验

一项试验将RDN与安装在球囊上的双极射频电极（Vessix RDN系统）进行了比较[54]。在这个试验中，51例患者被随机分配到RDN组与假手术组。尽管在6个月时，RDN组的诊室收缩压显著降低，但在12个月的随访中，无论是诊室血压还是ABPM均无显著差异。

使用围绕血管乙醇注射技术的随机假手术对照试验（Peregrine系统）

目前有两项试验在研究这项技术，试验设计类似于SPYRAL HTN-ON和OFF Med试验。关于这项技术的更多细节在专门介绍该设备的章节中有描述。值得一提的是，在提交本章时，TARGET BPOFF MED的结果已经公布。106例未服用降压药物的患者被随机分配到乙醇RDN与假手术（肾动脉造影）之间。在8周和12个月的时间点，ABPM没有差异，但接受RDN的患者的用药负担较低（1.5种药物vs. 2.3种药物）[55]。

四、使用外部聚焦超声进行RDN的随机假手术对照试验

目前只有一项使用这一概念的假手术对照随机试验被发表（WAVE-IV），但这项试验没有显示出任何降压效果[56]。

五、结论

虽然并非所有研究第一代设备的RDN都明确显示了血压降低，但使用最新一代设备的较新证据一致表明，与假手术组相比，RDN可以显著

降低血压。此外，迄今为止最大的假手术对照试验的长期随访也显示，与假手术相比，第一代单电极射频导管的 RDN 也显示了在血压降低方面的显著益处，强调了在研究 RDN 时进行长期随访的重要性，并暗示了 RDN 可能更为显著的长期效果。鉴于在上述试验中持续出现一小群无反应患者，未来进一步探究无应答的原因，以及研究哪些因素（解剖学、生理学和临床方面）能够最有效地预测哪些患者最有可能从中获益，将是至关重要的。

参考文献

[1] Steigerwald K, Titova A, Malle C, et al. Morphological assessment of renal arteries after radiofrequency catheter-based sympathetic denervation in a porcine model. J Hypertens. 2012;30:2230-9.
[2] Rippy MK, Zarins D, Barman NC, Wu A, Duncan KL, Zarins CK. Catheter-based renal sympathetic denervation: chronic preclinical evidence for renal artery safety. Clin Res Cardiol. 2011;100:1095-101.
[3] Krum H, Schlaich M, Whitbourn R, et al. Catheter-based renal sympathetic denervation for resistant hypertension: a multicentre safety and proof-of-principle cohort study. Lancet. 2009;373:1275-81.
[4] Schlaich MP, Sobotka PA, Krum H, Lambert E, Esler MD. Renal sympathetic-nerve ablation for uncontrolled hypertension. N Engl J Med. 2009;361:932-4.
[5] Hering D, Lambert EA, Marusic P, et al. Substantial reduction in single sympathetic nerve firing after renal denervation in patients with resistant hypertension. Hypertension. 2013;61:457-64.
[6] Krum H, Schlaich MP, Sobotka PA, et al. Percutaneous renal denervation in patients with treatment-resistant hypertension: final 3-year report of the Symplicity HTN-1 study. Lancet. 2014;383:622-9.
[7] Symplicity HTNI. Catheter-based renal sympathetic denervation for resistant hypertension: durability of blood pressure reduction out to 24 months. Hypertension. 2011; 57:911-7.
[8] Symplicity HTNI, Esler MD, Krum H, et al. Renal sympathetic denervation in patients with treatment-resistant hypertension (The Symplicity HTN-2 Trial): a randomised controlled trial. Lancet. 2010;376:1903-9.
[9] Esler MD, Krum H, Schlaich M, et al. Renal sympathetic denervation for treatment of drug-resistant hypertension: one-year results from the Symplicity HTN-2 randomized, controlled trial. Circulation. 2012;126:2976-82.
[10] Esler MD, Bohm M, Sievert H, et al. Catheter-based renal denervation for treatment of patients with treatment-resistant hypertension: 36 month results from the SYMPLICITY HTN-2 randomized clinical trial. Eur Heart J. 2014;35: 1752-9.
[11] Ukena C, Mahfoud F, Kindermann I, et al. Cardiorespiratory response to exercise after renal sympathetic denervation in patients with resistant hypertension. J Am Coll Cardiol. 2011;58:1176-82.
[12] de Jager RL, de Beus E, Beeftink MM, et al. Impact of medication adherence on the effect of renal denervation: the SYMPATHY trial. Hypertension. 2017;69:678-84.
[13] Rosa J, Widimsky P, Tousek P, et al. Randomized comparison of renal denervation versus intensified pharmacotherapy including spironolactone in true-resistant hypertension: six-month results from the Prague-15 study. Hypertension. 2015;65:407-13.
[14] Rosa J, Widimsky P, Waldauf P, et al. Role of adding spironolactone and renal denervation in true resistant hypertension: one-year outcomes of randomized PRAGUE-15 study. Hypertension. 2016;67:397-403.
[15] Rosa J, Widimsky P, Waldauf P, et al. Renal denervation in comparison with intensified pharmacotherapy in true resistant hypertension: 2-year outcomes of randomized PRAGUE-15 study. J Hypertens. 2017;35:1093-9.
[16] Oliveras A, Armario P, Clara A, et al. Spironolactone versus sympathetic renal denervation to treat true resistant hypertension: results from the DENERVHTA study - a randomized controlled trial. J Hypertens. 2016;34:1863-71.
[17] Azizi M, Sapoval M, Gosse P, et al. Optimum and stepped care standardised antihypertensive treatment with or without renal denervation for resistant hypertension (DENERHTN): a multicentre, open-label, randomised controlled trial. Lancet. 2015;385:1957-65.
[18] Gosse P, Cremer A, Pereira H, et al. Twenty-four-hour blood pressure monitoring to predict and assess impact of renal denervation: the DENERHTN study (renal denervation for hypertension). Hypertension. 2017;69:494-500.
[19] Bhatt DL, Kandzari DE, O'Neill WW, et al. A controlled trial of renal denervation for resistant hypertension. N Engl J Med. 2014;370:1393-401.
[20] Kandzari DE, Bhatt DL, Sobotka PA, et al. Catheter-based renal denervation for resistant hypertension: rationale and design of the SYMPLICITY HTN-3 Trial. Clin Cardiol. 2012;35:528-35.
[21] Kandzari DE, Bhatt DL, Brar S, et al. Predictors of blood pressure response in the SYMPLICITY HTN-3 trial. Eur Heart J. 2015;36:219-27.
[22] Mahfoud F, Bakris G, Bhatt DL, et al. Reduced blood pressure-lowering effect of catheter-based renal denervation in patients with isolated systolic hypertension: data from SYMPLICITY HTN-3 and the Global SYMPLICITY Registry. Eur Heart J. 2017;38:93-100.
[23] Mathiassen ON, Vase H, Bech JN, et al. Renal denervation in treatment-resistant essential hypertension. A randomized,

SHAM-controlled, double-blinded 24-h blood pressure-based trial. J Hypertens. 2016;34:1639-47.

[24] Peters CD, Mathiassen ON, Vase H, et al. The effect of renal denervation on arterial stiffness, central blood pressure and heart rate variability in treatment resistant essential hypertension: a substudy of a randomized sham-controlled double-blinded trial (the ReSET trial). Blood Press. 2017; 26:366-80.

[25] Engholm M, Bertelsen JB, Mathiassen ON, et al. Effects of renal denervation on coronary flow reserve and forearm dilation capacity in patients with treatment-resistant hypertension. A randomized, double-blinded, sham-controlled clinical trial. Int J Cardiol. 2018;250:29-34.

[26] Desch S, Okon T, Heinemann D, et al. Randomized sham-controlled trial of renal sympathetic denervation in mild resistant hypertension. Hypertension. 2015;65:1202-8.

[27] Fengler K, Heinemann D, Okon T, et al. Renal denervation improves exercise blood pressure: insights from a randomized, sham-controlled trial. Clin Res Cardiol. 2016;105:592-600.

[28] Lurz P, Kresoja KP, Rommel KP, et al. Changes in stroke volume after renal denervation: insight from cardiac magnetic resonance imaging. Hypertension. 2020;75: 707-13.

[29] Bhatt DL, Vaduganathan M, Kandzari DE, et al. Long-term outcomes after catheter-based renal artery denervation for resistant hypertension: final follow-up of the randomised SYMPLICITY HTN-3 trial. Lancet. 2022.

[30] Bohm M, Townsend RR, Kario K, et al. Rationale and design of two randomized sham-controlled trials of catheter-based renal denervation in subjects with uncontrolled hypertension in the absence (SPYRAL HTN-OFF MED Pivotal) and presence (SPYRAL HTN-ON MED Expansion) of antihypertensive medications: a novel approach using Bayesian design. Clin Res Cardiol. 2020;109:289-302.

[31] Pekarskiy SE, Baev AE, Mordovin VF, et al. Denervation of the distal renal arterial branches vs. conventional main renal artery treatment: a randomized controlled trial for treatment of resistant hypertension. J Hypertens. 2017;35:369-75.

[32] Bohm M, Kario K, Kandzari DE, et al. Efficacy of catheter-based renal denervation in the absence of antihypertensive medications (SPYRAL HTN-OFF MED Pivotal): a multicentre, randomised, sham-controlled trial. Lancet. 2020;395:1444-51.

[33] Townsend RR, Mahfoud F, Kandzari DE, et al. Catheter-based renal denervation in patients with uncontrolled hypertension in the absence of antihypertensive medications (SPYRAL HTN-OFF MED): a randomised, sham-controlled, proof-of-concept trial. Lancet. 2017;390: 2160-70.

[34] Weber T, Wassertheurer S, Mayer CC, et al. Twenty-four-hour pulsatile hemodynamics predict brachial blood pressure response to renal denervation in the SPYRAL HTN-OFF MED trial. Hypertension. 2022;79:1506-14.

[35] Bohm M, Tsioufis K, Kandzari DE, et al. Effect of heart rate on the outcome of renal denervation in patients with uncontrolled hypertension. J Am Coll Cardiol. 2021; 78: 1028-38.

[36] Bohm M, Mahfoud F, Townsend RR, et al. Ambulatory heart rate reduction after catheter-based renal denervation in hypertensive patients not receiving anti-hypertensive medications: data from SPYRAL HTN-OFF MED, a randomized, sham-controlled, proof-of-concept trial. Eur Heart J. 2019;40:743-51.

[37] Mahfoud F, Townsend RR, Kandzari DE, et al. Changes in plasma renin activity after renal artery sympathetic denervation. J Am Coll Cardiol. 2021;77:2909-19.

[38] Kandzari DE, Bohm M, Mahfoud F, et al. Effect of renal denervation on blood pressure in the presence of antihypertensive drugs: 6-month efficacy and safety results from the SPYRAL HTN-ON MED proof-of-concept randomised trial. Lancet. 2018;391:2346-55.

[39] Mahfoud F, Kandzari DE, Kario K, et al. Long-term efficacy and safety of renal denervation in the presence of antihypertensive drugs (SPYRAL HTN-ON MED): a randomised, sham-controlled trial. Lancet. 2022;399: 1401-10.

[40] Kario K, Weber MA, Bohm M, et al. Effect of renal denervation in attenuating the stress of morning surge in blood pressure: post-hoc analysis from the SPYRAL HTN-ON MED trial. Clin Res Cardiol. 2021;110:725-31.

[41] Mabin T, Sapoval M, Cabane V, Stemmett J, Iyer M. First experience with endovascular ultrasound renal denervation for the treatment of resistant hypertension. EuroIntervention. 2012;8:57-61.

[42] Daemen J, Mahfoud F, Kuck KH, et al. Safety and efficacy of endovascular ultrasound renal denervation in resistant hypertension: 12-month results from the ACHIEVE study. J Hypertens. 2019;37:1906-12.

[43] Montalescot G, Cluzel P, Girerd X, Pathek A. REALISE trial: renal denervation by ultrasound transcatheter emission: six month results. J Am Coll Cardiol. 2014;64.

[44] Mauri L, Kario K, Basile J, et al. A multinational clinical approach to assessing the effectiveness of catheter-based ultrasound renal denervation: the RADIANCE-HTN and REQUIRE clinical study designs. Am Heart J. 2018;195.115-29.

[45] Azizi M, Schmieder RE, Mahfoud F, et al. Endovascular ultrasound renal denervation to treat hypertension (RADIANCE-HTN SOLO): a multicentre, international, single-blind, randomised, sham-controlled trial. Lancet. 2018;391:2335-45.

[46] Azizi M, Schmieder RE, Mahfoud F, et al. Six-month results of treatment-blinded medication titration for hypertension control following randomization to endovascular ultrasound renal denervation or a sham procedure in the RADIANCE-HTN SOLO trial. Circulation. 2019.

[47] Azizi M, Daemen J, Lobo MD, et al. 12-month results from the unblinded phase of the RADIANCE-HTN SOLO trial of ultrasound renal denervation. JACC Cardiovasc Interv. 2020;13:2922-33.

[48] Mahfoud F, Bloch MJ, Azizi M, et al. Changes in blood pressure after crossover to ultrasound renal denervation in patients initially treated with sham in the RADIANCE-HTN SOLO trial. EuroIntervention. 2021;17:e1024-e32.

[49] Fisher NDL, Kirtane AJ, Daemen J, et al. Plasma renin and aldosterone concentrations related to endovascular ultrasound renal denervation in the RADIANCE-HTN

SOLO trial. J Hypertens. 2022;40:221-8.

[50] Azizi M, Sanghvi K, Saxena M, et al. Ultrasound renal denervation for hypertension resistant to a triple medication pill (RADIANCE-HTN TRIO): a randomised, multicentre, single-blind, sham-controlled trial. Lancet. 2021;397: 2476-86.

[51] Kario K, Yokoi Y, Okamura K, et al. Catheter-based ultrasound renal denervation in patients with resistant hypertension: the randomized, controlled REQUIRE trial. Hypertens Res. 2022;45:221-31.

[52] Endovascular Ultrasound Renal Denervation to Treat Hypertension JAMA. 2023;329(8):651. https://doi.org/10.1001/jama.2023.0713

[53] Fengler K, Rommel KP, Lapusca R, et al. Renal denervation in isolated systolic hypertension using different catheter techniques and technologies. Hypertension. 2019;74:341-8.

[54] Weber MA, Kirtane AJ, Weir MR, et al. The reduce HTN: reinforce: randomized, Sham-controlled trial of bipolar radiofrequency renal denervation for the treatment of hypertension. JACC Cardiovasc Interv. 2020;13:461-70.

[55] Pathak A, Rudolph UM, Saxena M, et al. Alcohol mediated renal denervation in patients with hypertension in the absence of antihypertensive medications. Eurointervention. 2023, July 10th ahead of print.

[56] Schmieder RE, Ott C, Toennes SW, et al. Phase II randomized sham-controlled study of renal denervation for individuals with uncontrolled hypertension - WAVE IV. J Hypertens. 2018;36:680-9.

第5章 去肾神经术在假手术对照研究中的降压能力：Meta 分析

Renal Denervation Lowers Blood Pressure in Sham Controlled Studies: Meta-Analysis

Vasilios Papademetriou　Fotis Tatakis　Panagiotis Tsioufis　Konstantinos Tsioufis　著
赵亦非　译　　肖乾凤　校

一、概述

未控制的高血压被认为是最重要的心血管危险因素之一[1-4]。尽管存在多种降压治疗方案，但在全球范围内高血压的治疗率和控制率仍然较低[5, 6]。其中，服药依从性差、药物不耐受性和社会经济原因无疑是导致高血压控制不足的几大因素。多年以来，交感神经系统在调节动脉高血压病理生理学方面的关键作用早已得到认可，人们研究的重点已转移到如何利用其作用特点良好地控制血压[7, 8]。众所周知，多年前应用的根治性交感神经切除术，在控制重症或恶性高血压方面非常成功，甚至一些患有高血压晚期或终末期器官损害的患者在术后也得到了明显改善（甚至治愈）。在一部分的患者中，研究者尝试进行去肾神经术（renal denervation，RDN），但最终获得的结果却是参差不齐的[9-13]。

最近，以射频或热能为主要能源的导管技术将 RDN 作为心血管病学中一个可行的治疗选项带回到大众的视野中。在过去的 10 年中，几项单臂研究显示，对患有未控制高血压的患者进行 RDN 后，血压得到了显著降低[14-16]。然而，尽管早期的研究显示，RDN 的血压降低幅度惊人，但最大规模的假手术对照研究（SYMPLICITY HTN-3）未能证实类似的结果[17]。

Simplicity HTN-3 的阴性结果可能归因于以下几个因素：药物依从性差、患者人群的不均匀性、利尿药的残留效应等[18-22]。然而，也有讨论指出，由于导管设计、操作者经验不足及学习曲线，导致 RDN 不完整，从而显著影响了上述试验观察到的结果[18-24]。自那以后，研究者们进行了一系列的基础和临床研究，并将其结果用于设计现代 RDN 的设备与程序。在本章中，我们将呈现一项系统评价和 Meta 分析，来检验使用了现代技术和程序后的假手术对照研究的结果。

二、去肾神经术时代的 Meta 分析

本次 Meta 分析包括了 6 项使用射频或超声设备成功实现去肾神经术的假手术对照研究。在上述研究中，有 3 项使用了单尖端导管（Flex，Medtronic），并将神经破坏设置在肾主动脉处（第一代研究）[17, 25, 26]，而另外 3 项研究则使用了多电极 Spyral 导管（Medtronic），并将神经破坏设置在肾动脉远端和分支处，或者使用聚焦超声（ReCor），将热能传递到肾主动脉外膜更深处，从而更大限度地破坏交感神经纤维（第二代

研究）[27–30]。

（一）结果

本次 Meta 分析纳入了 6 项随机、假手术对照的研究[17, 25–30]。其中 3 项使用了第一代射频去肾神经术设备和技术，另外 3 项使用了第二代设备和技术。因此，本 Meta 分析首先分析了所有假手术对照研究，然后将研究分为第一代和第二代设备的亚组。

在这 6 项试验中，共有 981 例高血压患者被随机分配进行 RDN（*n*=585）或假手术（*n*=396）。参与者的基线人口统计学数据、血压测量值、其他因素及临床特征将在本章末尾的表 5–1 中呈现。

（二）动态血压监测

上述研究的主要终点是动态血压（ABP）的收缩压变化。总体而言，与假手术对照组相比（图 5–1），RDN 使得 24h 动态血压的收缩压平均降低了 3.62mmHg（95%CI –5.28～–1.96；I^2=0%）。此外，与假手术相比，RDN 还导致 24h 动态血压的舒张压平均降低了 1.92mmHg（95%CI –3.65～–0.20；I^2=46%）（图 5–2）。

（三）日间和夜间动态血压监测

此外，RDN 降低了动态血压的日间收缩压 5.51mmHg（95%CI –7.79～–3.23；I^2=0%）（图 5–3），并且与假手术对照相比动态血压的夜间收缩压降低了 3.06mmHg，但这一变化并不显著（95%CI –8.69～2.56；I^2=73%）（图 5–4）。

进一步分析显示，RDN 显著降低了动态血压的日间舒张压 1.90mmHg（95%CI –3.48～0.32；I^2=4%），但与假手术相比未其能在动态血压的夜间舒张压方面带来显著降低（–0.80mmHg；95%CI –3.61～2.02；I^2=57%）。

因此，尽管 RDN 与动态血压的日间收缩压和舒张压显著降低相关，但它并不能使得相应的夜间动态血压水平发生实质性降低。

（四）诊室血压

结果显示，与假手术组相比，RDN 使诊室收缩压水平显著降低了 5.47mmHg（95%CI –8.10～–2.84；I^2=0%）（图 5–5），同时诊室舒张压也下降了 4.25mmHg（95%CI –6.16～–2.33；I^2=0%）（图 5–6）。

（五）第一代与第二代去肾神经术设备与技术

根据使用第一代或第二代 RDN 设备的结果，动态血压结果的单独分析在图 5–7 和图 5–8 中展示。

如图 5–7 和图 5–8 所示，使用第一代设备的研究[17, 25, 26]未能显示任何显著的动态血压的收缩压（–2.23mmHg；95%CI –4.70～0.24）或舒张压（–0.18mmHg；95%CI –2.34～1.98）的降低。相比之下，使用第二代设备的研究[27–29]引起了动态血压的收缩压和舒张压显著下降，分别为 –4.76mmHg（95%CI –7.00～–2.52）和 –2.94mmHg（95%CI –5.01～–0.87）。

（六）假手术组降血压效应

本次 Meta 分析还评估了假手术对第二代试验中 24h 动态血压的收缩压和舒张压水平的影响。报告显示假手术导致 24h 动态血压的收缩压水平的非显著变化（平均差：–1.15，95%CI –2.67～0.36，I^2=0%），而在 24h 动态血压的舒张压上显著降低了 1.52mmHg（95%CI –2.53～–0.51，I^2=0%）。此外，研究还显示诊室收缩压显著下降了 3.05mmHg（95%CI –5.30～–0.81，I^2=0%），诊室舒张压的降低则不显著，为 0.65mmHg（95%CI –2.03～0.73，I^2=0%）。

（七）肾功能

总体而言，RDN 未影响肾功能。与假手术程序相比，估计肾小球滤过率的非显著下降为 0.24ml/（min·1.73m²）（95%CI –1.95～–1.47；I^2=0%），如图 5–9 所示。

值得注意的是，使用新型 RDN 设备和技术的试验，如 SPYRAL HTN-ON MED、SPYRAL HTN-OFF MED 和 RADIANCE-HTN SOLO，对观察到的肾功能结果没有显著影响（均差 =–0.02；95%CI –2.64～2.62；I^2=0%），如图 5–10 所示。所有研究均根据肾病饮食改良公式（MDRD）报

表 5-1　本 Meta 分析中包含的 6 项假对照研究中研究参与者的基线特征（Stavropoulos 等，2020）

研　究	SYMPLICITY HTN-3[15]	ReSET[16]	Desch et al[17]	SPYRAL HTN-OFF MED[26]	SPYRAL HTN-ON MED[27]	RADIANCE-HTN SOLO[28]
人数（RDN）	535（364）	69（36）	71（35）	80（38）	80（38）	146（74）
患者类型	难治性高血压	难治性高血压	难治性高血压	未经治疗的高血压	药物治疗无效的高血压	未经治疗的高血压
能量来源	射频	射频	射频	射频	射频	超声
工具	Symplicity Flex 导管	Symplicity Flex 导管	Symplicity Flex 导管	SymplicitySpyral 和 G3	SymplicitySpyral 和 G3	Paradise 系统
随访时间（个月）	6	3	6	3	6	2
年龄 RDN/ 假手术组（岁）	57.9 ± 10.4/ 56.2 ± 11.2	54.3 ± 7.8/ 57.1 ± 9.6	64.5 ± 7.6/ 57.4 ± 8.6	55.8 ± 10.1/ 52.8 ± 11.5	53.9 ± 8.7/ 53 ± 10.7	54.4 ± 10.2/ 53.8 ± 10
女性 RDN/ 假手术（%）	40.9/35.7	25/23	23/31	31.6/26.2	13/19	38/46
白种人 RDN/ 假手术组（%）	73/69.6	97/97	100/100	26.3/23.8 *	34/35*	81/72
吸烟者 RDN/ 假手术组（%）	9.9/12.3	19/15	17/11	10.5/23.8	21/26	NR
BMI RDN/ 假手术组（kg/m^2）	34.2 ± 6.5/ 33.9 ± 6.4	28.2 ± 5/ 28.8 ± 3.9	31.9 ± 4.4/ 31.2 ± 4.6	29.8 ± 5.1/ 30.2 ± 5.1	31.4 ± 6.4/ 32.5 ± 4.6	29.9 ± 5.9/ 29 ± 5
心率 RDN/ 假手术组（次 / 分）	NR	71 ± 10/ 70 ± 11	67 ± 11/ 68 ± 12	72.3 ± 10.9/ 75.5 ± 11.5	75.5 ± 11.4/ 76.2 ± 10.2	72 ± 12.1/ 72.6 ± 12.3**
RDN 24h 动态血压监测（mmHg）	159.1 ± 13.2/ 88 ± 14	152 ± 12/ 91 ± 9	140.2 ± 4.6/ 78.2 ± 7.4	153.4 ± 9/ 99.1 ± 7.7	151.9 ± 7.1/ 96.9 ± 6.9	142.6 ± 8.1/ 87.3 ± 5
假手术组 24h 动态血压监测（mmHg）	159.5 ± 15.3/ 90.9 ± 14.4	153 ± 13/ 89 ± 11	140.4 ± 5.6/ 80.6 ± 7.1	151.6 ± 7.4/ 98.7 ± 8.2	151.1 ± 6.8/ 97.6 ± 8.3	143.8 ± 10.4
RDN 诊室血压（mmHg）	179.7 ± 16.1/ 96.5 ± 16.6	160 ± 20/ 95 ± 15	NR	162 ± 7.6/ 99.9 ± 6.8	164.6 ± 7.1/ 99.6 ± 6.9	154.5 ± 12.4/ 99.7
假手术组诊室血压（mmHg）	180.2 ± 16.8/ 98.9 ± 15.8	166 ± 19/ 90 ± 17	NR	161.4 ± 6.4/ 101.5 ± 7.5	163.1 ± 7.2/ 102.3 ± 8	153.6 ± 15.7/ 99.1 ± 9.4
RDN 家庭血压（mmHg）	169 ± 15.9/ 89.6 ± 15.9	NR	NR	NR	NR	147.5 ± 8.8/ 94.8 ± 6.9
假手术组 家庭血压（mmHg）	169.1 ± 16.3/ 92.9 ± 16.4	NR	NR	NR	NR	147.7 ± 12.3/ 94.6 ± 7
RDN 日间动态血压监测（mmHg）	NR	159 ± 12/ 96 ± 9	144.4 ± 4.8/ 80.6 ± 7.8	NR	156.4 ± 8.1/ 101 ± 7.1	150.3 ± 7.8/ 93.1 ± 4.8

（续表）

研　究	SYMPLICITY HTN-3[15]	ReSET[16]	Desch et al[17]	SPYRAL HTN-OFF MED[26]	SPYRAL HTN-ON MED[27]	RADIANCE-HTN SOLO[28]
假手术组日间动态血压监测（mmHg）	NR	159 ± 14/ 93 ± 12	143 ± 4.7/ 82.9 ± 7.3	NR	157.4 ± 8.4/ 102.7 ± 9.3	150 ± 9.8/ 93.5 ± 5.5
RDN 夜间动态血压监测（mmHg）	NR	136 ± 17/ 79 ± 11	130.5 ± 9.7/ 69.7 ± 8	NR	144.9 ± 11/ 90.5 ± 10.6	130.3 ± 11.9/ 78.2 ± 8
假手术组夜间动态血压监测（mmHg）	NR	141 ± 18/ 80 ± 10	132.3 ± 11.7/ 73.2 ± 8.4	NR	141 ± 8.5/ 89.5 ± 8.9	132.5 ± 13.7/ 80 ± 8.1
肾小球滤过率RDN/假手术组［ml/（min•1.73m^2］	72.8 ± 15.7/ 74 ± 18.7	NR	79 ± 20/ 84 ± 20	80.9 ± 16.7/ 88.3 ± 20.5	81.9 ± 15.3/ 82 ± 19.7	84.7 ± 6.2/ 83.2 ± 16.1
单纯收缩期高血压 RDN/ 假手术组（%）	NR	NR	66/56	0/0	0/0	0/0
糖尿病 RDN/ 假手术组（%）	47/40.9	25/31	54/36	2.6/7.1	13/19	3/7
降压药 RDN/ 假手术组（n）	5.1 ± 1.4/ 5.2 ± 1.4	4.1 ± 1.2/ 4.1 ± 1.1	4.4 ± 1.3/ 4.3 ± 1.3	0/0	2.2 ± 0.9/ 2.3 ± 0.8	0/0

*. 超过 40% 的研究参与者未报告

**. 洗脱前的值，非基线图

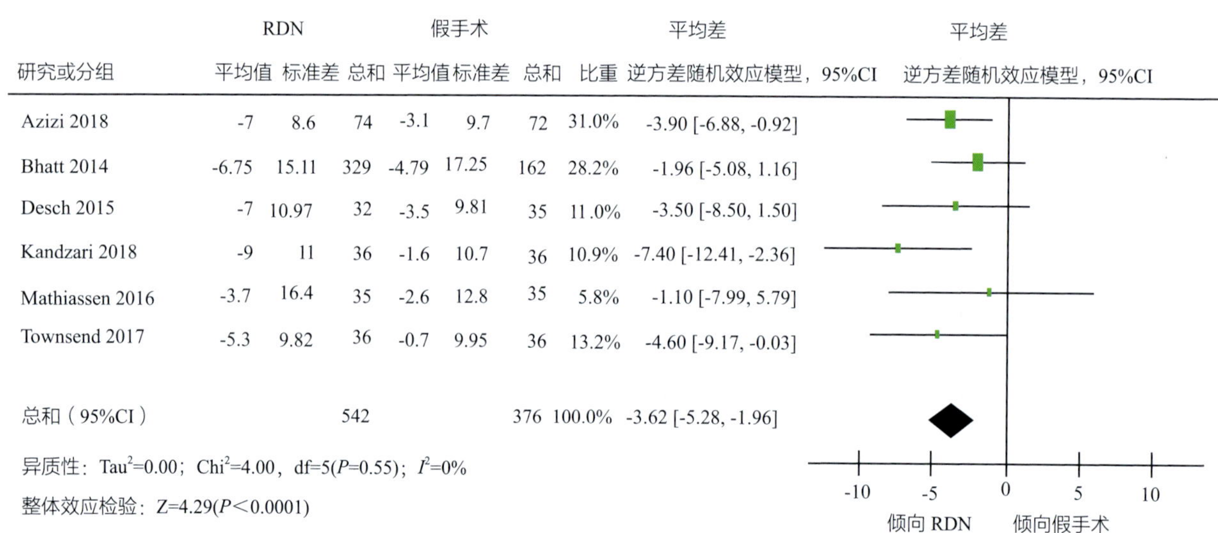

▲ 图 5-1　与假手术组相比，RDN 对 24h 动态血压的收缩压监测的影响

转自 Stavropoulos 等，2020[30]

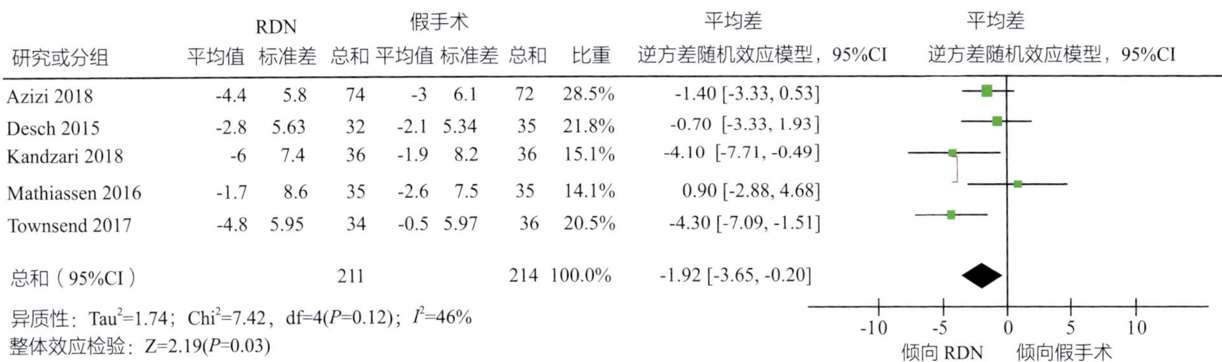

研究或分组	RDN 平均值	RDN 标准差	RDN 总和	假手术 平均值	假手术 标准差	假手术 总和	比重	平均差 逆方差随机效应模型，95%CI
Azizi 2018	-4.4	5.8	74	-3	6.1	72	28.5%	-1.40 [-3.33, 0.53]
Desch 2015	-2.8	5.63	32	-2.1	5.34	35	21.8%	-0.70 [-3.33, 1.93]
Kandzari 2018	-6	7.4	36	-1.9	8.2	36	15.1%	-4.10 [-7.71, -0.49]
Mathiassen 2016	-1.7	8.6	35	-2.6	7.5	35	14.1%	0.90 [-2.88, 4.68]
Townsend 2017	-4.8	5.95	34	-0.5	5.97	36	20.5%	-4.30 [-7.09, -1.51]
总和（95%CI）			211			214	100.0%	-1.92 [-3.65, -0.20]

异质性：Tau²=1.74；Chi²=7.42，df=4(P=0.12)；I^2=46%
整体效应检验：Z=2.19(P=0.03)

▲ **图 5-2　与假手术组相比，RDN 对 24 h 动态血压监测的舒张后的影响**

转自 Stavropoulos 等，2020[30]

研究或分组	RDN 平均值	RDN 标准差	RDN 总和	假手术 平均值	假手术 标准差	假手术 总和	比重	平均差 逆方差随机效应模型，95%CI
Azizi 2018	-8.5	9.3	74	-2.2	10	72	53.1%	-6.30 [-9.43, -3.17]
Desch 2015	-8.5	11.11	32	-3.7	10.11	35	20.0%	-4.80 [-9.90, 0.30]
Kandzari 2018	-8.8	11.3	36	-3.2	11.4	36	19.0%	-5.60 [-10.84, -0.36]
Mathiassen 2016	-6.1	18.9	35	-4.3	15.1	33	7.9%	-1.80 [-9.91, 6.31]
总和（95%CI）			177			176	100.0%	-5.51 [-7.79, -3.23]

异质性：Tau²=0.00；Chi²=1.12，df=3(P=0.77)；I^2=0%
整体效应检验：Z=4.73(P＜0.00001)

平均差 逆方差随机效应模型，95%CI：-10　-5　0　5　10；倾向 RDN　倾向假手术

▲ **图 5-3　与假手术组相比，RDN 对动态血压监测的日间收缩压的影响**

转自 Stavropoulos 等，2020[30]

研究或分组	RDN 平均值	RDN 标准差	RDN 总和	假手术 平均值	假手术 标准差	假手术 总和	比重	平均差 逆方差随机效应模型，95%CI
Azizi 2018	-4.8	11.7	74	-3.1	11.5	71	30.4%	-1.70 [-5.48, 2.08]
Desch 2015	-1.9	14.29	32	-3.8	12.98	35	23.8%	-1.90 [-4.66, 8.46]
Kandzari 2018	-9.8	13.9	37	2.1	13.5	38	24.7%	-11.90 [-18.10, -5.70]
Mathiassen 2016	-1.4	18.2	35	-1.1	14.4	33	21.1%	-0.30 [-8.08, 7.48]
总和（95%CI）			178			177	100.0%	-3.06 [-8.69, 2.56]

异质性：Tau²=23.35；Chi²=10.96，df=3(P=0.01)；I^2=73%
整体效应检验：Z=1.07(P=0.29)

平均差 逆方差随机效应模型，95%CI：-10　-5　0　5　10；倾向 RDN　倾向假手术

▲ **图 5-4　与假手术组相比，RDN 对动态血压监测的夜间收缩压的影响**

转自 Stavropoulos 等，2020[30]

告了 RDN 或假手术对肾功能的影响。总之，比较 RDN 与假手术，肾功能没有差异（均差＝0.00；95%CI -0.02～0.02；I^2=0%），如图 5-11 所示。

（八）主要不良事件

在任何假手术对照试验的手术组（SPYRAL HTN-ON MED、SPYRAL HTN-OFF MED 和 RADIANCE-HTN SOLO）[27-29] 中未报告任何重

研究或分组	RDN 平均值	标准差	总和	平均值	标准差	总和	比重	平均差 逆方差随机效应模型，95%CI
Azizi 2018	-10.8	13.6	74	-3.9	17.4	72	26.9%	-6.90 [-1 1.97,-1.83]
Bhatt 2014	-14.13	23.93	353	-11.74	25.94	171	32.4%	-2.39 [-7.01, 2.23]
Kandzari 2018	-9.4	12.5	38	-2.6	12.9	40	21.8%	-6.80 [-12.44, -1.16]
Townsend 2017	-9.7	13.66	37	-2.5	13.56	41	18.9%	-7.20 [-13.25, -1.15]
总和（95%CI）			502			324	100.0%	-5.47 [-8.10, -2.84]

异质性：Tau²=0.00；Chi²=2.54，df=3(*P*=0.47)；I^2=0%

整体效应检验：Z=4.08(*P*＜0.0001)

平均差 逆方差随机效应模型，95%CI

-10　-5　0　5　10

倾向 RDN　倾向假手术

▲ 图 5-5　与假手术组相比，**RDN** 对诊室收缩压的影响

转自 Stavropoulos 等，2020[30]

研究或分组	RDN 平均值	标准差	总和	假手术 平均值	标准差	总和	比重	平均差 逆方差随机效应模型，95%CI
Azizi 2018	-5.5	8.4	74	-1.2	10	72	40.8%	-4.30 [-7.30,-1.30]
Kandzari 2018	-5.2	7.6	33	-1.7	7.9	40	31.0%	-3.50 [-6.94, -0.06)
Townsend 2017	-5.3	8.07	37	-0.3	8.17	41	28.2%	-5.00 [-8.61, -1.39]
总和（95%CI）			149			153	100.0%	-4.25 [-6.16, 2.33]

异质性：Tau²=0.00；Chi²=0.35，df=2(*P*=0.84)；I^2=0%

整体效应检验：Z=4.35(*P*=0.0001)

平均差 逆方差随机效应模型，95%CI

-10　-5　0　5　10

倾向 RDN　倾向假手术

▲ 图 5-6　与假手术组相比，**RDN** 对诊室舒张压的影响

转自 Stavropoulos 等，2020[30]

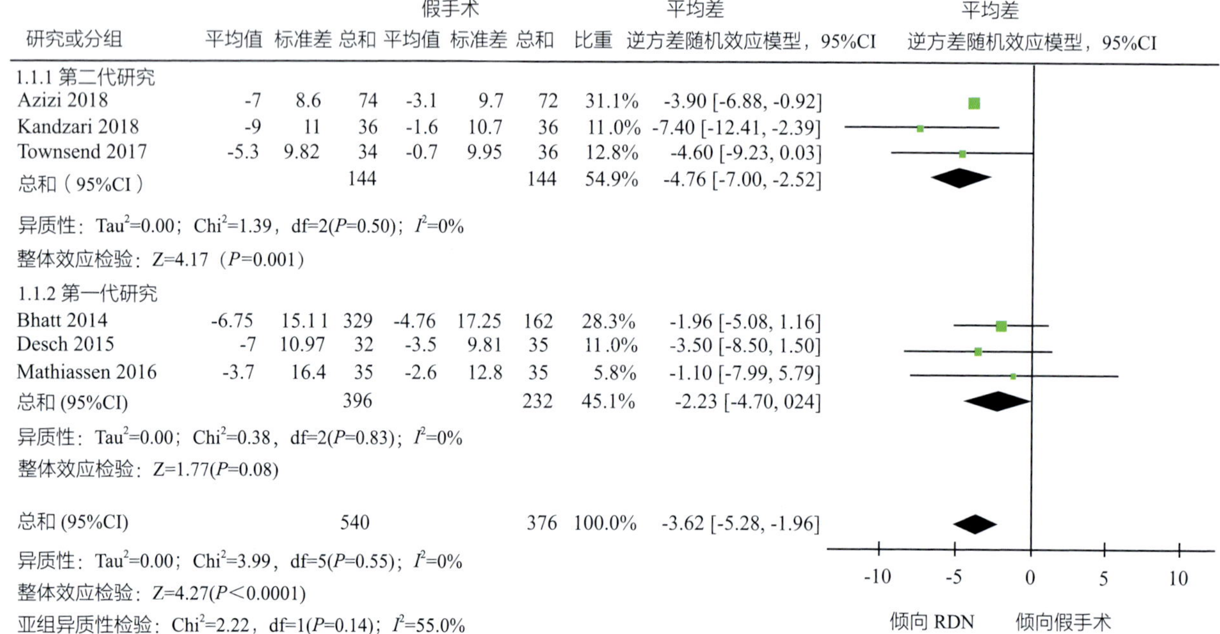

研究或分组	平均值	标准差	总和	假手术 平均值	标准差	总和	比重	平均差 逆方差随机效应模型，95%CI
1.1.1 第二代研究								
Azizi 2018	-7	8.6	74	-3.1	9.7	72	31.1%	-3.90 [-6.88, -0.92]
Kandzari 2018	-9	11	36	-1.6	10.7	36	11.0%	-7.40 [-12.41, -2.39]
Townsend 2017	-5.3	9.82	34	-0.7	9.95	36	12.8%	-4.60 [-9.23, 0.03]
总和（95%CI）			144			144	54.9%	-4.76 [-7.00, -2.52]
异质性：Tau²=0.00；Chi²=1.39，df=2(*P*=0.50)；I^2=0%								
整体效应检验：Z=4.17（*P*=0.001）								
1.1.2 第一代研究								
Bhatt 2014	-6.75	15.11	329	-4.76	17.25	162	28.3%	-1.96 [-5.08, 1.16]
Desch 2015	-7	10.97	32	-3.5	9.81	35	11.0%	-3.50 [-8.50, 1.50]
Mathiassen 2016	-3.7	16.4	35	-2.6	12.8	35	5.8%	-1.10 [-7.99, 5.79]
总和 (95%CI)			396			232	45.1%	-2.23 [-4.70, 024]
异质性：Tau²=0.00；Chi²=0.38，df=2(*P*=0.83)；I^2=0%								
整体效应检验：Z=1.77(*P*=0.08)								
总和 (95%CI)			540			376	100.0%	-3.62 [-5.28, -1.96]

异质性：Tau²=0.00；Chi²=3.99，df=5(*P*=0.55)；I^2=0%

整体效应检验：Z=4.27(*P*＜0.0001)

亚组异质性检验：Chi²=2.22，df=1(*P*=0.14)；I^2=55.0%

▲ 图 5-7　第一代和第二代 **RDN** 的效应，以及对 **24h** 的动态血压监测收缩压的总体影响

转自 Stavropoulos 等，2020[30]

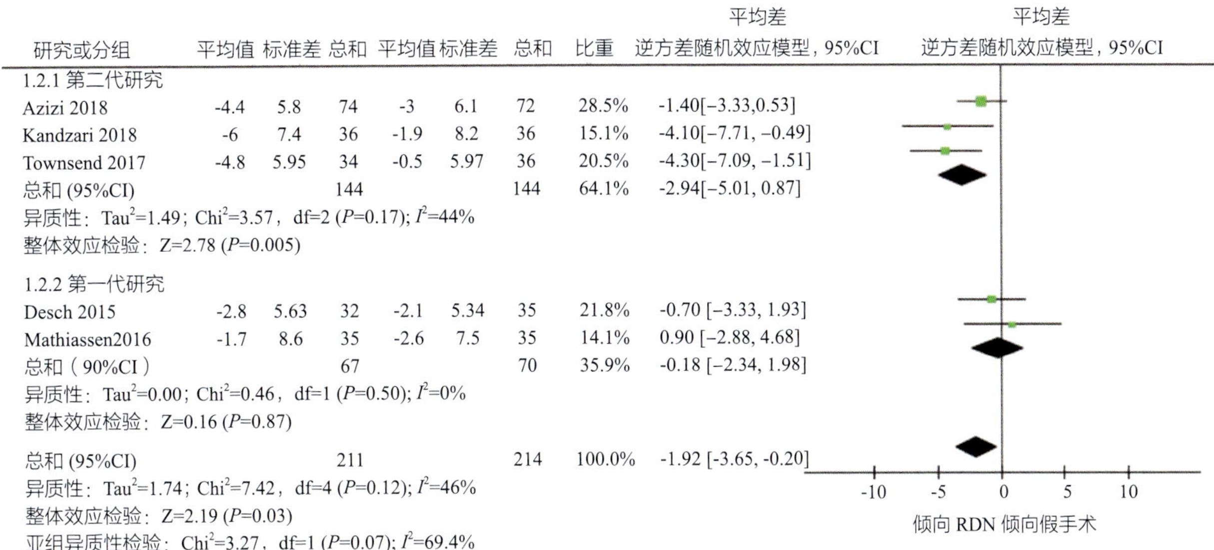

▲ 图 5-8 第一代和第二代 **RDN** 的影响，以及对 **24h** 动态血压的舒张压监测的总体影响

转自 Stavropoulos 等，2020[30]

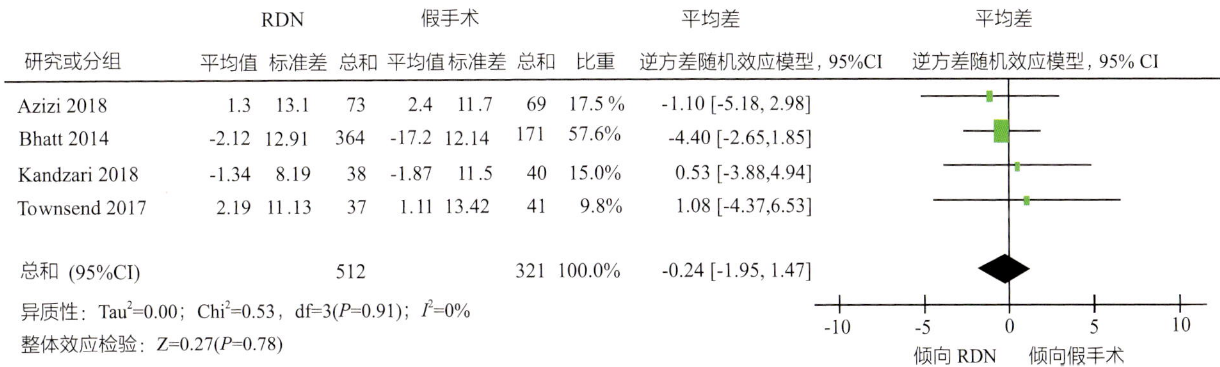

▲ 图 5-9 **RDN** 对肾功能的影响，通过估计肾小球滤过率与假手术的比较来评估

转自 Stavropoulos 等，2020[30]

大不良事件（全因死亡、主要心血管事件、围术期并发症、重要肾功能损害或低血压 / 高血压危机）。

在 ReSET 试验的假手术组中报告了一例卒中和一例需要经皮冠状动脉介入治疗的不稳定心绞痛案例[25]；然而因为这两个事件在实施假手术几周后发生，所以没有归因于该手术。

在最大的假手术对照研究 SYMPLICITY HTN-3 试验中[17]，两个治疗组关于主要安全终点（即主要不良事件的复合体，定义为任何原因死亡、终末期肾病、导致终末器官损害的栓塞事件、肾动脉或其他血管并发症或在 30 天内的高血压危象或 6 个月内新发生的超过 70% 的肾动脉狭窄）以及主要不良心血管事件间无显著差异。

（九）讨论

本次 Meta 分析的结果显示，RDN 显著而有意义地降低了动态血压和诊室血压，且没有产生严重的不良反应。因此，该手术符合美国食品药品管理局（FDA）对于治疗未控制高血压的“安全有效”的要求。同时，数据表明，这一治疗方

研究或分组	RDN 平均值	标准差	总和	平均值	标准差	总和	比重	平均差 逆方差随机效应模型，95%CI
Azizi 2018	1.3	13.1	73	2.4	11.7	69	41.4%	-1.10 [-5.18, 2.98]
Kandzari 2018	-1.34	8.19	38	-1.87	11.5	40	35.4%	0.53 [-3.88, 4.94]
Townsend 2017	2.19	11.13	37	1.11	13.42	41	23.2%	-1.08 [-4.37, 6.53]
总和 (95%CI)			148			150	100.0%	-0.02 [-2.64, 2.61]

异质性：Tau²=0.00；Chi²=0.49，df=2(*P*=0.78)；*I*²=0%

整体效应检验：Z=0.01(*P*=0.99)

平均差 逆方差随机效应模型，95%CI

-10 -5 0 5 10

倾向 RDN 倾向假手术

▲ **图 5-10 第二代 RDN 研究，通过与假手术相比较的肾小球滤过率评估 RDN 对肾功能的影响**

转自 Stavropoulos 等，2020[30]

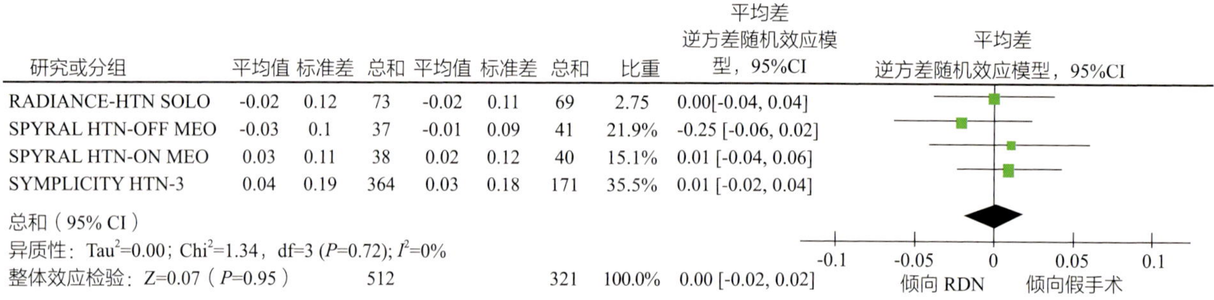

▲ **图 5-11 与假手术相比，RDN 对血清肌酐水平的影响**

转自 Stavropoulos 等，2020[30]

法不仅对接受过治疗但血压仍未得到控制的患者安全有效，而且正如具有里程碑意义的 SPYRAL HTN-OFF MED Pivotal 试验所示，对未接受过治疗的患者同样如此[31]。

本次 Meta 分析从 6 项假手术对照随机化研究中提取数据，共纳入了 981 例未控制高血压患者[30]，其最重要的意义在于充分展现出了第二代 RDN 设备所具备的超越第一代的安全性与有效性。使用第二代设备的研究显示动态血压降低了 –4.8mmHg（95%CI –7～–2.5）/–2.9（95%CI –5～–0.9），而第一代设备 / 研究中动态或诊室血压的变化未达到统计学意义。因此，可以合理假设与第二代设备 / 研究相比，第一代研究实现了“较少”的设置在肾动脉的神经破坏。这可以由以下原因解释：①第一代研究使用单尖端射频导管，难以实现环形去神经术；②设置在肾动脉的神经破坏较少；③神经破坏被随机设置在只有部分交感神经纤维可达的肾主动脉区域[30]。另外，第二代设备 / 研究使用多电极导管，并在肾动脉的远端段及其分支处设置神经破坏，这些区域的纤维更接近管腔，更易于达到。同时，第二代设备所使用的聚焦超声可能能够更为成功地进行去神经术，因为它可以比射频能量更深入地进行穿透[30, 32]。

与实际的 RDN 相比，假手术在任何第二代 RDN 研究中均未显示与血压的显著降低相关，而来自 SYMPLICITY HTN-3 的结果揭示了显著且统计学意义的假手术效应。这可以通过更好的基线筛查和有意识地避免非预期的血压恶化效应来解释。此外，结果表明，第一代和第二代研究中的手术都是安全的，没有任何重大不良事件，且没有证据显示肾功能恶化。

本次分析中的另一个重要发现是 RDN 在诊室和动态收缩压改变之间的差异相对较小（5.5mmHg vs. 4.6mmHg）。在以往进行的未控制的单臂研究中显示，这种差异的幅度在 20～25mmHg。更小的差异更符合实际临床情况，同时也更契合许多较早的药物治疗高血压试验的结果[33]。在这次 Meta 分析中，我们发现 RDN 后夜间收缩压血压的降低并不显著，这可能归因于试验中存在的高异质性。在最近的研究中，RDN 后夜间收缩压已表现出显著的降低。在 RADIANCE HTN-SOLO 试验的次级分析中，参与者可以在进入后开始使用降压药物，与假手术相比，患者的夜间动态收缩压出现了更为显著的降低[34]。此外，SPYRAL HTN-ON MED 试验显示，与假手术相比，RDN 导致夜间收缩压显著降低（–11.90mmHg，95%CI –18.2～–5.6mmHg）[28, 30, 35]。

然而，这项分析也存在着重要的局限性：例如随机对照试验数量少（*n*=6），相对有限的样本量（*n*=981），随访期短（最长 6 个月）及缺乏交叉试验等都可能被视为主要限制因素。

尽管如此，该分析结果首次提供了确凿证据，表明 RDN 有效且安全。这些数据为研究的进行与后续更大规模研究的开展提供了强有力的支持。RDN 仍然充满活力，未来的研究也必将会进一步提高其在治疗和控制高血压中的重要性。

（十）结论

总的来说，这次 Meta 分析的数据以令人信服的方式展示了 RDN 的有效性。数据来源于严格设计和精心进行的假手术对照试验。足以说明，这是我们第一次以科学的方式显示和证明 RDN 可以降低未控制高血压患者的血压。

参考文献

[1] Benjamin EJ, Muntner P, Alonso A, et al. Heart disease and stroke statistics-2019 update: a report from the American Heart Association. Circulation. 2019;139:e56-e528.

[2] Forouzanfar MH, Liu P, Roth GA, et al. Global burden of hypertension and systolic blood pressure of at least 110 to 115 mm Hg, 1990-2015. JAMA. 2017;317:165-82.

[3] NCD Risk Factor Collaboration (NCD-RisC). Worldwide trends in blood pressure from 1975 to 2015: a pooled analysis of 1479 population-based measurement studies with 19.1 million participants. Lancet. 2017;389:37-55.

[4] Lewington S, Clarke R, Qizilbash N, et al. Age-specific relevance of usual blood pressure to vascular mortality: a meta-analysis of individual data for one million adults in 61 prospective studies. Lancet. 2002;360:1903-13.

[5] Chow CK, Teo KK, Rangarajan S, et al. Prevalence, awareness, treatment, and control of hypertension in rural and urban communities in high-, middle-, and low-income countries. JAMA. 2013;310:959-68.

[6] Banegas JR, López-García E, Dallongeville J, et al. Achievement of treatment goals for primary prevention of cardiovascular disease in clinical practice across Europe: the EURIKA study. Eur Heart J. 2011;32:2143-52.

[7] Grassi G, Pisano A, Bolignano D, et al. Sympathetic nerve traffic activation in essential hypertension and its correlates: systematic reviews and meta-analyses. Hypertension. 2018;72:483-91.

[8] Bradford JR. The innervation of the renal blood vessels. J Physiol. 1889;10:358-432.18.

[9] Author unknown. Neurosurgical treatment, indications and results (chapter7, methods of operation). J Intern Med. 1947;127:72-6.

[10] Adson AW, McCraig W, Brown GE. Surgery in its relation to hypertension. Surg Gynecol Obstet. 1936;62:314-31.

[11] Sen SK. Some observations on decapsulation and denervation of the kidney. Br J Urol. 1936;8:319-28.

[12] Page IH, Heuer GJ. The effect of renal denervation on the level of arterial blood pressure and renal function in essential hypertension. J Clin Invest. 1935;14:27-30.

[13] Page IH, Heuer GJ. The effect of renal denervation on patients suffering from nephritis. J Clin Invest. 1935;14:443-58.

[14] Krum H, Schlaich M, Whitbourn R, et al. Catheter-based renal sympathetic denervation for resistant hypertension: a multicentre safety and proof-of-principle cohort study. Lancet. 2009;373:1275-81.

[15] Symplicity HTN-2 Investigators, Esler MD, Krum H, et al. Renal sympathetic denervation in patients with treatment-resistant hypertension (The Symplicity HTN-2 Trial): a randomised controlled trial. Lancet. 2010;376:1903-9.

[16] Worthley SG, Tsioufis CP, Worthley MI, et al. Safety and efficacy of a multi-electrode renal sympathetic denervation system in resistant hypertension: the EnligHTN I trial. Eur Heart J. 2013;34:2132-40.

[17] Bhatt DL, Kandzari DE, O'Neill WW, et al. A controlled trial of renal denervation for resistant hypertension. N Engl J Med. 2014;370:1393-401.

[18] Sakakura K, Ladich E, Cheng Q, et al. Anatomic assessment of sympathetic peri-arterial renal nerves in man. J Am Coll Cardiol. 2014;64:635-43.

[19] Henegar JR, Zhang Y, Hata C, et al. Catheter-based

radiofrequency renal denervation: location effects on renal norepinephrine. Am J Hypertens. 2015;28:909-14.

[20] Kandzari DE, Bhatt DL, Brar S, et al. Predictors of blood pressure response in the SYMPLICITY HTN-3 trial. Eur Heart J. 2015;36:219-27.

[21] Tzafriri AR, Mahfoud F, Keating JH, et al. Innervation patterns may limit response to endovascular renal denervation. J Am Coll Cardiol. 2014;64:1079-87.

[22] Mahfoud F, Edelman ER, Böhm M. Catheter-based renal denervation is no simple matter: lessons to be learned from our anatomy? J Am Coll Cardiol. 2014;64:644-66.

[23] Papademetriou V, Tsioufis C, Doumas M. Renal denervation and Symplicity HTN-3: "Dubiumsapientiae initium" (doubt is the beginning of wisdom). Circ Res. 2014;115:211-4.

[24] Papademetriou V, Rashidi AA, Tsioufis C, et al. Renal nerve ablation for resistant hypertension: how did we get here, present status, and future directions. Circulation. 2014;129:1440-51.

[25] Mathiassen ON, Vase H, Bech JN, et al. Renal denervation in treatment-resistant essential hypertension. A randomized, SHAM-controlled, double-blinded 24-h blood pressure-based trial. J Hypertens. 2016;34:1639-47.

[26] Desch S, Okon T, Heinemann D, et al. Randomized sham-controlled trial of renal sympathetic denervation in mild resistant hypertension. Hypertension. 2015;65:1202-8.

[27] Townsend RR, Mahfoud F, Kandzari DE, et al. Catheter-based renal denervation in patients with uncontrolled hypertension in the absence of antihypertensive medications (SPYRAL HTN-OFF MED): a randomised, sham-controlled, proof-of-concept trial. Lancet. 2017;390: 2160-70.

[28] Kandzari DE, Böhm M, Mahfoud F, et al. Effect of renal denervation on blood pressure in the presence of antihypertensive drugs: 6-month efficacy and safety results from the SPYRAL HTN-ON MED proof-of-concept randomised trial. Lancet. 2018;391:2346-55.

[29] Azizi M, Schmieder RE, Mahfoud F, et al. Endovascular ultrasound renal denervation to treat hypertension (RADIANCE-HTN SOLO): a multicentre, international, single-blind, randomised, sham-controlled trial. Lancet. 2018;391:2335-45.

[30] Stavropoulos K, Patoulias D, Imprialos K, et al. Efficacy and safety of renal denervation for the management of arterial hypertension: a systematic review and meta-analysis of randomized, sham-controlled, catheter-based trials. J ClinHypertens (Greenwich). 2020;22(4):572-84.

[31] Böhm M, Kario K, Kandzari DE, et al. Efficacy of catheter-based renal denervation in the absence of antihypertensive medications (SPYRAL HTN-OFF MED Pivotal): a multicentre, randomised, sham-controlled trial. Lancet. 2020;395:1444-51.

[32] Papademetriou V, Stavropoulos K, Doumas M, et al. Now that renal denervation works, how do we proceed? Circ Res. 2019;124:693-5.

[33] Sun D, Li C, Li M, et al. Renal denervation vs pharmacotherapy for resistant hypertension: a meta-analysis. J Clin Hypertens. 2016;18:733-40.

[34] Azizi M, Schmieder RE, Mahfoud F, et al. Six-month results of treatment-blinded medication titration for hypertension control following randomization to endovascular ultrasound renal denervation or a sham procedure in the RADIANCE-HTNSOLO trial. Circulation. 2019. https://doi.org/10.1161/CIRCULATIONAHA.119.040451

[35] Kario K, Weber MA, Böhm M, et al. Effect of renal denervation in attenuating the stress of morning surge in blood pressure: post-hoc analysis from the SPYRAL HTN-ON MED trial. Clin Res Cardiol. 2020. https://doi.org/10.1007/s00392-020-01718-6

第 6 章 去肾神经术的临床效应的终点：什么是最好的替代终点

Endpoints for Clinical Effects of Renal Denervation: What Is the Best Surrogate

Kevin A. Friede Marat Fudim Paul A. Sobotka 著
肖乾凤 译 肖乾凤 校

一、概述

过去几年中，已经证实去肾神经术（RDN）是难治性高血压（HTN）的有效治疗方法。越来越多的证据表明，RDN 对于包括心力衰竭（heart failure，HF），心房颤动和胰岛素抵抗等疾病也有益。在不久的将来，RDN 很可能常用于一些常见疾病。不幸的是，RDN 并不总是导致血压（blood pressure，BP）降低，许多患者仍需要继续使用降压药物。RDN 后血压持续升高有几种可能的解释。值得注意的是，肾神经的不完全消融或其他引起交感神经活动（sympathetic nerve activity，SNA）增加是个体难治性高血压的原因。肾神经的标测可以实现选择性消融交感神经激动纤维同时避免消融交感神经抑制纤维，这会降低无效消融率和消融相关并发症。仅仅测量血压是不够确定 RDN 是否成功，需要测定交感神经活性增加作为替代。识别肾交感神经增加的原因对于高血压的病理生理学是至关重要的，因为它允许更好地选择可能从 RDN 中获得临床益处的患者和为记录技术成功提供了依据。此外，通过测量 SNA 的技术，可评估那些在治疗后晚期失去临床效益的患者，确定神经再生是否发挥作用及重复进行 RDN 是否可能有益。在本章中，我们将讨论在人类中评估 SNA 的直接和间接方法；这些方法如何作为筛选 RDN 治疗患者的工具；它们如何用来衡量技术成功；以及每种方法如何在特定的疾病过程中使用。

二、肾神经的解剖和生理作用

自主神经系统通过肾脏中复杂的整合过程来维持身体的液体容量、电解质成分和血管张力[1]。肾脏和中枢神经系统（central nervous system，CNS）之间的通信在传入、传出的交感神经纤维和传出的副交感神经纤维之间形成一个反射环路[2-6]，整合来自几个末梢器官传感器和压力感受器的信号输入[7-9]。值得注意的是，肾脏有其自身的内在自主神经调节系统，它无须中枢神经系统的信号输入即可运作，这被称为肾反射机制[10]。

肾交感神经起源于 T_{11}～L_3 的脊髓段，包含来自胸腹腔神经、主动脉丛和迷走神经后干的输入[6, 11]。肾交感神经通过肾动脉的外膜分布[12-14]；因此，通过经皮肾动脉通道消融这些神经是可能的[15]。

值得注意的是，最近的证据表明，肾脏传入

神经的组成和生理可能比最初认为的要复杂得多。这可能解释了观察到的临床试验结果的异质性，特别是从良好反应到无反应甚至矛盾反应的个体间反应的变异性。这些考虑促使了本章其余部分讨论许多提出的生物标志物和其他评估技术。

（一）肾脏传入神经

肾脏传入神经包含有髓鞘和无髓鞘纤维；它们向中枢神经系统提供机械敏感和化学敏感输入[16, 17]。肾脏传入神经纤维可以根据其功能进行区分和描述，分为 3 类：增压、减压和肾－肾[14, 18, 19]。肾脏传入纤维可以影响上述交感神经反射环路，导致全身交感神经系统（sympathetic nervous system，SNS）张力的升高（交感神经刺激）或降低（交感神经抑制）[9, 19–24]。

（二）肾脏传出神经

肾脏的传出神经密集地支配着肾血管（入球小动脉和出球小动脉）、肾小球旁装置及肾小管（近曲小管、髓袢和远曲小管）。这些神经活动的增加会刺激几种肾上腺素能受体：刺激肾小球旁装置中的 β_1 肾上腺素受体会导致预合成的肾素释放[25–28]；刺激 α_{1A} 肾上腺素受体会使肾小动脉收缩，减少肾皮质和髓质的肾血流量（renal blood flow，RBF），同时减轻肾小球压力和降低肾小球滤过率（glomerular filtration rate，GFR）[12, 26, 29]；刺激 α_{1B} 肾上腺素受体会增加钠的重吸收[12, 30–32]。交感神经通过释放大量的局部神经递质，包括去甲肾上腺素、神经肽 Y 和 ATP[33–38]，来调节肾功能。

肾交感神经活动（renal sympathetic nerve activity，RSNA）也受到肾外反射机制的调节。颈动脉和主动脉压力感受器的激活，以及颈动脉化学感受器的失活会减少肾交感的传出[39–41]。相反，颈动脉和主动脉压力感受器的抑制及颈动脉化学感受器的激活会增加 RSNA 和肾素分泌[12]。这些 RSNA 反馈调节对正常生理条件下维持容量和钠的稳态非常重要，但在各种病理状态下可能变得不适应，详见下文[42–45]。

（三）副交感神经

肾脏的副交感神经的分布一直存在争议，其组织学、分布范围和解剖学的研究之间存在差异[3–6, 46–49]。最近，van Amsterdam 等确认了肾动脉附近存在副交感神经纤维，尽管这些纤维的生理功能仍然不清楚[5]。

（四）肾脏神经系统对干扰的反应

肾脏与中枢神经系统（CNS）之间的正常反射环路可能会在特定改变、损伤或全身性疾病的情况下被扰乱，从而产生病理性反馈。已有研究显示，通过血管内电刺激肾动脉可以引起血压的变化，尽管效果各异，不同的研究显示有血压升高[50–57]，血压无变化[58]，以及血压下降[59]（这种现象在下文有进一步描述）。这些不同的效果可能与刺激肾脏传入神经的位置有关。还有研究表明，功能性传入神经纤维可能具有特征性分布，肾动脉的近端段主要包含促进交感神经的纤维[53]，而靠近肾门的远端段主要包含抑制交感神经的纤维[18]。

例如，背侧根切断术，能选择性地消除传入的肾神经信号，可以降低血压[60, 61]。此外，肾脏缺血和炎症会引起由肾传入神经介导的促交感反应[62]。肾传入神经在心血管疾病、高血压、糖尿病（diabetes millitus，DM），以及由于液体潴留或静脉容量变化引起的充血等病理生理中似乎也扮演着重要角色[63–67]。这对 RDN 有着影响：我们预期有效的肾传入神经 RDN 会与可测量的系统效应相关联，如降低胰岛素抵抗、改变静脉容量、降低心率和减轻心室肥厚。

了解肾交感神经活动的状态可能会提供关于治疗过程中和过程后的见解，有助于患者的最佳选择和消融疗法的调整，以及对一些患者缺乏持续治疗效果的潜在解释。在动物模型和人类研究中都有证据表明，手术性肾交感神经切断和（或）肾切除（如肾移植）后，一些传入和传出的肾神经可能会再生[68–72]。因此，可以假设在人类中，器械性（而非手术性）RDN 后，传入和传出的肾神经的解剖和最终的功能恢复也可能发生。然而，应该指出的是，由于RDN已与长达3年的持续降低血压有关，神经再生可能不会发生在大范围内，或者可能是无关紧要的。

三、量化交感神经活性的方法

交感神经系统的活动并不总是以全局方式发生，而往往是针对特定器官（图6-1）。因此，任何一个器官的反应都反映了对该特定器官的交感神经系统的活动，而不是对其他组织的活动[42, 73]。心脏的交感神经系统活动增加会增加心搏频率和收缩力。交感神经系统对血管的刺激改变了血管的张力，通常引起血管收缩。例如，交感神经系统的内脏激活减少了内脏的容量并增加了静脉回流[74]。肾脏特异性的交感神经系统激活改变了肾素–血管紧张素系统的活动，进而影响了钠的重吸收和改变肾内动脉的阻力。

在动物中，可以通过使用电极测量神经放电或检查特定器官的生理反应来评估SNA，包括肾脏[75]、心脏[76]、肺[77]和肝脏[78]。这些测量通常通过使用特定的肾上腺素拮抗药或通过使用基因改变的动物来增强，这些动物能提供哪些受体被激活。另外，在人类中，量化SNA更加困难。在下文中，我们将讨论目前采用的方法，并讨论每种方法的优点和缺点。

测量血浆或尿液中的去甲肾上腺素有时用于测定全身交感神经活动，但只能识别那部分未被再摄取并进入全身循环的去甲肾上腺素。另外，由于其本质，血浆去甲肾上腺素水平不能准确评估局部SNA[79, 80]。放射性示踪剂测量从特定器官到回流静脉床的去甲肾上腺素溢出被认为是黄金标准，但这种测量复杂，需要动脉和静脉插管，在少数专业中心才能进行。直接记录腓神经的交感神经放电是记录肌肉交感神经活动的一种好方法，但同样只在一些中心进行。这些方法捕捉交感刺激，在单独观察时，可能无法识别不同器官的差异性交感神经支配，不能反映全身的SNA和交感活动，以及确定外周部位对全身SNA的作用[81]。

（一）去甲肾上腺素的溢出

去甲肾上腺素溢出使用放射性示踪技术，是

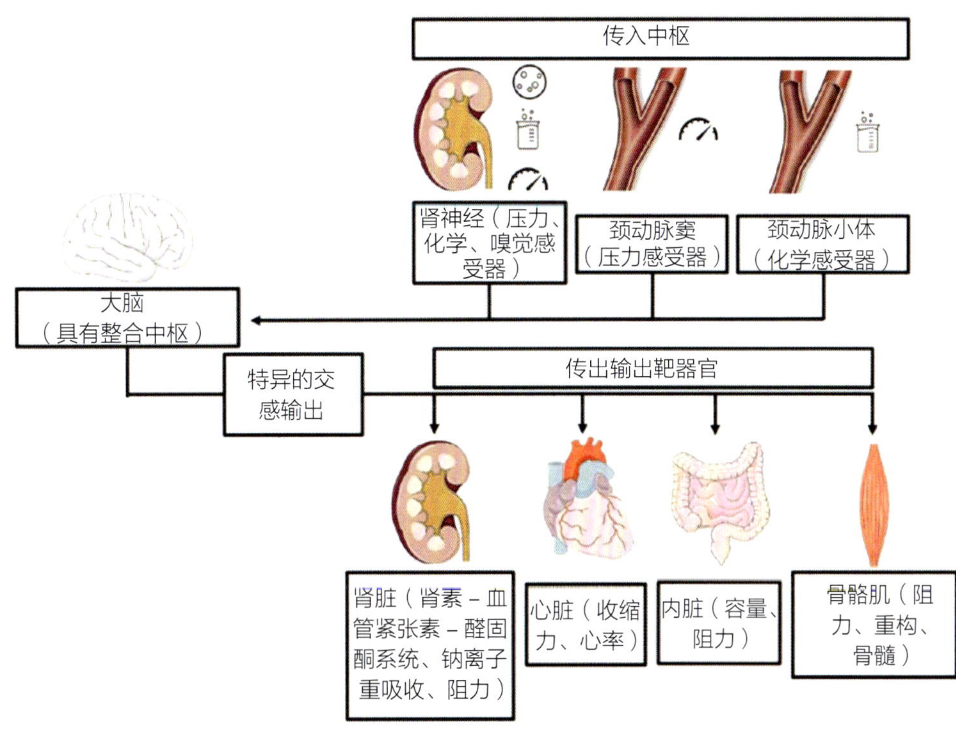

▲ 图6-1 交感传入与传出神经的整合

研究人体整体和区域性去甲肾上腺素动力学最可靠的方法之一[82]。放射性标记的去甲肾上腺素通常使用 ^{3}H 标记，通过静脉注射，并从特定器官的静脉中获取局部血液样本。变量测量的是去甲肾上腺素释放到血浆中的量。通过同位素稀释法测量动脉静脉间去甲肾上腺素的差异，可以估算局部或器官特异性的 SNA[83, 84]。这种方法的局限性为测量的是单一时间点的局部性 SNA，不允许连续追踪。此外，最近的证据表明，在神经放电率高时，去甲肾上腺素溢出的速率不再与神经放电率呈线性相关，因为从神经末梢释放的去甲肾上腺素最终会达到一个平台期[85]。尽管有这些局限性，这种方法已被证明非常有力，已用于记录心脏、肾脏和骨骼肌的交感神经支配的变化。

（二）微神经电图

1968 年，Hagbarth 和 Valibo 首次报道了使用微神经电图测量来测定传出多纤维交感神经活动（multi-fiber sympathetic nerve activity，MSNA）的有效性[86]。直接记录（通常来自腓肠神经）显示出与心动周期同步的神经活动的爆发。观察显示，尽管在同一受试者内的重复测量具有很高的一致性，但从一个正常血压的受试者到另一个受试者，SNA 的变化可高达 10 倍[87-89]。这种个体间的可变性似乎是由于生理差异而非记录技术的差异所致。最近的改进导致人类中单纤维交感神经的记录[90, 91]被发现能反映整个神经的记录[92, 93]。与多纤维记录类似，单纤维放电在人类的基线水平是低的；然而，生理刺激和心血管疾病会增加单个单元的放电率[94, 95]。

MSNA 通常被建议作为全部 SNA 的代表。虽然 MSNA 与去甲肾上腺素溢出有关，但它只能测量所采样神经的 MSNA 模式。如上所述，交感神经张力的局部差异并不一定能从一个器官系统推广到另一个器官系统。有一些证据表明，在心力衰竭患者中，MSNA 与死亡率相关[96]。虽然 MSNA 记录是一个有价值的工具，但它需要一个专门的实验室、专用设备和熟练的人员；因此，它没有在临床设置中使用。

（三）心率和血压的变异性

另一种常用的方法是心率和血压变异的功率谱分析。这个程序通过识别心率和血压的振荡来监测来自肾素 – 血管紧张素系统（renin-angiotensin system，RAS）、交感和副交感神经元的信号输入，以及局部释放的血管活性因子如一氧化氮而进行调节。显然，心率变异性的评估需要连续的心电图或脉搏监测，而血压的评估通常需要使用动脉插管进行持续测量。傅里叶分析和类似技术允许区分交感神经和副交感神经对心率的影响。分析基于这样一个事实：交感神经系统（SNS）和副交感神经系统（parasympathetic nervous system，PNS）在不同的频率带上运作：交感神经流量调节低频振荡，而副交感神经对心率的低频和高频振荡均有影响。因此，心率变异性的低频与高频比率反映了交感神经系统对心血管的调节[97-99]。心力衰竭患者的心率增加，心率变异性降低，这两者都与死亡率增加有关[100-102]。这种方法的一个主要限制是没有任何一个心率谱是选择性的 SNA；包括年龄、性别、呼吸和压力反射信号在内的因素干扰了心率变异性[101, 103]。

同样，血压变异性在交感神经张力增加的情况下增加，并与增加的 MSNA 相关[104]。低频血压振荡的幅度提供了对交感神经流量的间接评估。增加的血压变异性与较高的心血管死亡率相关。然而，高频波动取决于呼吸的机械影响，而低频波动主要取决于血管舒张张力、血管阻力、体液和神经因素之间的复杂相互作用。与心率变异性类似，血压谱分析的使用受到多种因素的限制，降低了其特异性，因此限制了其在临床实践中的实用性[97, 105]。

（四）压力感受器反射的敏感性

交感神经系统过度活跃会抑制动脉压力感受器反射；因此，在包括高血压和心力衰竭在内的心血管疾病的动物和人类中，颈动脉压力感受器反射变得迟钝[106, 107]。相反，有效治疗这些疾病可以改善压力感受器敏感性（baroreflex sensitivity，BRS）。BRS被定义为每单位血压变化所引起的心跳间隔（interbeat interval，IBI）变化（以ms计），这通常被量化为一个斜率或增益函数[108]。最初，BRS是通过使用使血压升高并反射性地降低心率的血管收缩药来评估的，从而影响IBI。新的BRS评估方法通过非侵入性动脉压力监测设备连续测量自发的心率变异性和血压变异性。这种方法的一个主要限制是，BRS评估要求患者处于正常窦性心律，因为少量的显著噪声很容易干扰分析。

（五）化学感受器反射的敏感性

临床前动物和外科人类研究已经概述了周围化学感受反射在介导交感神经过度活跃、增高的肾交感神经活动（RSNA）和抑制血压反射方面的重要性[40, 41, 109–111]。周围化学敏感性的临床评估是通过操纵吸入的气体混合物或输注的药物刺激或抑制化学感受器测量心率和（或）血压反应，来评估对周围化学感受器的抑制或刺激的反应[112–114]。化学感受反射的敏感性增加反映了自主心血管控制的功能障碍，与心力衰竭和高血压等疾病的发展和（或）进展有关。

四、选择合适的RDN患者

对于具有显著的交感神经过度激活成分的难治性高血压患者，RDN可能更有效。识别出肾交感神经传出或传入神经活动增强的患者可能有助于确定最佳的去神经化患者。理想情况下，为了保证技术成功，只有在患者存在由肾传入神经引起的交感神经所致的疾病和交感神经张力增加的情况下，才会考虑进行RDN。然而，最近的试验已经包括了一大类难治性HTN的患者。因此，目前的患者选择标准试图评估患者是否存在真正抵抗。Symplicity试验的纳入标准包括尽管坚持使用包括利尿药在内的3种或更多的降压药，基线收缩压≥160mmHg（对于2型糖尿病患者，≥150mmHg）。然而，由于RDN是一个迅速发展的领域，新的试验已经开始在只有中度难治性HTN的患者中使用新的筛选工具[115]。

在过去的几年里，RDN在单纯收缩期高血压患者中的有效性一直是研究的重点。对Symplicity HTN-3试验[116]的分析及一个小型专门试验的数据（该试验比较了单纯收缩期HTN和复合型HTN的患者）表明[117]，RDN在单纯收缩期高血压患者中的效果较差。这可能是由于大动脉顺应性降低在单纯收缩期高血压中的重要作用。符合这种生理特征的患者的中心动脉压可能本质上对RDN所赋予的下游阻力减少反应较差。实际上，某些复合型高血压患者表现出大动脉顺应性降低，这也可能解释了他们对RDN反应减弱的原因。

目前，至少有两种筛查工具可以预测难治性高血压患者接受RDN后的结局。第一种工具，被大多数中心使用，是使用24～72h的动态血压监测。这种技术还允许排除合并药物或白大褂综合征等因素引起的假性难治性患者[118]。不出所料，基线血压较高的患者在手术后血压降低更明显。更有趣的是，对心脏迷走反射敏感性受损的筛查能成功地识别出对RDN反应良好的难治性高血压患者[119]。在Zuern等的一项研究中，迷走感受器敏感性是患者对RDN的血压反应的最强预测因素。同样，其他术前SNA的评估可能会提高RDN的手术成功率。此外，如可乐定等中枢交感神经抑制药可以用来区分反应者和非反应者：使用交感神经抑制药后中心血压明显降低预示着对RDN的成功反应[120]。最近，一项临床试验在拟定的肾神经消融部位进行了电刺激测试，显示出3种反应：主动脉压力的增高、中心主动脉压力的无变化和压力的降低。这些结果表明，消融降低血压的肾神经纤维可能是一些RDN手术的患者观察到的血压反常升高的原因，而对非反应部位的消融是徒劳的，只会增加治疗的风险，而没有益处。

为了最大化反应，需要更多的努力来更好地选择RDN的患者。正如Zuern等所展示的，包括量化交感神经系统激活而不是疾病活动的选择策略能提供更有效和更有针对性的方法。进一步开发有效的筛选工具需要准确测量治疗反应和明确的手术成功定义。由于 RDN 是除了高血压以外的交感神经介导疾病的成功治疗方法，筛选工具应该具有广泛的适用性，在考虑 RDN 治疗其他疾病过程中应识别可能的反映者，包括糖尿病和心力衰竭。

五、非选择性和选择性去肾神经术

在口服降压药物成为一种选择之前，常常尝试对患有高血压的患者进行胸腰段内脏神经切除术[121, 122]。一项早期的大型观察性研究发现，接受非选择性内脏神经切除术的患者与接受药物治疗的患者相比，手术患者的 5 年生存率显著提高（81% vs. 46%）[123]，同时心绞痛减少，心脏大小减小，肾功能改善[122, 124, 125]；但这是以约 5% 的显著围术期死亡率[123]，以及与自主神经阻断相关的严重不良反应为代价的。虽然在人类中不再使用外科性 RDN 的手术方法 – 除了在伴随肾移植肾切除术的情况，但是完全的手术 RDN 的动物模型仍然常见，并且通常通过化学神经消融来巩固，这将影响到传入和传出神经纤维[126, 127]。

目前，非外科性 RDN 最发达的技术是血管内射频（radiofrequency，RF）消融。现有的设备从肾动脉腔内释放单极或双极射频能量，目标是达到足够的消融深度以到达血管外膜并阻断神经信号。新的技术被设计用于输送药物消融剂[128–130]或使用聚焦超声（而不是射频）能量[131, 132]来实现消融。

虽然外科手术方法是提供非选择性 RDN 的唯一方法，但由于一些因素，对肾动脉位置的目标性或选择性 RDN 引起了特别的兴趣。首先，RDN 的主要目标是肾传入交感刺激性神经纤维，因为它们对全部交感神经张力的作用和直接参与血压控制[15]。因为非选择性的 RDN 可能无意中减少交感神经抑制信号，这种方法有可能反常地使自主神经系统的平衡倾向于增加而不是减少交感神经张力。其次，识别并避免在没有影响血压的肾神经活动的解剖部位进行消融，可以提高 RDN 的精确性并降低治疗相关的治疗风险。

由于目前无法筛查功能性肾传入神经纤维，非外科 RDN 的当前技术水平是无目标和有限的 RDN。在肾神经内释放射频能量的最佳位置仍然是一个有争议的问题。虽然对于消融更远端的部位是明确的，因为所有类型的肾神经距离腔内更近，但是有几个原因需要考虑消融更近端的部位。首先，近端肾动脉外膜包含更多的肾神经纤维，当沿着肾动脉壁向远端时，由于失去了支配动脉壁本身的神经，神经的数量会减少，而“交感神经通路”延伸到肾脏仍然存在。其次，交感刺激纤维在肾动脉壁的近端段分布更多。

早期 RDN 试验（Symplicity HTN-1 和 Symplicity HTN-2）得出了积极的结果，推荐进行近端神经消融。在这些试验中，使用 Symplicity 导管系统（Ardian LLC/Medtronic, Minneapolis, MN，USA）通过单极消融系统进行了几次独立的消融[133, 134]。随后，结果中性的 Symplicity HTN-3 试验使用了更新的导管设计，操作者从肾动脉的远端开始，旋转导管，同时向动脉的近端拉回，以创建“点对点”消融[135]。这种技术引入了新的变量，包括操作者依赖性和导管曲线，以及组织接触压力的差异，这些影响了进行充分消融的患者的数量[136]。然而，这些数据仍然混杂：虽然最近的一项随机试验比较了 51 例患者的远端与标准（主干）RDN，发现远端消融对降低血压更有效[137]，但这些发现在另一项比较全长与近端消融的 47 例患者的随机研究中并未得到重现[138]。最近，SPYRAL ON-MED 和 SPYRAL OFF-MED（SPYRAL Pivotal）是随机的、安慰剂对照的试验，排除了单纯收缩期高血压患者，使用了改良过的多电极导管，进一步修改了消融技术，重点放在远端消融治疗难治性高血压患者[139, 140]。这些试验都是乐观的，SPYRAL ON-MED 的患者诊室和 24h 平均收缩压较安慰剂对照组分别降低了 6.8mmHg 和 7.4mmHg；SPYRAL OFF-MED 研究的血压降低稍微低一些（分别为 6.5mmHg 和

3.9mmHg)，但仍然显著。

在 RDN 晚期出现疗效减弱的情况下，理解这一现象的病理生理过程变得重要。值得注意的是，潜在原因可能包括肾神经的再生长、新的潜在交感神经驱动的接替，或患者对药物降压治疗的依从性和持续性的变化。直接检查 SNA 对高血压和其他由 RDN 治疗的疾病的作用的策略，如下一节所讨论的，可以帮助指导临床决策，决定是否追求重复 RDN 或替代疗法。

六、如何确认技术的成功

（一）测量传入和传出神经的去神经化

目前，没有关于人类手术过程中直接测量肾神经活动以确认技术成功的报道。目前，RDN 的技术成功仅由血压降低来定义，并进一步通过血压降低的程度来量化。然而，这个定义有几个限制：首先，RDN 后血压降低无效的比率为 10%～50%[133, 141]。此外，对所有接受 RDN 的患者来说，血压降低并不是一个合理的成功衡量标准，因为在正常血压的患者中，如果他们因为其他疾病（如心力衰竭或交感神经介导的心动过速）接受手术，预计他们在 RDN 后血压不会下降。因此，可以想象，RDN 的技术成功可能不一定伴随着立即或甚至晚期的血压变化[142]。

考虑到这些因素，肾脏特异性神经活动的生物标志物可能是评估手术成功的更可行和可获取的选项。由于许多这些生物标志物是可变化的，它们能提供治疗干预后风险降低的针对性措施。表 6-1 显示了可用于此类目的的潜在生物标志物的列表。在 RDN 时就可以评估的生物标志物，如对肾脏神经刺激的反应，特别具有吸引力，因为它们可能提高手术的技术成功率。

表 6-1 已在 RDN 试验中使用的生物标志物，或者可用于评估技术是否成功

关注的结果	生物标志物
传出神经去神经支配	• 肾素、血管紧张素和醛固酮水平 • 排钠、利尿、肾血管阻力和肾血流量 • 肾脏特异性去甲肾上腺素溢出 • 肾化学刺激或机械感觉刺激的全身反应
传入神经去神经支配	• 全身去甲肾上腺素溢出 • 心率和心率 / 血压变异性 • 压力感受器反射敏感性 • 中枢血管紧张素水平

需要指出的是，反映交感神经系统（SNS）活动减少的替代标志物也可能不会导致血压降低。总的来说，应该使用血压和反映肾脏神经活动的传入和传出的替代生物标志物的组合，来定义技术是否成功。

由于肾脏神经在没有侵入性操作的情况下无法到达，因此在人类中进行手术中和手术后的直接神经记录是不可行的。然而，可以进行此类记录的动物模型可以提供重要的见解。Chinushi 等首次在 RDN 期间记录了动物的肾脏神经活动[52]。肾脏神经刺激在肾脏神经消融前立即增加了全身血压、血清儿茶酚胺和心率变异性。肾脏神经消融减弱了对神经刺激的血压和心率反应。因此，对肾脏神经刺激反应的不同组成部分的减弱或消除，可以作为肾脏神经纤维成功损伤的证据，并作为技术成功的标志。

转化为人类，一个合理的策略可能包括展示对刺激（如暴露于触发神经信号的药物）的传出和传入反应的减弱，用于评估技术是否成功。最近提出的一种定量评估交感神经活动（SNA）的技术，直接使用 SyMap 导管（苏州 SyMap 医疗有限公司）来刺激潜在的消融部位。同时使用侵入性主动脉压力监测来观察这样的刺激是否导致血压增加、不变或降低。一旦选择了消融部位并完成消融，就会重新刺激该部位，以确定手术在技术上是否成功。

（二）传出神经去神经支配

肾外神经去神经化直接和间接影响多种潜在的生物标志物。肾外神经调节循环容量、钠平衡以及体液稳态。此外，肾交感神经传导可能介导肾脏缺血性损伤[143]。一些急性和慢性肾脏疾

病，包括肾缺血、肾血管疾病和终末期肾脏疾病，与过度的肾交感神经传出活动相关。减少肾交感神经传出信号可抑制主动脉瓣不全患者的蛋白尿和足细胞损伤[144]；阻止糖尿病大鼠的肾小球滤过率增加[145]；抑制心力衰竭患者和肾小球肾炎动物模型中肾脏血管紧张素受体过度表达[146-147]，以及内毒素介导的肾脏损伤[148]。由于肾脏神经可能介导几种病理过程，其共同特征是肾交感神经信号增加，因此肾脏生物标志物可以用来评估 RDN 的成功程度。

传出神经去神经化的主要生物标志物是去甲肾上腺素及其共同释放的神经递质，在经过肾动脉神经去神经化后，从肾神经末梢的释放减少。由于肾传出神经去神经化使肾脏所有主要结构的末梢神经活动减少，因此导致肾小球旁细胞释放肾素减少，肾动脉血管阻力减少，肾小球滤过率增加，肾脏钠排泄增加[149]。因此，局部分泌的神经递质水平及肾素 – 血管紧张素系统组分，如肾素的变化可以作为交感神经活性的生物标志物。几项小规模的人类研究使用去甲肾上腺素外溢和肾素水平来量化 RDN 后残余的肾神经活性。在一项使用射频肾神经消融的初步研究中，Schlaich 等证明了在器械治疗去神经化手术后 1 个月肾脏去甲肾上腺素外溢减少（左肾减少 48%，右肾减少 75%），肾素活性减少 50%，以及肾血流量增加[150]。一项针对 10 例难治性高血压患者的研究表明，在手术后 15～30 天内，器械治疗去神经化手术导致去甲肾上腺素外溢减少 47%[133]。在另外两项小规模研究中，去神经化手术减少了血浆去甲肾上腺素或儿茶酚胺代谢物的水平，但肾素未减少[151, 152]；在这些研究中，未减少肾素活性与肾神经的不充分消融有关。类似的结果在难治性高血压和终末期肾脏疾病患者中也有报道[153]。总的来说，这些数据表明肾素活性和去甲肾上腺素外溢是用于记录 RDN 后交感神经张力减少的有效方法。尽管放射性示踪剂依赖的去甲肾上腺素外溢测量在研究环境之外不实用，但术中或术后肾静脉血取样可用于测量神经递质的浓度。

传出神经去神经化其次的生物标志物包括对肾素 – 血管紧张素系统（RAS）的抑制，而不仅仅是测量肾素活性的简单减少。一般情况下，肾素活性的降低会减少血管紧张素Ⅱ和醛固酮水平，导致许多有利效应，包括全身交感神经张力减少、血管扩张和心脏功能改善[154, 155]。在各种动物模型中进行的外科性 RDN 导致钠利尿增加，以及对利尿激素（如心房钠肽）的改善，这既可以理解为传出神经去神经化的直接结果，也可以理解为 RAS 抑制的间接影响[156-159]。对接受双侧肾切除的肾移植患者及接受器械治疗的难治性高血压患者的研究表明，这些患者的肾素和血管紧张素水平均下降[150, 160-162]。

（三）传入神经去神经支配

与传出神经去神经化不同，传入神经去神经化的效应不能单纯用肾神经传入部分的丧失来解释。传入肾神经是调节自主平衡的神经反射的一部分，通过改变交感神经张力来实现。在慢性疾病状态下，这种反射病理性地过度活跃，导致交感神经张力的过度激活。这些病理生理过程不一定涉及肾脏；然而，慢性肾脏病（chronic kidney disease，CKD）是一个很好的例子，说明了传入肾神经对这种反射的重要性。在 CKD 中，局部缺血和炎症变化增加了局部化学感受器的释放[62, 147, 163]。因此，从肾脏到大脑的感觉输出增加，导致交感神经活动增加，可能改变自主“设定点”。在需要肾移植的患者中，供体肾脏恢复了肾脏的过滤功能；然而，只要原生肾脏仍然存在，SNA 就不会减少。当进行双侧肾切除术时，全身去甲肾上腺素溢出的减少表明中枢交感神经输出正常[61, 164]。

在第一个里程碑试验（Symplicity HTN-1）中，RDN 的响应率（定义为收缩压降低至少 10mmHg）在手术后 12 个月内达到 85%，与基线相比，血压降低的幅度在 6～12 个月最显著。这一发现可能是由于传入肾神经输入到中枢神经系统的延迟整合所导致的。

成功的传入 RDN 的生物标志物（除了直接记录神经流量之外）与神经反射弧的中断有关。这些标志物包括肌交感神经活动（MSNA）、去甲肾上腺素溢出（区域性和全身性）、压力反射敏感性和心率变异性。多项研究表明，接受器械的 RDN 的患者相比对照组患者，MSNA 有所降低。在一项包含 20 例患者的研究中，RDN 后 3 个月 MSNA 显著降低[165]。另一项由 Schlaich 等进行的研究显示，接受 RDN 的 CKD 患者的全身去甲肾上腺素溢出和 MSNA 均有所减少[153]。

除了多单位 MSNA 外，单单位 MSNA 用于衡量 RDN 技术成功的证据也在不断涌现。单单位 MSNA 记录在技术上更具挑战性，但在患有心血管疾病（包括原发性高血压）的患者中，比多单位 MSNA 更具特异性和定量性[92, 166]。Hering 等在一项研究中显示，25 例患者在 RDN 后 3 个月内，单单位 MSNA 和多单位 MSNA 均有所减少[91]。

几项临床试验使用 MSNA 和去甲肾上腺素溢出以外的方法研究了 RDN 对 SNA 的影响。几项动物研究表明，RDN 手术后心脏和交感神经压力反射敏感性有所改善[141, 167, 168]。有趣的是，即使是单侧 RDN 对压力反射功能也有益[169]。只有少数研究调查了 RDN 对人类压力反射敏感性的影响。在一项研究中，Hart 等表明，RDN 后难治性高血压患者的心脏和交感神经压力反射敏感性有所改善[141]。有趣的是，这些变化也出现在对 RDN 没有血压反应的患者中。事实上，基线压力反射敏感性已被证明是预测患者是否会对 RDN 有反应的指标[119]。然而，在另一项研究中，Brinkman 等未显示 RDN 后压力反射敏感性有变化，但值得注意的是，该研究队列中的手术未导致任何血压变化[170]。

有几项研究未能显示在接受 RDN 治疗的难治性高血压患者 SNA 有所减少。在 Brinkmann 等的一项研究中，RDN 在术后 3～6 个月并未改变 MSNA、心率、血压变异性或压力感受器活动。有趣的是，仅 3/10 的患者在术后在诊室测量时血压有所下降，且与他们的 MSNA 变化无明显关系[170]。Hart 等在一项针对 8 例接受 RDN 治疗难治性高血压患者的研究中也得出了类似的结果，其中仅 4 例患者在术后 1～6 个月时有血压反应，但与 MSNA 变化无关[141]。可能 MSNA 对 RDN 的反应依赖于基线 MSNA，而这两项研究中的患者基线 MSNA 较之前的研究更低[150, 165]。

成功 RDN 的其他生物标志物可能存在于中枢神经系统。中枢 RAS 在控制全身交感神经活动和传入神经反射环的中枢整合中起着重要作用，这个神经反射环起源于肾脏[171]。中枢血管紧张素Ⅱ与高血压的发展和持续有关[172]。而中枢输注血管紧张素Ⅱ抑制药可以减弱传入肾神经刺激引起的 RSNA 和血压升高[171]。这些数据表明中枢 RAS 是 RDN 在人类中产生多种效应的关键机制。测量中枢血管紧张素的生理反应或测量中枢血管紧张素的水平都是评估 RDN 在动物中效果的潜在方法[173]。到目前为止，还没有在人体中评估这些潜在生物标志物效用的类似研究。

虽然文献中的研究较少，但多数研究指出 RDN 对 SNA 有益。多种生物标志物反映了在动物模型以及难治性高血压患者研究中，局部和全身交感神经张力的成功降低。作为一种处于早期临床开发的新技术，生物标志物的数据是多样的。动物和人体数据之间的差异可能可以通过高血压和肾病的病理生理学差异以及交感神经系统在疾病发展和进展中的作用差异来解释。还有一种解释是研究中对难治性高血压患者选择标准的不一致。在治疗性消融前后对消融部位进行肾神经的小电刺激表明，一些电射频治疗无效，而第二次治疗可以减弱对刺激的高反应性。

（四）替代标志物的作用

初步的治疗性 RDN 试验安全性和持久性数据表明，在高血压和难治性高血压患者中，严重不良事件很少见，并且治疗效果持久[174]。除了降低动态血压和诊室血压外，还有动物和人类研究证据支持对其他多种心血管生理和并发疾病的有益。这些包括降低心率[175, 176]、减少胰岛素抵抗[177, 178]、提高运动耐力[179]、改善肾功能[180, 181]、减轻心力衰竭症状[182–184]、改善睡眠呼吸暂停综合征及减少心脏快速心律失常的负担[50, 185–187]。随着 RDN 成为一种被接受并常规进行的手术，明确相关终点和治疗效果替代标志物的开发是下一步的关键。

评估 RDN 成功需要仔细辨别技术成功（通过生物标志物）与替代终点和临床结果（图 6–2）。选择合适的生物标志物、替代终点和临床结果需要对基础疾病的病理生理学有深入理解。慎重选择、验证和应用替代终点有可能加速有价值的干预措施进入常规临床治疗进程。通过使用替代终点能实现将罕见或长期结果替换为更频繁或短期的事件或评估，从而减少试验的规模和持续时间。

长期终点如死亡率是任何临床试验的理想终点。然而，到目前为止，没有研究观察到 RDN 对硬性临床结果的影响。慎重考虑临床替代终点和生物标志物可能会加速识别适合 RDN 治疗的适应证。要求所有新的有前途的疗法（如 RDN）都以死亡率终点作为研究目标是不现实的，尤其是在 RDN 具有低严重不良事件风险的情况下。血压等终点作为心血管疾病发病率和死亡率的替代指标已被充分研究。此外，上述几个生物标志物已被证明对预后有明确的影响。表 6–2 总结了已用于或可能用于 RDN 试验的替代终点和临床结果。接下来的部分概述了可以用于评估 RDN 对特定疾病影响的具体措施。我们将重点讨论可用于定性和定量描述 RDN 结果的替代终点及生物标志物。可以使用各种措施来表征疾病活动；然而，并非所有措施都能捕捉 RDN 对特定器官或器官系统的即时或短期效果。

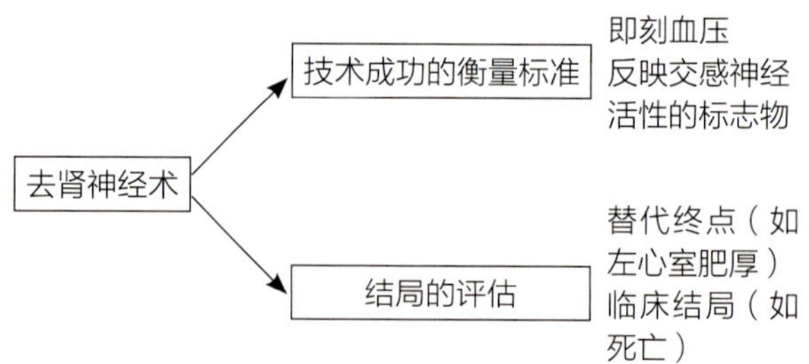

▲ 图 6–2 在 RDN 期间或之后，可以使用生物标志物、替代标志物或临床结果来评估去神经术的有效性

（五）心血管

1. 血压：诊室血压测定，动态血压监测，血压变异性，夜间血压

血压降低是临床试验和临床实践中最常研究的替代终点。最早的主要 RDN 试验使用血压变化作为成功 RDN 的替代指标。例如，在 Symplicity 试验中，诊室收缩压下降超过 10mmHg 的患者被视为反应者[188]。RDN 对动脉血压的积极影响很可能是传出 RDN 和传入 RDN 后 SNA 减少的综合结果。通常选择血压作为主要替代终点有几个原因。控制动脉高血压是初级和次级预防心血管事件的一个被广泛接受的可改变的风险因素。血压（无论是诊室血压还是动态血压）与心血管风险之间的连续且独立的关系已得到充分确立。导致血压降低的干预措施已被一致证明可以改善临床结局[189]。基于这些数据，可以推断出 RDN 后血压的成功降低最终也将导致更好的临床结局。使用血压作为主要结果的另一个好处是其普遍性和在不同诊所和地点之间易于比较。动态血压监测（ABPM）比诊室血压测量对心血管风险分层更敏感和更具体[190, 191]。此外，24h ABPM 与高血压和糖尿病的终末器官损害的相关性比诊室血压测量更强[192, 193]。夜间高血压与交感神经活性过度激活有关，更能指示心血管疾病发病率和死亡率[194, 195]。都柏林结果研究纳入了 5000 多例高血压患者，显示夜间 ABPM 平均收缩压每增加 10mmHg，心血管死亡率增加 21%[196]。此外，ABPM 已经被推荐用于难治性高血压患者，以排除假性难治性高血压[197]。最新数据显示，血压控制方式对血压降低及心血管结果的影响具有重要意义[198, 199]。需要注意的是，血压变化和 SNA（如 MSNA）变化并不完全重叠。虽然高血压显然与 SNA 的活性有关，但 RDN 的技术成功并不一定伴随血压变化[142]。

表 6-2 评估 RDN 成功的已接受和潜在的替代终点和临床终点

关注的结果	替代终点	临床终点
传出神经去神经支配	• 血压：诊室测量，动态监测，血压变异性 • 肾脏功能：肾小球滤过率，蛋白尿，白蛋白尿	
传入神经去神经支配	• 血压：诊室测量，动态监测，血压变异性 • 内皮功能 • 心率 • 胰岛素抵抗 • 肾脏功能：肾小球滤过率，蛋白尿，白蛋白尿 • 心脏超声或磁共振测量的左心室质量 • 心电图显示左心室肥厚伴有除极异常 • 心动过速 • 呼吸低通气指数	• 全因死亡 • 心血管死亡 • 卒中 • 心肌梗死 • 心绞痛 • 心衰住院

RDN 试验研究了动态血压和诊室血压。尽管 RDN 显著降低了动态血压和诊室血压，但诊室血压的降低通常更为显著 [118, 188]。例如，具有里程碑意义的 Symplicity HTN-2 试验显示诊室血压下降了 32/12mmHg，但 24h 动态血压仅下降了 11/7mmHg[188]。ABPM 变化较小的原因可能是 Symplicity HTN-1 和 Symplicity HTN-2 试验的选择标准未排除白大衣高血压，从而本质上使结果偏向于 RDN 对 ABPM 的影响低于对诊室血压的影响。同样，最近的 SPYRAL HTN-OFF MED Pivotal 试验是首批包括假手术对照组的 RDN 试验之一，纳入了未服用药物的高血压患者（即排除了难治性高血压患者），显示出诊室收缩压的更大降幅（相较于对照组为 −6.6mmHg）而 ABPM 降幅较小（相较于对照组为 −4.0mmHg）[140]。就像试验开始时的血压预测 RDN 是否成功一样，进入试验时的 ABPM 是治疗反应的主要预测因素。这种关系在药物治疗试验中也可以看到 [200]。诊室血压的降低已被观察到至少持续 2 年 [174]。除了平均动脉压的变化，RDN 还减少了 24h 血压变异性 [201]。Parati 等研究了 109 例高血压患者，证明了收缩压标准差的临床相关性，显示出更高的血压变异性导致更多的终末器官损伤，而这一结果与平均收缩压无关 [202]。此外，有证据表明，来访间或日常血压变异性同样是心血管死亡、卒中和全因死亡的不良预后指标 [203–205]。综上所述，诊室血压和 ABPM、血压变异性和血压降低的模式或时间依赖性等特征都非常适合作为成功 RDN 的替代终点。此外，内皮功能障碍等风险因素（明确与心血管疾病风险增加相关）也可以用作辅助替代标志物 [206]。虽然高血压的控制是目前评估 RDN 技术成功的金标准，但即使在没有血压变化的情况下，硬性临床结局（包括死亡率）也可能受到影响，这表明未来的 RDN 临床试验中应考虑其他临床替代指标。

2. 超声心动图、心电图或 MRI 评估左心室质量；左心室收缩和舒张功能

通过超声心动图、心电图和（或）MRI 发现的左心室肥厚（left ventricular hypertrophy，LVH）在高血压和心力衰竭患者中（无论射血分数保留还是降低）都是常见的。LVH 及舒张和收缩功能障碍都与心血管发病率和死亡率增加相关 [207, 208]。超声心动图显示的左心室质量与普通人群 [209, 210] 和冠状动脉疾病（coronary artery disease，CAD）患者 [211–213] 的心血管和脑血管事件发生率有关。任何指标显示的 LVH 减轻已被证明在药物试验中减少心血管风险和降低死亡率，这些试验将其用作替代终点 [214-216]。还有证据表明，LVH 的逆转对高血压患者的心血管结果有影响，独立于血压变化，且比其他任何风险因素（除年龄外）更强 [217]。多项回顾性和观察性心电图和超声心动图研究显示，LVH 逆转而不是进展的个体有更好的心血管预后，这表明 LVH 的逆转具有超越其与血压降低相关的价值 [218]。也许最值得关注的是，心电图复极化变化与全因和心血管死亡的关联已被充分证明，并且降压治疗导致心电图结果改善与死亡率下降相关 [219, 220]。这得到了 HOPE[220] 和 LIFE 试验 [215, 221] 的心电图数据支持。总的来说，左心室质量是高血压治疗中疾病进展和控制的替代指标。考虑到这一点，心电图上的复极化异常伴随 LVH 的存在可能是更紧密联系 RDN 对发病率和死亡率影响的替代终点。然而，LVH 对预测干预反应或指导术中治疗没有任何用处。

Brandt 等人研究了 RDN 对一组 46 例难治性高血压患者左心室肥厚以及收缩和舒张功能的影响。在这组患者中，与对照组相比，RDN 显著减少了左心室质量，并改善了心脏的收缩和舒张功能 [183]。值得注意的是，即使在那些从血压角度未对 RDN 产生反应的患者中，也观察到了左心室质量的减少，这表明 SNA 可能通过多种途径（如参与纤维化的途径）对左心室肥厚产生影响。

3. 运动能力、心率反应能力、峰值运动血压和心率

运动能力下降以及运动期间收缩压和心率过度增加与心血管发病率和死亡率增加相关 [222, 223]。相反，运动耐力的增加与预后改善相关。研究表明，RDN 可以改善运动能力，在不影响心率反应能力的情况下，峰值运动时的收缩压降低约 21mmHg[179]。迄今为止，只有一项研究直接研究了心力衰竭人群：在 REACH 队列研究中，7 例射血分数降低的心力衰竭患者接受了 RDN 治疗。随访 6 个月后，6 分钟步行试验结果有改善趋势，并且对利尿治疗的需求减少 [184]。不幸的是，运动终点与高血压患者死亡率的关联有限，并且对于除心力衰竭以外的疾病并不能作为方便或有用的替代指标。

4. 动脉僵硬度、动脉壁炎症

动脉僵硬是一个已确立的风险因素，是心血管发病率及死亡率的独立预测指标 [224-226]。主动脉弹性下降与心血管结局恶化有关，特别是在高血压患者中 [227]。动脉僵硬可以通过所谓的增强指数进行评估，该指数与冠状动脉疾病、全因和心血管死亡密切相关 [228, 229]。Hering 等在 40 例接受导管 RDN 的患者中使用指动脉测量得出的增强指数评估动脉僵硬度，发现该手术显著且快速地降低了增强指数 [91]。动脉僵硬度的效果独立于血压和 MSNA 的变化。有趣的是，在 RAS 阻断药物试验中，治疗还能在不依赖血压变化的情况下降低动脉僵硬度，这表明动脉僵硬度是由血管壁的结构变化所致，而非仅仅源于血流动力学变化 [230-232]。类似于心电图复极化异常，动脉僵硬度的几种指标可能与死亡和终末器官损伤的减少密切相关，但在筛选患者或进行术中治疗决策时未能提供额外的指导。

5. 静息心率

静息心率升高被认为是高血压 [233]、冠心病 [234] 和心力衰竭 [235] 的风险因素；它也是与心血管死亡率相关的一个公认的替代结局 [236, 237]。药物抑制心率的伊伐布雷定在心力衰竭人群中减少了心血管死亡和住院的复合结局 [238]。在静息心率超过 75 次 / 分的亚群患者中，伊伐布雷定降低了心血管和全因死亡率 [239]。这些数据表明心率可能是 RDN 的一个潜在替代结局。RDN 试验反复证明其能降低心率 [175, 240]；这种效果在基线心率较高时更为显著。理论上的 RDN 结局候选者，如心率变化和心率变异性，由于手术过程中镇痛和抗焦虑药物的使用而使心率降低和变异性减弱，这些使其作为结局指标的吸引力降低。不幸的是，虽然降低心率可能与 RDN 治疗的长期益处相关，但心率在指导患者选择或术中治疗方面价值有限。

6. 电生理学：无房颤、室性心动过速和室颤；致心律失常、心室率、室性早搏、ST-T 段异常

交感神经活动（SNA）影响心脏的重要电生理特性，包括心率变异性和传导性。因此，SNA 在房性和室性快速心律失常的发展和持续中起着重要作用[241, 242]。在存在高血压、冠心病、心力衰竭、糖尿病和睡眠呼吸紊乱等合并症的情况下，交感神经张力的增加变得尤为重要。房性和室性快速心律失常与死亡风险增加明显相关，使得快速心律失常成为 RDN 的潜在替代结局[243, 244]。在快速心律失常的动物模型中，RDN 对心脏产生了负性心率和传导性效应，导致诱导房颤（atrial fibrillation，AF）期间的心率控制得到改善，并降低了 AF 的易感性[186, 187]。在房颤患者中，与仅进行肺静脉隔离（pulmonary vein isolation，PVI）相比，RDN 加 PVI 改善了 AF 的心室率，并减少了 AF 的诱发性[50]。RDN 对人类快速心律失常的潜在益处也可以通过其对与增加 SNA 和快速心律失常相关的合并症的影响来解释。临床 AF 试验的指南考虑了多种结局测量指标来验证新药物和技术的治疗效果。建议的临床结局包括死亡、卒中、与 AF 相关的生活质量和心电图参数，包括无房颤、房颤模式的变化、致心律失常（室性心动过速、尖端扭转性室速、房扑、心动过缓、房室结阻滞），以及房颤静息和运动时的心室率[245]。

RDN 也在室性心律失常患者中进行了研究。在心肌缺血诱导的室性心律失常 / 颤动的动物模型中，RDN 减少了室性心律失常 / 颤动的发生[246]。唯一一项关于 RDN 和室性心律失常的人类研究是一个包括 2 例患有心力衰竭和电风暴的患者的病例系列，非标签使用 RDN 减少了室性心律失常的发生率[247]。类似于临床房颤指南，可以使用硬性临床结局和心电图参数来研究 RDN 对室性心律失常的影响。

最后，心电图的 ST-T 段变化也是潜在的替代结局候选者。虽然尚未建立与 SNA 的明确关系，但 ST-T 异常与高血压、冠心病等潜在心血管疾病患者的较高心血管死亡率明显相关[248]。然而，这一现象在 RDN 中尚未得到充分研究。

7. 动脉粥样硬化：颈动脉内膜中层厚度，炎症标志物

交感神经系统过度活跃与心脏事件（如心肌梗死和心绞痛）之间存在明确的联系，这表明减少交感神经张力也可能在预防动脉粥样硬化和未来心血管事件方面带来益处。虽然 RDN 试验尚未研究这些因素，但未来的试验可以使用动脉粥样硬化的已被确立的替代结局（如颈动脉内膜中层厚度和 C 反应蛋白等炎症标志物）来确定这些是否可能是良好的替代结局[249, 250]。

（六）肾脏

肾小球滤过率，蛋白尿，肾脏去甲肾上腺素水平、肾血管阻力、肾动脉血流量

慢性肾脏病（CKD）是普通人群中心血管和全因死亡率的公认独立风险因素[251–253]。交感神经活性增加与肾功能恶化相关，并且去甲肾上腺素水平可以预测慢性肾脏病患者的死亡率和心血管事件[61, 164, 254]。除了传统的通过估算肾小球滤过率来评估肾功能外，蛋白尿和白蛋白尿已被确立为全因死亡率的独立风险因素[253, 255]。因此，GFR、蛋白尿和白蛋白尿可能有潜力作为 RDN 的替代结局指标。外科性 RDN 在多种动物模型中对急性肾损伤和慢性肾脏病具有有利作用[256]。研究还表明，RDN 可以改善化学毒性或缺血性损伤引起的肾血流动力学和滤过功能障碍。迄今为止，在人类中，仅有少数小规模研究探讨了 RDN 与难治性高血压患者肾功能的潜在关系。值得注意的是，最初的里程碑式研究排除了 GFR 下降的患者。如前所述，成功 RDN 的几个生物标志物包括肾素分泌减少和肾血流量（RBF）增加[150]。在一项对难治性高血压患者的单臂研究中，Krum 等发现 RDN 在 12 个月内使 GFR 增加了 24%。在一项包含对照组的类似研究中，RDN 降低了微量白蛋白尿的发生率，而 GFR 保持不变[180]。在术后 6 个月，

RDN 使尿白蛋白排泄可检测的患者比例减少。其他肾血管血流动力学参数，如肾血管阻力和肾血流量，反映了肾神经交感神经活动的减少，可能作为传出和传入去神经化的附加生物标志物。然而，尽管中心和外周血压有所改善，肾血管阻力下降，但肾功能和肾血流量在 RDN 后通常保持不变[133, 257]。

几项研究调查了 RDN 对慢性肾脏病患者的安全性和潜在益处。Hering 等研究了 RDN 在 3 期和 4 期 CKD 患者中的短期效果。结果显示，RDN 可以降低血压，但未对 GFR、蛋白尿和白蛋白尿产生显著影响[258]。另外 3 项研究调查了 RDN 对终末期肾病（end stage renal disease，ESRD）患者长达 12 个月的效果[153, 162, 259]。这些研究证实了 RDN 在 ESRD 中的降血压效果，但 GFR 未发生变化，这可能表明该干预对肾功能具有保护作用。由于这些研究大多仅包括单臂试验，RDN 对肾替代结局的潜在有益效果必须在随机对照试验中进一步研究。

（七）代谢

糖尿病：胰岛素水平、胰岛素抵抗、空腹血糖和葡萄糖耐量试验

交感神经系统的激活、高胰岛素血症和 2 型糖尿病的发生之间有明确的联系[260–262]。此外，交感神经系统与代谢综合征、肥胖和难治性高血压的病理生理密切相关[262]。同时，代谢综合征和糖尿病显然与心血管发病率和死亡率的增加有关[263]。空腹血糖升高、葡萄糖耐量受损和胰岛素水平升高已被确立为代谢综合征和糖尿病领域试验的替代结局指标。

在胰岛素诱导高血压的动物模型中，RDN 改善了血压[177]。Mahfoud 等研究了 RDN 在难治性高血压患者中的效果[178]；在一组有代谢综合征的难治性高血压患者中，其中 40% 确诊为 2 型糖尿病，RDN 使空腹血糖从 118mg/dl 降至 108mg/dl，胰岛素水平从 20.8μU/ml 降至 9.3μU/ml，C 肽水平从 5.3ng/ml 降至 3.0ng/ml。此外，胰岛素抵抗指数及餐后糖耐量试验在术后 3 个月内改善了 30%～40%。患者在口服葡萄糖耐量测试中也有所改善，并且空腹高血糖的发生率降低了。虽然 RDN 在难治性高血压和代谢综合征中的关联已被记录，但通过稳态模型评估的胰岛素抵抗或胰岛素水平的降低本身尚未被证明是可接受的替代指标。

七、结论

目前，还没有对 RDN 期间的技术成功进行程序内测试，以帮助滴定敏感和特异的治疗，并为介入临床医生提供即时指导。由于对难治性高血压进行治疗的 RDN 的并发症率低且成本低，这些工具的价值不高。然而，如果更具侵袭性或潜在毒性的干预措施或消融治疗的调整与肾脏或血管毒性相关，那么对技术成功的测量需求将变得更加明显。

筛查测试识别 RDN 的最佳适应患者，可以减少无效治疗的发生率。对于药物难治性高血压患者群体来说，在这种情况下，手术的成本和发病率明显较低，而血压过高潜在的发病风险却很高，因此，一项筛查测试必须达到很高标准才能证明其有用。在高血压以外的疾病进程中，如果治疗的获益 – 风险比更低，可能需要一种针对特定器官获益具有极佳阳性预测价值的筛查测试。

除了诊室血压的降低外，心电图中提示 LVH（如左心室电压和应变模式代表的 ST-T 异常）是心血管发病率和死亡率经过充分验证的替代指标。一个敏感性较低但特异性更高的死亡率替代指标可能是通过超声心动图或 MRI 记录的左心室质量减少。报道这些在 RDN 试验中的变化可以为考虑治疗方案的高血压患者和医生提供帮助。

各种交感神经活动的测量在科学上仍然有趣，可能有助于产生关于 RDN 益处机制的假设，但这些测量与死亡率的关系不佳，它们对死亡率变化的敏感性仍未经过测试。

参考文献

[1] DiBona GF, Kopp UC. Neural control of renal function. Physiol Rev. 1997;77:75-197.
[2] Campese VM. Neurogenic factors and hypertension in renal disease. Kidney Int Suppl. 2000;75:S2-6.
[3] Chevendra V, Weaver LC. Distribution of splenic, mesenteric and renal neurons in sympathetic ganglia in rats. J Auton Nerv Syst. 1991;33:47-53.
[4] Drukker J, Groen GJ, Boekelaar AB, Baljet B. The extrinsic innervation of the rat kidney. Clin Exp Hypertens Part A Theory Pract. 1987;9(Suppl 1):15-31.
[5] van Amsterdam WA, Blankestijn PJ, Goldschmeding R, Bleys RL. The morphological substrate for renal denervation: nerve distribution patterns and parasympathetic nerves. A post-mortem histological study. Ann Anat. 2016;204:71-9.
[6] Mompeo B, Maranillo E, Garcia-Touchard A, Larkin T, Sanudo J. The gross anatomy of the renal sympathetic nerves revisited. Clin Anat. 2016;29:660-4.
[7] Solano-Flores LP, Rosas-Arellano MP, Ciriello J. Fos induction in central structures after afferent renal nerve stimulation. Brain Res. 1997;753:102-19.
[8] Ciriello J, de Oliveira CV. Renal afferents and hypertension. Curr Hypertens Rep. 2002;4:136-42.
[9] Stella A, Zanchetti A. Functional role of renal afferents. Physiol Rev. 1991;71:659-82.
[10] Kopp UC, Smith LA, DiBona GF. Renorenal reflex: neural components of ipsilateral and contralateral renal response. Am J Phys. 1985;249:F507-17.
[11] Mitchell GAG. Anatomy of the autonomic nervous system. Edinburgh: E. & S. Living-stone; 1953.
[12] Johns EJ, Kopp UC, Dibona GF. Neural control of renal function. Compr Physiol. 2011;1:731-67.
[13] Atherton DS, Deep NL, Mendelsohn FO. Micro-anatomy of the renal sympathetic nervous system: a human postmortem histologic study. Clin Anat. 2012;25:628-33.
[14] Kopp UC, Cicha MZ, Smith LA, Mulder J, Hokfelt T. Renal sympathetic nerve activity modulates afferent renal nerve activity by PGE2-dependent activation of alpha1- and alpha2-adrenoceptors on renal sensory nerve fibers. Am J Physiol Regul Integr Comp Physiol. 2007;293:R1561-72.
[15] Sobotka PA, Mahfoud F, Schlaich MP, Hoppe UC, Bohm M, Krum H. Sympatho-renal axis in chronic disease. Clin Res Cardiol. 2011;100:1049-57.
[16] Knuepfer MM, Schramm LP. The conduction velocities and spinal projections of single renal afferent fibers in the rat. Brain Res. 1987;435:167-73.
[17] Barajas L, Wang P. Myelinated nerves of the rat kidney. A light and electron microscopic autoradiographic study. J Ultrastruct Res. 1978;65:148-62.
[18] Kopp UC. Role of renal sensory nerves in physiological and pathophysiological conditions. Am J Physiol Regul Integr Comp Physiol. 2015;308:R79-95.
[19] Ueda H, Uchida Y, Kamisaka K. Mechanism of the reflex depressor effect by the kidney in dog. Jpn Heart J. 1967;8:597-606.
[20] Aars H, Akre S. Reflex changes in sympathetic activity and arterial blood pressure evoked by afferent stimulation of the renal nerve. Acta Physiol Scand. 1970;78:184-8.
[21] Beacham WS, Kunze DL. Renal receptors evoking a spinal vasometer reflex. J Physiol. 1969;201:73-85.
[22] Lu M, Wei SG, Chai XS. Effect of electrical stimulation of afferent renal nerve on arterial blood pressure, heart rate and vasopressin in rabbits. Sheng Li Xue Bao. 1995;47:471-7.
[23] Smits JF, Brody MJ. Activation of afferent renal nerves by intrarenal bradykinin in conscious rats. Am J Phys. 1984;247:R1003-8.
[24] Katholi RE, Whitlow PL, Hageman GR, Woods WT. Intrarenal adenosine produces hypertension by activating the sympathetic nervous system via the renal nerves in the dog. J Hypertens. 1984;2:349-59.
[25] Handa RK, Johns EJ. Interaction of the renin-angiotensin system and renal nerves in the regulation of rat kidney function. J Physiol. 1985;369:311-21.
[26] DiBona GF. Physiology in perspective: the wisdom of the body. Neural control of the kidney. Am J Physiol Regul Integr Comp Physiol. 2005;289:R633-41.
[27] Zanchetti AS. Neural regulation of renin release: experimental evidence and clinical implications in arterial hypertension. Circulation. 1977;56:691-8.
[28] Osborn JL, DiBona GF, Thames MD. Beta-1 receptor mediation of renin secretion elicited by low-frequency renal nerve stimulation. J Pharmacol Exp Ther. 1981;216:265-9.
[29] Yoshimoto T, Sakagami T, Nagura S, Miki K. Relationship between renal sympathetic nerve activity and renal blood flow during natural behavior in rats. Am J Physiol Regul Integr Comp Physiol. 2004;286:R881-R7.
[30] Barajas L, Powers K, Wang P. Innervation of the renal cortical tubules: a quantitative study. Am J Phys. 1984; 247:F50-60.
[31] Barajas L, Powers K. Innervation of the renal proximal convoluted tubule of the rat. Am J Anat. 1989;186:378-88.
[32] Barajas L, Powers K. Monoaminergic innervation of the rat kidney: a quantitative study. Am J Phys. 1990;259:F503-11.
[33] Pernow J, Schwieler J, Kahan T, et al. Influence of sympathetic discharge pattern on norepinephrine and neuropeptide Y release. Am J Phys. 1989;257:H866-72.
[34] Schwartz DD, Malik KU. Renal periarterial nerve stimulation-induced vasoconstriction at low frequencies is primarily due to release of a purinergic transmitter in the rat. J Pharmacol Exp Ther. 1989;250:764-71.
[35] Williams NG, Zhong H, Minneman KP. Differential coupling of alpha1-, alpha2-, and beta-adrenergic receptors to mitogen-activated protein kinase pathways and differentiation in transfected PC12 cells. J Biol Chem. 1998;273:24624-32.
[36] Azroyan A, Morla L, Crambert G, et al. Regulation of pendrin by cAMP: possible involvement in beta-adrenergic-dependent NaCl retention. Am J Physiol Renal Physiol. 2012;302:F1180-7.
[37] Pernow J, Lundberg JM. Modulation of noradrenaline and neuropeptide Y (NPY) release in the pig kidney in vivo: involvement of alpha 2, NPY and angiotensin II receptors. Naunyn Schmiedeberg's Arch Pharmacol. 1989;340:379-85.
[38] Unwin RJ, Bailey MA, Burnstock G. Purinergic signaling

along the renal tubule: the current state of play. News Physiol Sci. 2003;18:237-41.
[39] Barrett CJ, Navakatikyan MA, Malpas SC. Long-term control of renal blood flow: what is the role of the renal nerves? Am J Physiol Regul Integr Comp Physiol. 2001; 280: R1534-45.
[40] Abdala AP, McBryde FD, Marina N, et al. Hypertension is critically dependent on the carotid body input in the spontaneously hypertensive rat. J Physiol. 2012.
[41] Paton JF, Sobotka PA, Fudim M, et al. The carotid body as a therapeutic target for the treatment of sympathetically mediated diseases. Hypertension. 2012.
[42] Esler M, Jennings G, Korner P, et al. Assessment of human sympathetic nervous system activity from measurements of norepinephrine turnover. Hypertension. 1988;11:3-20.
[43] Lundin S, Ricksten SE, Thoren P. Interaction between "mental stress" and baroreceptor reflexes concerning effects on heart rate, mean arterial pressure and renal sympathetic activity in conscious spontaneously hypertensive rats. Acta Physiol Scand. 1984;120:273-81.
[44] Hasking GJ, Esler MD, Jennings GL, Burton D, Johns JA, Korner PI. Norepinephrine spillover to plasma in patients with congestive heart failure: evidence of increased overall and cardiorenal sympathetic nervous activity. Circulation. 1986;73:615-21.
[45] Ramchandra R, Hood SG, Denton DA, et al. Basis for the preferential activation of cardiac sympathetic nerve activity in heart failure. Proc Natl Acad Sci U S A. 2009;106:924-8.
[46] Barajas L, Sokolski KN, Lechago J. Vasoactive intestinal polypeptide-immunoreactive nerves in the kidney. Neurosci Lett. 1983;43:263-9.
[47] Knight DS, Beal JA, Yuan ZP, Fournet TS. Vasoactive intestinal peptide-immunoreactive nerves in the rat kidney. Anat Rec. 1987;219:193-203.
[48] Norvell JE, Anderson JM. Assessment of possible parasympathetic innervation of the kidney. J Auton Nerv Syst. 1983;8:291-4.
[49] Page IH, Heuer GJ. The effect of renal denervation on patients suffering from nephritis. J Clin Invest. 1935;14:443-58.
[50] Pokushalov E, Romanov A, Corbucci G, et al. A randomized comparison of pulmonary vein isolation with versus without concomitant renal artery denervation in patients with refractory symptomatic atrial fibrillation and resistant hypertension. J Am Coll Cardiol. 2012;60:1163-70.
[51] Gal P, de Jong MR, Smit JJ, Adiyaman A, Staessen JA, Elvan A. Blood pressure response to renal nerve stimulation in patients undergoing renal denervation: a feasibility study. J Hum Hypertens. 2015;29:292-5.
[52] Chinushi M, Izumi D, Iijima K, et al. Blood pressure and autonomic responses to electrical stimulation of the renal arterial nerves before and after ablation of the renal artery. Hypertension. 2013;61:450-6.
[53] Lu J, Wang Z, Zhou T, et al. Selective proximal renal denervation guided by autonomic responses evoked via high-frequency stimulation in a preclinical canine model. Circ Cardiovasc Interv. 2015;8.
[54] Hilbert S, Kosiuk J, Hindricks G, Bollmann A. Blood pressure and autonomic responses to electrical stimulation of the renal arterial nerves before and after ablation of the renal artery. Int J Cardiol. 2014;177:669-71.
[55] de Jong MR, Hoogerwaard AF, Gal P, et al. Persistent increase in blood pressure after renal nerve stimulation in accessory renal arteries after sympathetic renal denervation. Hypertension. 2016;67:1211-7.
[56] de Jong MR, Adiyaman A, Gal P, et al. Renal nerve stimulation-induced blood pressure changes predict ambulatory blood pressure response after renal denervation. Hypertension. 2016;68:707-14.
[57] Madhavan M, Desimone CV, Ebrille E, et al. Transvenous stimulation of the renal sympathetic nerves increases systemic blood pressure: a potential new treatment option for neurocardiogenic syncope. J Cardiovasc Electrophysiol. 2014;25:1115-8.
[58] Tsiachris D, Tsioufis C, Dimitriadis K, et al. Electrical stimulation of the renal arterial nerves does not unmask the blindness of renal denervation procedure in swine. Int J Cardiol. 2014;176:1061-3.
[59] Sobotka PAE, Levin H, Yin YH, Wang J. Renal afferent nerve mapping and selective denervation. CRT. 2017.
[60] Campese VM, Kogosov E. Renal afferent denervation prevents hypertension in rats with chronic renal failure. Hypertension. 1995;25:878-82.
[61] Hausberg M, Kosch M, Harmelink P, et al. Sympathetic nerve activity in end-stage renal disease. Circulation. 2002;106:1974-9.
[62] Siddiqi L, Joles JA, Grassi G, Blankestijn PJ. Is kidney ischemia the central mechanism in parallel activation of the renin and sympathetic system? J Hypertens. 2009;27:1341-9.
[63] Kopp UC, Cicha MZ, Smith LA. Endogenous angiotensin modulates PGE(2)-mediated release of substance P from renal mechanosensory nerve fibers. Am J Physiol Regul Integr Comp Physiol. 2002;282:R19-30.
[64] Fallick C, Sobotka PA, Dunlap ME. Sympathetically mediated changes in capacitance: redistribution of the venous reservoir as a cause of decompensation. Circ Heart Fail. 2011;4:669-75.
[65] Bencsath P, Szenasi G, Takacs L. Water and electrolyte transport in Henle's loop and distal tubule after renal sympathectomy in the rat. Am J Phys. 1985;249:F308-14.
[66] Bachmann S, Bosse HM, Mundel P. Topography of nitric oxide synthesis by localizing constitutive NO synthases in mammalian kidney. Am J Phys. 1995;268:F885-98.
[67] Kopp UC, Cicha MZ, Smith LA. Impaired responsiveness of renal mechanosensory nerves in heart failure: role of endogenous angiotensin. Am J Physiol Regul Integr Comp Physiol. 2003;284:R116-24.
[68] Kline RL, Mercer PF. Functional reinnervation and development of supersensitivity to NE after renal denervation in rats. Am J Phys. 1980;238:R353-8.
[69] Couch NP, Mc BR, Dammin GJ, Murray JE. Observations on the nature of the enlargement, the regeneration of the nerves, and the function of the canine renal autograft. Br J Exp Pathol. 1961;42:106-13.
[70] Gazdar AF, Dammin GJ. Neural degeneration and regeneration in human renal transplants. N Engl J Med. 1970;283:222-4.
[71] Hansen JM, Abildgaard U, Fogh-Andersen N, et al. The transplanted human kidney does not achieve functional reinnervation. Clin Sci (Lond). 1994;87:13-20.
[72] Mulder J, Hokfelt T, Knuepfer MM, Kopp UC. Renal

sensory and sympathetic nerves reinnervate the kidney in a similar time-dependent fashion after renal denervation in rats. Am J Physiol Regul Integr Comp Physiol. 2013; 304: R675-82.
[73] Friberg P, Meredith I, Jennings G, Lambert G, Fazio V, Esler M. Evidence for increased renal norepinephrine overflow during sodium restriction in humans. Hypertension. 1990; 16:121-30.
[74] Dunlap ME, Sobotka PA. Fluid re-distribution rather than accumulation causes most cases of decompensated heart failure. J Am Coll Cardiol. 2013;62:165-6.
[75] Ma MC, Huang HS, Chen CF. Impaired renal sensory responses after unilateral ureteral obstruction in the rat. J Am Soc Nephrol. 2002;13:1008-16.
[76] Pan HL, Longhurst JC, Eisenach JC, Chen SR. Role of protons in activation of cardiac sympathetic C-fibre afferents during ischaemia in cats. J Physiol. 1999;518(Pt 3):857-66.
[77] Kostreva DR, Zuperku EJ, Hess GL, Coon RL, Kampine JP. Pulmonary afferent activity recorded from sympathetic nerves. J Appl Physiol. 1975;39:37-40.
[78] Kostreva DR, Castaner A, Kampine JP. Reflex effects of hepatic baroreceptors on renal and cardiac sympathetic nerve activity. Am J Phys. 1980;238:R390-4.
[79] Vaz M, Jennings G, Turner A, Cox H, Lambert G, Esler M. Regional sympathetic nervous activity and oxygen consumption in obese normotensive human subjects. Circulation. 1997;96:3423-9.
[80] Malpas SC. Sympathetic nervous system overactivity and its role in the development of cardiovascular disease. Physiol Rev. 2010;90:513-57.
[81] Iriki M, Simon E. Differential control of efferent sympathetic activity revisited. J Physiol Sci. 2012;62:275-98.
[82] Esler M, Jennings G, Korner P, Blombery P, Sacharias N, Leonard P. Measurement of total and organ-specific norepinephrine kinetics in humans. Am J Phys. 1984; 247: E21-8.
[83] Esler M, Jennings G, Korner P, et al. Total, and organ-specific, noradrenaline plasma kinetics in essential hypertension. Clin Exp Hypertens Part A, Theory Pract. 1984;6:507-21.
[84] Esler M, Willett I, Leonard P, et al. Plasma noradrenaline kinetics in humans. J Auton Nerv Syst. 1984;11:125-44.
[85] Bradley T, Hjemdahl P. Further studies on renal nerve stimulation induced release of noradrenaline and dopamine from the canine kidney in situ. Acta Physiol Scand. 1984;122:369-79.
[86] Hagbarth KE, Vallbo AB. Pulse and respiratory grouping of sympathetic impulses in human muscle-nerves. Acta Physiol Scand. 1968;74:96-108.
[87] Charkoudian N, Joyner MJ, Johnson CP, Eisenach JH, Dietz NM, Wallin BG. Balance between cardiac output and sympathetic nerve activity in resting humans: role in arterial pressure regulation. J Physiol. 2005;568:315-21.
[88] Wallin BG, Charkoudian N. Sympathetic neural control of integrated cardiovascular function: insights from measurement of human sympathetic nerve activity. Muscle Nerve. 2007;36:595-614.
[89] Fagius J, Wallin BG. Long-term variability and reproducibility of resting human muscle nerve sympathetic activity at rest, as reassessed after a decade. Clin Autonomic Res. 1993;3:201-5.
[90] Macefield VG, Wallin BG, Vallbo AB. The discharge behaviour of single vasoconstrictor motoneurones in human muscle nerves. J Physiol. 1994;481(Pt 3):799-809.
[91] Hering D, Lambert EA, Marusic P, et al. Substantial reduction in single sympathetic nerve firing after renal denervation in patients with resistant hypertension. Hypertension. 2013;61:457-64.
[92] Lambert E, Dawood T, Schlaich M, Straznicky N, Esler M, Lambert G. Single-unit sympathetic discharge pattern in pathological conditions associated with elevated cardiovascular risk. Clin Exp Pharmacol Physiol. 2008; 35: 503-7.
[93] Macefield VG, Wallin BG. Respiratory and cardiac modulation of single sympathetic vasoconstrictor and sudomotor neurones to human skin. J Physiol. 1999;516(Pt 1):303-14.
[94] Murai H, Takata S, Maruyama M, et al. The activity of a single muscle sympathetic vasoconstrictor nerve unit is affected by physiological stress in humans. Am J Phys Heart Circ Phys. 2006;290:H853-60.
[95] Macefield VG, Rundqvist B, Sverrisdottir YB, Wallin BG, Elam M. Firing properties of single muscle vasoconstrictor neurons in the sympathoexcitation associated with congestive heart failure. Circulation. 1999;100:1708-13.
[96] Barretto AC, Santos AC, Munhoz R, et al. Increased muscle sympathetic nerve activity predicts mortality in heart failure patients. Int J Cardiol. 2009;135:302-7.
[97] Parati G, Saul JP, Di Rienzo M, Mancia G. Spectral analysis of blood pressure and heart rate variability in evaluating cardiovascular regulation. A critical appraisal. Hypertension. 1995;25:1276-86.
[98] Heart rate variability. Standards of measurement, physiological interpretation, and clinical use. Task force of the European Society of Cardiology and the north American Society of Pacing and Electrophysiology. Eur Heart J. 1996;17:354-81.
[99] Gilder M, Ramsbottom R. Measures of cardiac autonomic control in women with differing volumes of physical activity. J Sports Sci. 2008;26:781-6.
[100] La Rovere MT, Bigger JT Jr, Marcus FI, Mortara A, Schwartz PJ. Baroreflex sensitivity and heart-rate variability in prediction of total cardiac mortality after myocardial infarction. ATRAMI (autonomic tone and reflexes after myocardial infarction) investigators. Lancet. 1998;351:478-84.
[101] Malpas SC. Neural influences on cardiovascular variability: possibilities and pitfalls. Am J Phys Heart Circ Phys. 2002;282:H6-20.
[102] Fox K, Borer JS, Camm AJ, et al. Resting heart rate in cardiovascular disease. J Am Coll Cardiol. 2007;50:823-30.
[103] Julien C, Chapuis B, Cheng Y, Barres C. Dynamic interactions between arterial pressure and sympathetic nerve activity: role of arterial baroreceptors. Am J Physiol Regul Integr Comp Physiol. 2003;285:R834-41.
[104] Narkiewicz K, Winnicki M, Schroeder K, et al. Relationship between muscle sympathetic nerve activity and diurnal blood pressure profile. Hypertension. 2002;39:168-72.
[105] Parati G, Esler M. The human sympathetic nervous system: its relevance in hypertension and heart failure. Eur

Heart J. 2012;33:1058-66.
[106] Bristow JD, Honour AJ, Pickering GW, Sleight P, Smyth HS. Diminished baroreflex sensitivity in high blood pressure. Circulation. 1969;39:48-54.
[107] Ellenbogen KA, Mohanty PK, Szentpetery S, Thames MD. Arterial baroreflex abnormalities in heart failure. Reversal after orthotopic cardiac transplantation. Circulation. 1989;79:51-8.
[108] Parati G, Di Rienzo M, Mancia G. How to measure baroreflex sensitivity: from the cardiovascular laboratory to daily life. J Hypertens. 2000;18:7-19.
[109] Despas F, Lambert E, Vaccaro A, et al. Peripheral chemoreflex activation contributes to sympathetic baroreflex impairment in chronic heart failure. J Hypertens. 2012;30:753-60.
[110] Ponikowski P, Chua TP, Anker SD, et al. Peripheral chemoreceptor hypersensitivity: an ominous sign in patients with chronic heart failure. Circulation. 2001;104:544-9.
[111] McBryde FD, Abdala AP, Hendy EB, et al. The carotid body as a putative therapeutic target for the treatment of neurogenic hypertension. Nat Commun. 2013;4:2395.
[112] Niewinski P, Engelman ZJ, Fudim M, et al. Clinical predictors and hemodynamic consequences of elevated peripheral chemosensitivity in optimally treated men with chronic systolic heart failure. J Card Fail. 2013;19:408-15.
[113] Biaggioni I, Olafsson B, Robertson RM, Hollister AS, Robertson D. Cardiovascular and respiratory effects of adenosine in conscious man. Evidence for chemoreceptor activation. Circulation research. 1987;61:779-86.
[114] Stickland MK, Fuhr DP, Haykowsky MJ, et al. Carotid chemoreceptor modulation of blood flow during exercise in healthy humans. J Physiol. 2011;589:6219-30.
[115] Ott C, Mahfoud F, Schmid A, et al. Renal denervation in moderate treatment-resistant hypertension. J Am Coll Cardiol. 2013;62:1880-6.
[116] Mahfoud F, Bakris G, Bhatt DL, et al. Reduced blood pressure-lowering effect of catheter-based renal denervation in patients with isolated systolic hypertension: data from SYMPLICITY HTN-3 and the global SYMPLICITY registry. Eur Heart J. 2016;38:93-100.
[117] Ewen S, Ukena C, Linz D, et al. Reduced effect of percutaneous renal denervation on blood pressure in patients with isolated systolic hypertension. Hypertension. 2015;65:193-9.
[118] Mahfoud F, Ukena C, Schmieder RE, et al. Ambulatory blood pressure changes after renal sympathetic denervation in patients with resistant hypertension. Circulation. 2013;128:132-40.
[119] Zuern CS, Eick C, Rizas KD, et al. Impaired cardiac baroreflex sensitivity predicts response to renal sympathetic denervation in patients with resistant hypertension. J Am Coll Cardiol. 2013.
[120] Rocha-Singh KJ, Katholi RE. Renal sympathetic denervation for treatment-resistant hypertension...In moderation. J Am Coll Cardiol. 2013;62:1887-9.
[121] Grimson KS. Total thoracic and partial to total lumbar sympathectomy and celiac ganglionectomy in the treatment of hypertension. Ann Surg. 1941;114:753-75.
[122] Peet M, Woods W, Braden S. The surgical treatment of hypertension: results in 350 consecutive cases treated by bilateral supradiaphragmatic splanchnicectomy and lower dorsal sympathetic gangliectomy. Clinical lecture at New York session. JAMA. 1940;115:1875-85.
[123] Smithwick RH, Thompson JE. Splanchnicectomy for essential hypertension; results in 1,266 cases. J Am Med Assoc. 1953;152:1501-4.
[124] Grimson KS, Orgain ES, Anderson B, Broome RA, Longino FH. Results of treatment of patients with hypertension by total thoracic and partial to total lumbar sympathectomy, splanchnicectomy and celiac ganglionectomy. Ann Surg. 1949;129:850-71.
[125] Smithwick RH. Surgery in hypertension. Lancet. 1948;2:65.
[126] Linz D, Hohl M, Schutze J, et al. Progression of kidney injury and cardiac remodeling in obese spontaneously hypertensive rats: the role of renal sympathetic innervation. Am J Hypertens. 2015;28:256-65.
[127] Hohl M, Linz D, Fries P, et al. Modulation of the sympathetic nervous system by renal denervation prevents reduction of aortic distensibility in atherosclerosis prone ApoE-deficient rats. J Transl Med. 2016;14:167.
[128] Fischell TA, Vega F, Raju N, et al. Ethanol-mediated perivascular renal sympathetic denervation: preclinical validation of safety and efficacy in a porcine model. EuroIntervention. 2013;9:140-7.
[129] Fischell TA, Fischell DR, Ghazarossian VE, Vega F, Ebner A. Next generation renal denervation: chemical "perivascular" renal denervation with alcohol using a novel drug infusion catheter. Cardiovasc Revasc Med. 2015;16:221-7.
[130] Bertog S, Fischel TA, Vega F, et al. Randomised, blinded and controlled comparative study of chemical and radiofrequency-based renal denervation in a porcine model. EuroIntervention. 2017;12:e1898-e906.
[131] Bonan R. PARADISE: first in man results of a nove circumferential catheter-based ultrasound technology for renal denervation. Annual Scientific Sessions of the European Association for Percutaneous Cardiovascular Interventions. Paris; 2012.
[132] Mauri L, Kario K, Basile J, et al. A multinational clinical approach to assessing the effectiveness of catheter-based ultrasound renal denervation: the RADIANCE-HTN and REQUIRE clinical study designs. Am Heart J. 2018;195:115-29.
[133] Krum H, Schlaich M, Whitbourn R, et al. Catheter-based renal sympathetic denervation for resistant hypertension: a multicentre safety and proof-of-principle cohort study. Lancet. 2009;373:1275-81.
[134] Symplicity HTNI, Esler MD, Krum H, et al. Renal sympathetic denervation in patients with treatment-resistant hypertension (the Symplicity HTN-2 trial): a randomised controlled trial. Lancet. 2010;376:1903-9.
[135] Kandzari DE, Bhatt DL, Sobotka P, et al. Catheter-based renal denervation for resistant hypertension: rationale and design of the SYMPLICITY HTN-3 trial. Clin Cardiol. 2012;35:528-35.
[136] Kandzari DE, Bhatt DL, Brar S, et al. Predictors of blood pressure response in the SYMPLICITY HTN-3 trial. Eur Heart J. 2014;36:219-27.
[137] Pekarskiy SE, Baev AE, Mordovin VF, et al. Denervation

of the distal renal arterial branches vs. conventional main renal artery treatment: a randomized controlled trial for treatment of resistant hypertension. J Hypertens. 2017;35:369-75.
[138] Chen W, Ling Z, Du H, et al. The effect of two different renal denervation strategies on blood pressure in resistant hypertension: comparison of full-length versus proximal renal artery ablation. Catheter Cardiovasc Interv. 2016;88:786-95.
[139] Kandzari DE, Böhm M, Mahfoud F, et al. Effect of renal denervation on blood pressure in the presence of antihypertensive drugs: 6-month efficacy and safety results from the SPYRAL HTN-ON MED proof-of-concept randomised trial. Lancet. 2018;391:2346-55.
[140] Böhm M, Kario K, Kandzari DE, et al. Efficacy of catheter-based renal denervation in the absence of antihypertensive medications (SPYRAL HTN-OFF MED pivotal): a multicentre, randomised, sham-controlled trial. Lancet. 2020;395:1444-51.
[141] Hart EC, McBryde FD, Burchell AE, et al. Translational examination of changes in baroreflex function after renal denervation in hypertensive rats and humans. Hypertension. 2013;
[142] Morlin C, Wallin BG, Eriksson BM. Muscle sympathetic activity and plasma noradrenaline in normotensive and hypertensive man. Acta Physiol Scand. 1983;119:117-21.
[143] Salman IM, Ameer OZ, Sattar MA, et al. Role of the renal sympathetic nervous system in mediating renal ischaemic injury-induced reductions in renal haemodynamic and excretory functions. Pathology. 2010;42:259-66.
[144] Rafiq K, Noma T, Fujisawa Y, et al. Renal sympathetic denervation suppresses de novo podocyte injury and albuminuria in rats with aortic regurgitation. Circulation. 2012;125:1402-13.
[145] Luippold G, Beilharz M, Muhlbauer B. Chronic renal denervation prevents glomerular hyperfiltration in diabetic rats. Nephrol Dialys Transplant. 2004;19:342-7.
[146] Clayton SC, Haack KK, Zucker IH. Renal denervation modulates angiotensin receptor expression in the renal cortex of rabbits with chronic heart failure. Am J Physiol Renal Physiol. 2011;300:F31-9.
[147] Veelken R, Vogel EM, Hilgers K, et al. Autonomic renal denervation ameliorates experimental glomerulonephritis. JASN. 2008;19:1371-8.
[148] Wang W, Falk SA, Jittikanont S, Gengaro PE, Edelstein CL, Schrier RW. Protective effect of renal denervation on normotensive endotoxemia-induced acute renal failure in mice. Am J Physiol Renal Physiol. 2002;283:F583-7.
[149] van de Borne P. The kidney and the sympathetic system: a short review. Curr Clin Pharmacol. 2012.
[150] Schlaich MP, Sobotka PA, Krum H, Lambert E, Esler MD. Renal sympathetic-nerve ablation for uncontrolled hypertension. N Engl J Med. 2009;361:932-4.
[151] Ezzahti M, Moelker A, Friesema EC, van der Linde NA, Krestin GP, van den Meiracker AH. Blood pressure and neurohormonal responses to renal nerve ablation in treatment-resistant hypertension. J Hypertens. 2013.
[152] Ahmed H, Neuzil P, Skoda J, et al. Renal sympathetic denervation using an irrigated radiofrequency ablation catheter for the management of drug-resistant hypertension. JACC Cardiovasc Interv. 2012;5:758-65.
[153] Schlaich MP, Bart B, Hering D, et al. Feasibility of catheter-based renal nerve ablation and effects on sympathetic nerve activity and blood pressure in patients with end-stage renal disease. Int J Cardiol. 2013.
[154] Seva Pessoa B, van der Lubbe N, Verdonk K, Roks AJ, Hoorn EJ, Danser AH. Key developments in renin-angiotensin-aldosterone system inhibition. Nat Rev Nephrol. 2013;9:26-36.
[155] Wagman G, Fudim M, Kosmas CE, Panni RE, Vittorio TJ. The neurohormonal network in the RAAS can bend before breaking. Curr Heart Fail Rep. 2012;9:81-91.
[156] Kowalski R, Kreft E, Kasztan M, Jankowski M, Szczepanska-Konkel M. Chronic renal denervation increases renal tubular response to P2X receptor agonists in rats: implication for renal sympathetic nerve ablation. Nephrol Dialys Transplant. 2012;27:3443-8.
[157] Christy IJ, Denton KM, Anderson WP. Renal denervation potentiates the natriuretic and diuretic effects of atrial natriuretic peptide in anaesthetized rabbits. Clin Exp Pharmacol Physiol. 1994;21:41-8.
[158] Kompanowska-Jezierska E, Walkowska A, Johns EJ, Sadowski J. Early effects of renal denervation in the anaesthetised rat: natriuresis and increased cortical blood flow. J Physiol. 2001;531:527-34.
[159] Pettersson A, Hedner J, Hedner T. Renal interaction between sympathetic activity and ANP in rats with chronic ischaemic heart failure. Acta Physiol Scand. 1989;135:487-92.
[160] Wenting GJ, Blankestijn PJ, Poldermans D, et al. Blood pressure response of nephrectomized subjects and patients with essential hypertension to ramipril: indirect evidence that inhibition of tissue angiotensin converting enzyme is important. Am J Cardiol. 1987;59:92D-7D.
[161] Wang L, Lu CZ, Zhang X, et al. The effect of catheter based renal synthetic denervation on renin-angiotensin-aldosterone system in patients with resistant hypertension. Zhonghua Xin Xue Guan Bing Za Zhi. 2013;41:3-7.
[162] Di Daniele N, De Francesco M, Violo L, Spinelli A, Simonetti G. Renal sympathetic nerve ablation for the treatment of difficult-to-control or refractory hypertension in a haemodialysis patient. Nephrol Dialys Transplant. 2012;27:1689-90.
[163] Masuo K, Lambert GW, Esler MD, Rakugi H, Ogihara T, Schlaich MP. The role of sympathetic nervous activity in renal injury and end-stage renal disease. Hypertens Res. 2010;33:521-8.
[164] Converse RL Jr, Jacobsen TN, Toto RD, et al. Sympathetic overactivity in patients with chronic renal failure. N Engl J Med. 1992;327:1912-8.
[165] Hering D, Lambert EA, Marusic P, et al. Renal nerve ablation reduces augmentation index in patients with resistant hypertension. J Hypertens. 2013.
[166] Greenwood JP, Stoker JB, Mary DA. Single-unit sympathetic discharge: quantitative assessment in human hypertensive disease. Circulation. 1999;100:1305-10.
[167] Oliveira VL, Irigoyen MC, Moreira ED, Strunz C, Krieger EM. Renal denervation normalizes pressure and baroreceptor reflex in high renin hypertension in conscious rats. Hypertension. 1992;19:II17-21.
[168] Janssen BJ, van Essen H, Vervoort-Peters LH, Struyker-

Boudier HA, Smits JF. Role of afferent renal nerves in spontaneous hypertension in rats. Hypertension. 1989; 13:327-33.

[169] Schiller ACP, Haack K, Zucker I. Unilateral renal denervation enhances baroreflex function in concious rabbits with chronic heart failure. Physiologist. 2012; 55:A13.9.43.

[170] Brinkmann J, Heusser K, Schmidt BM, et al. Catheter-based renal nerve ablation and centrally generated sympathetic activity in difficult-to-control hypertensive patients: prospective case series. Hypertension. 2012; 60: 1485-90.

[171] Fujisawa Y, Nagai Y, Lei B, et al. Roles of central renin-angiotensin system and afferent renal nerve in the control of systemic hemodynamics in rats. Hypertens Res. 2011;34: 1228-32.

[172] Ito S, Komatsu K, Tsukamoto K, Kanmatsuse K, Sved AF. Ventrolateral medulla AT1 receptors support blood pressure in hypertensive rats. Hypertension. 2002;40:552-9.

[173] Weyhenmeyer JA, Phillips MI. Angiotensin-like immunoreactivity in the brain of the spontaneously hypertensive rat. Hypertension. 1982;4:514-23.

[174] Catheter-based renal sympathetic denervation for resistant hypertension. Durability of blood pressure reduction out to 24 months. Hypertension. 2011;57:911-7.

[175] Ukena C, Mahfoud F, Spies A, et al. Effects of renal sympathetic denervation on heart rate and atrioventricular conduction in patients with resistant hypertension. Int J Cardiol. 2012.

[176] Brandt MC, Reda S, Mahfoud F, Lenski M, Bohm M, Hoppe UC. Effects of renal sympathetic denervation on arterial stiffness and central hemodynamics in patients with resistant hypertension. J Am Coll Cardiol. 2012;60:1956-65.

[177] Huang WC, Fang TC, Cheng JT. Renal denervation prevents and reverses hyperinsulinemia-induced hypertension in rats. Hypertension. 1998;32:249-54.

[178] Mahfoud F, Schlaich M, Kindermann I, et al. Effect of renal sympathetic denervation on glucose metabolism in patients with resistant hypertension: a pilot study. Circulation. 2011;123:1940-6.

[179] Ukena C, Mahfoud F, Kindermann I, et al. Cardiorespiratory response to exercise after renal sympathetic denervation in patients with resistant hypertension. J Am Coll Cardiol. 2011;58:1176-82.

[180] Mahfoud F, Cremers B, Janker J, et al. Renal hemodynamics and renal function after catheter-based renal sympathetic denervation in patients with resistant hypertension. Hypertension. 2012;60:419-24.

[181] Schmieder RE, Mann JF, Schumacher H, et al. Changes in albuminuria predict mortality and morbidity in patients with vascular disease. JASN. 2011;22:1353-64.

[182] Villarreal D, Freeman RH, Johnson RA, Simmons JC. Effects of renal denervation on postprandial sodium excretion in experimental heart failure. Am J Phys. 1994;266:R1599-604.

[183] Brandt MC, Mahfoud F, Reda S, et al. Renal sympathetic denervation reduces left ventricular hypertrophy and improves cardiac function in patients with resistant hypertension. J Am Coll Cardiol. 2012;59:901-9.

[184] Davies JE, Manisty CH, Petraco R, et al. First-in-man safety evaluation of renal denervation for chronic systolic heart failure: primary outcome from REACH-pilot study. Int J Cardiol. 2013;162:189-92.

[185] Linz D, Schotten U, Neuberger HR, Bohm M, Wirth K. Negative tracheal pressure during obstructive respiratory events promotes atrial fibrillation by vagal activation. Heart Rhythm. 2011;8:1436-43.

[186] Linz D, Mahfoud F, Schotten U, et al. Renal sympathetic denervation suppresses postapneic blood pressure rises and atrial fibrillation in a model for sleep apnea. Hypertension. 2012;60:172-8.

[187] Linz D, Mahfoud F, Schotten U, et al. Renal sympathetic denervation provides ventricular rate control but does not prevent atrial electrical remodeling during atrial fibrillation. Hypertension. 2013;61:225-31.

[188] Esler MD, Krum H, Sobotka PA, Schlaich MP, Schmieder RE, Bohm M. Renal sympathetic denervation in patients with treatment-resistant hypertension (the Symplicity HTN-2 trial): a randomised controlled trial. Lancet. 2010;376:1903-9.

[189] Law MR, Morris JK, Wald NJ. Use of blood pressure lowering drugs in the prevention of cardiovascular disease: meta-analysis of 147 randomised trials in the context of expectations from prospective epidemiological studies. BMJ. 2009;338:b1665.

[190] Ohkubo T, Imai Y, Tsuji I, et al. Prediction of mortality by ambulatory blood pressure monitoring versus screening blood pressure measurements: a pilot study in Ohasama. J Hypertens. 1997;15:357-64.

[191] Pickering TG, Shimbo D, Haas D. Ambulatory blood-pressure monitoring. N Engl J Med. 2006;354:2368-74.

[192] Mancia G, Zanchetti A, Agabiti-Rosei E, et al. Ambulatory blood pressure is superior to clinic blood pressure in predicting treatment-induced regression of left ventricular hypertrophy. SAMPLE study group. Study on ambulatory monitoring of blood pressure and lisinopril evaluation. Circulation. 1997;95:1464-70.

[193] Mancia G, Parati G. Ambulatory blood pressure monitoring and organ damage. Hypertension. 2000;36:894-900.

[194] Fagard RH, Celis H, Thijs L, et al. Daytime and nighttime blood pressure as predictors of death and cause-specific cardiovascular events in hypertension. Hypertension. 2008;51:55-61.

[195] Metoki H, Ohkubo T, Kikuya M, et al. Prognostic significance for stroke of a morning pressor surge and a nocturnal blood pressure decline: the Ohasama study. Hypertension. 2006;47:149-54.

[196] Dolan E, Stanton A, Thijs L, et al. Superiority of ambulatory over clinic blood pressure measurement in predicting mortality: the Dublin outcome study. Hypertension. 2005;46:156-61.

[197] Mancia G, De Backer G, Dominiczak A, et al. 2007 guidelines for the management of arterial hypertension: the task force for the management of arterial hypertension of the European Society of Hypertension (ESH) and of the European Society of Cardiology (ESC). Eur Heart J. 2007;28:1462-536.

[198] Williams B, Lacy PS, Thom SM, et al. Differential impact of blood pressure-lowering drugs on central aortic pressure and clinical outcomes: principal results of the conduit artery function evaluation (CAFE) study. Circulation.

2006;113:1213-25.
[199] Lindholm LH, Carlberg B, Samuelsson O. Should beta blockers remain first choice in the treatment of primary hypertension? A meta-analysis. Lancet. 2005;366:1545-53.
[200] Mancia G, Parati G. Office compared with ambulatory blood pressure in assessing response to antihypertensive treatment: a meta-analysis. J Hypertens. 2004;22:435-45.
[201] Zuern CS, Rizas KD, Eick C, et al. Effects of renal sympathetic denervation on 24-hour blood pressure variability. Front Physiol. 2012;3:134.
[202] Parati G, Pomidossi G, Albini F, Malaspina D, Mancia G. Relationship of 24-hour blood pressure mean and variability to severity of target-organ damage in hypertension. J Hypertens. 1987;5:93-8.
[203] Kikuya M, Hozawa A, Ohokubo T, et al. Prognostic significance of blood pressure and heart rate variabilities: the Ohasama study. Hypertension. 2000;36:901-6.
[204] Muntner P, Shimbo D, Tonelli M, Reynolds K, Arnett DK, Oparil S. The relationship between visit-to-visit variability in systolic blood pressure and all-cause mortality in the general population: findings from NHANES III, 1988 to 1994. Hypertension. 2011;57:160-6.
[205] Hsieh YT, Tu ST, Cho TJ, Chang SJ, Chen JF, Hsieh MC. Visit-to-visit variability in blood pressure strongly predicts all-cause mortality in patients with type 2 diabetes: a 5.5-year prospective analysis. Eur J Clin Investig. 2012;42:245-53.
[206] Perticone F, Ceravolo R, Pujia A, et al. Prognostic significance of endothelial dysfunction in hypertensive patients. Circulation. 2001;104:191-6.
[207] Redfield MM, Jacobsen SJ, Burnett JC Jr, Mahoney DW, Bailey KR, Rodeheffer RJ. Burden of systolic and diastolic ventricular dysfunction in the community: appreciating the scope of the heart failure epidemic. JAMA. 2003;289:194-202.
[208] Bombelli M, Facchetti R, Carugo S, et al. Left ventricular hypertrophy increases cardiovascular risk independently of in-office and out-of-office blood pressure values. J Hypertens. 2009;27:2458-64.
[209] Levy D, Garrison RJ, Savage DD, Kannel WB, Castelli WP. Prognostic implications of echocardiographically determined left ventricular mass in the Framingham heart study. N Engl J Med. 1990;322:1561-6.
[210] Bikkina M, Levy D, Evans JC, et al. Left ventricular mass and risk of stroke in an elderly cohort. The Framingham heart study. JAMA. 1994;272:33-6.
[211] Liao Y, Cooper RS, McGee DL, Mensah GA, Ghali JK. The relative effects of left ventricular hypertrophy, coronary artery disease, and ventricular dysfunction on survival among black adults. JAMA. 1995;273:1592-7.
[212] Ghali JK, Liao Y, Simmons B, Castaner A, Cao G, Cooper RS. The prognostic role of left ventricular hypertrophy in patients with or without coronary artery disease. Ann Intern Med. 1992;117:831-6.
[213] Bolognese L, Dellavesa P, Rossi L, Sarasso G, Bongo AS, Scianaro MC. Prognostic value of left ventricular mass in uncomplicated acute myocardial infarction and one-vessel coronary artery disease. Am J Cardiol. 1994;73:1-5.
[214] Koren MJ, Devereux RB, Casale PN, Savage DD, Laragh JH. Relation of left ventricular mass and geometry to morbidity and mortality in uncomplicated essential hypertension. Ann Intern Med. 1991;114:345-52.
[215] Okin PM, Devereux RB, Jern S, et al. Regression of electrocardiographic left ventricular hypertrophy during antihypertensive treatment and the prediction of major cardiovascular events. JAMA. 2004;292:2343-9.
[216] Pierdomenico SD, Cuccurullo F. Risk reduction after regression of echocardiographic left ventricular hypertrophy in hypertension: a meta-analysis. Am J Hypertens. 2010;23:876-81.
[217] Mancini GB, Dahlof B, Diez J. Surrogate markers for cardiovascular disease: structural markers. Circulation. 2004;109:IV22-30.
[218] Devereux RB, Agabiti-Rosei E, Dahlof B, et al. Regression of left ventricular hypertrophy as a surrogate end-point for morbid events in hypertension treatment trials. J Hypertens Suppl. 1996;14:S95-101. discussion S-2
[219] Vakili BA, Okin PM, Devereux RB. Prognostic implications of left ventricular hypertrophy. Am Heart J. 2001;141:334-41.
[220] Mathew J, Sleight P, Lonn E, et al. Reduction of cardiovascular risk by regression of electrocardiographic markers of left ventricular hypertrophy by the angiotensin-converting enzyme inhibitor ramipril. Circulation. 2001;104:1615-21.
[221] Dahlof B, Devereux R, de Faire U, et al. The losartan intervention for endpoint reduction (LIFE) in hypertension study: rationale, design, and methods. The LIFE Study Group American. J Hypertens. 1997;10:705-13.
[222] Fagard RH, Pardaens K, Staessen JA, Thijs L. Prognostic value of invasive hemodynamic measurements at rest and during exercise in hypertensive men. Hypertension. 1996;28:31-6.
[223] Kokkinos P, Myers J, Faselis C, et al. Exercise capacity and mortality in older men: a 20-year follow-up study. Circulation. 2010;122:790-7.
[224] Blacher J, Guerin AP, Pannier B, Marchais SJ, Safar ME, London GM. Impact of aortic stiffness on survival in end-stage renal disease. Circulation. 1999;99:2434-9.
[225] Laurent S, Boutouyrie P, Asmar R, et al. Aortic stiffness is an independent predictor of all-cause and cardiovascular mortality in hypertensive patients. Hypertension. 2001;37:1236-41.
[226] Willum-Hansen T, Staessen JA, Torp-Pedersen C, et al. Prognostic value of aortic pulse wave velocity as index of arterial stiffness in the general population. Circulation. 2006;113:664-70.
[227] Laurent S, Cockcroft J, Van Bortel L, et al. Expert consensus document on arterial stiffness: methodological issues and clinical applications. Eur Heart J. 2006;27:2588-605.
[228] London GM, Blacher J, Pannier B, Guerin AP, Marchais SJ, Safar ME. Arterial wave reflections and survival in end-stage renal failure. Hypertension. 2001;38:434-8.
[229] Weber T, Auer J, O'Rourke MF, et al. Arterial stiffness, wave reflections, and the risk of coronary artery disease. Circulation. 2004;109:184-9.
[230] Tropeano AI, Boutouyrie P, Pannier B, et al. Brachial pressure-independent reduction in carotid stiffness after long-term angiotensin-converting enzyme inhibition in diabetic hypertensives. Hypertension. 2006;48:80-6.
[231] Karalliede J, Smith A, DeAngelis L, et al. Valsartan

improves arterial stiffness in type 2 diabetes independently of blood pressure lowering. Hypertension. 2008;51:1617-23.
[232] Stewart AD, Jiang B, Millasseau SC, Ritter JM, Chowienczyk PJ. Acute reduction of blood pressure by nitroglycerin does not normalize large artery stiffness in essential hypertension. Hypertension. 2006;48:404-10.
[233] Gillman MW, Kannel WB, Belanger A, D'Agostino RB. Influence of heart rate on mortality among persons with hypertension: the Framingham study. Am Heart J. 1993;125:1148-54.
[234] Wannamethee G, Shaper AG, Macfarlane PW. Heart rate, physical activity, and mortality from cancer and other noncardiovascular diseases. Am J Epidemiol. 1993;137:735-48.
[235] Bohm M, Swedberg K, Komajda M, et al. Heart rate as a risk factor in chronic heart failure (SHIFT): the association between heart rate and outcomes in a randomised placebo-controlled trial. Lancet. 2010;376:886-94.
[236] Reil JC, Custodis F, Swedberg K, et al. Heart rate reduction in cardiovascular disease and therapy. Clin Res Cardiol. 2011;100:11-9.
[237] Kannel WB, Kannel C, Paffenbarger RS Jr, Cupples LA. Heart rate and cardiovascular mortality: the Framingham study. Am Heart J. 1987;113:1489-94.
[238] Swedberg K, Komajda M, Bohm M, et al. Ivabradine and outcomes in chronic heart failure (SHIFT): a randomised placebo-controlled study. Lancet. 2010;376:875-85.
[239] Bohm M, Borer J, Ford I, et al. Heart rate at baseline influences the effect of ivabradine on cardiovascular outcomes in chronic heart failure: analysis from the SHIFT study. Clin Res Cardiol. 2013;102:11-22.
[240] Ott C, Mahfoud F, Schmid A, et al. Renal denervation in moderate treatment resistant hypertension. J Am Coll Cardiol. 2013;
[241] He B, Scherlag BJ, Nakagawa H, Lazzara R, Po SS. The intrinsic autonomic nervous system in atrial fibrillation: a review. ISRN Cardiol. 2012;2012:490674.
[242] Podrid PJ, Fuchs T, Candinas R. Role of the sympathetic nervous system in the genesis of ventricular arrhythmia. Circulation. 1990;82:I103-13.
[243] Knecht S, O'Neill MD, Verbeet T. Rhythm control versus rate control for atrial fibrillation. N Engl J Med. 2008;359:1522; author reply
[244] Benjamin EJ, Wolf PA, D'Agostino RB, Silbershatz H, Kannel WB, Levy D. Impact of atrial fibrillation on the risk of death: the Framingham heart study. Circulation. 1998;98:946-52.
[245] Kirchhof P, Auricchio A, Bax J, et al. Outcome parameters for trials in atrial fibrillation: executive summary. Eur Heart J. 2007;28:2803-17.
[246] Linz D, Wirth K, Ukena C, et al. Renal denervation suppresses ventricular arrhythmias during acute ventricular ischemia in pigs. Heart Rhythm. 2013.
[247] Ukena C, Bauer A, Mahfoud F, et al. Renal sympathetic denervation for treatment of electrical storm: first-in-man experience. Clin Res. 2012;101:63-7.
[248] Daviglus ML, Liao Y, Greenland P, et al. Association of nonspecific minor ST-T abnormalities with cardiovascular mortality: the Chicago Western electric study. JAMA. 1999;281:530-6.
[249] de Groot E, Hovingh GK, Wiegman A, et al. Measurement of arterial wall thickness as a surrogate marker for atherosclerosis. Circulation. 2004;109:III33-8.
[250] Danesh J, Wheeler JG, Hirschfield GM, et al. C-reactive protein and other circulating markers of inflammation in the prediction of coronary heart disease. N Engl J Med. 2004;350:1387-97.
[251] Wen CP, Cheng TY, Tsai MK, et al. All-cause mortality attributable to chronic kidney disease: a prospective cohort study based on 462 293 adults in Taiwan. Lancet. 2008;371:2173-82.
[252] Weiner DE, Tabatabai S, Tighiouart H, et al. Cardiovascular outcomes and all-cause mortality: exploring the interaction between CKD and cardiovascular disease. Am J Kidney Dis. 2006;48:392-401.
[253] Go AS, Chertow GM, Fan D, McCulloch CE, Hsu CY. Chronic kidney disease and the risks of death, cardiovascular events, and hospitalization. N Engl J Med. 2004;351:1296-305.
[254] Klein IH, Ligtenberg G, Neumann J, Oey PL, Koomans HA, Blankestijn PJ. Sympathetic nerve activity is inappropriately increased in chronic renal disease. JASN. 2003;14:3239-44.
[255] Matsushita K, van der Velde M, Astor BC, et al. Association of estimated glomerular filtration rate and albuminuria with all-cause and cardiovascular mortality in general population cohorts: a collaborative meta-analysis. Lancet. 2010;375:2073-81.
[256] Wang Y, Seto SW, Golledge J. Therapeutic effects of renal denervation on renal failure. Curr Neurovasc Res. 2013;10:172-84.
[257] Ott C, Janka R, Schmid A, et al. Vascular and renal hemodynamic changes after renal denervation. CJASN. 2013;8:1195-201.
[258] Hering D, Mahfoud F, Walton AS, et al. Renal denervation in moderate to severe CKD. JASN. 2012;23:1250-7.
[259] Ott C, Schmid A, Ditting T, et al. Renal denervation in a hypertensive patient with end-stage renal disease and small arteries: a direction for future research. J Clin Hypertens (Greenwich). 2012;14:799-801.
[260] Mancia G, Bousquet P, Elghozi JL, et al. The sympathetic nervous system and the metabolic syndrome. J Hypertens. 2007;25:909-20.
[261] Huggett RJ, Scott EM, Gilbey SG, Stoker JB, Mackintosh AF, Mary DA. Impact of type 2 diabetes mellitus on sympathetic neural mechanisms in hypertension. Circulation. 2003;108:3097-101.
[262] Esler M, Rumantir M, Wiesner G, Kaye D, Hastings J, Lambert G. Sympathetic nervous system and insulin resistance: from obesity to diabetes. Am J Hypertens. 2001;14:304S-9S.
[263] Isomaa B, Almgren P, Tuomi T, et al. Cardiovascular morbidity and mortality associated with the metabolic syndrome. Diabetes Care. 2001;24:683-9.

第二篇　去肾神经术除高血压外的其他适应证

Renal Denervation for Indications Other Than Hypertension

第7章　高血压的器官损害概述

An Overview on Hypertension Mediated Organ Damage

Marcio G. Kiuchi　Markus P. Schlaich　著
王俊文　译　　孙玉喜　校

无论高血压患者是否有其他合并症，控制血压（blood pressure，BP）都是降低心血管疾病风险的有效手段。准确的测量诊室或诊室外血压都有一定困难，而且血压测量的数值不能准确反映血压的整体水平，也不能反映服用降压药患者的血压控制情况。因此，高血压介导的心脏、肾脏和血管的靶器官损害也许能更好地反映长时间血压升高的综合影响。在治疗干预方面也是一样，把逆转高血压介导的靶器官损害（hypertension-mediated organ damage，HMOD）作为血压控制的指标也许比关注血压的数值本身更好。因此，评估如去肾神经术（renal denervation，RDN）等干预措施对HMOD有效性，将有助于了解其在降血压之外的中长期疗效。本文将综述目前可获得的证据来评估RDN对HMOD的影响。

一、去肾神经术与心脏

在高血压患者中，左心室（left ventricular，LV）肥厚是对异常血压负荷较早出现的代偿过程。而且这也是临床疾病发展的第一步[1-4]。两项研究表明，无论是否存在传统意义上的左室肥厚（left ventricular hypertrophy，LVH），左心室质量（LV mass，LVM）的异常升高都与心血管（cardiovascular，CV）事件的风险增加有关[5, 6]。LVH与心血管事件发生率和死亡风险显著相关，这种相关性独立于其他的心血管危险因素，尤其是血压水平[7-9]。随着血压的控制，在降压治疗的过程中，基于心脏彩超测定的LVM的减轻，以及LV几何形状的逐渐恢复，可降低后续发生心血管疾病的风险[10, 11]。Muiesan等首次证明，异常LVM的恢复与改善预后相关[12]（图7-1和图7-2）。LVH的改善同样与预后的改善相关[13, 14]。除了血压控制外，高血压靶器官损害的改善被认为是高血压患者治疗有效的指标。

RDN是一种基于器械的技术，可直接调节肾脏传出神经和传入神经。在难治性高血压患者中，RDN后可观察到明显的降压效果和肌肉交感神经兴奋性的迅速下降[15]。此外，交感神经过度激活和RAAS系统的失调的人群可能更容易从中受益，这可能通过HMOD的逆转来体现。支持这一观点的相关研究总结如下。

2012年时Brandt等首次表明，RDN除了降压作用外，还可以显著减轻LVM和改善心脏舒张功能，这可能对心血管风险极高的难治性高血压患者的预后产生重要影响[16]。Mahfoud等纳入72例在RDN前后进行心脏磁共振检查的高血压患者展开研究，其中55例患者接受了RDN，而另外17例患者则作为对照组[17]。RDN组收缩压和舒张压以及LVM显著降低，而对照组中这些指标无明显变化。在基线左心室射血分数（LVEF）降低的患者中，RDN使其得到显著改善。有趣的是，对RDN后血压降低幅度＜10mmHg的

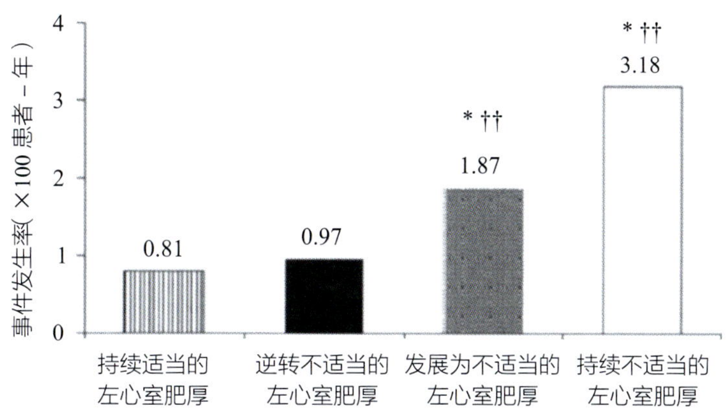

▲ 图 7-1 **心血管事件的发生率与 LVM 适宜性改变的关系；从基线到随访期间，LVM 持续、逆转和发展为不适当 LVM 患者及适当 LVM 患者**

趋势的 Log-rank 检验 *P*=0.003；*. 表示与 LVM 不适当逆转的患者相比，*P*＜0.05；††. 表示与适当的 LVM 相比，*P*＜0.02

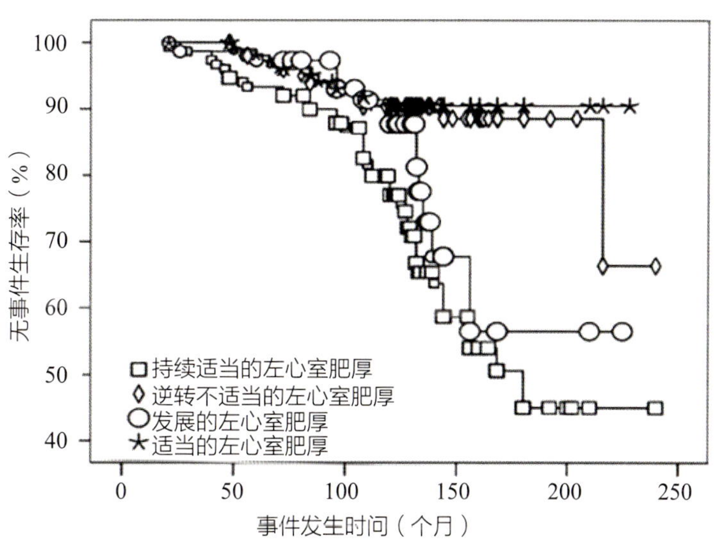

▲ 图 7-2 **不适当 LVM 持续、逆转和发展的患者组，以及从基线到随访期间适当 LVM 患者组的无事件生存期（Kaplan-Meier 方法）**

持续不适当 LVM 的患者曲线与不适当 LVM 逆转（*P*＜0.0001）或持续适当 LVM（*P*＜0.001）的患者曲线之间的 Log-rank Mantel-Cox 检验；出现不适当 LVM 的患者曲线与不适当 LVM 逆转的患者曲线（*P*=0.03）或持续保持适当 LVM 的患者曲线（*P*=0.045）之间的 Log-rank Mantel-Cox 检验

18 例患者中，有 15 例患者的左心室质量指数仍显著降低（图 7-3），这可能强调了评估 HMOD 的改善比单纯降压能更准确地反映 RDN 后的长期预后。有趣的是，心脏结构和功能的改变一定程度上与血压无关，这表明 RDN 直接调节交感神经的兴奋性。这些数据证实了之前由 Kiuchi 等报告的结果，即 RDN 可改善 LVMI、舒张期左心室内径（end-diastolic left ventricular internal dimension，LVIDd）、舒张期左心室后壁厚度（left ventricular end-diastolic posterior wall thickness，PWTd）和舒张期室间隔厚度（end-diastolic interventricular septum thickness，IVSTd）。此外，

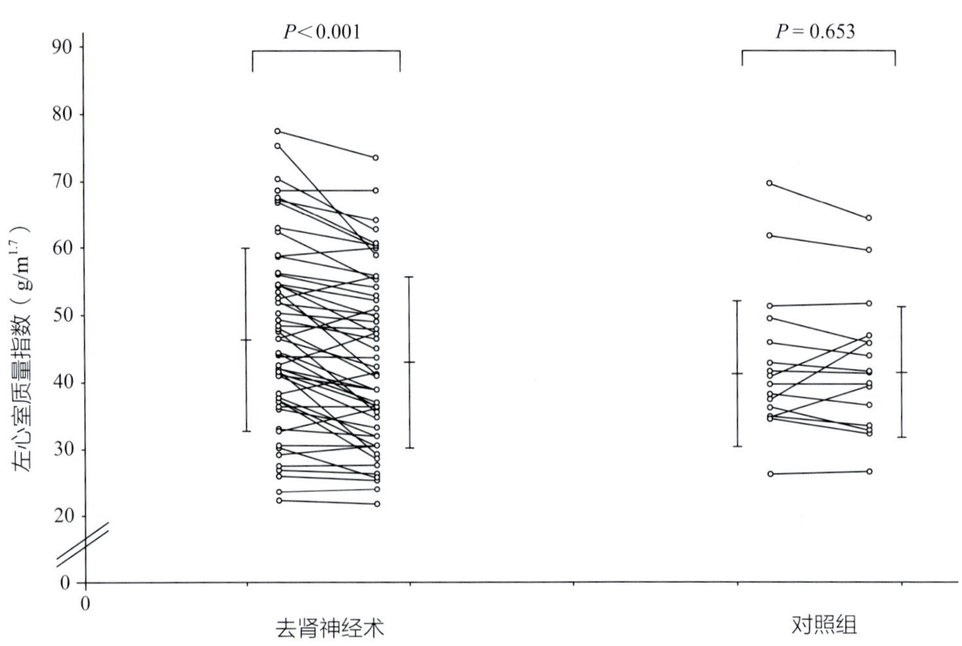

▲ 图 7-3 接受去肾神经术的患者（n=55）和对照组（n=17）的基线和 6 个月随访时的左心室质量指数，描述为个体变化和平均值 ± 标准差

45 例患有慢性肾脏病（chronic kidney disease，CKD）的难治性高血压患者在 RDN 治疗后 6 个月，LVEF 得到改善。

然而，Brandt 等报告 RDN 对 LVM 的改善与基线时心肌肥厚程度相关，在基线存在 LVH 的患者中最为明显 [16]。尽管在没有 LVH 的患者中，RDN 后 LVM 没有显著变化，但在基线 LVH 亚组中，RDN 在随访 6 个月后显著降低了 LVMI。相比之下，在 Kiuchi 等的研究中并未观察到基于术前 LVH 的差异。同样，在不同 CKD 阶段人群未观察到 LVM 降低幅度的差异 [18]。

此外，Schirmer 等 [19] 评估了 66 例难治性高血压患者，发现 LVMI 降低，以及包括 E 波减速时间、等容舒张时间和 E' 波速度在内的舒张参数均有所改善。此外，这种改善与 RDN 后 6 个月的收缩压（SBP）降低或心率（HR）无关。这些发现表明，RDN 对 SNS 活性的直接调节也许超出了其对血压的影响，并可能对难治性高血压患者的极高风险产生影响 [16, 20]。

Doltra 等前瞻性评估了 23 例接受心脏 MRI 和 RDN 的难治性高血压患者 [21]。无论降压作用如何，RDN 均能降低 LVMI，提示 RDN 可能还能减少心肌间质纤维化组织即绝对胶原蛋白。如果观察到的 LVMI 改善完全是由于心肌细胞肥大的逆转，细胞外体积分数应该会增加 [21]。这是否对预后和事件减少有潜在影响尚不清楚。除此之外，Perlini 等在啮齿动物实验中证明高血压引起的心肌间质纤维化通过 α 肾上腺素受体拮抗药或交感神经切除来改善 [22]，强调了肾上腺素能驱动力在这方面的重要性。

最近，McLellan 等 [23] 收集了 14 例难治性高血压患者在 RDN 治疗前后 6 个月的 24h 动态血压（ABPM）、超声心动图、心脏 MRI 并进行了电生理研究。他们发现 RDN 后 24h 平均血压降低、总传导速度显著增加、传导间期缩短。此外，传导速度的变化与平均 ABPM 的变化也呈正相关。在绵羊模型中，慢性高血压的绵羊在不同的时域上有左心房重构，并且电生理特性和参与重构的结构之间有很强的相关性。这些连续的形态学改变与传导异常有关，导致心房颤动的易感性和持续时间增加。立即开始降压治疗可能会避免维持心房颤动的基质产生 [24]。与上述研究一致，MRI 上还观察到 LVM 和弥漫性左心室纤维化显著减少[23]。

同样，Dorr 等对 100 例连续接受 RDN 治疗的难治性高血压患者进行了研究，这些患者在接受 RDN 治疗 6 个月后平均收缩压下降>10mmHg[25]。在 RDN 治疗之前和之后 6 个月的血液生物标志物随访中，通过不同的前肽类型评估心脏细胞外基质和 CV 纤维化组织的重吸收，发现 RDN 后 6 个月，诊室收缩压显著下降。与基线测量的值相比，研究对象血清前肽水平显著降低，胶原蛋白的代谢更快，与那些没有降压效果的患者展现出了实质性的变化。这些结果表明，在患有高血压性心脏病和心脏纤维化的患者中，RDN 对心血管纤维化可能是有益的。

动物研究发现，可以通过肾脏儿茶酚胺类物质含量减少来评估 RDN 减少交感神经激活的程度[26]。此外，RDN 显著改善了 LV 纵向应变，减少了收缩末期容积和心脏纤维化，提高了心功能。值得注意的是，RDN 后发现脑啡肽酶活性降低，脑钠肽（BNP）水平升高[27]。在充血性心力衰竭中，过多的心脏容量会引起 BNP 和心房利钠肽的释放，两者都具有利尿和心脏保护作用[28, 29]。研究发现，脑啡肽酶活性升高会加重左心功能不全，因为它能酶解利钠肽和其他生物活性多肽，这与不良结局有关。在治疗上，心力衰竭人群从沙库巴曲 / 缬沙坦对脑啡肽酶抑制中获益匪浅[30]。因此，RDN 对脑啡肽酶的抑制作用可能与其明显的心脏保护作用有关。

二、去肾神经术与肾脏

在慢性肾脏病（CKD）动物模型中，RDN 已被证实能够降低血压，从而防止肾功能进一步恶化[31-34]。Hering 等报告，在难治性高血压患者中施行 RDN 可导致明显的血压下降，以及单个交感血管收缩神经纤维的放电能力迅速下降，这种效果比多单位 MSNA 抑制更为明显。中断交感神经过度激活和阻断肾素 – 血管紧张素 – 醛固酮系统反馈环可能在一定程度上有利于这一人群。在 CKD 的不同阶段，微量和大量白蛋白尿的存在不仅是心血管事件的独立危险因素[35, 36]，还可以预测 CKD 的进展[37]。在这方面，一项研究报告称，在进行 RDN 后，难治性高血压患者的尿蛋白量，以及微量和大量白蛋白尿均减少[38]。Ott 等分析了 CKD 患者合并难治性高血压患者在 RDN 前后肾功能变化情况。他们的研究结果表明，在 CKD 3 期和 CDK 4 期的难治性高血压患者中，RDN 不仅降低了血压，还减缓甚至阻止肾功能的下降[39]。Hering 等报道，CKD 3 期和 CDK 4 期患者在 RDN 后持续降低了静坐时诊室血压测量值[40]。这项初步研究的另一个重要发现是，该人群的肾功能没有进一步恶化。通过血浆和尿液测试以及 ^{99m}Tc-MAG-3 扫描对肾功能进行短期和中期随访表明，并没有证据显示肾功能恶化。尽管血压大幅下降，肾脏的自动调节似乎没有受到不利影响，且肾功能仍能维持[40]。Kiuchi 等展示了一系列 CKD 合并难治性高血压患者在 RDN 后随访 2 年的结果。他们的结果表明 CKD 合并难治性高血压患者中 RDN 显著降低了 CKD 2～4 期患者的血压，并与长期肾小球滤过率增加和尿白蛋白排泄量的显著减少有关[41]（图 7–4）。尽管这些初步数据是令人鼓舞的，但需要在更大样本的人群中进行进一步研究。

Delacroix 等也证实，在 RDN 后 6 个月，肾小球滤过率（eGFR）改善了 22%。此外，尽管不具有统计学意义，但基线水平较高的患者血浆醛固酮水平下降，尿肌酐增加 16%，血肌酐改善 8%[42]。尽管由于数量有限，解释这些结果是具有挑战性的，但这些数据表明，术后每个心脏周期的总血流量的改善可能不是由于局部血管阻力，而是由于血压下降导致更多肾小球和肾小管功能的改善，从而潜在地重新设定肾脏平衡。此外，心率降低可能使血液通过肾脏的滤过时间更长，从而实现更长时间和更好的过滤。同样，这可能归因于静脉容量的增加，这可能发生在交感神经系统活动的减少导致更大的血管内容积和心室负荷的情况下。在最近的另一项研究中，Schlaich

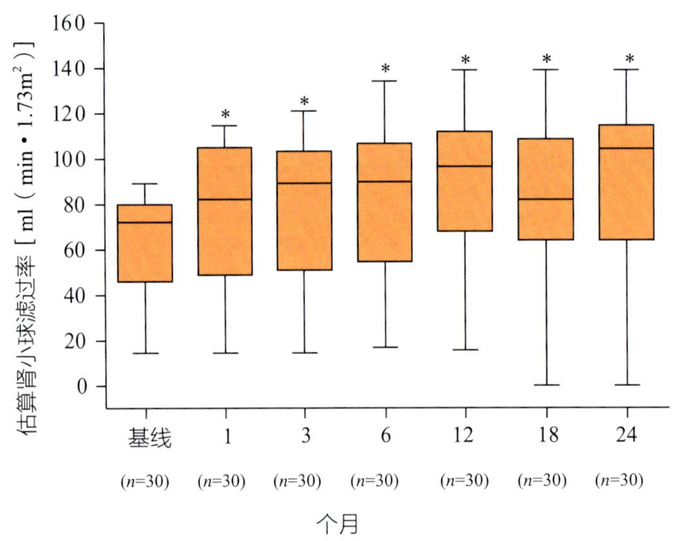

▲ 图 7–4　**基线以及去肾神经术后第 1、3、6、12、18 和 24 个月的估算肾小球滤过率（eGFR）。以平均值 ± 标准差表示**

*. 表示与相应的基线值相比，$P<0.0001$；在第 18 个月和第 24 个月，需要慢性肾脏替代治疗的患者（$n=3$）eGFR 值为 0。经许可引自文献 [14]

等证明，患有难治性高血压且高血压控制不佳的终末期肾脏疾病（ESRD）患者在接受 RDN 治疗后，12 个月内收缩压持续降低和 MSNA 显著下降，支持了在这些患者中进行 RDN 的安全性[43]。

要使 RDN 成为高血压性 CKD 的既定治疗方法，最重要的是不能对肾功能产生不良影响。基于上述数据，为了探索肾脏神经功能是否术后较长时间即恢复，Singh 等检查了 RDN 后 30 个月后肾动脉对神经刺激的血管收缩和肾脏 TH（酪氨酸羟化酶）、CGRP（降钙素基因相关肽）和去甲肾上腺素水平的神经再生。RDN 使高血压合并 CKD 羊的血压正常，使其与神经完整的血压正常羊相似。30 个月后，未进行 RDN 的 CKD 羊肾小球滤过率降低了约 22%，但高血压 CKD-RDN 羊的肾小球滤过率增加了约 26%（图 7–5）。30 个月时，与正常的羊相比，进行 RDN 的研究对象 CKD 尿白蛋白约增加 127%、左心室质量约增加 41%。但是，与未进行 RDN 的 CKD 羊相比，RDN 的 CKD 尿白蛋白约少 60%、左心室质量约少 40%（图 7–6）。在 30 个月的 CKD-RDN 羊中，神经血管收缩（约 56%）、肾脏 TH（约 50%）、CGRP（约 67%）和去甲肾上腺素含量（约 49%）都比 CKD 完整动物少；所有这些变量在正常对照和正常 –RDN 组之间是相似的。RDN 引起了血压持续降低和肾功能改善[44]。

这些发现表明，RDN 可以降低血压，并在 CKD 中具有肾保护和心脏保护作用。与临床研究一致，RDN 可能长期改善 CKD 患者的肾功能，并被认为是治疗肾脏疾病的一种潜在有效方法。

保护肾功能是一项重要的治疗目标，因为它将推迟终末期肾病的发生和肾脏替代疗法的需求，从而在患者的生活质量和医疗费用方面带来实质性好处。鉴于慢性交感神经激活导致 CKD 的进展[45–47]，肾小球滤过率（GFR）和肾血流量（RBF）的增加可能是由于 RDN 后交感神经活动减少所致。还有一种可能性是 CKD 羊在 RDN 后，随着时间的推移，交感神经介导的肾血管床血管收缩作用可能会减少，从而导致肾血管阻力（RVR）的总体下降。这可能与一氧化氮生物利用度的增加和氧化应激的减少有关——这在该模型中是 CKD 的驱动因素[48]。

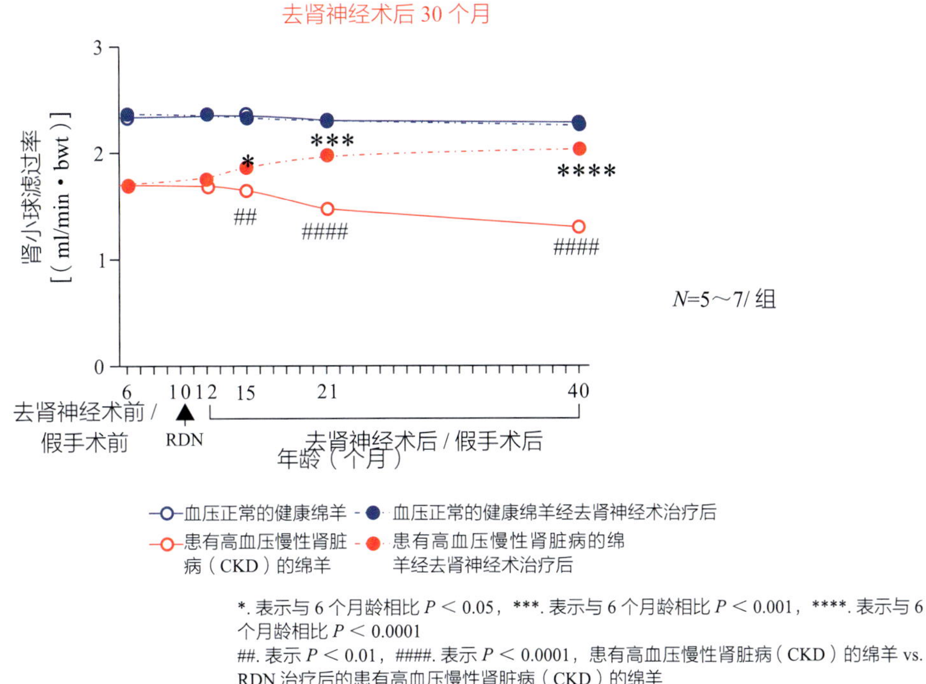

▲ 图 7-5 血压正常的健康绵羊（对照）或患有高血压慢性肾脏病（CKD）的绵羊在 6 个月龄［去肾神经术（RDN）/ 假手术］和 RDN/ 假手术后 2 个月、5 个月、11 个月和 30 个月时的平均肾小球滤过率（GFR）

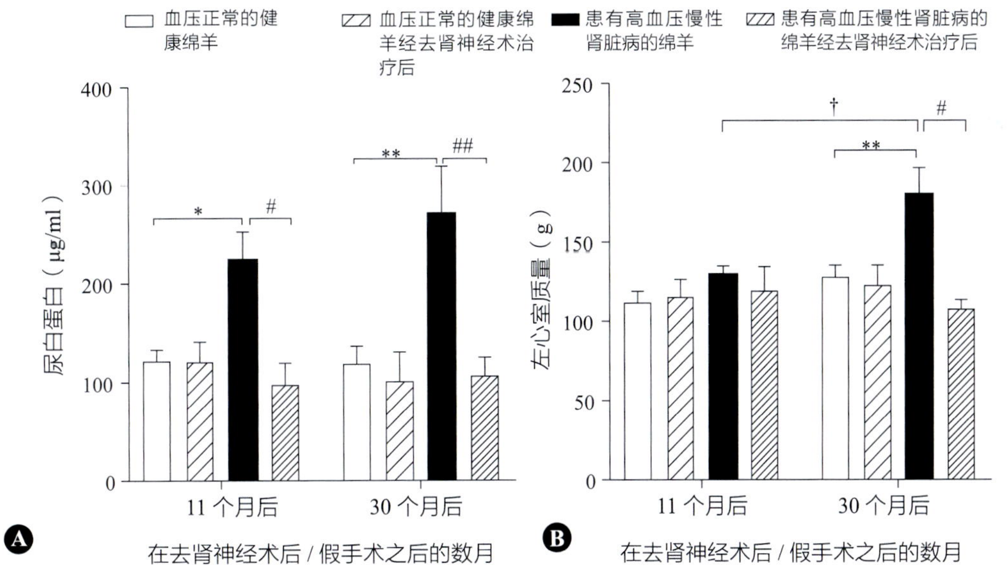

▲ 图 7-6 尿白蛋白和左心室质量

（A）尿白蛋白和（B）左心室质量；去肾神经术（RDN）或假手术（完整）手术后 11 个月和 30 个月时血压正常的健康绵羊（对照）和患有高血压慢性肾脏病的绵羊相比较；血压正常的健康绵羊 vs. 患有高血压慢性肾脏病的绵羊，*. 表示 $P<0.05$，**. 表示 $P<0.01$ 血压正常的健康绵羊 vs. 患有高血压慢性肾脏病的绵羊；#. 表示 $P<0.05$，##. 表示 $P<0.01$ 患有高血压慢性肾脏病的绵羊经去肾神经术治疗后 vs. 患有高血压慢性肾脏病的绵羊；†. $P<0.05$ 比较年龄对完整 CKD 的影响 [44]

值得注意的是，还有其他可能的解释，即 GFR 的增加可能预示着单个肾单位的高滤过，继而由于肾小球高血压，可能预示着未来 GFR 的加速下降。然而，如果这种高滤过与肾小球肥大或 RDN 后观察到的 RBF 增加有关，并可能改变肾小球超滤平衡点，则可能不会造成进一步的肾小球损害[49]。事实上，在慢性肾脏病患者中，RDN 治疗后观察到的蛋白尿减少表明，GFR 的改善并不会对肾小球基底膜的完整性产生负面影响。然而，需要进一步研究 RDN 如何改善 GFR 的确切机制。

三、去肾神经术与血管

动脉硬化（脉搏波传导速度 pulse wave velocity，PWV）、波反射和中央（主动脉）血流动力学通常被概括为脉动血流动力学，可以通过非侵入性方法进行良好的可重复性测量[50, 51]。动脉波反射可以预测心血管事件[52–55]，独立于肱动脉血压，在检测高血压药物引起的血流动力学变化方面可能比肱动脉血压更敏感[56, 57]。最近，使用专用肱动脉袖带评估动脉血液动力学，在 24h 动态血压监测中已经商业化[58, 59]。

波反射被认为发生在动脉中的阻抗变化或不匹配的部位，如分叉点、管腔直径的改变（锥度）和结构特性[50]。来自分布式反射位点的多个小反射向心脏传输，并合并成单一的净反射波[50]。波反射不能从常规（听诊或振荡式）血压测量中检测到，但可以仅从压力波形中量化，产生增强指数（Aix）、校正为心率的增强指数（AIx75）和压力增加（AP），或者通过与流量波形的联合分析，产生反向波幅度（Pb）。与肱动脉血压相比，波反射作为一种更敏感的血压测量方法，可以更深入地了解高血压相关器官损害[54]、心功能[60]和心血管事件的风险[52–54]；在监测降压药物引起的血流动力学变化[61]，以及高血压引起的器官损害方面更敏感[56, 57]。RDN 先前已被证明能减弱难治性高血压患者的波反射[62, 63]。然而，RDN 后 AIx75 的变化与肌交感神经活动（MSNA）的变化无关[62]。

Hering 等[62]评估了 50 例难治性高血压患者的诊室血压和动脉硬度，使用指尖压痕法衍生的增强指数在基线和 3 个月随访时测量。40 例患者接受了 RDN，10 例患者作为对照组。20 例接受了 RDN 的患者和 10 例未接受 RDN 的患者进行 MSNA 检查。RDN 显著降低了收缩压（170 ± 19 vs. 154 ± 25mmHg；$P<0.001$）和舒张压（92 ± 15 vs. 84 ± 16 mmHg；$P<0.001$），增强指数（30.6 ± 23.8 vs. 22.7 ± 22.4%；$P=0.002$），经过心率校正的 AI@75（22.4 ± 21.6 vs. 14.4 ± 20.7；$P=0.002$）和 MSNA（80 ± 15 vs. 71 ± 18 个突发 /100 心搏；$P<0.01$）。RDN 后 AI@75 的变化与 SBP（$r=0.043$；$P=0.79$）和 DBP（$r=0.092$；$P=0.57$）和 MSNA 变化无关（$r=-0.17$；$P=0.49$）。非 RDN 组中未观察到 BP、增强指数、AI@75 或 MSNA 的变化。因此，RDN 导致了增强指数的显著而快速地下降，且不受 BP 和 MSNA 变化的影响。这些发现表明，RDN 对难治性高血压患者的动脉僵硬度具有益处。

Brandt 等[63]评估了 110 例接受双侧 RDN 的患者。分别于术前，术后 1 个月、3 个月、6 个月采用桡动脉压平血压计和脉搏波分析方法测定中心动脉压和血流动力学指标。未接受 RDN 治疗的 10 例难治高血压患者作为对照。RDN 显著降低了平均中央主动脉血压，在第 1 个月、3 个月和 6 个月后分别从 167/92mmHg 降至 149/88mmHg、147/85mmHg 和 141/85mmHg（$P<0.001$）。主动脉脉压在 1 个月、3 个月和 6 个月后分别从 76.2 ± 23.3mmHg 降至 61.5 ± 17.5mmHg、62.7 ± 18.1mmHg 和 54.5 ± 15.7mmHg（$P<0.001$）。RDN 后 6 个月，主动脉增压和增压指数分别减少了 –11mm Hg（$P<0.001$）和 –5.3%（$P<0.001$）。颈动脉至股动脉脉搏波速度在 6 个月时显著降低，从 11.6 ± 3.2m/s 降至 9.6 ± 3.1m/s（$P<0.001$）。一致地，射出持续时间和主动脉收缩压负荷显著减少，表明 RDN 改善了心脏做功负荷。对照组患者无明显变化。除已知的 RDN 降低肱动脉血压的作用外，Brandt 等[63]还表明，这种方法显

著改善了动脉僵硬度和中央血流动力学，这可能对心血管风险高的难治性高血压患者的预后具有重要意义。

Mortensen 等[64]对 21 例高血压患者（外周收缩压≥150mmHg）进行了 RDN 治疗。6 个月后，外周收缩压降低了 6.1%（$P<0.05$），而中央收缩压降低了 7.0%（$P<0.05$）。亚组分析显示，在反应者中，外周收缩压降低了 16.1%（$P<0.01$），而中央收缩压降低了 18.3%（$P<0.01$）。动脉僵硬度得到了显著改善。AIx 提高了 9.5%（$P<0.05$）。在反应者中，AIx 提高了 19.2%（$P<0.02$）。PWV 在基线时较高（10.8m/s），并且提高了 10.4%（$P<0.05$）。在反应者中，PWV 提高了 13.7%（$P<0.05$）。多变量分析显示，对 PWV 的短期影响与血压相关，而在随访期间，PWV 的改善与血压无关。因此，这些发现可能会导致更好的心血管结局。

Ott 等[65]采用经导管 RDN 治疗 94 例难治性高血压患者。用示波仪测量基线和术后 3 个月、6 个月、12 个月的动态血压，包括中心动脉压、血流动力学和动脉僵硬度。在随访 3 个月、6 个月和 12 个月时，上臂动态血压均下降［$P<0.001$（适用于所有）］。中央动态血压持续下降［$P<0.001$（适用于所有）］。术后动态评估日间平均脉搏波传导速度改善（$P<0.05$）。总血管阻力降低［$P<0.01$（适用于所有）］。在难治性高血压患者中，RDN 改善了臂部和中央动态血压、动脉僵硬度和总血管阻力，表明心血管结局有所改善。

另外，在 RESET 试验[66]中，这是一项随机、假对照和双盲试验，在基线和 RDN 治疗后 6 个月时，测量中心血压、颈动脉－股动脉 PWV 和心率变异性（HRV）。53 例患者（77% 的 RESET 试验研究对象）包括在这项亚研究中。两组在基线（SHAM/RDN）时相似：n=27/n=26，78%/65% 的男性；平均年龄 59±9/54±8 岁，收缩压 158±18/154±17mmHg，24h 动态血压 153±14/151±13mmHg。6 个月后 PWV［0.1±1.9（SHAM）vs. −0.6±1.3（RDN）m/s］、收缩期 C-BP［−2±17（SHAM）vs. −8±16（RDN）mmHg］、舒张期 C-BP［−2±9（SHAM）vs. −5±9（RDN）mmHg］和增强指数［0.7±7.0（SHAM）vs. 1.0±7.4（RDN）%］的变化无显著差异。心率变异性参数的变化也没有显著差异。基线 HRV 或 PWV 不能预测 RDN 后的血压反应。RDN 对动脉僵硬度、中心血压和心率变异性无显著影响。

Kordalis 等[67]进行了一项 Meta 分析，包括 4 项研究，报告了 186 例患者在 RDN 前后的 AIX 结果。3 个研究（n=146 例）随访 6 个月，1 个研究（n=40 例）随访 3 个月。回顾试验间无异质性（I^2=0%，Q=1.52，P=0.677）。RDN 对 AIX 的综合效应大小为 −7.05（95%CI −9.12，−4.98，$P<0.001$），基线平均值为 −48.98，减少 14.39%。剔除唯一进行 3 个月随访的研究后，敏感性分析证实了最初的结果。Kordalis 等[67]还根据在 4 项研究（n=158）中报告的在 RDN 前后的 PWV 测量。所有这些人的随访期都是 6 个月，而 Baroni[68]等人的研究报告了 6 个月和 12 个月的测量。由于同质性的原因，6 个月的结果被用于 Meta 分析。异质性导致的效应大小无统计学意义（I^2=53.2%，Q=6.42，P=0.093）。RDN 治疗后 PWV 下降 1.54m/s（95%CI −2.16，−0.92，$P<0.001$）；基线平均值为 11.35m/s，下降 13.57%（图 7-7）。在这项 Meta 分析显示，难治性高血压患者的中心血流动力学和动脉僵硬程度在 RDN 治疗后得到改善。与 HMOD 的消退一致，PWV 和 AIX 的降低与血压下降水平无关，与 RDN 治疗后全身（MSNA 测量）和肾脏交感神经活动（去甲肾上腺素溢出测量）的减少相关。

AIx 是衡量脉搏波振幅（受交感神经控制的外周血管收缩）和反射时间（由于动脉僵硬导致的 PWV 增加，波提前返回会影响波反射时间）的综合指标。RDN 通过减少外周阻力影响脉搏波反射，也导致中心血压降低[69, 70]。除了 RDN 诱导的血管收缩因子的减少外[71]，内皮功能和壁内血管重塑过程的改善可能还有助于动脉僵硬度和

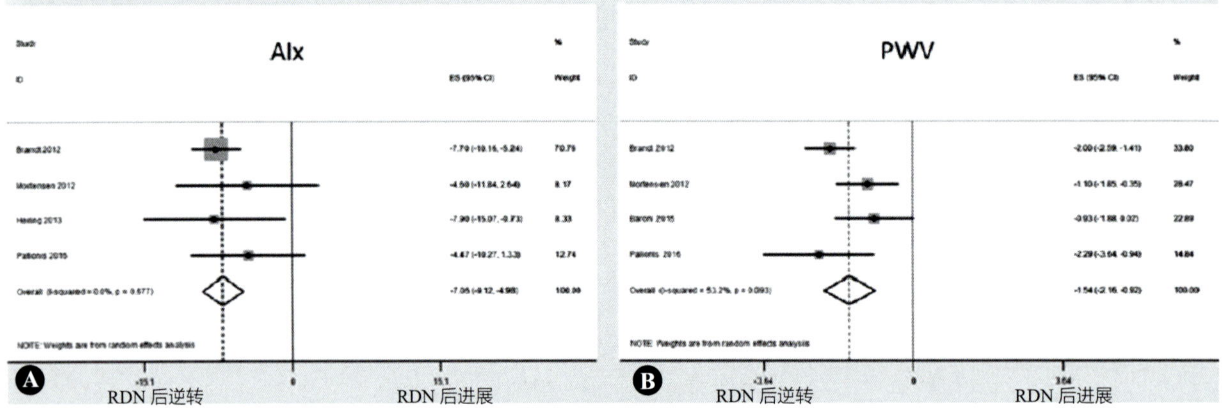

▲ 图 7-7 动脉僵硬指数的森林图

A. 森林图显示 RDN 后前瞻性研究中 AIx 的变化。B. 森林图显示了 RDN 后前瞻性研究中 PWV 的变化。AIx：增强指数；PWV：脉搏波速度；RDN：去肾神经术。经许可转载自 [67]

波形反射的减少[15]。与以肾素 – 血管紧张素系统为靶点并改善动脉僵硬度的降压策略类似，RDN 改变交感神经张力可能会导致良好的结构和功能变化，而不依赖于降压[72]。

四、结论和未来研究方向

高血压介导的器官损害是血压升高患者发生心血管事件的重要预测因素，HMOD 的消退与改善预后的心血管事件有关[1–9]。虽然降压本身有望在一定程度上促进 HMOD 的消退，但上面提供的数据令人放心，因为它表明 RDN 诱导的降压确实与 LVH 的消退、微量白蛋白尿的减少、EGFR 下降的进展减缓，以及有益的血流动力学和血管变化有关。即使在血压没有明显变化的情况下，RDN 治疗后 HMOD 的缓解

也表明了交感神经活动降低的潜在额外好处，这本身可能对 HMOD 产生有益的影响。未来需要对血压不同程度升高的患者进行更大范围的进一步研究，并使用已建立的 HMOD 标志物进行更长期的充分设计的研究，以证实 RDN 对器官的长期保护的作用，少部分可能不是由于血压下降所致。

参考文献

[1] Frohlich ED. State of the art lecture. Risk mechanisms in hypertensive heart disease. Hypertension. 1999;34(4 Pt 2):782-9.

[2] Agabiti-Rosei E, Muiesan ML. Hypertensive left ventricular hypertrophy: pathophysiological and clinical issues. Blood Press. 2001;10(5-6):288-98.

[3] Devereux RB, Agabiti-Rosei E, Dahlof B, Gosse P, Hahn RT, Okin PM, et al. Regression of left ventricular hypertrophy as a surrogate end-point for morbid events in hypertension treatment trials. J Hypertens Suppl. 1996;14(2):S95-101. discussion S-2

[4] Casale PN, Devereux RB, Milner M, Zullo G, Harshfield GA, Pickering TG, et al. Value of echocardiographic measurement of left ventricular mass in predicting cardiovascular morbid events in hypertensive men. Ann Intern Med. 1986;105(2):173-8.

[5] de Simone G, Palmieri V, Koren MJ, Mensah GA, Roman MJ, Devereux RB. Prognostic implications of the compensatory nature of left ventricular mass in arterial hypertension. J Hypertens. 2001;19(1):119-25.

[6] de Simone G, Verdecchia P, Pede S, Gorini M, Maggioni AP. Prognosis of inappropriate left ventricular mass in hypertension: the MAVI study. Hypertension. 2002;40(4):470-6.

[7] Bombelli M, Facchetti R, Carugo S, Madotto F, Arenare F, Quarti-Trevano F, et al. Left ventricular hypertrophy increases cardiovascular risk independently of in-office and out-of-office blood pressure values. J Hypertens. 2009;27(12):2458-64.

[8] Levy D, Garrison RJ, Savage DD, Kannel WB, Castelli WP. Prognostic implications of echocardiographically determined left ventricular mass in the Framingham heart study. N Engl J Med. 1990;322(22):1561-6.
[9] Ruilope LM, Schmieder RE. Left ventricular hypertrophy and clinical outcomes in hypertensive patients. Am J Hypertens. 2008;21(5):500-8.
[10] Verdecchia P, Angeli F, Borgioni C, Gattobigio R, de Simone G, Devereux RB, et al. Changes in cardiovascular risk by reduction of left ventricular mass in hypertension: a meta-analysis. Am J Hypertens. 2003;16(11 Pt 1):895-9.
[11] Muiesan ML, Salvetti M, Monteduro C, Bonzi B, Paini A, Viola S, et al. Left ventricular concentric geometry during treatment adversely affects cardiovascular prognosis in hypertensive patients. Hypertension. 2004;43(4):731-8.
[12] Muiesan ML, Salvetti M, Paini A, Monteduro C, Galbassini G, Bonzi B, et al. Inappropriate left ventricular mass changes during treatment adversely affects cardiovascular prognosis in hypertensive patients. Hypertension. 2007;49(5):1077-83.
[13] Devereux RB, Wachtell K, Gerdts E, Boman K, Nieminen MS, Papademetriou V, et al. Prognostic significance of left ventricular mass change during treatment of hypertension. JAMA. 2004;292(19):2350-6.
[14] Pierdomenico SD, Cuccurullo F. Risk reduction after regression of echocardiographic left ventricular hypertrophy in hypertension: a meta-analysis. Am J Hypertens. 2010; 23(8):876-81.
[15] Hering D, Lambert EA, Marusic P, Walton AS, Krum H, Lambert GW, et al. Substantial reduction in single sympathetic nerve firing after renal denervation in patients with resistant hypertension. Hypertension 2013;61(2):457-464.
[16] Brandt MC, Mahfoud F, Reda S, Schirmer SH, Erdmann E, Bohm M, et al. Renal sympathetic denervation reduces left ventricular hypertrophy and improves cardiac function in patients with resistant hypertension. J Am Coll Cardiol. 2012;59(10):901-9.
[17] Mahfoud F, Urban D, Teller D, Linz D, Stawowy P, Hassel JH, et al. Effect of renal denervation on left ventricular mass and function in patients with resistant hypertension: data from a multi-Centre cardiovascular magnetic resonance imaging trial. Eur Heart J. 2014;35(33):2224-31b.
[18] Kiuchi MG, Mion D, Graciano ML, Carreira MAMD, Kiuchi T, Chen SJ, et al. Proof of concept study: improvement of echocardiographic parameters after renal sympathetic denervation in CKD refractory hypertensive patients. Int J Cardiol. 2016;207:6-12.
[19] Schirmer SH, Sayed MM, Reil JC, Ukena C, Linz D, Kindermann M, et al. Improvements in left ventricular hypertrophy and diastolic function following renal denervation: effects beyond blood pressure and heart rate reduction. J Am Coll Cardiol. 2014;63(18):1916-23.
[20] Kiuchi MG, Mion D. Chronic kidney disease and risk factors responsible for sudden cardiac death: a whiff of hope? Kidney Research and Clinical Practice. 2016;35(1): 3-9.
[21] Doltra A, Messroghli D, Stawowy P, Hassel JH, Gebker R, Leppanen O, et al. Potential reduction of interstitial myocardial fibrosis with renal denervation. J Am Heart Assoc. 2014;3(6):e001353.
[22] Perlini S, Palladini G, Ferrero I, Tozzi R, Fallarini S, Facoetti A, et al. Sympathectomy or doxazosin, but not propranolol, blunt myocardial interstitial fibrosis in pressure-overload hypertrophy. Hypertension. 2005;46(5):1213-8.
[23] McLellan AJ, Schlaich MP, Taylor AJ, Prabhu S, Hering D, Hammond L, et al. Reverse cardiac remodeling after renal denervation: atrial electrophysiologic and structural changes associated with blood pressure lowering. Heart Rhythm. 2015;12(5):982-90.
[24] Lau DH, Mackenzie L, Kelly DJ, Psaltis PJ, Brooks AG, Worthington M, et al. Hypertension and atrial fibrillation: evidence of progressive atrial remodeling with electrostructural correlate in a conscious chronically instrumented ovine model. Heart Rhythm. 2010;7(9):1282-90.
[25] Dorr O, Liebetrau C, Mollmann H, Gaede L, Troidl C, Morczeck K, et al. Influence of renal sympathetic denervation on cardiac extracellular matrix turnover and cardiac fibrosis. Am J Hypertens. 2015;28(10):1285-92.
[26] Mahfoud F, Tunev S, Ewen S, Cremers B, Ruwart J, Schulz-Jander D, et al. Impact of lesion placement on efficacy and safety of catheter-based radiofrequency renal denervation. J Am Coll Cardiol. 2015;66(16):1766-75.
[27] Ceia F, Fonseca C, Mota T, Morais H, Matias F, de Sousa A, et al. Prevalence of chronic heart failure in southwestern Europe: the EPICA study. Eur J Heart Fail. 2002;4(4):531-9.
[28] Stevens TL, Rasmussen TE, Wei CM, Kinoshita M, Matsuda Y, Burnett JC Jr. Renal role of the endogenous natriuretic peptide system in acute congestive heart failure. J Card Fail. 1996;2(2):119-25.
[29] da Silva PM, Aguiar C. Sacubitril/valsartan: an important piece in the therapeutic puzzle of heart failure. Rev Port Cardiol. 2017;36(9):655-68.
[30] McMurray JJ, Packer M, Desai AS, Gong J, Lefkowitz MP, Rizkala AR, et al. Angiotensin-neprilysin inhibition versus enalapril in heart failure. N Engl J Med. 2014;371(11):993-1004.
[31] Campese VM, Kogosov E. Renal afferent denervation prevents hypertension in rats with chronic renal failure. Hypertension. 1995;25(4 Pt 2):878-82.
[32] Campese VM, Kogosov E, Koss M. Renal afferent denervation prevents the progression of renal disease in the renal ablation model of chronic renal failure in the rat. Am J Kidney Dis. 1995;26(5):861-5.
[33] Kopp UC, Buckley-Bleiler RL. Impaired renorenal reflexes in two-kidney, one clip hypertensive rats. Hypertension. 1989;14(4):445-52.
[34] Abramczyk P, Zwolinska A, Oficjalski P, Przybylski J. Kidney denervation combined with elimination of adrenal-renal portal circulation prevents the development of hypertension in spontaneously hypertensive rats. Clin Exp Pharmacol Physiol. 1999;26(1):32-4.
[35] van der Velde M, Matsushita K, Coresh J, Astor BC, Woodward M, Levey A, et al. Lower estimated glomerular filtration rate and higher albuminuria are associated with all-cause and cardiovascular mortality. A collaborative meta-analysis of high-risk population cohorts. Kidney Int. 2011;79(12):1341-52.
[36] Chronic Kidney Disease Prognosis C, Matsushita K, van

der Velde M, Astor BC, Woodward M, Levey AS, et al. Association of estimated glomerular filtration rate and albuminuria with all-cause and cardiovascular mortality in general population cohorts: a collaborative meta-analysis. Lancet. 2010;375(9731):2073-81.
[37] Gansevoort RT, Correa-Rotter R, Hemmelgarn BR, Jafar TH, Heerspink HJ, Mann JF, et al. Chronic kidney disease and cardiovascular risk: epidemiology, mechanisms, and prevention. Lancet. 2013;382(9889):339-52.
[38] Ott C, Mahfoud F, Schmid A, Ditting T, Veelken R, Ewen S, et al. Improvement of albuminuria after renal denervation. Nephrology Dialysis Transplantation. 2014;29:9.
[39] Ott C, Mahfoud F, Schmid A, Toennes SW, Ewen S, Ditting T, et al. Renal denervation preserves renal function in patients with chronic kidney disease and resistant hypertension. J Hypertens. 2015;33(6):1261-6.
[40] Hering D, Mahfoud F, Walton AS, Krum H, Lambert GW, Lambert EA, et al. Renal denervation in moderate to severe CKD. J Am Soc Nephrol. 2012;23(7):1250-7.
[41] Kiuchi MG, Graciano ML, Carreira MAMD, Kiuchi T, Chen SJ, Lugon JR. Long-term effects of renal sympathetic denervation on hypertensive patients with mild to moderate chronic kidney disease. J Clin Hypertens. 2016;18(3):190-6.
[42] Delacroix S, Chokka RG, Nelson AJ, Wong DT, Sidharta S, Pederson SM, et al. Renal sympathetic denervation increases renal blood volume per cardiac cycle: a serial magnetic resonance imaging study in resistant hypertension. Int J Nephrol Renovasc Dis. 2017;10:243-9.
[43] Schlaich MP, Bart B, Hering D, Walton A, Marusic P, Mahfoud F, et al. Feasibility of catheter-based renal nerve ablation and effects on sympathetic nerve activity and blood pressure in patients with end-stage renal disease. Int J Cardiol. 2013;168(3):2214-20.
[44] Singh RR, McArdle ZM, Iudica M, Easton LK, Booth LC, May CN, et al. Sustained Decrease in Blood Pressure and Reduced Anatomical and Functional Reinnervation of Renal Nerves in Hypertensive Sheep 30 Months After Catheter-Based Renal Denervation. Hypertension. 2019:HYPERTENSIONAHA11812250.
[45] Sata Y, Schlaich MP. The potential role of catheter-based renal sympathetic denervation in chronic and end-stage kidney disease. J Cardiovasc Pharmacol Ther. 2016; 21(4):344-52.
[46] Grisk O, Rettig R. Interactions between the sympathetic nervous system and the kidneys in arterial hypertension. Cardiovasc Res. 2004;61(2):238-46.
[47] Linz D, Hohl M, Schutze J, Mahfoud F, Speer T, Linz B, et al. Progression of kidney injury and cardiac remodeling in obese spontaneously hypertensive rats: the role of renal sympathetic innervation. Am J Hypertens. 2015;28(2): 256-65.
[48] Lankadeva YR, Singh RR, Moritz KM, Parkington HC, Denton KM, Tare M. Renal dysfunction is associated with a reduced contribution of nitric oxide and enhanced vasoconstriction after a congenital renal mass reduction in sheep. Circulation. 2015;131(3):280.
[49] Thomson SC, Blantz RC. Biophysics of glomerular filtration. Compr Physiol. 2012;2(3):1671-99.
[50] Townsend RR, Wilkinson IB, Schiffrin EL, Avolio AP, Chirinos JA, Cockcroft JR, et al. Recommendations for improving and standardising vascular research on arterial stiffness: a scientific statement from the American Heart Association. Hypertension. 2015;66(3):698-722.
[51] Chirinos JA, Segers P. Noninvasive evaluation of left ventricular afterload: part 2: arterial pressure-flow and pressure-volume relations in humans. Hypertension. 2010;56(4):563-70.
[52] Weber T, Auer J, O'Rourke MF, Kvas E, Lassnig E, Lamm G, et al. Increased arterial wave reflections predict severe cardiovascular events in patients undergoing percutaneous coronary interventions. Eur Heart J. 2005;26(24):2657-63.
[53] Li WF, Huang YQ, Feng YQ. Association between central haemodynamics and risk of all-cause mortality and cardiovascular disease: a systematic review and meta-analysis. J Hum Hypertens. 2019;33(7):531-41.
[54] Weber T, Wassertheurer S, Rammer M, Haiden A, Hametner B, Eber B. Wave reflections, assessed with a novel method for pulse wave separation, are associated with end-organ damage and clinical outcomes. Hypertension. 2012;60(2):534-41.
[55] Chirinos JA, Kips JG, Jacobs DR Jr, Brumback L, Duprez DA, Kronmal R, et al. Arterial wave reflections and incident cardiovascular events and heart failure: MESA (multiethnic study of atherosclerosis). J Am Coll Cardiol. 2012;60(21):2170-7.
[56] de Luca N, Asmar RG, London GM, O'Rourke MF, Safar ME, Investigators RP. Selective reduction of cardiac mass and central blood pressure on low-dose combination perindopril/indapamide in hypertensive subjects. J Hypertens. 2004;22(8):1623-30.
[57] Hashimoto J, Imai Y, O'Rourke MF. Monitoring of antihypertensive therapy for reduction in left ventricular mass. Am J Hypertens. 2007;20(11):1229-33.
[58] Weber T, Wassertheurer S, Schmidt-Trucksass A, Rodilla E, Ablasser C, Jankowski P, et al. Relationship between 24-hour ambulatory central systolic blood pressure and left ventricular mass: a prospective Multicenter study. Hypertension. 2017;70(6):1157-64.
[59] Weber T, Wassertheurer S, Rammer M, Maurer E, Hametner B, Mayer CC, et al. Validation of a brachial cuff-based method for estimating central systolic blood pressure. Hypertension. 2011;58(5):825-32.
[60] Weber T, Chirinos JA. Pulsatile arterial haemodynamics in heart failure. Eur Heart J. 2018;39(43):3847-54.
[61] Jiang XJ, O'Rourke MF, Jin WQ, Liu LS, Li CW, Tai PC, et al. Quantification of glyceryl trinitrate effect through analysis of the synthesised ascending aortic pressure waveform. Heart. 2002;88(2):143-8.
[62] Hering D, Lambert EA, Marusic P, Ika-Sari C, Walton AS, Krum H, et al. Renal nerve ablation reduces augmentation index in patients with resistant hypertension. J Hypertens. 2013;31(9):1893-900.
[63] Brandt MC, Reda S, Mahfoud F, Lenski M, Bohm M, Hoppe UC. Effects of renal sympathetic denervation on arterial stiffness and central hemodynamics in patients with resistant hypertension. J Am Coll Cardiol. 2012;60(19):1956-65.
[64] Mortensen K, Franzen K, Himmel F, Bode F, Schunkert H, Weil J, et al. Catheter-based renal sympathetic denervation

improves central hemodynamics and arterial stiffness: a pilot study. J Clin Hypertens (Greenwich). 2012;14(12): 861-70.

[65] Ott C, Franzen KF, Graf T, Weil J, Schmieder RE, Reppel M, et al. Renal denervation improves 24-hour central and peripheral blood pressures, arterial stiffness, and peripheral resistance. J Clin Hypertens (Greenwich). 2018;20(2): 366-72.

[66] Peters CD, Mathiassen ON, Vase H, Bech Norgaard J, Christensen KL, Schroeder AP, et al. The effect of renal denervation on arterial stiffness, central blood pressure and heart rate variability in treatment resistant essential hypertension: a substudy of a randomised sham-controlled double-blinded trial (the ReSET trial). Blood Press. 2017;26(6):366-80.

[67] Kordalis A, Tsiachris D, Pietri P, Tsioufis C, Stefanadis C. Regression of organ damage following renal denervation in resistant hypertension: a meta-analysis. J Hypertens. 2018;36(8):1614-21.

[68] Baroni M, Nava S, Giupponi L, Meani P, Panzeri F, Varrenti M, et al. Effects of renal sympathetic denervation on arterial stiffness and blood pressure control in resistant hypertensive patients: a single Centre prospective study. High Blood Press Cardiovasc Prev. 2015;22(4):411-6.

[69] Vlachopoulos C, Aznaouridis K, Stefanadis C. Prediction of cardiovascular events and all-cause mortality with arterial stiffness: a systematic review and meta-analysis. J Am Coll Cardiol. 2010;55(13):1318-27.

[70] Vlachopoulos C, Aznaouridis K, O'Rourke MF, Safar ME, Baou K, Stefanadis C. Prediction of cardiovascular events and all-cause mortality with central haemodynamics: a systematic review and meta-analysis. Eur Heart J. 2010;31(15):1865-71.

[71] Boutouyrie P, Lacolley P, Girerd X, Beck L, Safar M, Laurent S. Sympathetic activation decreases medium-sized arterial compliance in humans. Am J Phys. 1994;267(4 Pt 2):H1368-76.

[72] Vlachopoulos C, Aznaouridis K, Stefanadis C. Clinical appraisal of arterial stiffness: the argonauts in front of the Golden fleece. Heart. 2006;92(11):1544-50.

第8章　去肾神经术治疗糖尿病和代谢综合征

Renal denervation for Diabetes and Metabolic syndrome

Revathy Carnagarin　Marcio G. Kiuchi　Leslie Marisol Lugo-Gavidia　Markus P. Schlaich　著
王俊文　译　孙玉喜　校

交感神经系统（sympathetic nervous system，SNS）在心血管和代谢稳态的调节中发挥着至关重要的整合作用。交感神经系统过度激活是代谢综合征和2型糖尿病等心脏代谢性疾病的标志。交感神经过度激活导致心脏代谢过程的慢性失调，从而促进了一系列代谢异常和心血管风险因素的发生，高血压、腹型肥胖、高血糖（糖尿病前期或2型糖尿病）和血脂异常（高甘油三酯和低高密度脂蛋白）可能是代谢综合征（metabolic syndrome，MetS）的典型表现[1]。此外，代谢综合征的特点之一是内脏脂肪积聚，这与过多的脂肪因子释放有关，进一步增加了交感神经系统的活性[2]。这些异常通常与胰岛素抵抗、非酒精性脂肪肝、肥胖和其他代谢性疾病有关[3-7]。此外，交感神经系统不同程度地调节免疫以维持慢性炎症状态，进一步损害心脏代谢稳态[8]。当交感神经过度激活时，就会形成一个自我延续的循环，增加患2型糖尿病和胰岛素抵抗的风险；相反，2型糖尿病和胰岛素抵抗也会进一步导致交感神经过度激活，可能导致MetS临床特征的进展（图8-1）。最终，这些疾病加起来会使患心血管疾病（CVD）和全因死亡率的风险增加2～4倍[9]。

对交感神经系统的靶向治疗是一种合理的治疗方法，不仅局限于高血压等心血管疾病的治疗，还可能潜在地用于恢复代谢稳态，因为其共同的病理状态是异常交感神经激活。使用药物及药物与生活方式共同干预方法可治疗MetS。然而这些方法在临床实践中实施困难重重。尽管有针对SNS的有效药物治疗，但由于各种患者因素，如终身治疗的不便、严重的药物负担、药物假期、不利的药物相互作用、药物不良反应和其他导致不依从的因素，导致临床管理的困难，治疗难以维持。以导管为基础的肾去神经支配等干预方法可以提供一次性、安全的手术性方法来减少中枢交感神经过度激活，从而有效地针对MetS特征的心脏代谢异常。

一、去肾神经术靶向降低交感神经过度活化

尽管RDN早在1924年就有报道[10]，但直到最近才重新作为高血压治疗策略再次被认识，由于它对心血管和代谢有过多的有益作用。RDN的心脏代谢作用不仅包括血压控制，还包括高血压介导的器官损伤（hypertension mediated end organ damage，HMOD）的逆转，如左心室肥厚、舒张期功能障碍，以及改善葡萄糖代谢、胰岛素敏感性和抵抗性并改善血脂状况[11-14]。然而，RDN作为一种潜在高血压治疗方法，总体效果在各种临床研究中显示出不同的结果[12, 15-17]。第一个概念验证的RDN试验SYMPLICITY HTN-1表明[11]，与标准药物抗高血压疗法相比，在RDN治疗6个月后和随后的更长时间内，基于导管的交感神

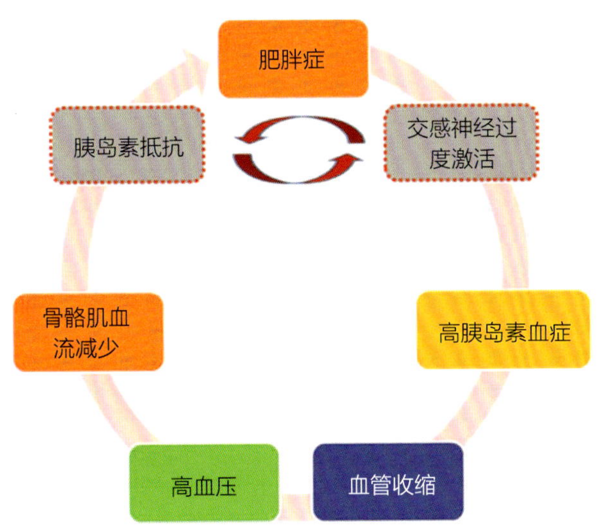

▲ 图 8-1 在代谢紊乱的情况下交感神经过度激活的自增强循环

经去除可显著降低血压，且没有出现任何严重的不良反应[18, 19]。不久之后，Symplicity HTN-2 试验也显示，与接受标准药物治疗的对照组相比，RDN 治疗组的血压显著降低[12]。然而，这些研究没有包括假手术对照设计，也没有盲法，而且这些试验没有评估抗高血压药物的依从性，血压测量也没有标准化。

为了解决最初 RDN 试验的缺点，Symplicity HTN-3 设计为前瞻性假手术对照研究，但遗憾的是，与假对照相比，RDN 治疗未能显示出明显的降压效果[19, 20]。尽管 Symplicity HTN-3 试验的结果使得 RDN 陷入停滞，尽管存在各种与研究相关的批评，最重要的是未能实现完全环周四象限交感神经纤维消融。鉴于 Symplicity HTN-3 试验的结果，RDN 未能达到其主要终点，接下来的 Symplicity HTN-4 临床试验旨在研究 RDN 对中度未达标高血压患者的影响，也被中止。然而，DENER-HTN 试验旨在解决 Symplicity HTN-3 试验的主要不足之处，如标准化降压方案和药物依从性评估，该试验清楚地证明了交感神经 RDN 在标准化阶梯式降压治疗中的疗效[21]。Symplicity HTN-3 和 DENER-HTN 试验的教训清楚地揭示了有必要识别或描述哪些患者群体最能从 RDN 中受益[22]。在这种背景下，Kario 等的研究发现在合并阻塞性睡眠呼吸暂停的患者中，RDN 治疗后表现出更好的效果[23]。

为了克服先前研究中发现的问题，SPYRAL HTN-OFF MED、SPYRAL HTN-ON MED 和 RADIANCE-HTN SOLO 三项临床试验设计为假手术对照研究[24-26]，并且采用相似的方案设计和严格执行，旨在解决以前研究中发现的问题，并且发表的结果显示，与假对照组相比，血压持续显著降低（图 8-2）。尽管如此，血压降低的幅度与降压药物治疗预期的变化相似，并且与非对照、非盲 RDN 研究相比则较小[19, 22, 27]。

值得注意的是，这些研究未纳入单纯收缩期高血压患者，而单纯收缩期高血压在老年患者人群中约占 70%，因此这些研究的数据不适用于这一重要的单纯收缩期高血压人群。今后的试验仍需明确 RDN 作为一种治疗策略在高血压及其相关心血管代谢疾病管理中的真实效果。尽管如此，RDN 在临床实践中仍被认为是一种有价值的降压选择。事实上，这些 RDN 临床试验的结果促使美国食品药品管理局循环系统装置委员会于 2018 年 12 月召开会议，就高血压装置的临床评估和高血压临床管理的建议进行了讨论，以审查高血压设备的临床评估并在此背景下对高血压的临床管理提出建议[28]。因此，值得重新审视支配去肾神经作用的基本机制，不仅在调节血压方面，而且在相关的代谢获益及其在治疗心脏代谢疾病方面也应该被重视。

二、去肾神经术临床受益的机制

起源于肾脏的神经纤维终止于脑干的整合核，传出交感神经纤维起源于中枢神经系统的神经核并通过肾（图 8-3）[8]。中枢交感神经向肾脏的神经活动增加导致肾血流量减少，刺激肾素-血管紧张素-醛固酮信号传导（RAAS），导致钠和水的小管重吸收增强[29]。在大鼠模型中的研究表明，RDN 不影响动脉压的盐敏感性，并且独立于肾素释放或钠-水平表现出血压下降[30-33]。此

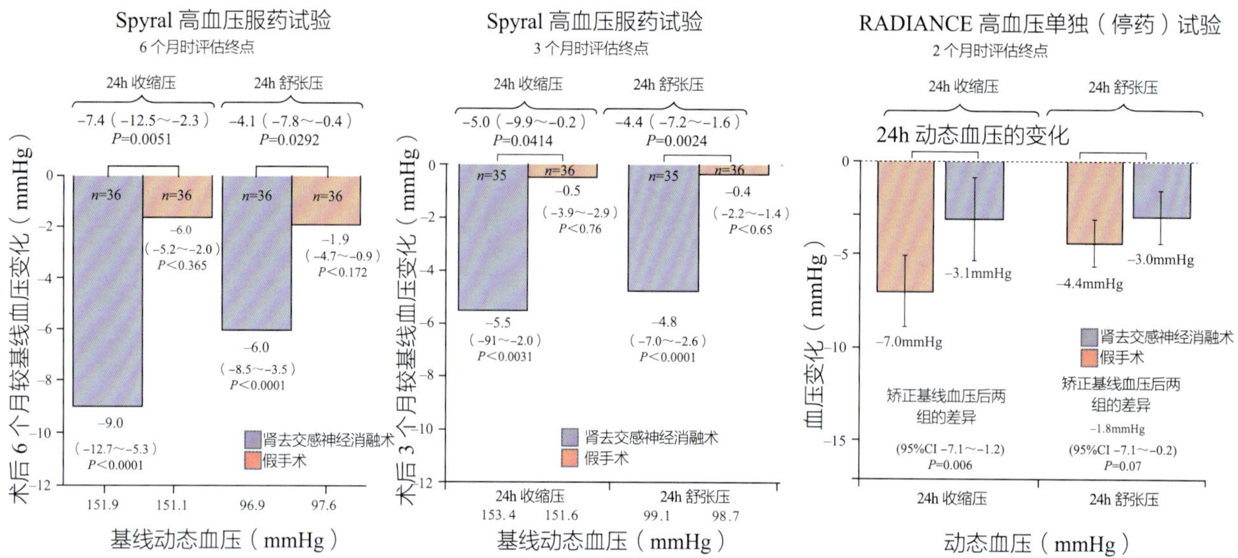

▲ **图 8-2　在最近的 3 个随机、假对照临床试验中，比较了去肾神经术组和假手术对照组 24h 收缩压和舒张压的变化**

经许可转载，引自 Kandzari et al., 1 Azizi et al., 2 and Townsend et al. 3 with permission. Copyright © 2018, Elsevier

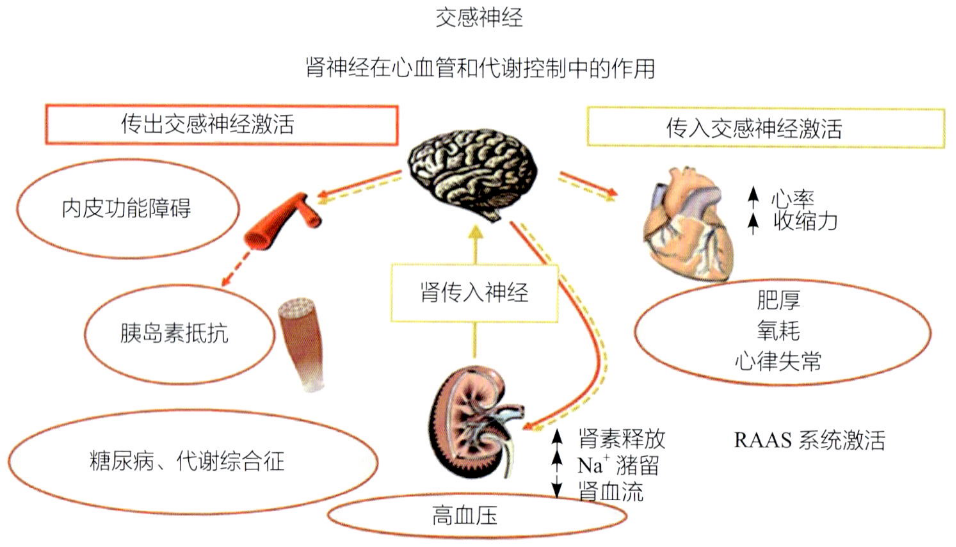

交感神经

肾神经在心血管和代谢控制中的作用

传出交感神经激活

传入交感神经激活

内皮功能障碍

胰岛素抵抗

糖尿病、代谢综合征

肾传入神经

心率

收缩力

肥厚

氧耗

心律失常

肾素释放

Na^+ 潴留

肾血流

RAAS 系统激活

高血压

▲ **图 8-3　肾交感传出神经包括起源于中枢神经系统并横跨肾脏的纤维，以及从肾脏到下丘脑的传入纤维。到肾血管床的交感神经传出增加减少了肾血流量，促进了肾素的释放，从而激活了肾素 - 血管紧张素 - 醛固酮（RAAS）级联反应，并增强了肾小管对尿钠和水的重吸收。交感神经流量增加的心脏代谢效应包括心肌肥大和心律失常，骨骼肌内皮细胞功能障碍和胰岛素抵抗，导致糖尿病和代谢综合征的发展** [8]

外，RDN 还能阻断交感神经信号的传入，产生非靶向的抗心律失常和代谢保护效应。动物研究表明，双侧 RDN 手术后脑干和星状神经节中有大量神经元重塑 [34–37]。肾传出交感神经起源于第二交感神经节，在肾动脉外膜内形成一个网络 [38]，该网络又受延髓头端腹外侧区（RVLM）的调节，阻断延髓腹外侧区可使血压显著降低 [39]。因此，引入 RDN 手术是为了中断从大脑到肾脏的交感信号以及肾间交感性相互交流 [40]。从交感神经激活公认标志物（如肌肉交感神经活动和去甲肾上腺素溢出）的明显减少看出，RDN 交感神经消融 [41] 减少了全身血管收缩，改善了心脏功能，具有良好的肾脏和代谢保护效应[42]。此外，RDN 还阻断了电解质失衡、少尿、肾缺血、高腺苷等肾脏有害刺激向脑干相关核团的投射，进而改善交感神经对其他器官的控制。

此外，RDN 可减弱引起代谢紊乱（如高胰岛素血症和胰岛素抵抗）的免疫通路的交感神经调节。交感神经的过度激活还会引起脑、骨骼肌血管和肾脏的炎症[43-45]，导致慢性持续性的血压升高，以及代谢紊乱。在大多数与交感神经过度激活相关的临床疾病中，全身性慢性低度炎症是由激活的免疫细胞以及循环中细胞因子和趋化因子增加而建立并维持的[46-50]。

不同的临床状态，如 MetS、2 型糖尿病和肥胖相关的高血压，其特征是全身免疫激活和循环炎症细胞因子和趋化因子所致的代谢应激，扰乱体内平衡[49-54]。在小鼠中进行的肾动脉交感神经化学消融抑制了免疫激活、肾脏炎症，并改善了 Ang Ⅱ诱导的高血压[55]。RDN 在去氧皮质酮–醋酸盐高血压大鼠模型中产生了类似的效果，在该模型中，血压升高是由肾脏炎症介导的增强传入交感神经信号输入而引起的[56]。此外，基于导管介入的 RDN 的交感神经激活的改善减少了高血压患者的单核细胞激活和循环炎性细胞因子的产生[57]。

三、去肾神经术对代谢作用

交感神经过度激活会诱发胰岛素抵抗[58]，并促进肥胖[59]、糖尿病[60]和 MetS[61]的发展，由此产生的高胰岛素状态前馈促进交感神经兴奋[62, 63]。约有 50% 的患者同时存在胰岛素抵抗与原发性高血压[64]，高血压常与肥胖共存[65, 66]。胰岛素抵抗、高胰岛素血症和肥胖与交感神经系统的过度激活有关，表现为肌肉交感神经活动增强[67, 68]。交感神经过度激活介导的血管阻力，将血流从对胰岛素敏感的横纹肌转移到对胰岛素不敏感的内脏，因此，高血压的发病通常与胰岛素抵抗和餐后胰岛素血症受损有关[69]。饮食和生活方式改变措施介导的交感神经抑制，可减轻代谢综合征患者的体重[70, 71]。这些发现促使 RDN 作为恢复受干扰的代谢稳态的潜在策略，以靶向治疗交感神经过度兴奋潜在的病理学改变。

咪唑啉受体激动剂莫索尼定能抑制中枢交感神经传出，从而增加了骨骼肌的血流量，减少了胰高血糖素的分泌，导致糖原分解和糖异生减少，最终改善了总体葡萄糖代谢[72]。然而，使用中枢交感神经药物有时与不良反应有关，这会导致药物耐受性和依从性较差[73]。在这种情况下，RDN 的交感神经消融是恢复葡萄糖代谢紊乱的一种潜在选择[74]。RDN 能减少去甲肾上腺素的释放，降低 α 肾上腺素张力，抑制 RAAS 系统的激活，从而对横纹肌血流和代谢产生有益的影响[75]。胰岛素敏感肌肉周围血流的改善反过来又促进了胰岛素的输送和对骨骼肌的作用，增强了葡萄糖的摄取和利用[76]。交感神经过度激活使高血压患者更容易出现与肾上腺素受体反应性降低相关的体重增加[77]。交感神经激活引起中枢性肥胖，这与阻塞性睡眠呼吸暂停[78]和进一步的血糖稳态紊乱有关。在同时存在肥胖、难治性高血压和阻塞性睡眠呼吸暂停的患者中，RDN 减轻交感神经过度激活导致体重明显减轻[79]，从而可以更好地控制血压并改善代谢参数。总而言之，RDN 作为一劳永逸的方法，可以为肥胖相关高血压患者的管理提供可持续的治疗策略，特别是对于那些伴有睡眠呼吸暂停的患者，不仅可以降低血压，还可以恢复整体代谢稳态，提供全面的解决方案。事实上，从临床试验中获得的证据表明，RDN 是一种潜在的干预措施，可以管理与高血压相关的代谢紊乱，并有可能降低总体心血管风险。

RDN 的交感神经消融除了降低血压、改善胰岛素作用、糖化血红蛋白水平和其他代谢参数外，还可以减轻难治性高血压患者群体中睡眠呼吸暂停的严重程度[72, 79]。在 EnligHTN Ⅰ试验中，RDN 显著降低心力衰竭患者的平均心率[80]。此外，RDN 还可以减少左心室重量、改善房性和室性心律失常等心脏获益[81, 82]。此外，RDN 可减少大量蛋白尿和微量蛋白尿，改善肾脏阻力指数[83]。有趣的是，在高血压和糖尿病患者中，RDN 除了降低血压外，还能改善胰岛素敏感性和葡萄糖代谢[72, 78]。此外，RDN 在联合代谢和内分泌紊乱方面也显示出有益的效果。在多囊卵巢综合征患者中，RDN 改善了空腹血糖、胰岛素敏感性，同时减少了肾小球高滤过和尿白蛋白排泄[84]。RDN 延缓了糖尿病引起的肾脏损伤的进展，这一点已经在动物研究中得到证实[85]。

然而，如 DREAMS-Study 研究所示，在血压升高和 MetS 患者中，RDN 没有表现出空腹血糖、胰岛素敏感性的任何变化，也没有显示出交感神经活动的任何改善[86, 87]。与其他临床试验相比，DREAMS-Study 研究纳入了交感神经活动增加却近乎未曾用药的参与者[88, 89]，并且能很大程度证明交感神经活动减少[90]。也许这一发现是不完全或不充分的去神经支配的结果。DREAMS-Study 研究的其他局限性包括队列规模小，缺乏对照组，这使得很难得出任何确定的结论。需要通过严格设计的临床试验进行进一步评估，以证实先前报道的 RDN 在 2 型糖尿病和 MetS 中的代谢获益。

四、未来展望与结论

RDN 影响血糖动态平衡的内分泌和代谢机制尚不完全清楚。RDN 介导的代谢效应可能涉及多种机制的协同作用，例如调节传入信号以减少中枢交感神经传出，干扰 RAAS 级联反应，降低 α 肾上腺素血管张力以促进骨骼肌血管的血流量增加，进而增加胰岛素输送，以及增加胰岛素和非酯化脂肪酸的敏感性，增强葡萄糖的摄取和代谢，改善胰岛素抵抗[90–93]。探索 RDN 对糖尿病患者疗效的研究具有各种局限性，如样本量小、缺乏假对照组、随访时间短等。此外，RDN 引起的降压作用本身可能是改善糖代谢的原因。未来在代谢领域的 RDN 研究需要解决先前研究的局限性，并确定 RDN 对 2 型糖尿病和 MetS 患者代谢稳态的影响程度。正在进行的糖尿病（NCT 02081989）和代谢综合征（NCT 01911078）的 RDN 临床试验旨在明确 RDN 对胰岛素敏感性和葡萄糖代谢的影响，将进一步阐明 RDN 在代谢紊乱中的作用。

参考文献

[1] Mancia G, Bombelli M, Corrao G, Facchetti R, Madotto F, Giannattasio C, et al. The metabolic syndrome in the PAMELA population: daily life blood pressure, cardiac damage and prognosis. Hypertension. 2007;49:40-7.

[2] Carnagarin R, Gregory C, Azzam O, et al. The role of sympatho-inhibition in combination treatment of obesity-related hypertension. Curr Hypertens Rep. 2017;19:99.

[3] Lambert GW, Straznicky NE, Lambert EA, et al. Sympathetic nervous activation in obesity and the metabolic syndrome-causes, consequences and therapeutic implications. Pharmacol Ther. 2010;2010(126):159-72.

[4] Thorp AA, Schlaich MP. Relevance of sympathetic nervous system activation in obesity and metabolic syndrome. J Diabetes Res. 2015;2015:1-11. https://doi.org/10.1155/2015/341583.

[5] Schlaich MP, Straznicky N, Lambert E, Lambert G. Metabolic syndrome: a sympathetic disease? Lancet Diabetes Endocrinol. 2015;3:148-57.

[6] Schlaich MP. Renal sympathetic denervation: a viable option for treating resistant hypertension. A J Hypertens. 2017;30:847-56

[7] Carnagarin R, Matthews V, Zaldivia MTK, et al. The bidirectional interaction between the sympathetic nervous system and immune mechanisms in the pathogenesis of hypertension. Br J Pharmacol. 2018;176:1839-52. https://doi.org/10.1111/bph.14481.

[8] Carnagarin R, Lambert GW, Kiuchi MG, Nolde JM, Matthews VB, Eikelis N, Lambert EA, Schlaich MP. Effects of sympathetic modulation in metabolic disease. Ann N Y Acad Sci. 2019;1454:80-9. https://doi.org/10.1111/nyas.14217.

[9] Mahfoud F, Ukena C, Schmieder RE, Cremers B, Rump LC, Vonend O, Weil J, Schmidt M, Hoppe UC, Zeller T, Bauer A, Ott C, Blessing E, Sobotka PA, Krum H, Schlaich M, Esler M, Böhm M. Ambulatory blood pressure changes after renal sympathetic denervation in patients with resistant hypertension. Circulation. 2013;128:132-40. https://doi.org/10.1161/CIRCULATIONAHA.112.000949.

[10] Smithwick RH. An evaluation of the surgical treatment of hypertension. Bull N Y Acad Med. 1949;25:698-716.

[11] Krum H, Schlaich MP, Whitbourn R, Sobotka PA, et al. Catheter-based renal sympathetic denervation for resistant hypertension: a multiticentre safety and proof-of-principle cohort study. Lancet. 2009;373:1275-81.
[12] Esler MD, Krum H, Sobotka PA, Schlaich MP, et al. Renal sympathetic denervation in patients with treatment-resistant hypertension (the Symplicity HTN-2 trial): a randomised controlled trial. Lancet. 2010;376:1903-9.
[13] Symplicity HTN-1 Investigators. Catheter-based renal sympathetic denervation for resistant hypertension: durability of blood pressure reduction out to 24 months. Hypertension. 2011;57:911-7.
[14] Maraj S, Patel R, Oliveros R, et al. Potential Cardiometabolic benefits of renal artery denervation in diabetics. J Diabetes Metab. 2012;S3:007. https://doi.org/10.4172/2155-6156.S3-007.
[15] Ram VS, Kumar AS. Renal denervation therapy for resistant hypertension: a clinical update. J Hum Hypertens. 2014;12:699-704.
[16] Bhatt DL, Kandzari DE, O'Neill WW, et al. A controlled trial of renal denervation for resistant hypertension. N Engl J Med. 2014;370:1393-401
[17] Desch S, Okon T, Heinemann D, Kulle K, et al. Randomized sham-controlled trial of renal sympathetic denervation in mild resistant hypertension. Hypertension. 2015;65:1202-8
[18] Krum H, Schlaich MP, Sobotka PA, Böhm M, et al. Percutaneous renal denervation in patients with treatment-resistant hypertension: final 3-year report of the Symplicity HTN-1 study. Lancet. 2014;383:622-9. https://doi.org/10.1016/S0140-6736(13)62192-3
[19] Bakris GL, Townsend RR, Liu M, Cohen SA, et al. Impact of renal denervation on 24-hour ambulatory blood pressure: results from SYMPLICITY HTN-3. J Am Coll Cardiol. 2014;64:1071-8. https://doi.org/10.1016/j.jacc.2014.05.012.
[20] Bakris GL, Townsend RR, Flack JM, Brar S, et al. 12-month blood pressure results of catheter-based renal artery denervation for resistant hypertension: the SYMPLICITY HTN-3 trial. J Am Coll Cardiol. 2015;65:1314-21. https://doi.org/10.1016/j.jacc.2015.01.037.
[21] Azizi M, Sapoval M, Gosse P et al. Optimum and stepped care standardised antihypertensive treatment with or without renal denervation for resistant hypertension (DENERHTN): a multicentre, open-label, randomised controlled trial. Lancet. 2015;385:1957-65. https://doi.org/10.1016/S0140-6736(14)61942-5
[22] Azizi M., H. Pereira, I. Hamdidouche et al. Adherence to antihypertensive treatment and the blood pressure lowering effects of renal denervation in the renal denervation for hypertension (DENERHTN) trial. Circulation. 2016;134:847-57. https://doi.org/10.1161/circulationaha.116.022922.
[23] Kario K, Bhatt DL, Kandzari DE et al. Impact of renal denervation on patients with obstructive sleep apnea and resistant hypertension—insights from the SYMPLICITY HTN-3 trial. Circ J. 2016;80:1404-12.
[24] Townsend RR, Mahfoud F, Kandzari DE, . SPYRAL HTNOFF MED Trial Investigators. et al. Catheter-based renal denervation in patients with uncontrolled hypertension in the absence of antihypertensive medications (SPYRAL HTN-OFF MED): a randomised, sham-controlled, proof-of-concept trial. Lancet 2017; 390:2160-2170. doi: https://doi.org/10.1016/S0140-6736(17)32281-X.
[25] Kandzari DE, Böhm M, Mahfoud F SPYRAL HTN-ON MED Trial Investigators et al.. Effect of renal denervation on blood pressure in the presence of antihypertensive drugs: 6-month efficacy and safety results from the SPYRAL HTN-ON MED proof-of-concept randomised trial. Lancet. 2018;391:2346-55. https://doi.org/10.1016/S0140-6736(18)30951-6.
[26] Azizi M, Schmieder RE, Mahfoud F, et al. RADIANCE-HTN Investigators. Endovascular ultrasound renal denervation to treat hypertension (RADIANCE-HTN SOLO): a multicentre, international, single-blind, randomised, sham-controlled trial. Lancet. 2018;391:2335-45. https://doi.org/10.1016/S0140-6736(18)31082-1.
[27] Papademetriou V, Tsioufis CP, Sinhal A, et al. Catheter-based renal denervation for resistant hypertension: 12-month results of the EnligHTN I firstin-human study using a multielectrode ablation system. Hypertension. 2014;64:565-72. https://doi.org/10.1161/HYPERTENSIONAHA.114.03605.
[28] Food and Drug Administration. FDA Executive Summary. Circulatory System Devices Panel Meeting, December 5, 2018. General Issues Panel Clinical Evaluation of Anti-Hypertensive Devices. https://www.fda.gov/downloads/AdvisoryCommittees/CommitteesMeetingMaterials/MedicalDevices/MedicalDevicesAdvisoryCommittee/CirculatorySystem DevicesPanel/UCM626389.pdf.
[29] Yim HE, Yoo KH. Renin-angiotensin system—considerations for hypertension and kidney. Electrolyte Blood Press. 2008;6:42-50. https://doi.org/10.5049/EBP.2008.6.1.42.
[30] DiBona GF, Esler MD. Translational medicine: the antihypertensive effect of renal denervation. Am J Phys. 2010;298:R245-53.
[31] Foss JD, Fink GD, Osborn JW. Reversal of genetic salt-sensitive hypertension by targeted sympathetic ablation. Hypertension. 2013;61:806-11.
[32] Jacob F, Ariza P, Osborn JW. Renal denervation chronically lowers arterial pressure independent of dietary sodium intake in normal rats. Am J Physiol-Heart C. 2003;284:H2302-10.
[33] Jacob F, LaBine BG, Ariza P, et al. Renal denervation causes chronic hypotension in rats: role of beta(1)-adrenoceptor activity. Clin Exp Pharmacol. 2005;32:255-62.
[34] Tsai WC, Chan YH, Chinda K, et al. Effects of renal sympathetic denervation on the stellate ganglion and brain stem in dogs. Heart Rhythm. 2017;14:255-62.
[35] Sripairojthikoon W, Wyss JM. Cells of origin of the sympathetic renal innervation in rat. Am J Phys. 1987;252:F957-63.
[36] Gattone VH, Marfurt CF, Dallie S. Extrinsic innervation of the rat kidney: a retrograde tracing study. Am J Phys. 1986;250:F189-96
[37] Ferguson M, Ryan GB, Bell C. Localization of sympathetic and sensory neurons innervating the rat kidney. J Auton Nerv Syst. 1986;16:279-688.
[38] Nishi EE, Bergamaschi CT, Campos RR. The crosstalk between the kidney and the central nervous system: the role of renal nerves in blood pressure regulation.

Exp Physiol. 2015;100:479-84. https://doi.org/10.1113/expphysiol.2014.079889.

[39] Guertzenstein PG, Silver A. Fall in blood pressure produced from discrete regions of the ventral surface of the medulla by glycine and lesions. J Physiol. 1974;242:489-503.

[40] Sobotka P, Mahfoud F, Schlaich MP, et al. Sympatho-renal axis in chronic disease. Clin Res Cardiol. 2011;100:1049-57.

[41] Schlaich MP, Sobotka P, Krum H, Lambert E. Renal sympathetic nerve ablation for uncontrolled hypertension. N Engl J Med 2009; 361: 932-934.

[42] De Miguel C, Rudemiller NP, Abais JM, Mattson DL. Inflammation and hypertension: new understandings and potential therapeutic targets. Curr Hypertens Rep. 2015;17:507.

[43] McMaster WG, Kirabo A, Madhur MS, Harrison DG. Inflammation, immunity, and hypertensive end-organ damage. Circ Res2015; 116:1022-1033.

[44] Zubcevic J, Santisteban MM, Pitts T et al. Functional neural-bone marrow pathways: implications in hypertension and cardiovascular disease. Hypertension. 2014;63:e129-39.

[45] Heidt T, Sager HB, Courties G et al. Chronic variable stress activates hematopoietic stem cells. Nat Med. 2014;20:754-8.

[46] Harrison D. The immune system in hypertension. Trans Am Clin Climatol Assoc. 2014;125:130-8.

[47] Dörffel Y, Lätsch C, Stuhlmüller B, et al. Preactivated peripheral blood monocytes in patients with essential hypertension. Hypertension. 1994;34:113-7.

[48] Wenzel P, Knorr M, Kossmann S, et al. Lysozyme M-positive monocytes mediate angiotensin II-induced arterial hypertension and vascular dysfunction. Circulation. 2011;124:1370-81.

[49] Shoelson S, Lee J, Goldfine AB. Inflammation and insulin resistance. J Clin Invest. 2006;116:1793-801.

[50] Chen L, Chen R, Wang H, Liang F. Mechanisms linking inflammation to insulin resistance. Int J Endocrinol. 2015;ID 508409:1-9.

[51] Maestroni GJ. Dendritic cell migration controlled by α1badrenergic receptors. J Immunol. 2000;165:6743-7.

[52] Heijnen BF, Van Essen H, Schalkwijk CG, Janssen BJ, Struijker-Boudier HA. Renal inflammatory markers during the onset of hypertension in spontaneously hypertensive rats. Hypertens Res. 2014;37:100-9.

[53] Perez DM, Papay RS, Shi T. α1-adrenergic receptor stimulates interleukin-6 expression and secretion through both mRNA stability and transcriptional regulation: involvement of p38 mitogen activated protein kinase and nuclear factor-κB. Mol Pharmacol. 2009;76:144-52.

[54] Grisanti LA, Woster AP, Dahlman J, et al. α1-adrenergic receptors positively regulate toll-like receptor cytokine production from human monocytes and macrophages. J Pharmacol Exp Ther. 2011;338:648-57.

[55] Xiao L, Kirabo A, Wu J et al. Renal denervation prevents immune cell activation and renal inflammation in angiotensin II-induced hypertension. Circ Res. 2015;117:547-57.

[56] Banek CT, Knuepfer MM, Foss JD, et al. Resting afferent renal nerve discharge and renal inflammation: elucidating the role of afferent and efferent renal nerves in Deoxycorticosterone acetate salt hypertension. Hypertension. 2016;68:1415-23.

[57] Zaldivia MT, Rivera J, Hering D, et al. Renal denervation reduces monocyte activation and monocyte-platelet aggregate formation: an anti-inflammatory effect relevant for cardiovascular risk. Hypertension. 2017;69:323-31.

[58] Masuo K, Mikami H, Ogihara T, Tuck ML. Sympathetic nerve hyperactivity precedes hyperinsulinemia and blood pressure elevation in a young, nonobese Japanese population. Am J Hypertens. 1997;10:77-83.

[59] Grassi G, Dell'Oro R, Facchini A et al. Effect of central and peripheral body fat distribution on sympathetic and baroreflex function in obese normotensives. J Hypertens 2004; 22:2363-2369.

[60] Huggett RJ, Scott EM, Gilbey SG, et al. Impact of type 2 diabetes mellitus on sympathetic neural mechanisms in hypertension. Circulation. 2003;108:3097-101.

[61] Grassi G, Dell'Oro R, Quarti-Trevano F, et al. Neuroadrenergic and reflex abnormalities in patients with metabolic syndrome. Diabetologia. 2005;48:1359-65.

[62] Scherrer U, Sartori C. Insulin as a vascular and sympathoexcitatory hormone: implications for blood pressure regulation, insulin sensitivity, and cardiovascular morbidity. Circulation. 1997;96:4104-13.

[63] Bardgett ME, McCarthy JJ, Stocker SD. Glutamatergic receptor activation in the rostral ventrolateral medulla mediates the sympathoexcitatory response to hyperinsulinemia. Hypertension. 2010;55:284-90.

[64] Lima NK, Abbasi F, Lamendola C, Reaven GM. Prevalence of insulin resistance and related risk factors for cardiovascular disease in patients with essential hypertension. Am J Hypertens 2009; 22:106-111.

[65] Esler M, Straznicky N, Eikelis N, et al. Mechanisms of sympathetic activation in obesity-related hypertension. Hypertension. 2006;48:787-96.

[66] Prichard BN, Jager BA, Luszick JH, et al. Placebo-controlled comparison of the efficacy and tolerability of once-daily moxonidine and enalapril in mild to moderate essential hypertension. Blood Press. 2002;11:166-72.

[67] Grassi G, Seravalle G, Cattaneo BM, et al. Sympathetic activation in obese normotensive subjects. Hypertension. 1995;25:560-3.

[68] Weyer C, Pratley RE, Snitker S, et al. Ethnic differences in Insulinemia and sympathetic tone as links between obesity and blood pressure. Hypertension. 2000;36:531-7.

[69] Lambert E, Straznicky N, Dawood T, et al. Change in sympathetic nerve firing pattern associated with dietary weight loss in the metabolic syndrome. Front Physiol. 2011;2:52.

[70] Straznicky N, Eikelis N, Nestel P, et al. Baseline sympathetic nervous system activity predicts dietary weight loss in obese metabolic syndrome patients. J Clin Endocrinol Metab. 2012;97:605-13.

[71] Yakubu-Madus FE, Johnson WT, Zimmerman KM, et al. Metabolic and hemodynamic effects of moxonidine in the Zucker diabetic fatty rat model of type 2 diabetes mellitus. Diabetes. 1999;48:1093-100.

[72] Mahfoud F, Schlaich MP, Kindermann I, et al. Effect of renal sympathetic denervation on glucose metabolism in patients

with resistant hypertension: a pilot study. Circulation. 2011;123:1940-6.

[73] Kostinen HA, Zierath JR. Regulation of glucose transport in skeletal muscle. Ann Med. 2002;34:410-8.

[74] Jamerson KA, Julius S, Gudbrandsson T, Anderson O, Brant DO. Reflex sympathetic activation induces acute insulin resistance in the human forearm. Hypertension. 1993;9: 618-23.

[75] Julius S, Valentini M, Palatini P. Overweight and hypertension: a 2-way street? Hypertension. 2000;35: 807-13.

[76] Thomopoulos C, Michalopoulou H, Kasiakogias A, Kefala A, Makris T. Resistant hypertension and obstructive sleep apnea: the sparring partners. Int J Hypertens. 2011;947246:1-5.

[77] Rauscher H, Formanek D, Popp W, Zwick H. Nasal CPAP and weight loss in hypertensive patients with obstructive sleep apnoea. Thorax. 1993;48:529-33.

[78] Sharma SK, Agrawal S, Damodaran D, et al. CPAP for the metabolic syndrome in patients with obstructive sleep apnea. N Engl J Med. 2011;365:2277-86.

[79] Witkowski A, Prejbisz A, Florczak E, et al. Effects of renal sympathetic denervation on blood pressure, sleep apnea, and glycemic control in patients with resistant hypertension and sleep apnea. Hypertension. 2011;58:559-65.

[80] Worthley SG, Tsioufis CP, Worthley MI et al. Safety and efficacy of a multi-electrode renal sympathetic denervation system in resistant hypertension: the EnligHTN I trial. Eur Heart J 2013; 34:2132-2140.

[81] Pokushalov E, Romanov A, Corbucci G, et al. A randomized comparison of pulmonary vein isolation with versus without concomitant renal artery denervation in patients with refractory symptomatic atrial fibrillation and resistant hypertension. J Am Coll Cardiol. 2012;60:1163-70.

[82] Brandt MC, Mahfoud F, Reda S, et al. Renal sympathetic denervation reduces left ventricular hypertrophy and improves cardiac function in patients with resistant hypertension. J Am Coll Cardiol. 2012;59:901-9.

[83] Mahfoud F, Cremers B, Janker J, et al. Renal hemodynamics and renal function after catheter-based renal sympathetic denervation in patients with resistant hypertension. Hypertension. 2012;60:419-24.

[84] Schlaich MP, Straznicky N, Grima M, et al. Renal denervation: a potential new treatment modality for polycystic ovary syndrome? J Hypertens. 2011;29:991-6.

[85] Yao Y, Fomison-Nurse IC, Harrison JC, et al. Chronic bilateral renal denervation attenuates renal injury in a transgenic rat model of diabetic nephropathy. Am J Physiol Renal Physiol. 2014;307:F251-62.

[86] Verloop WL, Spiering W, Vink EE, et al. Denervation of the renal arteries in metabolic syndrome: the DREAMS-study. Hypertension. 2015;65:751-7.

[87] Brinkmann J, Heusser K, Schmidt BM, et al. Catheter-based renal nerve ablation and centrally generated sympathetic activity in difficult-to-control hypertensive patients: prospective case series. Hypertension. 2012;60:1485-90.

[88] Hering D, Lambert EA, Marusic P et al. Substantial reduction in single sympathetic nerve firing after renal denervation in patients with resistant hypertension. Hypertension 2013; 61:457-464.

[89] Henegar JR, Zhang Y, De Rama R, et al. Catheter-based radiorefrequency renal denervation lowers blood pressure in obese hypertensive dogs. Am J Hypertens. 2014;27: 1285-92.

[90] Grassi G. Renal denervation in cardiometabolic disease: concepts, achievements and perspectives. Nutr Metab Cardiovasc Dis 2013; 23:77-83.

[91] Asai K, Yang GP, Geng YJ et al. Beta-adrenergic receptor blockade arrests myocyte damage and preserves cardiac function in the transgenic G (alpha) mouse. J Clin Invest 1999; 104:551-558.

[92] Krum H, Sobotka P, Mahfoud F, et al. Device-based antihypertensive therapy: therapeutic modulation of the autonomic nervous system. Circulation. 2011;123:209-15.

[93] Davies JE, Manisty CH, Petraco R, et al. First-in-man safety evaluation of renal denervation for chronic systolic heart failure: primary outcome from REACH-pilot study. Int J Cardiol. 2013;162:189-92.

第9章 慢性肾脏病的去肾神经术治疗

Renal Denervation for Chronic Kidney Disease

Marcio G. Kiuchi　Revathy Carnagarin　Leslie Marisol Lugo Gavidia　Dagmara Hering
Markus P. Schlaich　著
石汝峰　译　　孙玉喜　校

交感神经系统（SNS）对体内平衡调节至关重要，主要与体液和血压（BP）的控制有关。然而，持续激活的交感神经系统会引起对人体有害的心肾功能改变[1]。事实上，基础与临床研究均已证明交感神经系统功能障碍与高血压（HTN）、心力衰竭（HF）和慢性肾脏病（CKD）的发病机制有关[2-4]。

19世纪首次描述肾脏在HTN的发展和维持中发挥关键作用，当时人们发现肾脏缺血会增加血管阻力，导致循环血压水平升高[5, 6]。然而，肾功能障碍与高血压孰因孰果尚不清楚。在此情况下，Guyton等提出，细胞外液的容量由肾脏通过排泄钠和水来维持，这取决于食物摄入量[7-9]。肾脏为应对肾灌注压力的增加，会改变钠和水的排泄，以维持液体平衡，压力的增加转变为钠和水排泄的增加，这一概念被称为“压力性排钠”。在血压正常的人中，压力性排钠可代偿由心率（HR）或外周血管阻力增加而引发血管内容量的短暂变化。然而，当血压持续升高时，肾脏的水钠排泄平衡点将上调至高于正常水平，导致血压升高[7-10]。一些肾移植研究表明[11-15]，高血压与肾脏紧密相关。一项研究表明，将高血压大鼠的肾脏移植给血压正常大鼠会导致后者出现高血压。同样地，将血压正常大鼠的肾脏移植给高血压大鼠会导致后者血压下降，提示肾脏在高血压的发病中可能起着不可或缺的作用[11-15]。因此，交感神经系统被认定为一个重要的治疗靶点，尤其是同时包含交感神经（传出神经）和感觉神经（传入神经）的肾脏神经。

一、生理学

（一）交感神经系统与慢性肾脏病

交感神经系统亢进已被证实可增加慢性肾脏病患者的心血管风险，并且是高血压状态的一个主要特征，甚至在疾病早期过程中就会出现[1, 16, 17]。在这两种情况下，存在多种机制导致肾上腺素能活跃状态，包括反馈作用和神经–体液途径[1, 16, 18]。交感神经亢进出现在慢性肾脏病的早期阶段，并与肾功能损害的严重程度直接相关[18-21]。肾传出交感神经的激活通过调节肾小管钠重吸收、肾血流量（RBF）、肾小球滤过率（GFR）和肾素释放从而调节肾功能，并最终调节血压[22, 23]。因此，手术或化学方式行去肾神经术（RDN）被广泛用于实验研究，以探索肾交感神经在肾脏和循环系统中的作用。RDN导致长期血压下降的确切机制尚未完全阐明，但很可能包括减低交感神经活性和影响肾素–血管紧张素系统。Pöss等报道难治性高血压患者在接受RDN治疗6个月后尿钠排泄量显著增加。排除降压药物治疗效果的影响后，该作用依旧显著[24]。与既往关于 RDN 后肾血管阻力下降的研究一致[25]，Delacroix 等报道每个心动周期供应至肾脏的总血量有所改善[26]。这对因血压持续升高导致靶器官受损的患者尤为重要。RDN 已被证明安全可靠，且是治疗 CKD 合并高血压患者的一种有前景的新型治疗工具[27-30]，它能降低人体肾素活性、醛固酮和血管紧张素Ⅱ水平[31]。

Meta 分析表明，慢性肾脏病是一个独立的心血管风险因素[32]，其他研究也表明，肾上腺素能激活增加心血管疾病患病风险，并增加慢性肾脏病患者的心血管死亡率[1, 16, 21, 33]。因此，防止肾功能进一步受损是重要的治疗目标[34]。在高血压引起的轻度 CKD 患者中，肌肉交感神经活动（MSNA）的基线水平会升高，MSNA 是交感神经亢进的替代指标。Tinucci 等发现，与肾功能正常的高血压患者（24 次 / 分，$P<0.05$）和正常血压患者（16 次 / 分，$P<0.05$）相比，合并轻度 CKD 高血压患者的 MSNA 基线水平明显较高（34 次 / 分），提示在 CKD 早期就可以检测到高交感神经活动[35]。

（二）肾脏传出信号通路

肾传出交感神经主要是肾上腺素能神经[36]。去甲肾上腺素的释放介导肾血管收缩、肾小管上皮细胞对钠和水的重吸收以及肾小球细胞肾素的分泌[37]。

RDN 降低血压水平的机制尚不清楚。一种解释是，RDN 通过抑制交感神经介导的肾素分泌和（或）肾小管钠重吸收，增加了肾脏钠和水的排泄，最终引起血容量下降[38]。然而，Foss 等发现，RDN 和假手术（SHAM）大鼠的每日或累积水钠平衡没有差异[39]。这与之前的报道一致，即 RDN 可降低血压正常的 Sprague Dawley 大鼠的血压，且与钠平衡或肾素释放无关[40, 41]。值得注意的是，RDN 对 Sprague Dawley 大鼠[38]或 Dahl 盐敏感（DS）大鼠的盐敏感性或动脉压没有影响。这些数据表明，RDN 对 DS 大鼠的降压作用可能是由于肾素 – 血管紧张素系统活性降低、肾血管阻力降低或肾交感神经传出神经消融的其他作用所致。上述假设仍需进一步研究[42]。

延髓头端腹外侧区（RVLM）对肾交感神经活动（RSNA）的传出信号具有重要调节功能。RSNA 的水平取决于脑干和下丘脑交感神经前运动核的神经元活动，包括 RVLM 和延髓头端腹内侧区（RVMM）以及室旁核（PVN）。破坏 RVLM 的前运动神经元后，血压明显下降，这凸显 RVLM 的重要调节作用[43]。RDN 后肾交感神经传出信号的抑制以及对下游肾素 – 血管紧张素 – 醛固酮系统的影响是引起血压下降的潜在因素。

（三）肾脏传入信号通路

肾传入感觉神经将信号从肾脏传递到中枢神经系统，在肾缺血模型中激活肾传入神经可升高血压和血浆去甲肾上腺素（NE）水平[44]，并增加肾交感神经活性[45]。最近，Tsai 及其同事在狗中证实，双侧 RDN 可能通过中断肾脏传入神经支配，导致脑干和双侧星状神经节在术后 8 周发生重塑[46]。这些变化与脑干 ^{18}FDG 摄取、左侧星状神经节神经活性和快速性房性心律失常事件的下降相关。因此，脑干和星状神经节的神经重塑部分解释 RDN 的抗心律失常效果[46]。

突触变性是中枢和外周神经系统中的一种现象，在创伤后长达 1 年的时间里，这种变性可能在受损部位和远处大脑结构中持续活跃[47]。图 9 1 概括了肾交感神经与星状神经节之间各种直接和间接的连接，如图 9–1 所示，这些渐进性改变可能是初次损伤（如 RDN）后一些长期功能性后果的原因。Meckler 及其同事的研究表明，猫体内约有 10% 的肾交感神经元源自胸链神经节（星状神经节至 T_{13} 神经节）[48]。鉴于这两种结构间的联系，RDN 可能直接导致星状神经节细胞逆行性死亡。此外，在肾神经中应用荧光染料会导致椎旁和椎前神经节中的交感细胞体被荧光标记[49-51]。

由于投射到星状神经节的交感神经节前神经元分散在脊髓 T_1～T_{10} 节段[52]，它们有机会与间接连接在肾动脉周围交感神经束的节前细胞发生

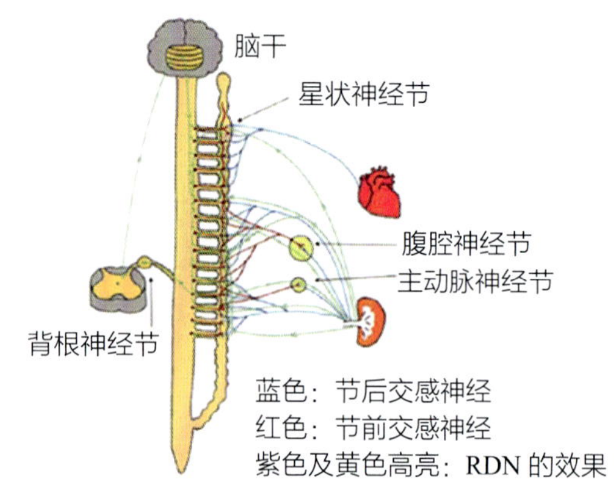

▲ 图 9-1 不同神经结构之间可能的连接示意图

肾交感神经与星状神经节有多种连接途径。根据该示意图，节前和节后交感神经均可支配肾动脉[46, 48-54, 101-103]

关联。然而，还有一些其他途径也可能导致跨突触变性[46]，如胸椎和腰椎背根神经节中肾传入神经的神经节细胞，它们与下丘脑后核和外侧核以及脑干中的室管膜相连接[53, 54]。所有这些类型的连接表明，RDN 发挥持续影响的原因之一可能是关键脑干区域和星状神经节的重塑。

此外，Lopes 等新近研究称，化学性肾动脉去传入神经术（ARD）降低了肾血管性高血压患者的血压、RSNA 和活性氧（ROS），并使肾功能、蛋白尿恢复正常，同时激活肾内肾素 – 血管紧张素系统（RAS）。这些数据表明，在肾血管性高血压模型中，肾传入神经是维持血压和肾交感神经激活以及肾功能的关键[2]。肾脏传入神经消融会导致从肾脏传入大脑的交感神经信号减弱，从而降低中枢交感神经外流，最终减少交感传出神经对关键器官的信号传导。除了预期中肾传入纤维中断后的降压效果外，Lopes 等研究数据还提供了一个有说服力的解释，即基于导管的 RDN 方法如何维持[55]甚至改善[56]高血压和慢性肾脏病患者的肾功能，并减少蛋白尿[55, 56]。蛋白尿是心血管事件的独立危险因素[57]，也是慢性肾脏病进展的预测因素[58]。这些数据显示 RDN 减轻患者肾脏和心血管风险的潜在机制。

（四）炎症途径的潜在作用

一些研究提出，肾脏交感神经活性增强可能直接引起肾脏炎症，因为有许多证据表明，血管、大脑和肾脏的炎症是导致血压长期升高的原因之一[59-61]。最近，一项研究提示血管紧张素Ⅱ（Ang Ⅱ）诱导的小鼠高血压经 RDN 治疗后血压下降，与此同时，肾脏炎症也会减轻，该作用独立于血压变化[62]。由于在这项研究中对肾传入神经的特异性消融对高血压发病机制没有影响，因此推测 RDN 的降压作用是由于消融了肾交感传出神经介导的肾脏炎症[62]。同样，Banek 等研究显示在 DOCA 大鼠盐高血压模型中，RDN 可减轻高血压和肾脏炎症[63]。重要的是，他们还观察到 DOCA 盐大鼠的静息传入肾神经放电增加，并推测是由于肾脏中某些炎症细胞因子释放增加所致[63]。另一项研究发现，在该模型中，肾传入神经特异性消融对高血压发展的抑制程度与完全 RDN 相同[63]。作者的结论是，尽管肾脏炎症可能起源于肾脏交感传出神经，但高血压是由肾脏传入神经流量增加引起的，可能是继发于肾脏炎症[63]。研究组后续研究表明，在 DOCA 盐高血压模型的建立阶段，肾传入神经特异性消融也能降低动脉压，降低程度与完全 RDN 相同[64]。然而，这两种消融方法都不能逆转该模型建立阶段的肾脏炎症，提示炎症还有其他驱动因素。

尽管缺乏直接测定 RDN 后肾脏炎症的临床研究，但有几项研究对外周炎症进行了评估。Kampmann 及其同事研究显示，在接受导管式 RDN 治疗的高血压患者中，尽管动脉压显著下降，但治疗 6 个月后测定的循环炎症细胞因子（TNF-α、IL-6 和 IL-1β）均无明显改变[65]。与这些结果相反，Zaldivia 及其同事[66]的临床研究显示高血压受试者接受导管式 RDN 治疗数月后循环炎性细胞因子（MCP-1、IL-1β、TNF-α 和 IL-12）下降。仍需更多的临床及基础研究阐明 RDN 的抗炎作用。

二、临床研究

在慢性肾脏病患者中，与二氢吡啶类钙通道拮抗药硝苯地平治疗组的患者相比，可降低交感神经活性的莫索尼定治疗组患者的肾功能下降有所缓解。由于血压仅受到轻微影响，这一发现表明莫索尼定的作用独立于血压[67]。在慢性肾脏病动物模型中，去肾传出神经和传入神经去已被证明可减轻高血压，从而防止肾功能进一步恶化[53, 68–70]。Hering 等研究提示难治性高血压患者的 RDN 可使血压大幅下降，并迅速降低单个交感血管收缩纤维的发射特性，其效果比多单位 MSNA 抑制更明显[71]。交感神经亢进的抑制和肾素 – 血管紧张素 – 醛固酮系统反馈环路的中断可能会使这部分人群受益。在慢性肾脏病的不同阶段，微量和大量白蛋白尿的存在不仅是心血管事件的独立危险因素[57, 72]，而且还能预测慢性肾脏病的进展[58]。根据这一思路，一项研究报告称，在接受 RDN 治疗后，难治性高血压患者的蛋白尿程度以及微量和大量白蛋白尿的发生率均有所降低[55]。Ott 等分析了慢性肾脏病和难治性高血压患者在接受 RDN 治疗前后肾功能的变化。他们的研究结果表明，RDN 可降低血压，减缓甚至阻止 CKD 3 期和 CKD 4 期合并难治性高血压患者肾功能的下降[73]。Hering 等研究显示 CKD 3 期和 CKD 4 期的患者在接受 RDN 治疗后，诊室血压持续下降[28]。该研究的另一个重要发现是，该组患者的肾功能没有进一步恶化。通过血浆和尿液检测以及 ^{99m}Tc-MAG-3 扫描对肾功能进行的短期和中期随访显示，没有证据表明肾功能损害会加重。肾脏的自主调节似乎没有受到不利影响，尽管血压大幅下降，但肾功能仍得以维持（图 9–2）[28]。Kiuchi 等对 CKD 合并难治性高血压患者接受 RDN 治疗后进行系列研究并随访 2 年。他们的研究结果表明，RDN（2～4 期）可显著降低血压，并与难治性高血压合并 CKD 患者中肾小球滤过率的长期增加和蛋白排泄的显著减少相关[74]（图 9–3）。虽然这些初步数据令人鼓舞，但仍值得在更多人群中进一步研究。

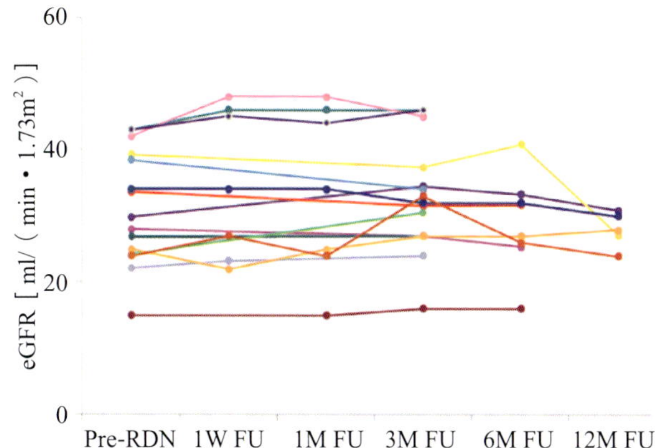

▲ 图 9–2　去肾神经术后肾功能的个体变化

以肌酐为基础估算的肾小球滤过率（GFR）的个体变化，肾去神经化前（pre-RDN）、1 周（W）、1 个月、3 个月、6 个月和 12 个月（M）随访（FU）[28]

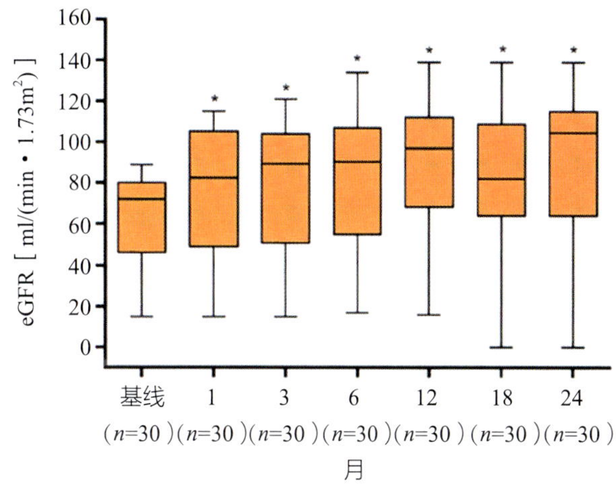

▲ 图 9–3　去肾神经术的长期效果

基线和去肾神经术后第 1 个月、3 个月、6 个月、12 个月、18 个月和 24 个月的估计肾小球滤过率（eGFR）。数值以平均值 ± 标准偏差表示。*. $P<0.0001$，与相应的基线值相比。在第 18 个月和 24 个月时，需要进行慢性肾脏替代治疗的患者（n=3）的 eGFR 值设为 0[74]

Delacroix 等的研究也表明，RDN 使术后 6 个月的 eGFR 改善了 22%。此外，虽然没有统计学意义，但在基线值较高的患者中，血浆肌酐改善了 8%，血浆醛固酮水平下降，尿肌酐增加了 16%[26]。由于样本量小，解释这些结果具有争议，但这些数据表明，RDN 后每个心动周期总血流量的改善可能不是由于局部血管阻力的降低，而是由于血压降低使肾脏更有效，从而可能重置肾脏平衡。此外，心率降低可能会延长血流通过肾脏的时间，从而延长过滤时间并改善过滤效果。同样，由于交感神经系统活性降低导致血管内容量和心室负荷增加，从而使静脉容积扩大。在最近的另一项研究中，Schlaich 等证实，高血压控制不佳的终末期肾病（ESRD）患者接受 RDN 治疗后，收缩压持续降低，MSNA 在 12 个月内显著下降，支持 RDN 对这些患者的安全性[29]。

要使 RDN 成为治疗高血压性慢性肾脏病的推荐治疗方案，最重要的是避免对肾功能造成不利影响。基于上述数据，为了研究肾脏神经功能是否会长期恢复，Singh 等检查了肾动脉在神经刺激下的血管收缩情况，并通过评估 RDN 治疗 30 个月后肾脏中的酪氨酸羟化酶（TH）、降钙素基因相关肽（CGRP）和去甲肾上腺素水平来确定神经再生情况。RDN 使高血压性 CKD 绵羊的血压恢复正常，使其血压与神经完整的正常血压绵羊的血压相似。到 30 个月时，神经完整的 CKD 羊的肾小球滤过率下降了约 22%，而高血压性 CKD-RDN 羊的肾小球滤过率则上升了约 26%。与对照组相比，30 个月时，神经完整的 CKD 羊的尿白蛋白约为对照组的 127%，左心室质量约为对照组的 41%。然而，与神经完整的绵羊相比，接受 RDN 的 CKD 绵羊的尿白蛋白减少了约 60%，左心室质量减少了约 40%。在 30 个月时，CKD-RDN 羊的神经血管收缩（约 56%）、TH 的肾脏比例（约 50%）、CGRP（约 67%）和去甲肾上腺素含量（约 49%）均低于神经完整的 CKD 动物；所有这些变量在正常血压神经完整羊组和正常血压 RDN 羊组之间相似。RDN 可使血压持续降低，肾功能增强。在高血压性 CKD-RDN 羊中观察到肾神经重新生长和功能恢复，但水平仅得到部分恢复[75]。这些研究结果表明，RDN 可长期降低血压，并对 CKD 患者的肾脏和心脏具有保护作用。与临床研究结果一致，这些研究结果表明，RDN 可长期改善 CKD 的肾功能，被认为是治疗肾脏疾病的一种令人兴奋的潜在方式（图 9–4）。

保护肾功能是一个重要的治疗目标，因为这将延缓了 ESRD 的发生并减少肾脏替代疗法的需求，同时对患者的生活质量和医疗成本产生巨大的益处。鉴于慢性交感神经激活会导致慢性肾功能衰竭的进展[22, 76, 77]，RDN 后交感神经兴奋减少可能会导致 GFR 和 RBF 的增加。另一种可能是，随着时间的推移，交感神经介导的肾血管床血管收缩可能会在去神经化后减少，从而导致肾血管阻力（RVR）总体下降。这可能与一氧化氮生物可用性的改善和氧化应激的减少有关，氧化应激是该模型中导致 CKD 的确定因素[78]。

值得注意的是，还有其他潜在的解释，如 GFR 增加可能是单侧肾小球高滤过的表现，反过来由于肾小球高血压，可能预示着未来 GFR 的快速下降。但是，如果这种高滤过与肾小球肥大或 RDN 后观察到的 RBF 增加有关，并可能改变肾小球超滤平衡点，则可能不会造成进一步的肾小球损伤[79]。事实上，在 CKD 患者中观察到的 RDN 蛋白尿减少表明，GFR 的改善不会对肾小球基底膜的完整性产生负面影响。不过，还需要进一步研究 RDN 改善 GFR 的确切机制。

三、展望与影响

通过药物治疗减少靶器官损伤与时间平均血压的降低密切相关。一项纳入 122 项研究共 613 815 例患者的 Meta 分析中，诊室收缩压每降低 10mmHg，心血管事件就会减少 20%，总死亡率减少 13%，冠状动脉疾病减少 17%，卒中减少 27%，心力衰竭减少 28%[80]。在 HOPE-3（Heart Outcomes Prevention Evaluation）研究中，与安慰剂组相比，基线诊室收缩压超过 143.5mmHg 的患者接受药物治疗后收缩压降低了 –5.8/–3.0mmHg，心血管事件发生率降低 28%[81]。一项纳入 147 项随机试验共 464 000 例患者的 Meta 分析表明，收缩压降低 10mmHg 和舒张压降低 5mmHg 与冠心病和卒卒中险下降相关，根据患者年龄的不同，冠心病和卒中事件分别减少约 22% 和 41%[82]。

尽管尚未有相关前瞻性结果试验，但据推测，在平均年龄约为 65 岁的 RDN 试验中，诊室收缩压降低 10mmHg，如果长期保持，心血管事件将减少约 25%，尤其是心力衰竭和卒中。

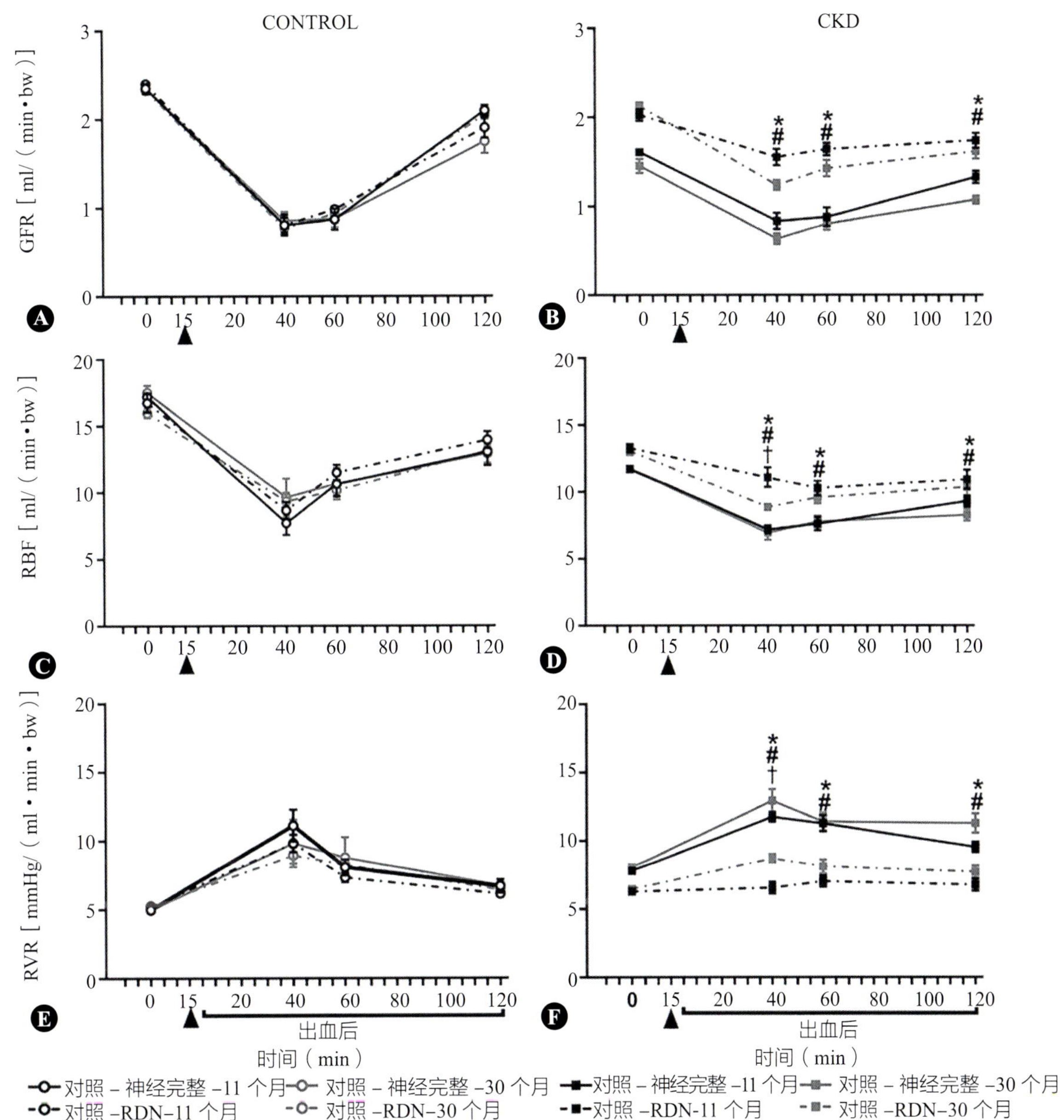

▲ 图 9-4　肾功能对出血的反应

假手术（神经完好）或去肾神经术（RDN）后 11 个月和 30 个月，出血结束前和出血结束后 120min 内的肾小球滤过率（GFR）、肾血流量（RBF）和肾血管阻力（RVR）。（A、C、E）对照组绵羊的 MAP、HR 和 PRA；（B、D、F）CKD 绵羊的 MAP、HR 和 PRA。箭头表示出血结束。CKD. 慢性肾脏病。*. $P<0.05$，11 个月时，RDN 与神经完好组相比；#. $P<0.05$，30 个月时，RDN 与神经完好组相比[104]

Carl Ludwig 首次证实交感神经系统在循环调节中的作用，尤其是肾脏的功能[83]。J. Rose Bradford 进一步发展了他的观点，证明刺激肾脏神经可升高血压[84]。这促使人们首次尝试通过手术干预来中断交感神经支配，从而降低血压。其中一项尝试是在 1936 年切除肾脏，从而降低血压[85]。为了减轻肾积水患者的疼痛，还进行了肾神经切除术[86]。此外，交感神经脾切除术可显著降低血压，并根据心血管并发症的不同显著降低死亡率[87, 88]。直到 1953 年，美国共进行了 1200 多例这种治疗[89]。然而，这些治疗方式伴随着高死亡率和严重的不良反应，以及因体位性低血压、晕厥、勃起功能障碍和大小便失禁而再住院[90]。尽管如此，对交感神经激活如何刺激血压升高的机制的解释[91]促使人们在几十年后开发出更具选择性的介入技术来降低血压，如 RDN[92]。

基于导管的经皮 RDN 是一种安全、微创的治疗方法，适用于血压未达标的高血压患者。它已被证明可以降低肾脏和中枢交感神经的活性[93, 94]，多项临床试验[95-100]均显示与临床相关的降压效果。

随着目前几种 RDN 设备（如 SPYRAL HTN ON-MED EXPANSION）正进行重要的补充试验，高血压界应该制定策略以明确如何最好地分配有限的医疗资源，以确保为获益最多的潜在患者提供 RDN。

RDN 对高血压和 CKD 患者具有显著的降压效果。更重要的是，RDN 似乎不会对肾脏产生有害影响。在一些研究中，RDN 可长期增加 eGFR 和减少尿蛋白排泄，从而改善早期 CKD 患者的疾病状况。虽然这些数据令人鼓舞，但目前只是前期数据，必须在更大的人群中进行验证。我们认为，RDN 的潜在适应证甚至可扩展至其他受交感神经病理生理学的影响的疾病，如慢性肾脏病、心律失常、心力衰竭、睡眠呼吸暂停和疼痛综合征。

参考文献

[1] Grassi G. Sympathetic neural activity in hypertension and related diseases. Am J Hypertens. 2010;23(10):1052-60.
[2] Lopes NR, Milanez MIO, Martins BS, Veiga AC, Ferreira GR, Gomes GN, et al. Afferent innervation of the ischemic kidney contributes to renal dysfunction in renovascular hypertensive rats. Pflugers Arch. 2020;472:325-34.
[3] Schiller AM, Pellegrino PR, Zucker IH. The renal nerves in chronic heart failure: efferent and afferent mechanisms. Front Physiol. 2015;6:224.
[4] Veiga AC, Milanez MIO, Ferreira GR, Lopes NR, Santos CP, De Angelis K, et al. Selective afferent renal denervation mitigates renal and splanchnic sympathetic nerve overactivity and renal function in chronic kidney disease-induced hypertension. J Hypertens. 2020;38(4):765-73.
[5] Goldblatt H, Lynch J, Hanzal RF, Summerville WW. Studies on experimental hypertension : I. the production of persistent elevation of systolic blood pressure by means of renal ischemia. J Exp Med. 1934;59(3):347-79.
[6] Bright R. Tabular view of the morbid appearances in 100 cases connected with albuminous urine. Guys Hosp Rep. 1836;1:380.
[7] Guyton AC. Blood pressure control--special role of the kidneys and body fluids. Science 1991;252(5014):1813-1816, Blood Pressure Control—Special Role of the Kidneys and Body Fluids.
[8] Guyton AC, Coleman TG, Cowley AW Jr, Liard JF, Norman RA Jr, Manning RD Jr. Systems analysis of arterial pressure regulation and hypertension. Ann Biomed Eng. 1972;1(2):254-81.
[9] Guyton AC, Coleman TG, Cowley AV Jr, Scheel KW, Manning RD Jr, Norman RA Jr. Arterial pressure regulation. Overriding dominance of the kidneys in long-term regulation and in hypertension. Am J Med. 1972;52(5):584-94.
[10] Aperia AC, Broberger CG, Soderlund S. Relationship between renal artery perfusion pressure and tubular sodium reabsorption. Am J Phys. 1971;220(5):1205-12.
[11] Bianchi G, Fox U, Di Francesco GF, Giovanetti AM, Pagetti D. Blood pressure changes produced by kidney cross-transplantation between spontaneously hypertensive rats and normotensiverats. Clin Sci Mol Med. 1974;47(5):435-48.
[12] Curtis JJ, Luke RG, Dustan HP, Kashgarian M, Whelchel JD, Jones P, et al. Remission of essential hypertension after renal transplantation. N Engl J Med. 1983;309(17):1009-15.
[13] Dahl LK, Heine M. Primary role of renal homografts in setting chronic blood pressure levels in rats. Circ Res. 1975;36(6):692-6.
[14] Dahl LK, Heine M, Thompson K. Genetic influence of the kidneys on blood pressure. Evidence from chronic renal homografts in rats with opposite predispositions to hypertension. Circ Res. 1974;34(1):94-101.
[15] Kawabe K, Watanabe TX, Shiono K, Sokabe H. Influence on blood pressure of renal isografts between spontaneously hypertensive and normotensive rats, utilizing the F1 hybrids. Jpn Heart J. 1978;19(6):886-94.
[16] Grassi G. Assessment of sympathetic cardiovascular drive in human hypertension: achievements and perspectives. Hypertension. 2009;54(4):690-7.
[17] Paton JF, Raizada MK. Neurogenic hypertension. Exp Physiol. 2010;95(5):569-71.
[18] McGrath BP, Ledingham JG, Benedict CR. Catecholamines in peripheral venous plasma in patients on chronic haemodialysis. Clin Sci Mol Med. 1978;55(1):89-96.
[19] Schlaich MP, Socratous F, Hennebry S, Eikelis N, Lambert EA, Straznicky N, et al. Sympathetic activation in chronic renal failure. J Am Soc Nephrol. 2009;20(5):933-9.
[20] Neumann J, Ligtenberg G, Klein II, Koomans HA, Blankestijn PJ. Sympathetic hyperactivity in chronic kidney disease: pathogenesis, clinical relevance, and treatment.

Kidney Int. 2004;65(5):1568-76.
[21] Grassi G, Bertoli S, Seravalle G. Sympathetic nervous system: role in hypertension and in chronic kidney disease. Curr Opin Nephrol Hypertens. 2012;21(1):46-51.
[22] Sata Y, Schlaich MP. The potential role of catheter-based renal sympathetic denervation in chronic and end-stage kidney disease. J Cardiovasc Pharmacol Ther. 2016; 21(4): 344-52.
[23] Sata Y, Head GA, Denton K, May CN, Schlaich MP. Role of the sympathetic nervous system and its modulation in renal hypertension. Front Med (Lausanne). 2018;5:82.
[24] Poss J, Ewen S, Schmieder RE, Muhler S, Vonend O, Ott C, et al. Effects of renal sympathetic denervation on urinary sodium excretion in patients with resistant hypertension. Clin Res Cardiol. 2015;104(8):672-8.
[25] Ott C, Janka R, Schmid A, Titze S, Ditting T, Sobotka PA, et al. Vascular and renal hemodynamic changes after renal denervation. Clin J Am Soc Nephrol. 2013;8(7):1195-201.
[26] Delacroix S, Chokka RG, Nelson AJ, Wong DT, Sidharta S, Pederson SM, et al. Renal sympathetic denervation increases renal blood volume per cardiac cycle: a serial magnetic resonance imaging study in resistant hypertension. Int J Nephrol Renovasc Dis. 2017;10:243-9.
[27] Kiuchi MG, Maia GLM, Carreira MAMD, Kiuchi T, Chen SC, Andrea BR, et al. Effects of renal denervation with a standard irrigated cardiac ablation catheter on blood pressure and renal function in patients with chronic kidney disease and resistant hypertension. Eur Heart J. 2013;34(28): 2114-21.
[28] Hering D, Mahfoud F, Walton AS, Krum H, Lambert GW, Lambert EA, et al. Renal denervation in moderate to severe CKD. J Am Soc Nephrol. 2012;23(7):1250-7.
[29] Schlaich MP, Bart B, Hering D, Walton A, Marusic P, Mahfoud F, et al. Feasibility of catheter-based renal nerve ablation and effects on sympathetic nerve activity and blood pressure in patients with end-stage renal disease. Int J Cardiol. 2013;168(3):2214-20.
[30] Luo D, Zhang X, Lu CZ. Renal sympathetic denervation for the treatment of resistant hypertension with chronic renal failure: first-in-man experience. Chin Med J. 2013;126(7):1392-3.
[31] Wang L, Lu CZ, Zhang X, Luo D, Zhao B, Yu X, et al. The effect of catheter based renal synthetic denervation on renin-angiotensin-aldosterone system in patients with resistant hypertension. Zhonghua Xin Xue Guan Bing Za Zhi. 2013;41(1):3-7.
[32] Mahmoodi BK, Matsushita K, Woodward M, Blankestijn PJ, Cirillo M, Ohkubo T, et al. Associations of kidney disease measures with mortality and end-stage renal disease in individuals with and without hypertension: a meta-analysis. Lancet. 2012;380(9854):1649-61.
[33] Zoccali C, Mallamaci F, Parlongo S, Cutrupi S, Benedetto FA, Tripepi G, et al. Plasma norepinephrine predicts survival and incident cardiovascular events in patients with end-stage renal disease. Circulation. 2002;105(11):1354-9.
[34] Barnett AH, Bain SC, Bouter P, Karlberg B, Madsbad S, Jervell J, et al. Angiotensin-receptor blockade versus converting-enzyme inhibition in type 2 diabetes and nephropathy. N Engl J Med. 2004;351(19):1952-61.
[35] Tinucci T, Abrahao SB, Santello JL, Mion D Jr. Mild chronic renal insufficiency induces sympathetic overactivity. J Hum Hypertens. 2001;15(6):401-6.
[36] Morrow AL, Creese I. Characterization of Alpha-1-adrenergic receptor subtypes in rat-brain - a reevaluation of [H-3] Wb4104 and [H-3] prazosin binding. Mol Pharmacol. 1986;29(4):321-30.
[37] Johns EJ, Kopp UC, DiBona GF. Neural control of renal function. Compr Physiol. 2011;1(2):731-67.
[38] DiBona GF, Esler M. Translational medicine: the antihypertensive effect of renal denervation. Am J Phys Regul Integr Comp Phys. 2010;298(2):R245-R53.
[39] Foss JD, Fink GD, Osborn JW. Reversal of genetic salt-sensitive hypertension by targeted sympathetic ablation. Hypertension. 2013;61(4):806-+:806-11.
[40] Jacob F, Ariza P, Osborn JW. Renal denervation chronically lowersarterial pressure independent of dietary sodium intake in normalrats. Am J Phys Heart Circ Phys. 2003;284(6):H2302-H10.
[41] Jacob F, LaBine BG, Ariza P, Katz SA, Osborn JW. Renal denervation causes chronic hypotension in rats: role of beta(1)-adrenoceptor activity. Clin Exp Pharmacol Physiol. 2005;32(4):255-62.
[42] Foss JD, Fink GD, Osborn JW. Differential role of afferent and efferent renal nerves in the maintenance of early- and late-phase Dahl S hypertension. Am J Phys Regul Integr Comp Phys. 2016;310(3):R262-R7.
[43] Guertzenstein PG, Silver A. Fall in blood pressure produced from discrete regions of the ventral surface of the medulla by glycine and lesions. J Physiol. 1974;242(2):489-503.
[44] Hausberg M, Kosch M, Harmelink P, Barenbrock M, Hohage H, Kisters K, et al. Sympathetic nerve activity in end-stage renal disease. Circulation. 2002;106(15):1974-9.
[45] Ye S, Gamburd M, Mozayeni P, Koss M, Campese VM. A limited renal injury may cause a permanent form of neurogenic hypertension. Am J Hypertens. 1998;11(6 Pt 1):723-8.
[46] Tsai WC, Chan YH, Chinda K, Chen Z, Patel J, Shen C, et al. Effects of renal sympathetic denervation on the stellate ganglion and brain stem in dogs. Heart Rhythm. 2017;14(2):255-62.
[47] Bramlett HM, Dietrich WD. Progressive damage after brain and spinal cord injury: pathomechanisms and treatment strategies. Prog Brain Res. 2007;161:125-41.
[48] Meckler RL, Weaver LC. Comparison of the distributions of renal and splenic neurons in sympathetic ganglia. J Auton Nerv Syst. 1984;11(2):189-200.
[49] Sripairojthikoon W, Wyss JM. Cells of origin of the sympathetic renal innervation in rat. Am J Phys. 1987;252(6 Pt 2):F957-63.
[50] Gattone VH 2nd, Marfurt CF, Dallie S. Extrinsic innervation of the rat kidney: a retrograde tracing study. Am J Phys. 1986;250(2 Pt 2):F189-96.
[51] Ferguson M, Ryan GB, Bell C. Localization of sympathetic and sensory neurons innervating the rat kidney. J Auton Nerv Syst. 1986;16(4):279-88.
[52] Pilowsky P, Llewellyn-Smith IJ, Minson J, Chalmers J. Sympathetic preganglionic neurons in rabbit spinal cord that project to the stellate or the superior cervical ganglion.

Brain Res. 1992;577(2):181-8.
[53] Campese VM, Kogosov E. Renal afferent denervation prevents hypertension in rats with chronic renal failure. Hypertension. 1995;25(4 Pt 2):878-82.
[54] Jansen AS, Wessendorf MW, Loewy AD. Transneuronal labeling of CNS neuropeptide and monoamine neurons after pseudorabies virus injections into the stellate ganglion. Brain Res. 1995;683(1):1-24.
[55] Ott C, Mahfoud F, Schmid A, Ditting T, Veelken R, Ewen S, et al. Improvement of albuminuria after renal denervation. Nephrol Dialysis Transpl. 2014;29:9-, iii9-iii10.
[56] Kiuchi MG, Maia GL, de Queiroz Carreira MA, Kiuchi T, Chen S, Andrea BR, et al. Effects of renal denervation with a standard irrigated cardiac ablation catheter on blood pressure and renal function in patients with chronic kidney disease and resistant hypertension. Eur Heart J. 2013;34(28):2114-21.
[57] Chronic Kidney Disease Prognosis C, Matsushita K, van der Velde M, Astor BC, Woodward M, Levey AS, et al. Association of estimated glomerular filtration rate and albuminuria with all-cause and cardiovascular mortality in general population cohorts: a collaborative meta-analysis. Lancet. 2010;375(9731):2073-81.
[58] Gansevoort RT, Correa-Rotter R, Hemmelgarn BR, Jafar TH, Heerspink HJ, Mann JF, et al. Chronic kidney disease and cardiovascular risk: epidemiology, mechanisms, and prevention. Lancet. 2013;382(9889):339-52.
[59] De Miguel C, Rudemiller NP, Abais JM, Mattson DL. Inflammation and hypertension: new understandings and potential therapeutic targets. Curr Hypertens Rep. 2015;17(1):507.
[60] McMaster WG, Kirabo A, Madhur MS, Harrison DG. Inflammation, immunity, and hypertensive end-organ damage. Circ Res. 2015;116(6):1022-33.
[61] Zubcevic J, Santisteban MM, Pitts T, Baekey DM, Perez PD, Bolser DC, et al. Functional neural-bone marrow pathways: implications in hypertension and cardiovascular disease. Hypertension. 2014;63(6):e129-39.
[62] Xiao L, Kirabo A, Wu J, Saleh MA, Zhu L, Wang F, et al. Renal denervation prevents immune cell activation and renal inflammation in angiotensin II-induced hypertension. Circ Res. 2015;117(6):547-57.
[63] Banek CT, Knuepfer MM, Foss JD, Fiege JK, Asirvatham-Jeyaraj N, Van Helden D, et al. Resting afferent renal nerve discharge and renal inflammation: elucidating the role of afferent and efferent renal nerves in Deoxycorticosterone acetate salt hypertension. Hypertension. 2016;68(6):1415-23.
[64] Banek CT, Gauthier MM, Baumann DC, Van Heiden D, Asirvatham-Jeyaraj N, Panoskaltsis-Mortari A, et al. Targeted afferent renal denervation reduces arterial pressure but not renal inflammation in established DOCA-salt hypertension in the rat. Am J Phys Regul Integr Comp Phys. 2018;314(6):R883-R91.
[65] Kampmann U, Mathiassen ON, Christensen KL, Buus NH, Bjerre M, Vase H, et al. Effects of renal denervation on insulin sensitivity and inflammatory markers in nondiabetic patients with treatment-resistant hypertension. J Diabetes Res. 2017;2017:6915310-9.
[66] Zaldivia MT, Rivera J, Hering D, Marusic P, Sata Y, Lim B, et al. Renal denervation reduces monocyte activation and monocyte-platelet aggregate formation: an anti-inflammatory effect relevant for cardiovascular risk. Hypertension. 2017;69(2):323-31.
[67] Vonend O, Marsalek P, Russ H, Wulkow R, Oberhauser V, Rump LC. Moxonidine treatment of hypertensive patients with advanced renal failure. J Hypertens. 2003;21(9):1709-17.
[68] Campese VM, Kogosov E, Koss M. Renal afferent denervation prevents the progression of renal disease in the renal ablation model of chronic renal failure in the rat. Am J Kidney Dis. 1995;26(5):861-5.
[69] Kopp UC, Buckley-Bleiler RL. Impaired renorenal reflexes in two-kidney, one clip hypertensive rats. Hypertension. 1989;14(4):445-52.
[70] Abramczyk P, Zwolinska A, Oficjalski P, Przybylski J. Kidney denervation combined with elimination of adrenal-renal portalcirculation prevents the development of hypertension in spontaneously hypertensive rats. Clin Exp Pharmacol Physiol. 1999;26(1):32-4.
[71] Hering D, Lambert EA, Marusic P, Walton AS, Krum H, Lambert GW, et al. Substantial reduction in single sympathetic nerve firing after renal denervation in patients with resistant hypertension. Hypertension. 2013;61(2):457-64.
[72] van der Velde M, Matsushita K, Coresh J, Astor BC, Woodward M, Levey A, et al. Lower estimated glomerular filtration rate and higher albuminuria are associated with all-cause and cardiovascular mortality. A collaborative meta-analysis of high-risk population cohorts. Kidney Int. 2011;79(12):1341-52.
[73] Ott C, Mahfoud F, Schmid A, Toennes SW, Ewen S, Ditting T, et al. Renal denervation preserves renal function in patients with chronic kidney disease and resistant hypertension. J Hypertens. 2015;33(6):1261-6.
[74] Kiuchi MG, Graciano ML, Carreira MAMD, Kiuchi T, Chen SJ, Lugon JR. Long-term effects of renal sympathetic denervation on hypertensive patients with mild to moderate chronic kidney disease. J Clin Hypertens. 2016;18(3):190-6.
[75] Singh RR, McArdle ZM, Iudica M, Easton LK, Booth LC, May CN, et al. Sustained Decrease in Blood Pressure and Reduced Anatomical and Functional Reinnervation of Renal Nerves in Hypertensive Sheep 30 Months After Catheter-Based Renal Denervation. Hypertension. 2019:HYPERTENSIONAHA11812250.
[76] Grisk O, Rettig R. Interactions between the sympathetic nervous system and the kidneys in arterial hypertension. Cardiovasc Res. 2004;61(2):238-46.
[77] Linz D, Hohl M, Schutze J, Mahfoud F, Speer T, Linz B, et al. Progression of kidney injury and cardiac remodeling in obese spontaneously hypertensive rats: the role of renal sympathetic innervation. Am J Hypertens. 2015;28(2):256-65.
[78] Lankadeva YR, Singh RR, Moritz KM, Parkington HC, Denton KM, Tare M. Renal dysfunction is associated with a reduced contribution of nitric oxide and enhanced vasoconstriction after a congenital renal mass reduction in sheep. Circulation. 2015;131(3):280-+:280-8.
[79] Thomson SC, Blantz RC. Biophysics of glomerular

filtration. Compr Physiol. 2012;2(3):1671-99.
[80] Ettehad D, Emdin CA, Kiran A, Anderson SG, Callender T, Emberson J, et al. Blood pressure lowering for prevention of cardiovascular disease and death: a systematic review and meta-analysis.Lancet. 2016;387(10022):957-67.
[81] Yusuf S, Lonn E, Pais P, Bosch J, Lopez-Jaramillo P, Zhu J, et al. Blood-pressure and cholesterol lowering in persons without cardiovasculardisease. N Engl J Med. 2016; 374(21):2032-43.
[82] Law MR, Morris JK, Wald NJ. Use of blood pressure lowering drugs in the prevention of cardiovascular disease: meta-analysis of 147 randomised trials in the context of expectations from prospective epidemiological studies. BMJ. 2009;338:b1665.
[83] De LC. Viribus physicis secretionem urinae adjuvantibus: Marburge Cattorum. Marburg: Elwert; 1842.
[84] Bradford JR. The innervation of the renal blood vessels. J Physiol. 1889;10(5):358-432.
[85] Sen S. Some observations on decapsulation and denervation of the kidney. Br J Urol. 1936;8:319-28.
[86] Papin E, Ambard L. Resection of the nerves of the kidney for nephralgia and small hydronephroses. J Urol. 1924;11:337-48.
[87] Page DL. Lipomatous hypertrophy of the cardiac interatrial septum: its development and probable clinical significance. Hum Pathol. 1970;1(1):151-63.
[88] Page IH, Heuer GJ. The effect of renal denervation on patients suffering from nephritis. J Clin Invest. 1935; 14(4): 443-58.
[89] Smithwick RH, Thompson JE. Splanchnicectomy for essential hypertension - results in 1,266 cases. Jama-J Am Med Assoc. 1953;152(16):1501-4.
[90] Grimson KS, Orgain ES, Anderson B, D'Angelo GJ. Total thoracic and partial to total lumbar sympathectomy, splanchnicectomy and celiac ganglionectomy for hypertension. Ann Surg. 1953;138(4):532-47.
[91] Esler M. The 2009 Carl Ludwig lecture: pathophysiology of the human sympathetic nervous system in cardiovascular diseases: the transition from mechanisms to medical management. J Appl Physiol(1985). 2010;108(2):227-37.
[92] Bohm M, Linz D, Ukena C, Esler M, Mahfoud F. Renal denervation for the treatment of cardiovascular high risk-hypertension or beyond? Circ Res. 2014;115(3):400-9.
[93] Donazzan L, Mahfoud F, Ewen S, Ukena C, Cremers B, Kirsch CM, et al. Effects of catheter-based renal denervation on cardiac sympathetic activity and innervation in patients with resistant hypertension. Clin Res Cardiol. 2016;105(4):364-71.
[94] Hering D, Marusic P, Walton AS, Lambert EA, Krum H, Narkiewicz K, et al. Sustained sympathetic and blood pressure reduction 1 year after renal denervation in patients with resistant hypertension. Hypertension. 2014;64(1): 118-24.
[95] Azizi M, Sapoval M, Gosse P, Monge M, Bobrie G, Delsart P, et al. Optimum and stepped care standardised antihypertensive treatment with or without renal denervation for resistant hypertension (DENERHTN): a multicentre, open-label, randomised controlled trial. Lancet. 2015;385(9981):1957-65.
[96] Kandzari DE, Bohm M, Mahfoud F, Townsend RR, Weber MA, Pocock S, et al. Effect of renal denervation on blood pressure in the presence of antihypertensive drugs: 6-month efficacy and safety results from the SPYRAL HTN-ON MED proof-of-concept randomised trial. Lancet. 2018;391(10137):2346-55.
[97] Townsend RR, Mahfoud F, Kandzari DE, Kario K, Pocock S, Weber MA, et al. Catheter-based renal denervation in patients with uncontrolled hypertension in the absence of antihypertensive medications (SPYRAL HTN-OFF MED): a randomised, sham-controlled, proof-of-concept trial. Lancet. 2017;390(10108):2160-70.
[98] Azizi M, Schmieder RE, Mahfoud F, Weber MA, Daemen J, Davies J, et al. Endovascular ultrasound renal denervation to treat hypertension (RADIANCE-HTN SOLO): a multicentre, international, single-blind, randomised, sham-controlled trial. Lancet. 2018;391(10137):2335-45.
[99] Bohm M, Kario K, Kandzari DE, Mahfoud F, Weber MA, Schmieder RE, et al. Efficacy of catheter-based renal denervation in the absence of antihypertensive medications (SPYRAL HTN-OFF MED pivotal): a multicentre, randomised, sham-controlled trial. Lancet. 2020;395: 1444-51.
[100] Mahfoud F, Kandzari DE, Kario K, Townsend RR, Weber MA, Schmieder RE, et al. Long-term efficacy and safety of renal denervation in the presence of antihypertensive drugs (SPYRAL HTN-ON MED): a randomised, sham-controlled trial. Lancet. 2022;399(10333):1401-10.
[101] Loukas M, Klaassen Z, Merbs W, Tubbs RS, Gielecki J, Zurada A. A review of the thoracic splanchnic nerves and celiac ganglia. Clin Anat. 2010;23(5):512-22.
[102] Kuo DC, Nadelhaft I, Hisamitsu T, Degroat WC. Segmental distribution and central projections of renal afferent-fibers in the cat studied by Transganglionic transport of horseradish-peroxidase. J Comp Neurol. 1983;216(2):162-74.
[103] Jansen ASP, Nguyen XV, Karpitskiy V, Mettenleiter TC, Loewy AD. Central command neurons of the sympathetic nervous-system -basis of the fight-or-flight response. Science. 1995;270(5236):644-6.
[104] Singh RR, Sajeesh V, Booth LC, McArdle Z, May CN, Head GA, et al. Catheter-based renal denervation exacerbates blood pressure fall during hemorrhage. J Am Coll Cardiol. 2017;69(8):951-64.

第10章 阻塞性睡眠呼吸暂停，难治性高血压与去肾神经术

Obstructive Sleep Apnea, Resistant Hypertension and Renal Denervation

Adam Witkowski　Jacek Kądziela　著
石汝峰　译　　孙玉喜　校

一、阻塞性睡眠呼吸暂停的流行病学

阻塞性睡眠呼吸暂停（OSA）在普通人群中的发病率为5%～10%[1]。在普通人群和心血管疾病患者中，男性OSA的发病率是女性的2～3倍，而老年人是年轻人的2～3倍[2]。在高血压患者中，OSA的诊断以多导睡眠图为基础，呼吸暂停–低通气指数（AHI）超过15次/小时即可确诊[3]。OSA是与难治性高血压相关的最常见疾病。根据上述定义，64%的难治性高血压患者合并OSA[3]。在高血压患者中，OSA与肥胖有关。然而，在心力衰竭和卒中患者中，体重指数与OSA严重程度之间的直接关系尚未得到证实[4-6]。

OSA被认为是心血管事件的独立风险因素，包括缺血性心脏病、心力衰竭、卒中和死亡[7]。炎症、氧化应激和内皮功能障碍等多种机制是导致OSA与心血管疾病相关的原因[8, 9]。持续气道正压通气（CPAP）是治疗严重OSA的首选方法，可改善其预后[2, 10]。

二、阻塞性睡眠呼吸暂停的病理生理

OSA的特征是睡眠期间反复发作的完全或部分上气道阻塞[11]。当已经狭窄的气道同时合并睡眠相关的呼吸抑制传递至上气道扩张肌时，就会发生OSA[2]。上气道狭窄的原因可能是巨舌、扁桃体肥大或颈部周围组织脂肪沉积增多。此外，咽周液体潴留及其在夜间睡眠时向喙侧转移也被认为是咽周组织肿块增大的原因之一。仰卧姿势会导致颈部静脉扩张和周围软组织水肿，从而增加上气道阻力并导致阻塞。在不同的情况下（心力衰竭、慢性肾病、高血压、肥胖），明显的水钠潴留可能与饮食相关[12]，也可能是神经源性的——交感神经活动增加导致肾素释放[13]，或者是体液性的——肾–血管紧张素–醛固酮轴激活的结果[14]。有研究表明，在给下半身施加正压时，颈围会增加，咽部横截面积会减小，从而增加咽部阻力和塌陷度[15, 16]。同时，腿部液体量减少，证实上气道阻力的变化是继发于液体转移至咽周。一项纳入非肥胖健康受试者的研究显示夜间液体转移量与颈围变化和OSA严重程度之间存在直接关系[17]。此外，在慢性静脉功能不全患者中，使用弹力袜可减少腿部的日间液体积聚和夜间液体转移，从而使AHI降低35%[18]。两项研究进一步证明了液体夜间喙侧转移可导致OSA，研究表明，与连续24h透析清除相同量的液体相比，慢性肾衰竭患者使用夜间腹膜透析清除液

体可增加咽部上气道直径，减轻 OSA 的严重程度[19, 20]。将血液透析从日间进行改为夜间进行也显示了类似的改善效果[21]。

导致 OSA 和液体潴留的另一个潜在机制是高醛固酮血症，它在难治性高血压患者中非常常见。醛固酮介导的慢性液体潴留可能会影响难治性高血压患者 OSA 的严重程度。在一项研究中，使用盐皮质激素受体拮抗药可大大减轻 OSA 的严重程度[14]。

三、高血压与阻塞性睡眠呼吸暂停之间的关系

众所周知，间歇性缺氧或实验诱导的 OSA 可导致大鼠和狗出现持续性日间高血压[22, 23]。一项研究表明，AHI≥15 的受试者患高血压的风险几乎是 AHI=0 的受试者的 3 倍[24]，但其他一些研究并未证实这种关系[25, 26]。尽管如此，OSA 是迄今为止与难治性高血压相关的最常见疾病，而且其治疗可降低血压，提示 OSA 在高血压发病机制中起着诱导作用[27]。

四、难治性高血压和阻塞性睡眠呼吸暂停中的交感神经机制

OSA 患者交感神经活性明显增加，可能在难治性高血压的发展中发挥关键作用。阻塞性睡眠呼吸暂停的自主神经和血流动力学反应非常复杂，包括呼吸暂停、缺氧、高碳酸血症、穆勒动作（闭合声门吸气）和觉醒的影响[28]。缺氧和高碳酸血症都会导致交感神经活动增加，这种增加在呼吸暂停时尤为明显[29–32]。Somers 等的研究进一步阐明了交感神经激活在 OSA 患者中的作用[33]。OSA 患者在清醒时交感神经活性较强，睡眠时血压和交感神经活性进一步增加。使用 CPAP 治疗可减轻这些增加，这表明 OSA 可诱导交感神经激活并促进睡眠期间的血压升高。OSA 患者交感神经过度激活也会导致心率加快[34]，并可能恶化心血管疾病患者的预后，特别是通过引起心脏 β 肾上腺素受体脱敏、心律失常、心肌细胞损伤和坏死以及外周血管收缩[35]。它还可能直接或通过刺激肾素 – 血管紧张素 – 醛固酮轴促进水钠潴留。

五、阻塞性睡眠呼吸暂停综合征、难治性高血压与去肾神经术

（一）动物实验

在 Linz 等的一项实验研究中，RDN 而非 β 受体拮抗药治疗可抑制猪窒息后的血压升高[36]。RDN 还具有抗心律失常的作用，通过调节自主神经系统降低心房颤动的发生。在另一项研究中，RDN 可增加急性完全阻塞性呼吸暂停大鼠的尿量和钠排泄[37]。这表明，在呼吸暂停发作期间，肾交感神经激活会抑制动物肾脏的排泄功能。这支持肾交感神经在水钠平衡中发挥重要作用的理论，肾神经激活会增强钠潴留，而 RDN 对交感神经活动的抑制可抵消或减弱该作用。

（二）人体实验

两项人体研究揭示 RDN 对睡眠呼吸暂停综合征的潜在影响[38, 39]。第一项研究纳入了 10 例难治性高血压（定义为尽管服用了包括利尿药在内的 3 种或更多降压药，但诊室收缩压仍＞160mmHg）合并睡眠呼吸暂停的患者[38]。8 例患者被诊断为 OSA，2 例患者被诊断为混合性睡眠呼吸暂停（阻塞性和中枢性）。其中 5 例患者为轻度睡眠呼吸暂停（AHI 5～15 次 / 小时），5 例患者为中重度呼吸暂停（AHI＞15 次 / 小时）。2 例患者在 RDN 治疗前接受 CPAP 治疗，并在随访期间继续使用 CPAP。所有患者均接受了导管射频 RDN（Symplicity, Medtronic, Minneapolis, MN, USA）治疗。RDN 后 3 个月和 6 个月的收缩压中位数降幅分别为 22mmHg（P＜0.01）和 34mmHg（P＜0.01）（图 10–1），轻度和中重度睡眠呼吸暂停患者之间没有差异。AHI 在 RDN 后 3 个月（无显著性）和 6 个月（有显著性趋势）均有所下降（RDN 前的中位数为 16.3 次 / 小时，而 RDN 后的中位数为 4.5 次 / 小时；P=0.059）。术后 6 个月的氧减指数（ODI）也有所下降（RDN

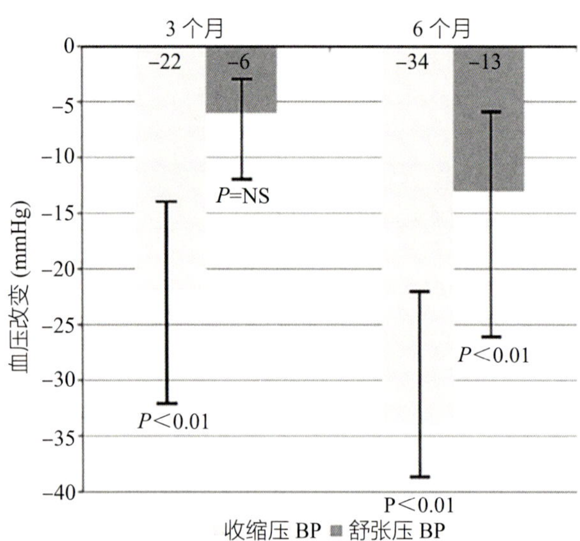

▲ **图 10–1　去肾神经术 3、6 月后收缩压和舒张压的中位数变化。误差线代表四分位数范围（经许可转载，引自第一版图书）**

前的中位数为 13.0 次 / 小时，而 RDN 后的中位数为 8.7 次 / 小时；P=0.11）。术后 6 个月的埃普沃思嗜睡量表评分（Epworth Sleepiness Scale score）中位数有所下降（9.00 分 vs. 7.00 分；$P<0.05$）。总之，10 例患者中有 8 例在 RDN 后 6 个月时 AHI 有所改善（图 10–2）。有 2 例患者患有混合性睡眠呼吸暂停。其中 1 例患者的睡眠呼吸暂停指数也有所下降，RDN 后 6 个月的 AHI 减少了 30.5 次 / 小时。在 AHI 有所改善的患者中，观察到 24h、日间和夜间 ABPM 水平显著下降，后者最为明显（中位数：24h、日间和夜间分别为 −8/−4mmHg、−12/−5mmHg 和 −10/−8mmHg；$P<0.05$）。

随着血压降低和睡眠呼吸暂停病程的改善，RDN 后 3 个月、6 个月糖负荷 2h 的血浆葡萄糖浓度（中位数 7.0mmol/dl vs. 术后 6 个月 6.4mmol/dl；$P<0.05$）和术后 6 个月的糖化血红蛋白水平（中位数 6.1% vs. 5.6%；$P<0.05$）也显著下降。这项研究证实，RDN 可降低难治性高血压患者的血压 [40, 41]，并支持 Mahfoud 等的研究成果，即 RDN 可改善人体的胰岛素作用和葡萄糖代谢指标 [42]。不过，该研究扩展了之前的发现，证实 RDN 对睡眠呼吸暂停综合征患者的血压和代谢同样获益，并可改善 OSA 病程。

第二项研究是一项小型、单中心、随机试验，纳入 60 例合并中重度 OSA（AHI≥15）的难治性高血压患者，随机分配到 RDN 或对照组 [39]。主要终点是术后 3 个月的诊室收缩压，次要终点包括 3 个月后的 AHI 和生化指标。RDN 治疗后，诊室和动态血压显著降低，OSA 严重程度也显著降低（AHI，39.4 vs. 31.2 次 / 小时；P=0.015）（图 10–3）。组间 AHI 变化的差异显著（P=0.05）。RDN 后 6 个月的诊室和动态血压仍持续下降。有趣的是，RDN 还能显著降低夜间心率，而这一现象未在对照组中观察到。然而，不同于既往研究，研究者未在两组患者的随访中观察到胰岛素和糖代谢指标的差异。该研究的主要局限是缺乏假手术组。试验证实，RDN 可以降低难治性高血压合并 OSA 患者的诊室和动态血压，同时还改善 OSA 的临床严重程度。

基于这两项研究结果，应该注意 RDN 会影响交感神经激活的关键调节机制。肾交感传出神经可影响肾血管阻力的调控、增加肾素释放以及调节水钠排泄 [12]。肾传入神经可增强交感神经系统活性。也有人认为在摄入高钠饮食情况下，肾传入神经的激活有助于动脉压力感受器介导抑制肾传出交感神经，从而实现避免钠潴留和维持水钠平衡的目标 [12, 43]。因此，难治性高血压合并 OSA 患者的 RDN 可减轻交感神经激活的影响，且独立于 CPAP 治疗。最后，需要考虑的是血压下降本身可能有助于减轻睡眠呼吸暂停。

六、结论

OSA 是心血管事件（包括缺血性心脏病、心力衰竭、卒中和死亡）的潜在独立风险因素。此外，OSA 是与难治性高血压相关的最常见疾病。由于缺氧和高碳酸血症都会导致交感神经活动增加，因此交感神经系统在 OSA 患者发生难治性高血压的过程中起着关键作用。一项观察性研究和

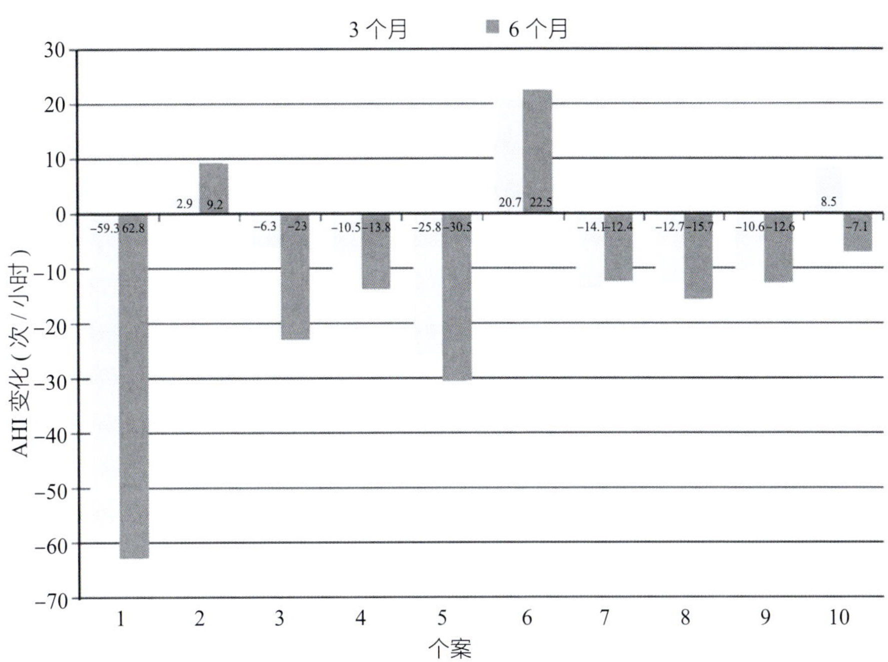

▲ 图 10-2　**AHI 在 RDN 后 3 个月、6 个月的变化，个人数据（经许可转载，引自第 1 版图书）**

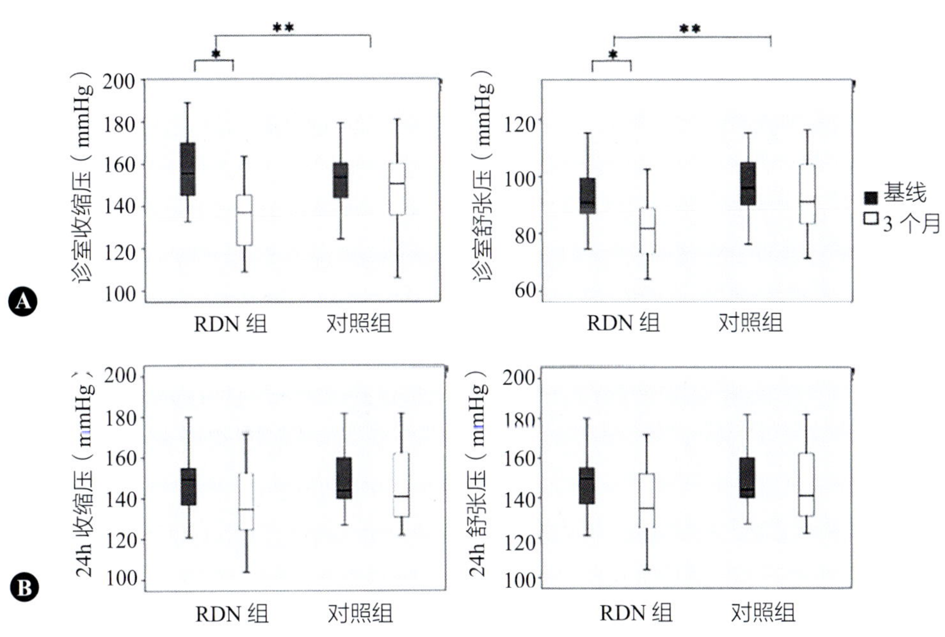

▲ 图 10-3　**诊室血压变化（A）和 24h 平均血压变化（B）**

摘自文章 Warchol-Celinska E et al.Hypertension 2018;72:381–90

项随机研究的结果表明，RDN 不仅可以降低难治性高血压合并睡眠呼吸紊乱患者的收缩压，还能改善睡眠呼吸暂停的严重程度，但研究样本量较小。

RDN 对这部分患者来说可能是一种有用的治疗选择，但还需要进行大型、多中心、假手术对照、随机临床试验以最终证实这些令人鼓舞的数据。

参考文献

[1] Punjabi NM. The epidemiology of adult obsatructive sleep apnea. Proc Am Thorac Soc. 2008;5:136-43.

[2] Kasai T, Floras JS, Bradley TD. Sleep apnea and cardiovascular disease:a bidirectional relationship. Circulation. 2012;126:1495-510.

[3] Pedrosa RP, Drager LF, Gonzaga CC, Sousa MG, de Paula LKG, Amaro ACS, Amodeo C, Bortolotto LA, Krieger EM, Bradley TD, Lorenzi-Filho G, Obstructive sleep apnea. The most commoncause of hypertension associated with resistant hypertension. Hypertension. 2011;58:811-7.

[4] Yumino D, Wang H, Floras JS, Newton GE, Mak S, Ruttanaumpawan P, Parker JD, Bradley TD. Prevalence and physiological predictors of sleep apnea in patients with heart failure and systolic dysfunction.J Card Fail. 2009;15:279-85.

[5] Bassetti CL, Milanova M, Gugger M. Sleep-disordered breathing and acute ischemic stroke: diagnosis, risk factors, treatment, evolution, and long-term clinical outcome. Stroke. 2006;37:967-72.

[6] Arzt M, Young T, Peppard PE, Finn L, Ryan CM, Bayley M, Bradley TD. Dissociation of obstructive sleep apnea from hypersomnolence andobesity in patients with stroke. Stroke. 2010;41:e129-34.

[7] Logan AG, Perlikowski SM, Mente A, Tisler A, Tkacova R, Niroumand M, Leung RS, Bradley TD. High prevalence of unrecognized sleep apnea in drug-resistant hypertension. J Hypertens. 2001;19:2271-7.

[8] Kohler M, Stradling JR. Mechanisms of vascular damage in obstructive sleep apnea. Nat Rev Cardiol. 2010;7:677-85.

[9] Alonso-Fernandez A, Garcia-Rio F, Arias MA, Hernanz A, de la Pena M, Pierola J, Barcelo A, Lopez-Collazo E, Agusti A. Effects of CPAP on oxidative stress and nitrate efficiency in sleep apnoea: a randomized trial. Thorax. 2009;64:581-6.

[10] Marin JM, Carrizo SJ, Vicente E, Agusti AG. Long-term cardiovascular outcomes in men with obstructive sleep apnoea-hypopnoea with or without treatment with continuous positive airway pressure: an observational study. Lancet. 2005;365:1046-53.

[11] Bradley TD, Floras JS. Obstructive sleep apnea and its coardiovascular conseqences. Lancet. 2009;373:82-93.

[12] Kasai T, Arcand J, Allard JP, Mak S, Azevedo ER, Newton GE, Bradley TD. Realtionship between sodium intake and sleep apnea in patients with heart failure. J Am Coll Cardiol. 2011;58:1970-4.

[13] DiBona GF, Esler M. Translational medicine: the antihypertensive effect of renal denervation. Am J Physiol Regul Integr Comp Physiol. 2010;298:R245-53.

[14] Gaddam K, Pimenta E, Thomas SJ, Cofield SS, Oparil S, Harding SM, Calhoun DA. Spironolactone reduces severity of obstructive sleep apnea in patients with resistant hypertension: a preliminary report. J Hum Hypertens. 2010;24:532-7.

[15] Chiu KL, Ryan CM, Shiota S, Ruttanaumpawan P, Arzt M, Haight JS, Chan CT, Floras JS, Bradley TD. Fluid shift by lower body positive pressure increases pharyngeal resistance in healthy subjects. Am J Respir Crit Care Med. 2006;174:1378-83.

[16] Shiota S, Ryan CM, Chiu KL, Ruttanaumpawan P, Haight J, Arzt M, Floras JS, Chan C, Bradley TD. Alterations in upper airway cross-sectional area in response to lower body positive pressure in healthy subjects. Thorax. 2007;62: 868-72.

[17] Redolfi S, Yumino D, Ruttanaumpawan P, Yau B, Su MC, Lam J, Bradley TD. Relationship between overnight rostral fluid shift and obstructive sleep apnea in nonobese men. Am J Respir Crit Care Med. 2009;179:241-6.

[18] Redolfi S, Arnulf I, Pottier M, Lajou J, Koskas I, Bradley TD, Similowski T. Attenuation of obstructive sleep apnea by compression stockings in subjects with venous insufficiency. Am J Respir Crit Care Med. 2012;184:1062-6.

[19] Tang SC, Lam B, Ku PP, Leung WS, Chu CM, Ho YW, Ip MS, Lai KN. Alleviation of sleep apnea in patients with chronic renal failure by nocturnal cycler-assisted peritoneal dialysis compared with conventional continuous ambulatory peritoneal dialysis. J Am Soc Nephrol. 2006;17:2607-16.

[20] Tang SC, Lam B, Lai AS, Pang CB, Tso WK, Khong PL, Ip MS, Lai KN. Improvement in sleep apnea during nocturnal peritoneal dialysis is associated with reduced airway congestion and better uremic clearance. Clin J Am Soc Nephrol. 2009;4:410-8.

[21] Hanly PJ, Pierratos A. Improvement of sleep apnea in patients with chronic renal failure who undergo nocturnal hemodialysis. N Engl J Med. 2001;344:102-7.

[22] Brooks D, Horner RL, Kozar LF, Render-Teixeira CL, Phillipson EA. Obstructive sleep apnea as a cause of systemic hypertension. Evidence from a canine model. J Clin Invest. 1997;99:106-9.

[23] Fletcher EC, Lesske J, Behm R, Miller CC III, Stauss H, Unger T. Carotid chemoreceptors, systemic blood pressure, and chronic episodic hypoxia mimicking sleep apnea. J Appl Physiol. 1992;72:1978-84.

[24] Peppard PE, Young T, Palta M, Skatrud J. Prospective study of the association between sleep-disordered breathing and hypertension. N Engl J Med. 2000;342:1378-84.

[25] O'Connor GT, Caffo B, Newman AB, Quan SF, Rapoport DM, Redline S, Resnick HE, Samet J, Shahar E. Prospective study of sleep-disordered breathing and hypertension: the sleep heart health study. Am J Respir Crit Care Med. 2009;179:1159-64.

[26] Cano-Pumarega I, Duran-Cantolla J, Aizpuru F, Miranda-Serrano E, Rubio R, Martinez-Null C, de Miguel J, Egea C, Cancelo L, Alvarez A, Fernandez-Bolanos M, Barbe F. Obstructive sleep apnea and systemic hypertension: longitudinal study in the general population: the Vitoria sleep cohort. Am J Respir Crit Care Med. 2012;184:1299-304.

[27] Sjostrom C, Lindberg E, Elmasry A, Hagg A, Svardsudd K, Janson C. Prevalence of sleep apnoea and snoring in hypertensive men: a population based study. Thorax. 2002;57:602-7.

[28] Shepard JW Jr. Cardiopulmonary consequence of obstructive

sleep apnea. Mayo Clin Proc. 1990;65:1250-9.

[29] Somers VK, Zavala DC, Mark AL, Abboud FM. Influence of ventilation and hypocapnia on sympathetic nerve responses to hypoxia in normal humans. J Appl Physiol. 1989;67:2095-100.

[30] Somers VK, Zavala DC, Mark AL, Abboud FM. Contrasting effects of hypoxia and hypercapnia on ventilation and sympathetic activity in humans. J Appl Physiol. 1989; 67:2101-6.

[31] Somers VK, Mark AL, Abboud FM. Potentiation of sympathetic nerve responses to hypoxia in borderline hypertensive subjects. Hypertension (Dallas). 1988;11: 608-12.

[32] Somers VK, Mark AL, Abboud FM. Sympathetic activation by hypoxia and hypercapnia-implications for sleep apnea. Clin Exp Hypertens Part A Theory Pract. 1988;A10(Suppl. 1):413-22.

[33] Somers VK, Dyken ME, Clary MP, Abboud FM. Sympathetic neural mechanisms in Obstructive sleep apnea. J Clin Invest. 1995;96:1897-904.

[34] Nauman J, Janszky I, Vatten LJ, Wisloff U. Temporal changes in resting heart rate and deaths from ischemic heart disease. JAMA. 2011;306:2579-87.

[35] Floras JS. Sympathetic nervous system activation in human heart failure: clinical implications of an updated model. J Am Coll Cardiol. 2009;54:375-85.

[36] Linz D, Mahfoud F, Schotten U, Ukena C, Neuberger H-R, Wirth K, Böhm M. Renal sympathetic denervation suppresses Postapneic blood pressure rises and atrial fibrillation in a model for sleep apnea. Hypertension. 2012;60:172-8.

[37] Franquini JVM, Medeiros ARS, Andrade TU, Araújo MTM, Moysés MR, Abreu GR, Vasquez EC, Bissoli NS. Influence of renal denervation on blood pressure, sodium and water excretion in acute total obstructive apnea in rats. Braz J Med Biol Res. 2009;42(2):214-9.

[38] Witkowski A, Prejbisz A, Florczak E, Kądziela J, Śliwiński P, Bieleń P, Michałowska I, Kabat M, Warchoł E, Januszewicz M, Narkiewicz K, Somers VK, Sobotka PA, Januszewicz A. Effects of renal sympathetic denervation on blood pressure, sleep apnea course, and glycemic control in patients with resistant hypertension and sleep apnea. Hypertension. 2011;58:559-65.

[39] Warchol-Celinska E, Prejbisz A, Kadziela J, et al. Renal denervation in resistant hypertension and Obstructive sleep apnea. Randomized Proof-of-Concept Phase II Trial. Hypertension. 2018;72:381-90.

[40] Krum H, Schlaich M, Whitbourn R, Sobotka PA, Sadowski J, Bartus K, Kapelak B, Walton A, Sievert H, Thambar S, Abraham WT, Esler M. Catheter-based renal sympathetic denervation for resistant hypertension: a multicentre safety and proof-of-principle cohort study. Lancet. 2009;373:1275-81.

[41] Esler MD, Krum H, Sobotka PA, Schlaich MP, Schmieder RE, Bohm M. Renal sympathetic denervation in patients with treatment-resistant hypertension (the Symplicity HTN-2 trial): a randomised controlled trial. Lancet. 2010;376:1903-9.

[42] Mahfoud F, Schlaich M, Kindermann I, Ukena C, Cremers B, Brandt MC, Hoppe UC, Vonend O, Rump LC, Sobotka PA, Krum H, Esler M, Bohm M. Effect of renal sympathetic denervation on glucose metabolism in patients with resistant hypertension: a pilot study. Circulation. 2011;123:940-1946.

[43] Kopp UC, Jones SY, DiBona GF. Afferent renal denervation impairs baroreflex control of efferent renal sympathetic nerve activity. Am J Physiol Regul Integr Comp Physiol. 2008;295:R1882-90.

第11章 去肾神经术在房颤管理中的潜在作用

Potential Role of Renal Denervation in Management of Atrial Fibrillation

Tim A. Fischell 著
石汝峰 译 孙玉喜 校

自主神经系统在心房颤动和室性心动过速等多种心律失常的发病机制中发挥重要作用[1-7]。通过去肾神经术（RDN）调节自主神经系统可能引起神经重塑，从而在心房颤动的管理中取得治疗获益[8, 9]。高血压在心房颤动患者中也很常见，可能会影响后者的临床疗效和对治疗的反应，并受RDN的调节。

肺静脉隔离术（PVI）适用于许多药物治疗效果不佳的房颤患者。房颤消融治疗虽然有效，但短期和长期效果往往不理想，而且房颤的1年后复发率很高[10]。RDN无论作为PVI的辅助疗法[9, 11-17]，还是作为减少房颤负担的独立干预措施[18, 19]，均代表其在新领域的广阔前景。本章将回顾支持RDN作为PVI的辅助手段治疗阵发性或持续性房颤患者的背景和科学证据。

一、自主神经系统在房颤中的作用

交感神经激活后会释放去甲肾上腺素（NE）其是主要的肾上腺素能神经递质。NE在神经细胞体中合成，经运输后储存在肾上腺素能受体附近神经膨体处的囊泡中，通过Ca^{2+}依赖方式在神经去极化时释放。NE可促进或产生可能促进房颤的心房底物，这与心肌细胞处理Ca^{2+}有关[6]。激活心脏中β肾上腺素受体的主要作用是在“战斗或逃跑”的应激反应中提高心输出量。因此，刺激β肾上腺素受体实际上是增强了心脏中几乎所有控制Ca^{2+}进入的过程。自主神经系统的激活和NE的局部释放可引起心房电生理学的显著变化，并通过复杂的Ca^{2+}处理途径及与胆碱能激活的相互作用，诱发或促进房性快速性心律失常，包括房性心动过速和心房颤动。激活肾上腺素受体可促进心肌细胞自律性增强、早期或延迟除极后相关触发活动及有效不应期异质性[6]。所有这些电生理机制都能促进心房颤动的诱发和(或)维持[6]。

在动物模型和人类身上都观察到了自主神经支配异常与房颤之间的关系[6, 20-22]。在许多动物模型中，交感神经密度增加与房颤的产生有关[23]。心肌梗死后也会出现心房神经再生和交感神经过度支配，并与房颤发生率增加和持续时间延长有关[24]。慢性房颤患者心房交感神经密度也明显增加[25]。

很明显，自主神经活动在房颤的启动和维持过程中均发挥着重要作用。由于激活肾上腺素受体对促进房颤有重要作用，因此调节或减少自主神经支配或激活的干预措施被证明可降低自发或诱发的房性心律失常发生率，同时表明神经调节可能有助于控制房颤[2, 3, 11–18]。

在心房颤动治疗中，调节交感神经激活的潜在治疗方法包括神经节丛消融[2, 3]、迷走神经刺激[26, 27]、压力反射刺激[27]、皮肤刺激和RDN[11–15, 28]。本章将重点讨论RDN作为改变交感神经活性的一种方式，在相关证据及在心房颤动管理方面的潜在疗效。

二、去肾神经术在房颤管理中的研究

最近一些经过严格对照的临床试验表明，通过血管内方式进行RDN可有效降低停药高血压患者[29, 30]和服药难治性高血压患者[31–33]的血压。有限的临床数据显示，RDN可以减少交感神经活性，可能是通过上调延髓孤束核中的α_2受体来实现的[34]。交感神经活性下降可能是某些患者血压降低的原因。同样的作用也可能有助于控制房颤。降低血压本身可对结构、电重塑和（或）血流动力学充盈压产生影响，从而降低心房颤动的倾向[1, 7]。

在过去8年中，许多随机临床试验对RDN治疗和控制心房颤动的安全性和有效性进行了评估[11–19]。总体而言，这些试验获得了一些相对一致且令人鼓舞的数据，并表明RDN在房颤治疗中的作用。下文我们将回顾研究RDN在心房颤动治疗中作用的临床试验。

（一）俄罗斯研究

2012年发表了第一项有意义的房颤RDN研究[11]。这是一项小型随机、单中心临床试验，旨在评估PVI后RDN的增量效应。这项前瞻性随机研究旨在评估RDN对拟行PVI治疗的难治性房颤合并难治性高血压患者的影响。入组标准包括难治性房颤（≥2种抗心律失常药物治疗无效的有症状的阵发性或持续性房颤）合并难治性高血压（三联药物治疗后收缩压仍>160mmHg）的患者。受试者被随机分配至单独PVI或PVI+RDN组。RDN使用初代Simplicity单极射频消融导管，每条动脉进行相对比较积极的处理，大约6次的射频消融。所有受试者均接受了≥1年的随访，以评估窦性心律的维持情况并监测血压变化。该研究共纳入27例受试者。其中14例受试者被随机分配到单独PVI组，13例受试者被随机至PVI+RDN组。随访结束时，PVI+RDN组的收缩压（从181±7降至156±5mmHg，$P<0.001$）和舒张压（从97±6mmHg降至87±4mmHg，$P<0.001$）显著下降。单独PVI组的血压没有明显变化。在13例接受PVI+RDN治疗的受试者中，9例（69%）在消融1年后的随访检查中没有出现房颤，而在单独PVI治疗的14例受试者中，仅4例（29%）在消融1年后的随访中未出现房颤（P=0.033）。研究者得出结论：RDN可降低难治性高血压患者的收缩压和舒张压，联合PVI治疗可减少房颤复发。显然，这项研究也存在局限性，主要因为这是一项规模较小的单中心研究。

（二）Kiuchi研究

Kiuchi是一项单中心研究，研究在PVI基础上进行RDN对高血压未达标合并慢性肾脏病（CKD）患者房颤复发的影响[13]。他们对阵发房颤合并中度CKD患者进行PVI联合RDN或螺内酯50mg每日1次治疗，研究两种方案对降低收缩压、房颤复发率和房颤负荷的相对效果[13]。这是一项前瞻性、纵向、随机、双盲研究。受试者被随机分至两组（PVI+螺内酯，n=36；PVI+RDN，n=33）。对所有受试者进行为期1年的随访以评估窦律的维持情况。主要发现是在消融1年后的随访中，PVI+RDN组（61%）的患者比PVI+螺内酯组（36%）房颤不复发的比例更高（P=0.0242）。PVI+RDN组的平均房颤负荷也更低（Δ=−12%，$P<0.0001$）。研究表明PVI+RDN是安全的，并在降低血压、减少房颤复发率及房颤负荷，以及改善肾功能方面似乎优于PVI+螺内酯组。

（三）Eradicate AF试验

ERADICATE-AF（Evaluate Renal Denervation in Addition to Catheter Ablation to Eliminate Atrial Fibrillation）试验是一项由研究者发起的多中心、单盲、随机临床试验，在俄罗斯、波兰和德国的

5 个心房颤动导管消融转诊中心进行。这项研究可能是规模最大、最令人信服的研究，结果表明 RDN 在治疗心房颤动方面具有疗效[12]。这项临床试验的目的是确定在 PVI 的基础上进行 RDN 是否能提高长期抗心律失常的疗效。2013 年 4 月至 2018 年 3 月共纳入 302 例转诊至上述中心拟行导管消融术的阵发性心房颤动受试者，他们同时合并高血压（至少服用一种降压药）。患者被随机分配至 PVI 组（*n*=148）或 PVI+RDN 组（*n*=154）。PVI 进行完全肺静脉隔离即消除所有肺静脉潜在电位。RDN 是使用灌注尖端消融导管从两条肾动脉远端到近端以螺旋模式非连续输送射频能量。主要终点是术后 12 个月随访时无心房颤动、心房扑动或房性心动过速。次要终点包括术后 6 个月、12 个月时的血压控制情况。302 例受试者均成功接受了指定的手术。在 148 例仅接受 PVI 的患者中，有 84 例（56.5%）在术后 12 个月未出现房颤、房扑或房速；在 154 例行 PVI+RDN 的患者中，有 111 例（72.1%）在术后 12 个月未出现房颤、房扑或房速（*P*=0.006）。从基线到术后 12 个月，PVI 组的平均收缩压从 151mmHg 降至 147mmHg，PVI+RDN 组则从 150mmHg 降至 135mmHg（组间差异为 −13 mmHg；*P*＜0.001）。手术并发症发生率在 PVI 组中有 7 例（4.7%），PVI+RDN 组有 7 例（4.5%）。作者总结道：在阵发性心房颤动合并高血压患者中，与单纯导管消融术相比，辅以 RDN 可显著降低患者术后 1 年复发房颤的风险。

（四）Pranata Meta 分析

Pranata 等对随机对照临床试验进行了系统的文献检索和 Meta 分析，以评估 RDN 联合使用 PVI 在高血压合并心房颤动患者中的额外治疗效果[16]。在这项对 5 项临床试验的分析中，主要结果是房颤复发，即术后 12 个月随访时房颤 / 房扑 / 房速≥30s。次要结果是手术相关并发症。他们分析了五项研究共 568 例受试者的数据。RDN+PVI 组房颤复发率为 90/280（32.1%），PVI 组房颤复发率为 142/274（51.8%）。RDN+PVI 与较低的房颤复发率相关（RR=0.62，*P*＜0.001）。两组的并发症发生率相似（RDN+PVI 组为 7/241，2.9%；PVI 组为 8/237，3.4%，*P*=0.77）。作者总结道：与单纯 PVI 相比，RDN+PVI 可降低术后 1 年的房颤复发率，而手术相关并发症相近。

（五）AFFORD 研究

AFFORD 研究是一项小型前瞻性单中心研究，旨在探讨使用 Enlighten 射频设备进行 RDN 是否会减轻有症状的房颤合并高血压患者的房颤负荷。使用置入式心脏监护仪（ICM）在术后 6 个月、12 个月随访时对房颤负荷进行评估。共招募了 20 例有症状的阵发性或持续性房颤患者，他们都患有原发性高血压（平均诊室收缩压＞140mmHg）。入选后，在实施 RDN 前 3 个月置入 ICM 以监测房颤负荷。房颤负荷（分钟 / 天）从 RDN 前的中位数（IQR）1.39 降至术后 6 个月的 0.67（*P*=0.64）和术后 12 个月时的 0.94（RDN 前 vs. 术后 12 个月，*P*=0.03）。与 RDN 前相比，术后 6 个月、12 个月的生活质量也明显改善。与 RDN 前相比，诊室血压在术后 12 个月的随访中显著降低（−20 ± 19/−7 ± 10mmHg，*P*＜0.01），动态血压同样下降（−7 ± 16/−3 ± 9mmHg，*P*＞0.05）。AFFORD 研究显示，使用 ICM 评估同样证明 RDN 可减轻房颤负荷，并对生活质量产生积极影响。这是唯一一项评估 RDN 对未接受 PVI 治疗的高血压合并房颤患者影响的研究。

三、结论

交感神经系统在诱发和维持心房颤动方面发挥关键作用。基础和临床研究均表明，抑制或调节中枢交感神经活性可降低心房颤动的发生率和（或）持续性。越来越多的证据表明，RDN 联合 PVI 治疗，可对房颤的复发及未达标高血压合并房颤患者的房颤负荷产生有利影响。此外，所有这些最新的随机研究继续证明，与对照组相比，接受导管 RDN 治疗的患者具有降低血压的效果。RDN 作为拟行 PVI 射频治疗房颤合并高血压患者的标准治疗方案，这一理念仍有待更多大型随机临床试验的验证从而获得监管部门的批准。

参考文献

[1] Estes NAM. Improving outcomes in patients with atrial fibrillation and hypertension 3rd. JAMA. 2020;323(3):221-2.

[2] Kampaktsis PN, Oikonomou EK, Choi DY, Cheung JW. Efficacy of ganglionated plexi ablation in addition to pulmonary vein isolation for paroxysmal versus persistent atrial fibrillation: a meta-analysis of randomized controlled clinical trials. J Interv card Electrophsiol. 2017;50(3):253-60.

[3] Hardy C, Rivarola E, Scanavacca MJ. Role of ganglionated plexus ablation in atrial fibrillation on the basis of supporting evidence. Atr Fibrillation. 2020;13(1):2405.

[4] La Rovere MT, Porta A, Schwartz. Autonomic control of the heart and its clinical impact. a personal perspective. Front Physiol. 2020;12(11):582.

[5] Stavrakis S, Kulkarni K, Singh JP, Katritsis DG, Armoundas AA. Autonomic modulation of cardiac arrhythmias: methods to assess treatment and outcomes. JACC Clin Electrophysiol. 2020;6(5):467-83.

[6] Chen PDS, Chen LS, Fishbein MC, Lin SF, Nattel S. Role of the autonomic nervous system in atrial fibrillation: pathophysiology and therapy. Circ Res. 2014;114(9): 1500-15.

[7] Dzeshka MS, Shahid F, Shantsila A, Lip GYH. Hypertension and atrial fibrillation: an intimate association of epidemiology, pathophysiology, and outcomes. Am J Hypertens. 2017; 30(8):733-55.

[8] Linz D, van Hunnick A, Hohl M, Mahfoud F, et al. Catheter-based renal denervation reduces atrial nerve sprouting and complexity of atrial fibrillation in goats. Circ Arrhythm Electrophsiol. 2015;8:466-74.

[9] Yu L, Huang B, Wang Z, Wang M, Li X, Zhou L, Meng G, Yuan S, Zhou X, Jiang H. Impacts of renal sympathetic activation on atrial fibrillation: the potential role of the autonomic cross talk between kidney and heart. J Am Heart Assoc. 6(3) https://doi.org/10.1161/JAHA.116.004716.

[10] Packer DL, Mark DB, Robb RA, Monahan KH, Bahnson TD, Poole JE, Noseworthy PA, Rosenberg YD, Jeffries N, Mitchell LB, Flaker GC, Pokushalov E, Romanov A, Bunch TJ, Noelker G, Ardashev A, Revishvili A, Wilber DJ, Cappato R, Kuck KH, Hindricks G, Davies DW, Kowey PR, Naccarelli GV, Reiffel JA, Piccini JP, Silverstein AP, Al-Khalidi HR, Lee KL, CABANA Investigators. Effect of Catheter ablation vs antiarrhythmic drug therapy on mortality, stroke, bleeding, and cardiac arrest among patients with atrial fibrillation: the cabana randomized clinical trial. JAMA. 2019;321(13):1261-74.

[11] Pokushalov E, Romanov A, Corbucci G, Artyomenko S, Baranova V, Turov A, Shirokova N, Karaskov A, Mittal S, Steinberg JS. A randomized comparison of pulmonary vein isolation with versus without concomitant renal artery denervation in patients with refractory symptomatic atrial fibrillation and resistant hypertension. J Am Coll Cardiol. 2012;60(13):1163-70.

[12] Steinberg JS, Shabanov V, Ponomarev D, Losik D, Ivanickiy E, Kropotkin E, Polyakov K, Ptaszynski P, Keweloh B, Yao CJ, Pokushalov EA, Romanov AB. Effect of renal denervation and catheter ablation vs catheter ablation alone on atrial fibrillation recurrence among patients with paroxysmal atrial fibrillation and hypertension: the ERADICATE-AF randomized clinical trial. JAMA. 2020;323(3):248-55.

[13] Kiuchi MG, Chen S, Hoye NA, Purerfellner H. Pulmonary vein isolation combined with spironolactone or renal sympathetic denervation in patients with chronic kidney disease, uncontrolled hypertension, paroxysmal atrial fibrillation and a pacemaker. J Interv Card Electrophysiol. 2018;51(1):51-9.

[14] Pokushalov E, Romanov A, Katritsis DG, Artyomenko S, Bayramova S, Losik D, et al. Renal denervation for improving outcomes of catheter ablation in patients with atrial fibrillation and hypertension: early experience. Heart Rhythm. 2014;11(7):1131-8.

[15] Romanov A, Pokushalov E, Ponomarev D, Strelnikov A, Shabonov V, Losik D, et al. Pulmonary vein isolation with concomitant renal artery denervation is associated with reduction in both arterial blood pressure and atrial fibrillation burden data from implantable cardiac monitor. Cardiovasc Ther. 2017;35(4):e12264.

[16] Pranata R, Vania R, Raharjo SB. Efficacy and safety of renal denervation in addition to pulmonary vein isolation for atrial fibrillation and hypertension - systematic review and meta analysis of randomized controlled trials. J Arrhythmia. 2020;36(3):386-94.

[17] Chen S, Kiuchi MG, Yin Y, Liu S, Schratter A, Acou WJ, Meyer C, Pürerfellner H, Chun KRJ, Schmidt BJ. Synergy of pulmonary vein isolation and catheter renal denervation in atrial fibrillation complicated with uncontrolled hypertension: Mapping the renal sympathetic nerve and pulmonary vein (the pulmonary vein isolation plus renal denervation strategy)? Cardiovasc Electrophysiol. 2019;30(5):658-67.

[18] Feyz L, Theuns DA, Bhagwandien R, Strachinaru M, Kardys I, Van Mieghem NM, Daemen J. Atrial fibrillation reduction by renal sympathetic denervation: 12 months results of the AFFORD study. Clin Res Cardiol. 2019;108:634-42.

[19] Linz D, Hohl M, Nickel A, Mahfoud F, Wagner M, Ewen S, Schotten U, Maack C, Wirth K, Bohm M. Effect of renal denervation on neurohumoral activation triggering atrial fibrillation in obstructive sleep apnea. Hypertension. 2013;62:767-74.

[20] Volders PG. Novel insights into the role of the sympathetic nervous system in cardiac arrhythmogenesis. Heart Rhythm. 2010;7:1900-6.

[21] Patterson E, Jackman WM, Beckman KJ, Lazzara R, Lockwood D, Scherlag BJ, Wu R, Po S. Spontaneous pulmonary vein firing in man: relationship to tachycardia-pause early afterdepolarizations and triggered arrhythmia in canine pulmonary veins in vitro. J Cardiovasc Electrophysiol. 2007;18:1067-75.

[22] Scherlag BJ, Patterson E, Po SS. The neural basis of atrial fibrillation. J Electrocardiol. 2006;39:S180-3.

[23] Chang CM, Wu TJ, Zhou SM, Doshi RN, Lee MH, Ohara T, Fishbein MC, Karagueuzian HS, Chen PS, Chen LS. Nerve sprouting and sympathetic hyperinnervation in a canine model of atrial fibrillation produced by prolonged right atrial pacing. Circulation. 2001;103:22-5.

[24] Miyauchi Y, Zhou S, Miyauchi M, Omichi C, Okuyama Y, Hamabe A, Hayashi H, Mandel WJ, Fishbein MC, Chen LS, Chen PS, Karagueuzian HS. Induction of atrial sympathetic nerve sprouting and increased vulnerability to atrial fibrillation by chronic left ventricular myocardial infarction. Circulation. 2001;104:II-77.

[25] Nguyen BL, Fishbein MC, Chen LS, Chen PS, Masroor S. Histopathological substrate for chronic atrial fibrillation in humans. Heart Rhythm. 2009;6:454-60.

[26] Kusunose K, Zhang Y, Mazgalev TN, Van Wagoner DR, Thomas JD, Popovic ZB. Impact of vagal nerve stimulation on left atrial structure and function in a canine high-rate pacing model, vol. 7. Circulation: Heart Failure; 2014. p. 320-6.

[27] Li S, Scherlag BJ, Yu L, Sheng X, Zhang Y, Ali R, Dong Y, Ghias M, Po SS. Low-level vagosympathetic stimulation: a paradox and potential new modality for the treatment of focal atrial fibrillation. Circ Arrhythm Electrophysiol. 2009;2:645-51.

[28] Yu L, Scherlag BJ, Li S, Fan Y, Dyer J, Male S, Varma V, Sha Y, Stavrakis S, Po SS. Low-level transcutaneous electrical stimulation of the auricular branch of the vagus nerve: a noninvasive approach to treat the initial phase of atrial fibrillation. Heart Rhythm. 2013;10:428-35.

[29] Böhm M, Kario K, Kandzari DE, Mahfoud F, Weber MA, Schmieder RE, Tsioufis K, Pocock S, Konstantinidis D, Choi JW, et al. Efficacy of catheter-based renal denervation in the absence of antihypertensive medications (SPYRAL HTN-OFF MED pivotal): a multicentre, randomised, sham-controlled trial. Lancet. 2020;395(10234):1444-51.

[30] Azizi M, Schmieder RE, Mahfoud F, Weber MA, Daemen J, Lobo MD, Sharp ASP, Bloch MJ, Basile J, Wang Y, et al. Six-month results of treatment-blinded medication titration for hypertension control following randomization to endovascular ultrasound renal denervation or a sham procedure in the RADIANCE-HTN SOLO trial. Circulation. 2019;139:2542-53.

[31] Schlaich MP, Sobotka PA, Krum H, Lambert E, Esler MD. Renal sympathetic-nerve ablation for uncontrolled hypertension. N Engl J Med. 2009;361:932-4.

[32] Kandzari DE, Böhm M, Mahfoud F, Townsend RR, Weber MA, Pocock S, Tsioufis K, Tousoulis D, Choi JW, East C, Brar S, Cohen SA, Fahy M, Pilcher G, Kario K, SPYRAL HTN-ON MED Trial Investigators. Effect of renal denervation on blood pressure in the presence of antihypertensive drugs: 6-month efficacy and safety results from the SPYRAL HTN-ON MED proof-of-concept randomised trial. Lancet. 2018;391:2346-55.

[33] Mahfoud F, Renkin J, Sievert H, Bertog S, Ewen S, Böhm M, Lengelé JP, Wojakowski W, Schmieder R, van der Giet M, Parise H, Haratani N, Pathak A, Persu A. Alcohol-mediated renal denervation using the Peregrine system infusion catheter for treatment of hypertension. JACC Cardiovasc Interv. 2020;13:471-84.

[34] Uzuka H, Matsumoto Y, Nishimiya K, Ohyama K, Suzuki H, et al. Renal denervation suppresses coronary hyperconstricting responses after drug-eluting stent implantation in pigs in vivo through the kidney-brain-heart-axis. Arterioscleros Thromb Vasc Med. 2017;37:1869-80.

第12章 去肾神经术治疗室性心律失常的潜力

Potential of Renal Denervation in the Management of Ventricular Arrhythmias

Emanuel M. Ebin Venkatakrishna N. Tholakanahalli 著
孙玉喜 译 王俊文 校

室性快速型心律失常（VA）是心源性猝死的重要原因。最近的人口研究表明，55岁以下的成年人中有千分之一受此疾病影响，而在65岁以上的人群中该病的发生率翻倍[1]。抗心律失常治疗（AAD）一直是VA治疗的中流砥柱，最早发表的前瞻性数据可以追溯到20世纪60年代末[2]。在20世纪80年代，人们首次对VA的治疗进行了手术策略的探索，在20世纪90年代，射频消融术呈爆发性增长，并成为置入型心律转复除颤仪（ICD）治疗重要的补充手段。尽管消融技术在过去30年取得了显著的进步和改进，电生理学家仍然会遇到药物和导管消融都难以治愈的室性心律失常患者。这使得我们不得不考虑一些更为先进的治疗方法，如心脏移植和心室辅助装置，而这些治疗手段在全世界范围内也并不容易实现。心脏交感神经消融术（CSD）和轴向调节在室性心律失常的治疗中展示出一些希望[3]。其中，一种良好的手术术式是心脏双侧交感神经切除术，包括切除星状神经节下半部分、T_2～T_4交感神经链及Kuntz神经。去肾神经术（RDN）被认为是一种接近神经轴向调节的方法，并可以用来治疗VA[4]。

本章，我们将回顾RDN治疗VA的基本原理，并探讨既往的动物研究和人类病例系列。我们将总结RDN作为当前治疗室速的一种辅助手段的未来发展方向，以及提出治疗难治性VA的工作流程。

一、去肾神经术的基本原理

虽然导管消融仍然是室性心律失常根治性治疗的主要方法，但目前已发表的数据显示，其成功率从非缺血性心肌病患者的38%到缺血性心肌病患者的77%不等[5, 6]。事实上，尽管缺血性心肌病的离散通道靶向治疗多年来有所改进，但这与非缺血性心肌病的导管消融并不匹配。通常，缺血性和非缺血性心肌病的疾病进展会导致基质负担增加，结果会导致新发的和恶化的室性心律失常。这可能导致基质难以靶向，特别是室间隔内部或心外膜通道，需要先进的消融技术，而较小的中心则无法实现。

交感神经传入已经被证实在VA的诱导、参与和传播中发挥重要作用。β受体结抗药和ACE抑制药是治疗心肌病的主要药物，它们的成功部分归功于它们减少了心肌细胞的交感神经张力。虽然AAD有助于抑制VA，但随着时间的推移，它的副作用和耐受性使其黯然失色。

经硬膜外麻醉（TEA）对于终止急性 VA 风暴是有用的。该项技术包括在硬膜外短期使用麻醉药来抑制难治性室性心律失常，以及儿茶酚胺敏感性多形性室性心动过速（CPVT）[3, 7]。这些方法虽然有效，但都是权宜之计。早在 1921 年文献中就报道了对心肌进行去神经支配手术[8]，但直到 40 年后才在文献中重新得到关注。该技术采用外科的方法切除左侧或双侧交感神经末梢。较大的临床研究聚焦在症状性长 QT 综合征以及 CPVT[9, 10]。最近发表的回顾性分析发现，心脏去交感神经术作为 ICD 和导管消融的辅助手段在结构性心脏病的治疗中有一定的益处[4]。去神经支配能够减少室性心律失常负荷的证据主要来自原位心脏移植，术后室性心律失常的发生率较低[11]，并且它的出现通常与急性缺血或严重的同种异体移植排斥反应有关[12]。

二、去肾神经术及动物模型

我们已经确定交感神经张力的增加与 VA 和 CSD 有关，并通过对心肌和交感神经链消融的方法证实了这一点。如上文所述，在本书的其他章节中，RDN 的下游效应，无论是通过外科手术还是消融手术，都会导致对心脏的交感传入减少。反过来，这会导致 VA 的发生率下降。先前的动物研究已经证明了去交感神经术对治疗心律失常的益处[13–15]。本章将详细介绍将 RDN 作为治疗 VA 的两项动物研究。

Zhang 等[16]研究了 RDN 对缺血性心肌病大鼠模型心肌纤维化和 VA 的影响。在这个实验中，通过手术途径结扎左前降支（LAD）诱导缺血性心肌病。研究人员给大鼠服用了镇痛药物。对照组大鼠在没有结扎冠状动脉的情况下进行了类似的胸腔镜手术。心肌梗死两周后，通过外科手术切断可视的交感神经，形成双侧 RDN。对照组接受了类似的手术，并没有损伤神经。在第 2 和第 6 周进行超声心动图评估射血分数。在第 4 周，所有大鼠都接受了程序性电刺激的电生理检查。处死大鼠后，进行组织学检查。2 周时的超声心动图证实成功地诱导了心肌梗死。小鼠，其中一组发生了心肌梗死并接受了 RDN，另一组发生了心肌梗死但未接受 RDN，结果显示，未接受 RDN 的小鼠更容易诱发室性心动过速（VT）和心室颤动（VF）。此外，接受 RDN 的小鼠血液中 BNP 的水平也有所降低。最后显示接受 RDN 的小鼠心功能部分恢复。

Linz 等[17]在猪模型中测试了在急性缺血背景下 RDN 对 VA 的抑制。随机选取 13 头猪，其中 7 头接受 RDN，其余 6 头给予了假手术处理。术后 1h，行开胸术，LAD 阻断 20min 后再灌注。在结扎的前 10min，与对照组相比，RDN 组的心室异位发生率显著降低。在 LAD 结扎过程中，所有对照组的猪都出现了 VF，而 RDN 组的猪中只有 14% 出现了 VF。然而，无论是否行 RDN，所有的猪在再灌注期间均发生 VF。这与目前的文献一致，急性缺血期间观察到的心律失常通常与交感神经张力增加和束支传导系统介导的 VA 有关。相比之下，再灌注心律失常与钠离子交换更密切[18]。

三、人类去肾神经术

我们之前讨论过去交感神经支配的基本原理。在动物模型中，我们检查了交感神经在心肌中的作用，以及 RDN 如何帮助治疗难治性室性心律失常。我们将讨论一些病例报告和人类 RDN 病例报告系列，以进一步证明其作为当前主流治疗方式辅助手段的价值。

Vaseghi 等在一项精心设计的回顾性分析中证明，与硬膜前电击相比，去交感神经术，特别是双侧心脏去交感神经术导致 ICD 放电显著减少。他们收集了 41 例 VT 风暴或难治性 VT 患者的资料。所有患者均行左侧或双侧 CSD。在平均 1 年的随访中，放电次数从 19.6 ± 19 减少到 2.3 ± 2.9。此外，在 1 年的随访中，接受了左侧去神经组的患者中有 30% 没有 ICD 放电，而双侧去神经组的患者中有 48% 没有 ICD 放电。虽然是回顾性分析，但这些数据有助于证实心脏交感神经切除可以作为导管消融和抗心律失常治疗的一种辅助手段。

2012 年，Ukena 等发表了一篇关于 RDN 治疗电风暴的病例报告[19]。他们为两例难治性室性心律失常和心肌病的患者选择治疗方案（分别为肥厚型和扩张型），两例患者均行肾动脉导管消融，在 8W 下消融 6 次，持续 2min。第一位肥厚型心肌病的患者，在研究之前排除了冠心病，研究结果显示，出现了起源于左心室基底部的单形性 VT。在到达医院时，他有多次 VA 发作，可以通过抗心动过速起搏来终止。他开始使用利多卡因，转复到正常的窦性心律，逐渐减量过程中出现了 VA 复发。经过 RDN 治疗后，患者停用利多卡因后未再复发。大约 3 周后，他出现 VT，诱导了抗心动过速起搏，成功终止。尽管该例患者出现了继发于低钾血症的室性心律失常，但在此后的 4 个月没有发生其他心律失常事件。第二例扩张型心肌病患者符合 RDN 消融条件，但其拒绝进行导管消融。在他消融后的 24h 内，他出现了 12 次 VF 发作，然而，在第一个 24h 后，没有进一步的发作记录。尽管早期数据也表明该手术的效果不是立即显现的，而是随着时间的推移而持续的，但这些病例仍证明了 RDN 治疗室性心律失常的成功。

Aksu 等[20]证实了 RDN 治疗难治性 CPVT 的优势。1 例已知 CPVT 的 46 岁男性经过 β 受体拮抗药和氟卡胺治疗后反复出现室性心律失常。室性期前收缩被认为是诱发他 VT 的主要原因，因此，他被带到电生理实验室计划消融室性早搏，通过 RDN 手术降低心脏交感神经张力。术后即刻，所有的多形室速都终止了。然而，他确实有持续的单型 VT 发作，可以考虑行 VT 导管消融。虽然之前有关于 CPVT 的交感神经去支配的发表数据，这是首次发表 RDN 作为辅助治疗 VT 的病例。

Hoffman 等[21]发表了一篇 6 岁男孩的病例报告，他发生了急性前壁心肌梗死，罪犯血管为 LAD。经过再灌注后，患者出现多次单型 VT 发作和一次难治性持续性 VF 发作。他接受了导管消融治疗，使心律失常无法诱发。尽管完成了消融手术，他仍有快速型 VT 和 VF 的复发。随后他接受了 RDN 治疗，心律失常负荷立即减轻。在第 23 天，未再记录到 VT 或 VF 发作。这是首次发表的急性缺血导致 VA 的病例。有趣的是，尽管 RDN 后心律失常的负荷立即减轻，但心律失常完全终止发生在术后几周。Feyz 等[22]发表了一例类似的病例，患者因冠状动脉血管痉挛而出现室性心律失常。他在 RDN 后也没有发作室性心律失常。

最后两个病例系列分别是 Jiang[23]及 Armaganijan[24]等报道的。前者是对 8 例接受 ICD 及 RDN 治疗患者的回顾性分析。后者是对 10 例接受 RDN 治疗的患者进行前瞻性观察，以评估治疗后心律失常负荷的情况。在前一项研究中，入组的人群是以非缺血性心肌病为主的亚洲人群，在平均 15 个月的随访中，室性心律失常从平均每月 3.17 次下降到每月 0.10 次。在后一项研究中，研究人群主要是 Chagasic 心肌病患者，在 RDN 手术前的 6 个月，室性心律失常中位发生次数为 28.5 次。在术后第 1 个月和第 6 个月分别减少到 1 次和 0 次。

四、应用射频导管消融的去肾神经术

迄今为止，专门的肾动脉导管消融技术尚未建立。研究 RDN 控制高血压的大型试验有助于建立了一些方案。然而，每个中心之间存在微小的差异。表 12-1 概述了许多关于肾动脉导管消融的已发表数据。简而言之，所有的手术都是在中度至重度镇静下进行的，通常是全身麻醉。在建立股动脉通路后，通常给予肝素以达到 200～250s 的活化凝血时间（ACT）。一根细尾导管在肾动脉水平进入腹主动脉，造影显示肾动脉，随后消融导管通过 45cm 的支撑鞘进入双侧肾动脉。其中，大多数已发表的数据使用了冲洗 – 冷却导管并进入到肾动脉。环形阻断的能量为 6～20W，时间为 20～90s，并将阻抗下降

表 12-1 使用电生理导管的肾动脉消融技术

研 究	患 者	能量 / 温度(W/°C)	动脉数	持续时间（s）	透视时间（min）	硝酸甘油注射
Esler et al[25]	52	<8	最多 6	60～120	不定	不定
Ahmed et al[26]	10	17 ± 3	4.5	26.6	14 ± 5	仅痉挛时使用
Qui et al[27]	21	10	15	60	7.1	不定
Remo et al[28]	4	6～12	不定	60	不定	不定
Jiang et al[23]	8	10	4～10	60	不定	不定

10%～20% 作为消融成功的标志。每完成一处血管的阻断，将导管抽出 5mm，并应用至另一处。一些操作者经验性地将硝酸甘油（200μg）注射到每条肾动脉中，而另一些操作者仅在痉挛时注射。该手术在所有病例系列中报告的不良后果最小，并且其耐受性相对较好。

五、未来的发展方向

我们概述了许多重要的已发表的病例系列和报告，这些病例系列和报告表明 RDN 可以作为 VA 当前治疗方法的辅助治疗，包括药物治疗和导管消融。已公布的数据表明，RDN 不仅有效，而且可以在其他治疗方式失败的情况下使用。虽然本章没有讨论该部分，但随着越来越多的术者在肾动脉导管消融以实现 RDN 的技能方面变得更加专业高效，我们希望看到更多的数据，包括着眼于 RDN 降低 VA 的长期益处的回顾性和更重要的前瞻性研究。如果相关研究证明了 RDN 有效，可以想象，它将在未来成为心室导管消融的一线治疗的辅助方式。

参考文献

[1] Khurshid S, Choi SH, Weng LC, et al. Frequency of cardiac rhythm abnormalities in a half million adults. Circ Arrhythm Electrophysiol. 2018;11(7):e006273.

[2] Gianelly R, von der Groeben JO, Spivack AP, Harrison DC. Spivack AP, Harrison DC. Effect of lidocaine on ventricular arrhythmias in patients with coronary heart disease. N Engl J Med. 1967;277(23):1215-9.

[3] Bourke T, Vaseghi M, Michowitz Y, et al. Neuraxial modulation for refractory ventricular arrhythmias: value of thoracic epidural anesthesia and surgical left cardiac sympathetic denervation. Circulation. 2010;121(21):2255-62.

[4] Vaseghi M, Barwad P, Malavassi Corrales FJ, et al. Cardiac sympathetic denervation for refractory ventricular arrhythmias. J Am Coll Cardiol. 2017;69(25):3070-80.

[5] Dinov B, Fiedler L, Schönbauer R, et al. Outcomes in catheter ablation of ventricular tachycardia in dilated nonischemic cardiomyopathy compared with ischemic cardiomyopathy: results from the prospective heart Centre of Leipzig VT (HELP-VT) study. Circulation. 2014;129(7):728-36.

[6] Tung R, Vaseghi M, Frankel DS, et al. Freedom from recurrent ventricular tachycardia after catheter ablation is associated with improved survival in patients with structural heart disease: an international VT ablation center collaborative group study. Heart Rhythm. 2015;12(9):1997-2007.

[7] Fudim M, Boortz-Marx R, Ganesh A, et al. Stellate ganglion blockade for the treatment of refractory ventricular arrhythmias: a systematic review and meta-analysis. J Cardiovasc Electrophysiol. 2017;28(12):1460-7.

[8] Jonnesco T. Traitement chirurgical de l'angine de poitrine par laresection du sympathique-cervico-thoracique. Press Med. 29:1921.

[9] Schwartz PJ, Priori SG, Cerrone M, et al. Left cardiac sympathetic denervation in the management of high-risk patients affected by the long-QT syndrome. Circulation. 2004;109(15):1826-33.

[10] Collura CA, Johnson JN, Moir C, Ackerman MJ. Left cardiac sympathetic denervation for the treatment of long QT syndrome and catecholaminergic polymorphic ventricular tachycardia using video-assisted thoracic surgery. Heart Rhythm. 2009;6(6):752-9.

[11] Alexopoulos D, Yusuf S, Bostock J, Johnston JA, Sleight P, Yacoub MH. Ventricular arrhythmias in long term survivors

of orthotopic and heterotopic cardiac transplantation. Br Heart J. 1988;59(6):648-52.
[12] Berke DK, Graham AF, Schroeder JS, Harrison DC. Arrhythmias in the denervated transplanted human heart. Circulation. 1973;48(1 Suppl):III112-115
[13] Odenstedt J, Linderoth B, Bergfeldt L, et al. Spinal cord stimulation effects on myocardial ischemia, infarct size, ventricular arrhythmia, and noninvasive electrophysiology in a porcine ischemia-reperfusion model. Heart Rhythm. 2011;8(6):892-8.
[14] Jardine DL, Charles CJ, Ashton RK, et al. Increased cardiac sympathetic nerve activity following acute myocardial infarction in a sheep model. J Physiol. 2005;565(Pt 1):325-33.
[15] Gu Y, Wang L, Wang X, Tang Y, Cao F, Fang Y. Assessment of ventricular electrophysiological characteristics at periinfarct zone of postmyocardial infarction in rabbits following stellate ganglion block. J Cardiovasc Electrophysiol. 2012;23(Suppl 1):S29-35.
[16] Zhang B, Li X, Chen C, et al. Renal denervation effects on myocardial fibrosis and ventricular arrhythmias in rats with ischemic cardiomyopathy. Cell Physiol Biochem. 2018;46(6):2471-9.
[17] Linz D, Wirth K, Ukena C, et al. Renal denervation suppresses ventricular arrhythmias during acute ventricular ischemia in pigs. Heart Rhythm. 2013;10(10):1525-30.
[18] Van Emous JG, Schreur JH, Ruigrok TJ, Van Echteld CJ. Both Na+-K+ ATPase and Na +-H+ exchanger are immediately active upon post-ischemic reperfusion in isolated rat hearts. J Mol Cell Cardiol. 1998;30(2):337-48.
[19] Ukena C, Bauer A, Mahfoud F, et al. Renal sympathetic denervation for treatment of electrical storm: first-in-man experience. Clin Res Cardiol. 2012;101(1):63-7.
[20] Aksu T, Güler TE, Özcan KS, Bozyel S, Yalın K. Renal sympathetic denervation assisted treatment of electrical storm due to polymorphic ventricular tachycardia in a patient with cathecolaminergic polymorphic ventricular tachycardia. Turk Kardiyol Dern Ars. 2017;45(5):441-9.
[21] Hoffmann BA, Steven D, Willems S, Sydow K. Renal sympathetic denervation as an adjunct to catheter ablation for the treatment of ventricular electrical storm in the setting of acute myocardial infarction. J Cardiovasc Electrophysiol. 2013;24(12):E21.
[22] Feyz L, Wijchers S, Daemen J. Renal denervation as a treatment strategy for vasospastic angina induced ventricular tachycardia. Neth Heart J. 2017;25(10):596-7.
[23] Jiang WY, Huo JY, Chen C, et al. Renal denervation ameliorates post-infarction cardiac remodeling in rats through dual regulation of oxidative stress in the heart and brain. Biomed Pharmacother. 2019;118:109243.
[24] Armaganijan LV, Staico R, Moreira DA, et al. 6-month outcomes in patients with implantable cardioverter-defibrillators undergoing renal sympathetic denervation for the treatment of refractory ventricular arrhythmias. JACC Cardiovasc Interv. 2015;8(7):984-90.
[25] Esler M. Renal denervation for treatment of drug-resistant hypertension. Trends Cardiovasc Med. 2015;25(2):107-15.
[26] Ahmed H, Neuzil P, Skoda J, et al. Renal sympathetic denervation using an irrigated radiofrequency ablation catheter for the management of drug-resistant hypertension. JACC Cardiovasc Interv. 2012;5(7):758-65.
[27] Qiu M, Shan Q, Chen C, et al. Renal sympathetic denervation improves rate control in patients with symptomatic persistent atrial fibrillation and hypertension. Acta Cardiol. 2016;71(1):67-73.
[28] Remo BF, Preminger M, Bradfield J, et al. Safety and efficacy of renal denervation as a novel treatment of ventricular tachycardia storm in patients with cardiomyopathy. Heart Rhythm. 2014;11(4):541-6.

第 13 章　去肾神经术与肾性疼痛综合征

Renal Denervation and Kidney Pain Syndromes

Leslie Marisol Lugo-Gavidia　Márcio Galindo Kiuchi　Revathy Carnagarin　Markus P. Schlaich　著
孙玉喜　译　　王俊文　校

缩略语

ADPKD	autosomal dominant polycystic kidney disease	常染色体显性多囊肾病
ESRD	end-stage renal disease	终末期肾病
LPHS	loin pain hematuria syndrome	腰痛血尿综合征
LRV	left renal vein	左肾静脉
NCS	nutcracker syndrome	胡桃夹综合征
NSAID	nonsteroidal anti-infammatory drug	非甾体抗炎药
RAAS	renin-angiotensin aldosterone system	肾素 – 血管紧张素 – 醛固酮系统
RDN	renal denervation	去肾神经术
RF	radiofrequency	射频
TBM	thin basement membrane nephropathy	薄基底膜肾病

肾脏相关疼痛综合征是影响患者生活质量的慢性衰弱性疾病。慢性疼痛综合征需要进行彻底的评估，以确定潜在的病因，来帮助选择适当的治疗方案。在实际情况中，有多种情况可导致慢性腰痛，这些必须作为鉴别诊断的一部分（表 13–1）。应特别注意区分与肾相关的疼痛综合征与非肾性疼痛，如其他的内脏性疼痛或皮肤型（胃、胰腺和主动脉病变也可表现为不寻常的腰痛分布）[1]。肾脏原因可分为血管性、实质性和肾后性（表 13–1）[1, 2]。在肾脏引起的腰痛血尿综合征（LPHS）、常染色体显性多囊肾病（ADPKD）和胡桃夹综合征（NCS）中，由于其重叠特征及在诊断和治疗方面的复杂性而引起特别关注[2]。

一、临床和病理生理考虑

（一）腰痛血尿综合征（LPHS）

LPHS 是一种相对罕见的综合征，一般报道

表 13-1　肾性疼痛综合征的原因

肾性原因			肾外原因
肾血管性	肾实质性	肾后性	
• 肌纤维发育不良 • 肾动脉瘤 / 夹层 • 肾周出血 • 胡桃夹综合征 • 动静脉瘘 • 肾动脉血栓栓塞	• 多囊肾 • 腰痛血尿综合征 • 肾小球疾病 • 黄嘌呤肉芽肿性炎症（XGI） • 肾盂肾炎 / 脓性肾病 • 良性或恶性肾肿瘤	• 输尿管梗阻 • 肾结石 • 腹膜后纤维化 • 肾下垂	• 子宫内膜异位症 • 内脏痛来源于肝、胆囊、卵巢 / 睾丸、胸膜等 • 带状疱疹后遗神经痛 • 神经根病 • 急性间歇性卟啉病 • 家族性地中海热 • 镰状细胞病

的患病率约为 0.012%[2-5]。文献表明在高加索人群中占优势，影响的大多数是女性（70%），主要发生在 30 岁之前，但其发病可能差别很大，有报道称 10—60 岁均可患病[2, 6-9]。既往肾结石病史在 LPSH 患者中很常见（约 50%）[2, 7, 9]。包括心理方面在内的几种情况与 LPSH 有关，这提示了 LPHS 至少在一定程度上可能表现为躯体形式障碍[7, 10]。然而，关于其确切病因和流行病学的数据仍然有限，因为大多数数据来自病例报告和小的病例系列，可能低估了疾病的实际患病率。目前，有多种假说被提出来解释潜在的病理生理机制，包括由于红细胞（肾小球出血）或微晶体（高钙尿或高尿酸尿）引起的小管内阻塞适成肾包膜膨大，进而导致间质水肿和肾小球内高压。[2, 3, 7, 9] 其他潜在的致病因素包括肾血管疾病、血管痉挛、肾静脉瘘、Ⅲ型超敏症（C5b-9 复合物和 C3 在小动脉中沉积）[2, 3, 11]、凝血功能障碍（血小板聚集和纤维蛋白沉积异常）[2, 3, 12] 和输尿管蠕动异常[2, 3, 13, 14]。此外，已经确定了该病的发生与肾小球疾病，特别是特异性 IgA 肾小球肾炎和膜性肾小球疾病（TBM）有关[2, 3, 7]。临床上，LPHS 可分为原发性（特发性）和继发性，如果并发肾小球疾病，以 IgA 肾病最为常见（表 13-2）[2, 7, 9]。继发性的 LPHS 通常需要肾活检来确诊[2]。值得注意的是，TBM 和 IgA 肾病是无症状血尿的常见原因。有专家提出了其他分类方法，1 型 LPSH 通过病因进行分类（表 13-2），而 2 型 LPSH 通常无法确定其病因[5]。该综合征的定义为：严重的腹痛至少 6 个月，并向腹股沟或髂窝发散，伴有血尿（肉眼或镜下）[2-4, 7, 13]。在第一次出现时，疼痛通常是单侧的，但在大多数情况下，随着时间的推移，疼痛会进展为双侧[7, 15]。血尿可持续性或间歇性出现，常与疼痛加重有关[2, 8, 15]。疼痛加重的严重程度、发作频率（每年 2 次到不间断）和持续时间（小时到周）变化很大[8, 15]。发作时可伴有轻度发热、恶心、呕叶、尿频和排尿困难[2, 3, 7, 8, 15]。

有趣的是，高血压和慢性肾脏疾病似乎与 LPSH 没有直接关系。虽然蛋白尿不是 LPSH 所特有的临床特征，但在疼痛加重期间可出现轻度蛋白尿[2, 5, 7]。LPHS 的诊断具有挑战性，因为 LPHS 主要是排除性诊断，详见下文[2, 4]。

（二）常染色体显性多囊肾病（AMPKD）

ADPKD 是最常见的遗传性肾囊性疾病，全球患病率为 1：（800～1000）[16-19]。它的特征是形成多个肾囊肿，导致肾脏进行性扩大和肾功能衰竭。ADPKD 发病通常发生在 40—60 岁的患者中[17, 20]。与 LPSH 相反，肾功能衰竭在 ADPKD 中很常见，它是终末期肾脏疾病（ESRD）的主要原因，约占 ESRD 患者总数的 10%，是全球肾

表 13-2　LPHS 分类

分　类	定　义	病　因	相关的检查结果
原发性 LPHS	未发现后天性肾小球疾病	无	无
继发性 LPHS	LPSH 是由潜在的肾小球疾病引起的	肾小球疾病，IgA 肾病（Berger 病），薄或厚基底膜肾病	尿常规（血尿伴红细胞管型，蛋白尿＞500mg/24h）；变形红细胞；血清肌酐（女性＞1.2mg/dl，男性＞1.4mg/dl）；肾活检；电子显微镜
1 型 LPHS	LPSH 由其他病因导致的	尿路感染	尿培养
		肾结石	膀胱镜检查或计算机断层扫描
		肿瘤（肾细胞癌）	血管造影或 CT 血管造影
		肾动脉夹层	
		复发性肾血栓栓塞	
		动静脉畸形	
		血管瘤	
		胡桃夹综合征	
		输尿管病变（乳头状坏死伴输尿管梗阻）	输尿管镜检查
		多囊肾病	超声
		凝血功能障碍	低肝素凝血酶凝血时间；低Ⅻ因子水平；高 B- 血栓球蛋白；血小板聚集增加；C 反应蛋白水平升高；D- 二聚体含量高
2 型 LPHS	无明确的病因能够解释 LPHS	无	无

脏替代治疗的第四大原因[20-23]。肾脏表现和囊肿扩大相关，包括疼痛、早发性高血压和肾功能衰竭[24]。其中，疼痛是影响 60% ADPKD 患者的最突出症状，该疼痛难以管理，对生活质量将产生重大影响[13, 16-19, 25-29]。据推测，引起疼痛的机制包括囊肿出血或感染、肾结石、囊肿引起的周围组织压迫、肾蒂牵拉、肾包膜膨胀等。该疼痛信号通过肾感觉传入神经传递[18, 19, 26, 30, 31]。

早期发现和处理高血压对于减少心血管并发症［蛋白尿、血尿、肾功能快速下降、左室肥厚（LVH）］非常重要[24]。

其他临床特征包括外脏器囊肿，如肝（30%）、精囊和胰腺等肾外器官的囊肿、肾病、蛋白尿、血尿、颅内或其他动脉动脉瘤、主动脉根部扩张、胸主动脉夹层、主动脉功能不全、二尖瓣脱垂、憩室炎和囊肿感染[16, 24, 25]。对 ADPKD 肾脏以外临床表现的介绍超出了本文的范围。

（三）胡桃夹综合征（NCS）

胡桃夹综合征（NCS）是指主动脉与肠系膜上动脉之间的左肾静脉（LRV）受压[2, 32-34]的临床表现，少数也可发生于椎体（0.8%～7.1%），两者的结合也有报道[32]。其随后将导致 LRV 远端扩张和骨盆瘀血[32]。NCS 的确切患病率尚不明确，但据报道，女性患病率较高[32, 33]。它可以在儿童时期表现出来，据报道发病率高峰发生在20—40岁的患者中[33]。它的临床特征主要包括无法解释的微量或大量血尿，随体力活动增加而发生的骨盆和（或）腰痛，直立性蛋白尿和性腺静脉综合征[2, 32–34]。

二、诊断

许多线索必须认真筛查，以确定肾脏相关疼痛综合征的原因。肾小球疾病应通过尿液分析来评估[2]。判断是否合并泌尿系统感染必须通过尿液培养排除[2, 7, 8]。通常需要一系列影像成像技术（膀胱镜检查、计算机断层扫描、血管造影、CT血管造影、输尿管软镜检查）来明确具体原因，如表13–2所示[2, 7]。尽管肾血管造影中描述了血管变异，包括叶间动脉分叉变宽、扭曲和无血管区聚焦[7]，但LPSH通常表现出不显著的实验室检查和影像学异常。肾活检可用于鉴别特定形式的肾小球病变。其他可能的表现包括小管萎缩、间质纤维化、囊下皮质缺血[7, 15]。

ADPKD的诊断是根据年龄特异性标准，通过超声或MRI识别双侧肾脏或肾外囊肿。ADPKD以常染色体显性方式遗传，需要做基因检测（*PKD1*、*PKD2*、*GANAB*或*DNAJB11*的杂合致病变异）或患有ADPKD的一级亲属来明确诊断[16, 24]。

三、肾相关疼痛综合征的管理策略

这些复杂疼痛综合征的治疗策略通常是采取跨学科的方法。目前的治疗策略是识别潜在的病因，症状治疗主要集中在缓解疼痛。由于可能会发生自发性缓解[2, 3, 7]，在适当的疼痛控制治疗下，症状持续存在至少存在6个月，才会考虑侵入性干预。无论引起慢性腰痛的潜在病因是什么，其管理仍然是一个挑战，必须在所有患者中采用分步管理的方法。表13–3总结了不同疼痛管理方法的作用机制。

（一）保守治疗

建议将保守治疗作为控制轻至中度疼痛的一线治疗。它包括心理治疗和物理治疗（冰、加热垫、涡流浴缸等）的结合，以减少间歇性痉挛。此外，身体姿势对与肾相关疼痛综合征有潜在影响，使得认知行为疗法改变诱发疼痛的姿势和动作成为一种安全、非侵入性的干预措施[19, 26]。Alexander技术，侧重于日常活动中保持适当的姿势，在一些研究中显示对几种疼痛状况有效[30, 35]。

（二）全身治疗

镇痛策略是疼痛管理的基石，即运用大量的药物，以循序渐进的方式进行治疗，包括对乙酰氨基酚、非甾体抗炎药（NSAID）急性发作时使用、COX-2抑制药、非阿片类镇痛药、抗癫痫药、抗抑郁药、肌肉松弛药、阿片类药物等。药物不良反应是一个值得关注的问题，特别是在使用阿片类药物进行长期治疗时，要关注药物依赖和成瘾性[10, 14, 17, 19, 26, 30]。

一些患者可能表现出躯体形式的疼痛，此时，保守治疗也很必要，包括心理支持和潜在的抗抑郁药物［三环类药物、血清素和去甲肾上腺素再摄取抑制药（SNRI）］，抗癫痫药物（加巴喷丁、普瑞巴林等抗惊厥药物）也可使用[1, 36]。

腰痛血尿综合征

在LPSH患者中，如果出现血尿，可以考虑使用非甾体抗炎药，因为它有抗血小板作用。早期的治疗方法包括抗生素，抗血小板药物，然而，由于没有证据表明抗凝治疗有益，因此不再推荐抗凝治疗[2, 7, 37]。用血管紧张素转换酶抑制药（ACEI）靶向抑制肾素–血管紧张素系统也被认为是一种有效的治疗策略，它通过降低肾小球内静水压，更好地控制疼痛和血尿，但证据有限[2, 38]。

Russell等报道了一例他达拉非用于治疗输尿管松弛和缓解肾内痉挛的病例，虽然没有完全缓解疼痛，但疼痛明显减轻，并减少了对药物治疗的需求[39]。

(1) 常染色体显性多囊肾病：对于ADPKD患者，他们往往会出现早期肾功能衰竭，50%的患者在60岁时发展为终末期肾病，由于肾毒性，不建议长期使用可能干扰肾脏代谢的

表 13-3　肾疼痛综合征管理策略的总结

方　法	机制描述和考虑	禁忌证、注意事项	并发症、不良反应	缓解疼痛的有效性	参考文献
物理疗法	减少间歇性痉挛	无	无	无	[19]
Alexander 技术	指导减少有害的姿势和运动习惯	无	无安全隐患	短期	[2, 7, 35]
非甾体抗炎药	全身性镇痛	抗血小板作用引起的血尿发作	肾毒性	短期相关药效学	[2, 7]
阿片类药物	全身性镇痛	不耐受	成瘾	短期相关药效学	[2, 7]
RAAS 抑制药	LPSH：降低肾小球静水压力，减少肾小球毛细血管破裂；	低血压	肾血流量下降；头晕；电解质失衡	中期满意度为 57%	[38]
	ADPKD：控制高血压，保护肾脏	无	肾血流量下降；头晕；电解质失衡	无	[19, 40]
他达拉非	LPSH：输尿管松弛，减少输尿管痉挛，改善输尿管血流灌注	无	无报道	无	[39]
托伐普坦	ADPKD：减少液体产生，减少囊压，减少肾体积	无	• 多尿症 • 烦渴 • 无电解水排泄	长期，3 年[a]	[43]
辣椒素	• 阻断疼痛传递（交感 C 纤维） • 痛觉的消融效应	无	• 严重的膀胱疼痛 • 尿路感染 • 肾痛加重 • 纤维收缩 • 肾毒性 • 肾功能恶化（约 29%）	中短期，2 周～5 个月	[2, 7, 50–54]
神经阻滞	用麻醉药或神经溶解剂阻塞肋间神经、内脏神经和腹腔丛神经	无	无报道	中短期，6 个月～1 年	[26]
神经调节	在 L_3～L_4 置入电极刺激系统	无	无报道	约 6 个月	[56]
减压	ADPKD：囊肿抽吸	囊肿常因液体集聚而复发	无	中短期，约 18 个月	[19, 24]
	ADPKD：硬化治疗使用乙醇，米诺环素或氰基丙烯酸酯正丁酯防止液体再积累	对少量囊肿有效	微量血尿，局部疼痛，短暂发热，全身乙醇吸收	中短期，约 28.5 个月	

（续表）

方　法	机制描述和考虑	禁忌证、注意事项	并发症、不良反应	缓解疼痛的有效性	参考文献
外科 RDN	经胸腔镜、视频胸腔镜或腹腔镜入路行动脉周围神经的环状剥离术	高出血风险 慢性肾病	外科相关的风险	中长期	[19, 26]
射频 RDN	• 射频能量使每个肾动脉的局部温度升高 • 多肾动脉和分支应治疗	• eGFR ＜45ml/（min・$1.73m^2$） • 既往肾动脉血管成形术 • 既往肾动脉支架置入 • 解剖变异（动脉瘤，严重 RA 狭窄，过度扭曲） • 主动脉瘤 • 怀孕	• 穿刺部位并发症（股血肿、轻度伤口感染、夹层、假性动脉瘤） • 肾动脉夹层 • 先前存在的肾狭窄的进展，内膜和中膜的热损伤	中长期	[55, 66, 81]
超声 RDN	• 超声能量热周消融 • 肾动脉单次消融	同上	穿刺部位并发症（股血肿、轻度伤口感染、夹层、假性动脉瘤）	中长期	[62]
乙醇 RDN	• 微针将乙醇输送到网膜周围空间 • 肾动脉单次消融	同上	微渗漏、血管夹层	中长期	[63]
外科自体移植	切除肾脏及输尿管上段，切除肾神经，囊膜切开术，再植入术	以前的肾去神经手术形成的瘢痕会影响手术的成功	• 严重硬化症 • 肾动脉闭塞 • 肾静脉血栓形成 • 感染 • 神经卡压 • 机械并发症 • 肾切除术	中长期复发率 10%～25%	[7, 55]
肾切除术	ADPKD：单侧或双侧透析	终末期肾病患者的最后治疗策略是全肾切除	手术相关	长期	[19]
经导管动脉栓塞	ADPKD：肾体积减小（47%），压迫减轻	适用于不适合手术的终末期肾脏患者	手术相关	长期	[19]

RAAS. 肾素－血管紧张素－醛固酮；ADPKD. 常染色体显性多囊肾病；LPHS. 腰痛血尿综合征；RDN. 去肾神经术
a. 研究随访时间

药物[22]。非甾体抗炎药必须在疼痛加剧时，尤其是肾功能受损时才能使用。既往研究支持肾素–血管紧张素–醛固酮系统（RAAS）在高血压发病和促发肾囊肿中的作用[19, 38, 40–42]。ACEI 或血管紧张素受体拮抗药（ARB）是早期高血压控制的首选药物，已经有人提出它们可以保护肾脏，减少肾脏总容积，降低左心室肥厚的发生率，然而，多个研究之间存在一些差异，这一假设有待证实[19, 22, 38, 40]。与安慰剂相比，抗利尿激素 V_2 受体拮抗药托伐普坦在减少囊肿生长、肾脏总体积和延缓肾功能下降方面显示出疗效[13, 17, 22, 24, 43]。

（三）局部镇痛

1. 支配肾脏的神经作为治疗靶点

肾脏由在不同水平上调节肾功能的传出交感神经支配。在此背景下，肾脏的密集神经支配与感觉传入纤维介导疼痛的感知是特别有趣的。神经纤维绕肾动脉以轴向会聚，经肾门与肾动脉一起进入肾脏（图 13–1）[19, 26, 44, 45]。肾的交感神经支配主要来源于皮质器官神经胶质和内脏神经，这些神经汇聚到肾丛，支配血管和平滑肌。这些信号最终被整合到下丘脑室旁核[46]。

感觉神经主要位于肾盆腔区，尤以盆腔壁为主[46]。疼痛信号主要通过无髓鞘的 C 纤维（疼痛感知）和少量位于肾动脉外膜的 Aδ 纤维传递[14, 46]。它们通过肠系膜和肾丛，沿内脏神经传递至 T_{11}～L_1 的背根，最终到达脊髓丘脑束，在内侧延髓网状结构中进行整合（图 13–1）[14, 26, 45–49]。

传入信号主要源自肾盂和肾脏内组织中化学受体的刺激，这些信号通过无髓鞘的小纤维传递[46]。同时，肾脏实质中的机械受体对肾内压力变化做出反应，这些信号则通过有髓鞘的大纤维传递。机械受体的刺激会增加同侧的传入活动[46]。来自肾脏的内脏疼痛信号通过内脏神经介导，而来自输尿管感觉纤维的信号通过交感通路连接，并在

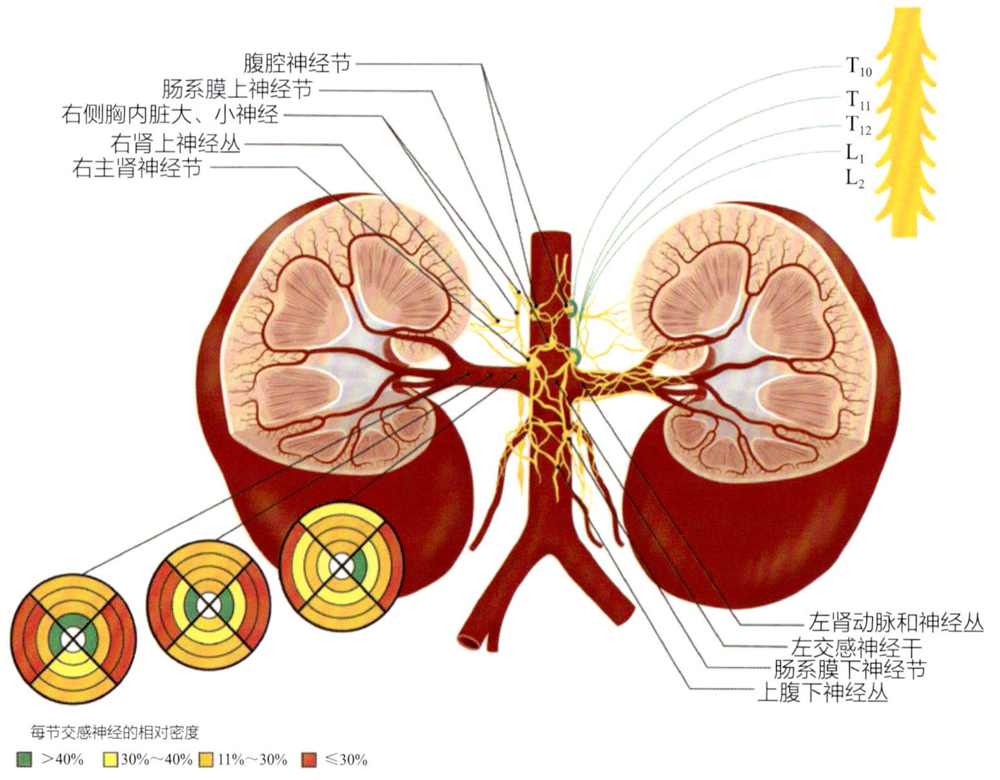

▲ 图 13–1 肾脏神经支配概述

肾脏由传入伤害性感觉纤维和传出交感神经纤维密集支配。它们沿着肾动脉分布使得腔内靶向导管为基础的去神经方法治疗肾脏相关疼痛综合征成为可能。绿色的虚线表示交感神经的组成部分

T_{11} 和 L_2 处进入脊髓，即受输尿管疼痛影响的皮节。肾脏神经在疼痛信号传递中的重要作用使其成为一个重要的治疗靶点，下面将详细讨论。

2. 神经阻滞

作为避免长期用药的另一种选择，局部麻醉方法已经被逐步地开发。通过硬膜外输注丁哌卡因或阿片类药物等方法已开始显现出益处[3, 4, 50]。多项研究已经试验了在 LPSH 患者中局部、输尿管内或肾内输注辣椒素，该技术旨在破坏交感 C 纤维的传递，因为它们能消耗底物 P，作为兴奋毒素并吞噬伤害性终端信号[2–4, 7, 50–54]。现有数据表明，这种方法的反应率为 25%～100%，中短期为 2 周到 5 个月，因为神经再生而使该方法存在一定的局限性[2, 4, 7, 50, 52, 53]。辣椒素应谨慎使用，因为它也会影响肾细胞，可能会导致并发症［肾功能恶化（约 29%），广泛的化学炎症导致纤维化和狭窄］[2, 4, 7, 50, 53]。

其他局部镇痛方法已被用于抑制肾神经活动。其中，肋间神经、内脏神经和腹腔丛神经阻滞已被用于缓解疼痛[2, 4, 7, 55]。这可以通过在透视指导下局部使用相关的局部麻醉剂如乙醇或苯酚来实现。结合脊髓刺激，一种通过在硬膜外植入电极靶向作用于脊柱的神经调节方法，可能有助于延长效果的持续时间[4, 13, 19, 26, 29, 30, 56]。在 6 个月的随访中，神经刺激的使用减轻了疼痛和药物的使用[56]。

（四）介入方法

虽然上述治疗方案广泛使用，但对某些患者无效的情况比较常见，特别是对持续时间较长的疼痛。当其他策略失败时，新的介入方法可能提供有价值的治疗选择（图 13–2）。

1. 微创手术入路

当囊肿较少时，囊肿抽吸是首选，也是侵入性最小的选择，疼痛复发率为 67%。硬化疗法（乙醇、二甲胺四环素或正丁基氰酸酯）可用于进一步缩小囊肿大小。如果疼痛是由多个囊肿引

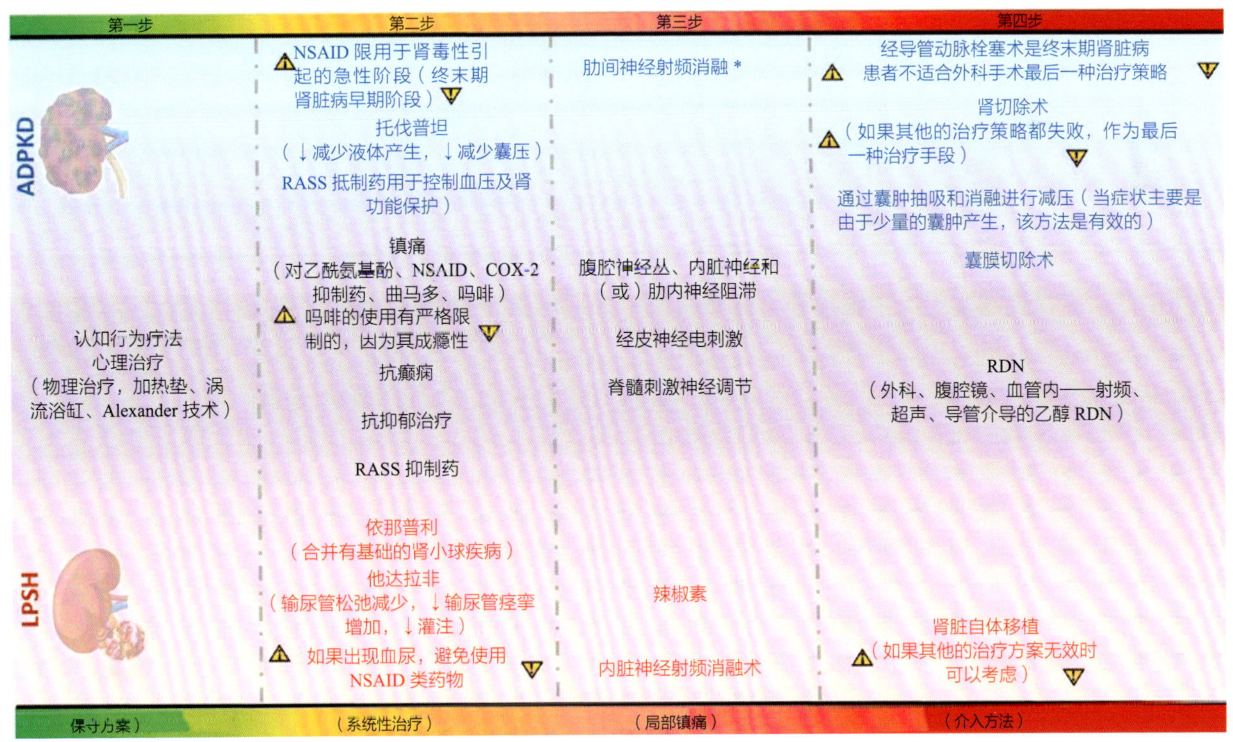

▲ 图 13–2　肾性疼痛综合征的治疗流程

黑色字母表示用于 LPSH 和 ADPKD 的疗法。蓝色字母中说明了需要考虑的注意事项，并且仅在 ADPKD 治疗方法中被报告。红色字母表示需要考虑的注意事项，仅在 LPSH 中被报道

*. 数据来自病例报道

起的，通过囊膜切除术减少囊膜和实质的压力有助于缓解疼痛 [16, 19, 30, 57]。对于肾外囊肿，特别是肝脏囊肿患者，除了需要肝切除术外，还应考虑囊肿开窗术 [19, 24]。

2. 去肾神经术

RDN 已被提出作为肾脏相关疼痛综合征的潜在治疗选择，并且可能是特异性靶向传入感觉神经以改善疼痛的安全选择。虽然各种肾神经消融方法都能将能量输送到肾动脉周围的所有神经，但治疗肾相关疼痛综合征的重点是破坏肾传入纤维 [13, 19, 31]。它们位于肾动脉周围的外膜层，使得它们可以通过外科解剖入路及腔内血管内消融入路干预。RDN 导致的传入信号中断可能会使疼痛的传递失效，而不会导致肾功能的进展或恶化 [58]。

(1) 外科 RDN：外科 RDN 可通过胸腔内镜、胸腔镜或腹腔镜入路。它包括在肾门处对肾动脉进行彻底的大范围剥离，对神经进行环向剥离。值得注意的是，约 28% 的患者存在多支肾动脉，在这种情况下，必须处理每条动脉 [19, 26]。

(2) 基于消融的 RDN：基于经皮导管的 RDN 是一种血管内入路，具有微创的优点。经导管 RDN 可伴有严重内脏疼痛，但目前常规使用的镇痛足以避免手术过程中的严重紊乱疼痛 [14, 59, 60]。肾动脉沿线的神经分布可能比之前预计的更为复杂。在肾动脉的近端和中段，观察到了更高的神经密度，并且腹侧区域相比于背侧区域，环形神经分布最为显著（图 13–1）[44, 61, 62]。此外，在肾动脉分叉和分支之前，神经位于远端动脉更靠近内膜的地方（图 13–1）[44, 58, 61, 62]。因此，为了达到有效的 RDN，通常需要进行多次环形消融 [44, 61, 62]。

几种 RDN 设备已经在临床试验中进行了测试，都具有良好的安全性。射频（RF）介导的 RDN 利用射频能量提高局部区域的温度来实现神经消融。肾动脉分支和副肾动脉消融明确可提高手术的准确性 [58]。基于超声的 RDN（Paradise 去肾神经系统，ReCor）利用超声能量进行环周热消融 [58]。导管介导的乙醇 RDN 使用一种新的传递系统（Peregrine 输注导管系统，Ablative Solutions,Inc.），使用 3 根可伸缩微针（220μm），以微剂量（每根肾动脉 0.15～0.6ml）脱水乙醇作为神经溶解剂实现化学去神经作用 [63, 64]。该手术也会发生术中疼痛（43% 为中度至重度），在输注后 2min 内疼痛减轻。

大多数可用的临床试验和注册数据，已经明确了最初的 RF 单电极 Symplicity-flex 导管和随后的新一代多电极 Symplicity- Spyral system（Medtronic，InC）对于高血压患者，可以提高疗效，减少手术时间和安全性 [65–68]。后者由 4 个呈螺旋状分布的电极组成，在其分支的 4 个象限上同时完成 4 次 60s 的消融操作 [66, 66]。最近在服用或停用降压药物的患者中进行的随机、对照临床研究清楚地表明,RDN（RF 或超声）可降低血压，且无重大不良反应发生 [65, 67, 69–71]。

令人欣慰的是，上述 3 种方法均不会增加急性肾损伤、肾恶化或狭窄、血栓、夹层、穿孔、纤维化或坏死的风险 [63, 64]。值得注意的是，通常不推荐对既往有肾动脉介入治疗（包括血管成形术或血管内支架）的患者进行 RDN 治疗（表 13–4）。虽然上述所有介入消融方法均显示出降低血压的有效性，但尚未进行随机对照研究来探讨 RDN 改善肾脏相关疼痛综合征的有效性。然而，基于导管的 RDN 的明显安全性及其靶向肾传入神经的能力使得 RDN 在这种情况下成为一种有吸引力的潜在治疗选择。事实上，从较小的病例系列和个别病例报告中获得的临床数据令人鼓舞，总结如下。

(3) 目前的证据：目前大多数证据来自个案报告和小规模病例系列，这些研究将 RDN 作为其他治疗方案失败后的最后选择（表 13–4）。虽然这些病例报告了良好的治疗效果，但由于缺乏长期随访且缺乏对照组，结果的可靠性受到限制 [14, 45, 72–75]。

病例系列数据及其主要发现的汇总见表 13–4[13, 18, 48, 49, 55, 76–80]。在 LPSH 患者中应用手术

表 13-4　当前病例系列和介入方法报告的总结

作者（年份）	LPHS/ADPKD	患者数量[a]	初始行手术数量	手术类型	疼痛成功缓解（手术次数）	二次手术（患者数量）	疼痛缓解持续时间	报告的随访时间	报告 RDN 相关并发症	参考文献
Andrews et al.（1997）	LPHS[b]	21	27（6 双侧）	外科	27（4）	18（9）	28～111 个月	28～140 个月	无	[76]
Sheil et al.（1998）	LPHS	20	24（4 双侧）	外科	18（8）	12（4）	7.8～9 年	6～9.9 年	轻度伤口感染	[55]
Valente et al.（2001）	ADPKD	1	2	腹腔镜	2（2）	0	无	无	无	[45]
Chapuis et al.（2004）	ADPKD	1	1	腹腔镜	1（1）	0	2 年	2 年	无	[75]
Greenwell et al.（2004）	LPHS	24	25（1 双侧）	外科	25（7）	18（7）	0～120 个月	1～168 个月	无	[77]
Resnick et at.（2006）	ADPKD	4	5（1 双侧）	腹腔镜	5（5）	无	6～16 个月	6～16 个月	尿漏（n=1）	[79]
Casale et al.（2008）	ADPKD	12	16（4 双侧）	腹腔镜	12（9）	无	18～41 个月	18～41 个月	尿漏（n=1）	[80]
Kadi et al.（2013）	LPHS	9	11（2 双侧）	腹腔镜	9（4）	5（1）	无	12～93 个月	无明显并发症	[49]
Shetty et al.（2013）	PKD	1	2（1 双侧）	介入	2（2）	0	12 个月	12 个月	小血肿，无血管损伤	[73]
Gambaro et al.（2013）	LPSH	1	1	介入	1（1）	0	6 个月	6 个月	动脉壁改变无病理意义	[14]
Casteleijn et al.（2017）	ADPKD	5[c]	5	介入	5（3）	2（1）	无	12～19 个月	术中肾动脉痉挛	[18]
Prasad et al.（2017）	LPHS	4	8（4 双侧）	介入	8（4）	无	无	6 个月	无	[78]
De Jager et al.（2017）	LPHS/ADPKD[d]	11	13（2 双侧）	介入	无	无	无	12 个月	轻度肾功能减退（n=1）	[13]
Prasad et al.（2018）	LPHS	12	24（12 双侧）	介入	无	12（6）	无	6 个月	穿刺部位疼痛，术后 48～72h 活动能力差	[48]

a. 纳入最终分析的患者数量
b. 3 例患者有其他原因导致肾痛
c. 患者之前接受过腹腔神经阻滞，失败的患者被转诊至 RDN
d. 6 例 LPHS 和 5 例 ADPKD

RDN 的最大报道来自外科手术的 RDN 队列研究。Andrew 等报道了 27 例 RDN 使得 4 个肾脏永久性疼痛缓解的病例。另外 3 例患者通过第二次手术完全缓解了疼痛。其余患者的中位无痛间隔为 7.5 个月[76]。在 Sheil 等进行的一项研究中，平均随访 8 年，无痛率更高（36%）[55]。此外，Greenwell 等报道了 24 例患者共接受 33 次手术干预（25 例初始手术和 8 例后续 RDN），中位随访时间为 39.5 个月，其中症状复发和随后对侧疼痛的出现频率为 14%，有 9 例（27.2%）肾脏疼痛完全缓解[77]。

2001 年腹腔镜下 RDN 被证明可以用于治疗 ADPKD 相关疼痛。患者报告疼痛减轻，肾功能和血压无变化。这是 ADPKD 的首个病例报告，然而没有后续随访信息可用[45]。在 1 例伴有顽固性疼痛的 47 岁女性 ADPKD 患者中也观察到类似的结果。在 2 年的随访中，患者的疼痛得到了完全缓解[75]。

其他关于腹腔镜 RDN 的小规模调查报告了不同的疼痛缓解率（44%～100%），疼痛缓解持续时间长达 41 个月[49, 79, 80]。

经皮 RDN 治疗 LPHS 和肾脏相关疼痛的最初报道来自病例报告。Shetty 等报道了一例经皮 RDN 治疗肾性疼痛综合征成功的病例，随访 12 个月后疼痛完全缓解[73]。Gambaro 等对 1 例 40 岁的 LPHS 合并高血压危象的患者采用了相同的方法。术后疼痛立即缓解，随访 6 个月无高血压危象发生[14]。

在包括 LPSH 和 ADPKD 患者在内的更大的系列研究中得到了较为类似的结果，即在 12 个月的随访时间里，患者疼痛程度（通过视觉模拟量表评分评估）及服用止痛药的数量均减少[13]。一项评估 12 例 LPSH 患者双侧血管内 RDN 的有效性的单臂研究报告，自我报告的疼痛评分（McGill 疼痛问卷）从基线到 3 个月和 6 个月的随访中显著降低（分别为 38.5、7.5 和 2.0）。据报道，在残疾、情绪和生活质量方面也有改善[48]。

RDN 似乎实现了疼痛感知的持续改善和止痛药摄入的减少，这直接影响了这些患者的生活质量[13, 18, 48, 78]。在这类患者中没有出现重大的安全问题，主要是与血管通路相关的轻微并发症，类似于先前 RDN 治疗难治性高血压文献中的报道[14, 18, 55, 73, 79, 80]。由于病例报告中的手术主要用于控制疼痛，只有 3 项研究报道了 RDN 后血压持续降低[13, 18, 73]。值得注意的是，有 1 例合并严重高血压和肾脏相关疼痛综合征的患者不仅表现出明显的疼痛缓解，而且血压从 170/108mmHg 降至 126/74mmHg[73]。因此，对于两种情况都很明显的患者，如 ADPKD，RDN 可能特别有用。重要的是，无论第一次手术的结果如何，一些患者可能出现对侧疼痛或复发，需要进行二次 RDN 或在更严重的情况下进行自体移植[49, 77]。

虽然上述成功率可能与技术本身的特点（如侵入性小、选择性强、并发症发生率低）、手术次数、疼痛缓解持续时间、复发率有关，在解释所提供的结果时，需要考虑疼痛程度，以及最重要的随访时间[13, 18, 48, 49, 55, 72, 76–81]。

3. 自体肾移植和肾切除术

LPSH：自体肾移植是另一种治疗策略。它需要完全切除肾脏和上输尿管，并从肾门处完全切除肾神经和淋巴组织（可以进行额外的囊膜切除术），然后将肾脏重新植入同侧髂窝至髂血管。它已被证明能够长期缓解疼痛，并且由于神经再生，疼痛复发率较低。然而，血尿经常持续存在[2, 7, 55]。如果其他方法都失败了，这个术式可以被认为是最后的策略。

ADPKD：对于 ESRD 患者，如果其他选择都失败，可以考虑进行单侧或双侧肾切除术，然后进行透析或肾移植。对于不适合肾切除的 ESRD 患者，经导管栓塞肾动脉远端分支可减少肾容量，缓解与压力升高相关的症状[13, 19]。

四、前景和未来的方向

目前可获得的证据相当有限，而且大多来自临床经验和小规模病例系列，而不是随机试验。考虑到 RCT 数据的缺乏以及目前关于成功率和疼痛复发率的不确定性，RDN 目前尚未广泛用于肾脏相关疼痛综合征，通常仅在熟悉经导管 RDN 的中心视情况而定，在这些中心 RDN 主要用于降压。而来自病例报告和小病例系列的现有数据表明基于导管的 RDN 可能在肾脏相关疼痛综合征的复杂治疗中发挥作用，未来需要更大规模、设计合理的临床试验来提供充分的证据，以更广泛地使用这种方法。为了评估 RDN 对疼痛的影响，特别是在 ADPKD 的情况下，已经进行了多次随机试验。不幸的是，其中一项研究（使用 Vessix™ 设备在伴有严重衰弱性疼痛的 ADPKD 患者中进行经导管 RDN 治疗的安全性和优效性；NCT02746419）由于 RDN 导管设备从市场上移除而被迫终止。RAFALE 研究（射频消融治疗 ADPKD 患者血压和疾病进展控制；NCT01932450）是一项开放标签的单中心研究，该研究旨在通过 12 个月的随访，比较基于导管的 RDN 与单独降压药物对 ADPKD 患者血压控制的疗效，该研究结果尚未公布。

梅奥诊所进行了一项前瞻性研究，以评估胸腔镜 RDN 对疼痛控制、阿片类药物使用、生活质量、肾血流量（通过 MRI 测量）和肾功能的影响。ADPKD 疼痛研究（NCT00571909）招募了 18 例患者进行了为期 2 年的随访。虽然目前仅发表了初步结果，但这些结果令人鼓舞，因为所有报告的 10 例患者都表示在手术后疼痛强度立即减轻。本研究的最终结果将更好地概述 RDN 长期使用的有效性[19, 30]。

在这个阶段，这些报告提供的令人鼓舞的临床证据表明，当其他更成熟的治疗方法失败时，基于导管的 RDN 可以被视为肾脏相关疼痛综合征的潜在治疗选择。它应该在一个对经导管 RDN 有经验的中心进行。最重要的是，现在似乎是时候设计适当的临床试验来探索基于导管的 RDN 的效用，并进行足够的长期随访，为这种手术方法提供更多的科学证据。

参考文献

[1] Dewar MJ, Chin JL. Chronic renal pain: an approach to investigation and management. Can Urol Assoc J. 2018;12(6 Suppl 3):S167-S70. https://doi.org/10.5489/cuaj.5327.

[2] Zubair AS, Salameh H, Erickson SB, Prieto M. Loin pain hematuria syndrome. Clin Kidney J. 2016;9(1):128-34. https://doi.org/10.1093/ckj/sfv125.

[3] Taba Taba Vakili S, Alam T, Sollinger H. Loin pain hematuria syndrome. Am J Kidney Dis. 2014;64(3):460-72. https://doi.org/10.1053/j.ajkd.2014.01.439.

[4] Grech AK. Loin pain haematuria syndrome - a narrative review of pain management strategies. Korean J Pain. 2016;29(2):78-85. https://doi.org/10.3344/kjp.2016.29.2.78.

[5] Bath NM, Williams DH, Sollinger HW, Redfield RR 3rd. Commentary: loin pain Hematuria syndrome. J Rare Dis Res Treatment. 2018;3(4):1-3. https://doi.org/10.29245/2572-9411/2018/4.1169.

[6] Eisenberg ML, Lee KL, Zumrutbas AE, Meng MV, Freise CE, Stoller ML. Long-term outcomes and late complications of laparoscopic nephrectomy with renal autotransplantation. J Urol. 2008;179(1):240-3. https://doi.org/10.1016/j.juro.2007.08.135.

[7] Dube G, Hamilton S, Ratner L, Nasr H, Radhakrishnan J. Loin pain hematuria syndrome. Kidney Int. 2007;70:2152-5. https://doi.org/10.1038/sj.ki.5001946.

[8] Spitz A, Huffman JL, Mendez R. Autotransplantation as an effective therapy for the loin pain-hematuria syndrome: case reports and a review of the literature. J Urol. 1997;157(5):1554-9. https://doi.org/10.1016/s0022-5347(01)64792-x.

[9] Spetie DN, Nadasdy T, Nadasdy G, Agarwal G, Mauer M, Agarwal AK, et al. Proposed pathogenesis of idiopathic loin pain-hematuria syndrome. Am J Kidney Dis. 2006;47(3):419-27. https://doi.org/10.1053/j.ajkd.2005.11.029.

[10] Bass CM, Parrott H, Jack T, Baranowski A, Neild GH. Severe unexplained loin pain (loin pain haematuria syndrome): management and long-term outcome. QJM: An Int J Med. 2007;100(6):369-81. https://doi.org/10.1093/qjmed/hcm034.

[11] Naish PF, Aber GM, Boyd WN. C3 deposition in renal arterioles in the loin pain and haematuria syndrome. Br Med J. 1975;3(5986):746. https://doi.org/10.1136/bmj.3.5986.746.

[12] Siegler RL, Brewer ED, Hammond E. Hammond E. Platelet activation and prostacyclin supporting capacity in the loin pain hematuria syndrome. American J Kidney Dis. 1988;12(2):156-60. https://doi.org/10.1016/s0272-6386(88)80012-x

[13] de Jager RL, Casteleijn NF, de Beus E, Bots ML, Vonken E-JE, Gansevoort RT, et al. Catheter-based renal denervation

as therapy for chronic severe kidney-related pain. Nephrol Dialysis Transplant. 2017;33(4):614-9. https://doi.org/10.1093/ndt/gfx086.

[14] Gambaro G, Fulignati P, Spinelli A, Rovella V, Di Daniele N. Percutaneous renal sympathetic nerve ablation for loin pain haematuria syndrome. Nephrol Dial Transplant. 2013;28(9):2393-5. https://doi.org/10.1093/ndt/gft059.

[15] Weisberg LS, Bloom PB, Simmons RL, Viner ED. Loin pain hematuria syndrome. Am J Nephrol. 1993;13(4):229-37. https://doi.org/10.1159/000168625.

[16] Torres VE, Harris PC, Pirson Y. Autosomal dominant polycystic kidney disease. Lancet. 2007;369(9569):1287-301. https://doi.org/10.1016/S0140-6736(07)60601-1.

[17] Halvorson CR, Bremmer MS, Jacobs SC. Polycystic kidney disease: inheritance, pathophysiology, prognosis, and treatment. Int J Nephrol Renovasc Dis. 2010;3:69-83.

[18] Casteleijn NF, van Gastel MDA, Blankestijn PJ, Drenth JPH, de Jager RL, Leliveld AM, et al. Novel treatment protocol for ameliorating refractory, chronic pain in patients with autosomal dominant polycystic kidney disease. Kidney Int. 2017;91(4):972-81. https://doi.org/10.1016/j.kint.2016.12.007.

[19] Tellman MW, Bahler CD, Shumate AM, Bacallao RL, Sundaram CP. Management of pain in autosomal dominant polycystic kidney disease and anatomy of renal innervation. J Urol. 2015;193(5):1470-8. https://doi.org/10.1016/j.juro.2014.10.124.

[20] Chapman AB, Devuyst O, Eckardt K-U, Gansevoort RT, Harris T, Horie S, et al. Autosomal-dominant polycystic kidney disease (ADPKD): executive summary from a kidney disease: improving global outcomes (KDIGO) controversies conference. Kidney Int. 2015;88(1):17-27. https://doi.org/10.1038/ki.2015.59.

[21] Chapman AB. Approaches to testing new treatments in autosomal dominant polycystic kidney disease: insights from the CRISP and HALT-PKD studies. Clin J Am Soc Nephrol. 2008;3(4):1197-204. https://doi.org/10.2215/CJN.00060108.

[22] Harris PC, Torres VE. Polycystic Kidney Disease, Autosomal Dominant. In: Adam MP, Ardinger HH, Pagon RA, Wallace SE, Bean LJH, Stephens K, et al., editors. GeneReviews(®). Seattle (WA): University of Washington, Seattle. Copyright © 1993-2020, University of Washington, Seattle. GeneReviews is a registered trademark of the University of Washington, Seattle. All rights reserved.; 1993.

[23] Willey CJ, Blais JD, Hall AK, Krasa HB, Makin AJ, Czerwiec FS. Prevalence of autosomal dominant polycystic kidney disease in the European Union. Nephrol Dialysis Transplant. 2017;32(8):1356-63. https://doi.org/10.1093/ndt/gfw240.

[24] Harris PC, Torres VE. Polycystic kidney disease. Annu Rev Med. 2009;60:321-37. https://doi.org/10.1146/annurev.med.60.101707.125712.

[25] Chebib FT, Torres VE. Autosomal dominant polycystic kidney disease: Core curriculum 2016. Am J Kidney Dis. 2016;67(5):792-810. https://doi.org/10.1053/j.ajkd.2015.07.037.

[26] Bajwa ZH, Gupta S, Warfield CA, Steinman TI. Warfield CA, Steinman TI. Pain management in polycystic kidney disease. Kidney Int. 2001;60(5):1631-44. https://doi.org/10.1046/j.1523-1755.2001.00985.x.

[27] Bajwa ZH, Sial KA, Malik AB, Steinman TI. Pain patterns in patients with polycystic kidney disease. Kidney Int. 2004;66(4):1561-9. https://doi.org/10.1111/j.1523-1755.2004. 00921.x.

[28] Miskulin DC, Abebe KZ, Chapman AB, Perrone RD, Steinman TI, Torres VE, et al. Health-related quality of life in patients with autosomal dominant polycystic kidney disease and CKD stages 1-4: a cross-sectional study. Am J Kidney Dis. 2014;63(2):214-26. https://doi.org/10.1053/j.ajkd.2013.08.017.

[29] Walsh N, Sarria JE. Management of chronic pain in a patient with autosomal dominant polycystic kidney disease by sequential celiac plexus blockade, radiofrequency ablation, and spinal cord stimulation. Am J Kidney Dis. 2012;59(6):858-61. https://doi.org/10.1053/j.ajkd. 2011. 12.018.

[30] Hogan MC, Norby SM. Evaluation and management of pain in autosomal dominant polycystic kidney disease. Adv Chronic Kidney Dis. 2010;17(3):e1-e16. https://doi.org/10.1053/j.ackd.2010.01.005.

[31] Kopp UC. Role of renal sensory nerves in physiological and pathophysiological conditions. Am J Physiol Regul Integr Comp Physiol. 2015;308(2):R79-95. https://doi.org/10.1152/ajpregu.00351.2014.

[32] Ananthan K, Onida S, Davies AH. Nutcracker syndrome: an update on current diagnostic criteria and management guidelines. Eur J Vasc Endovasc Surg. 2017;53(6):886-94. https://doi.org/10.1016/j.ejvs.2017.02.015.

[33] Kurklinsky AK, Rooke TW. Nutcracker phenomenon and nutcracker syndrome. Mayo Clin Proc. 2010;85(6):552-9. https://doi.org/10.4065/mcp.2009.0586.

[34] Alcocer-Gamba MA, Martínez-Chávez JA, Alcántara-Razo M, Eid-Lidt G, Lugo-Gavidia LM, García-Hernández E, et al. Successful endovascular treatment of nutcracker's syndrome with self-expanding stent. Archivos de cardiologia de Mexico. 2012;82(4):303-7. https://doi.org/10.1016/j.acmx.2012.09.006.

[35] Woodman JP, Moore NR. Evidence for the effectiveness of Alexander technique lessons in medical and health-related conditions:a systematic review. Int J Clin Pract. 2012;66(1):98-112. https://doi.org/10.1111/j.1742-1241. 2011. 02817.x.

[36] Coffman KL. Loin pain hematuria syndrome: a psychiatric and surgical conundrum. Curr Opin Organ Transplant. 2009;14(2):186-90. https://doi.org/10.1097/MOT.0b013e32832a2195.

[37] Lugo-Gavidia LM, Nolde JM, Kiuchi MG, Shetty S, Azzam O, Carnagarin R, et al. Interventional approaches for loin pain Hematuria syndrome and kidney-related pain syndromes. Curr Hypertens Rep. 2020;22(12):103. https://doi.org/10.1007/s11906-020-01110-9.

[38] Hebert LA, Betts JA, Sedmak DD, Cosio FG, Bay WH, Carlton S. Loin pain-hematuria syndrome associated with thin glomerular basement membrane disease and hemorrhage into renal tubules. Kidney Int. 1996;49(1):168-73. doi: S0085-2538(15)59309-5 [pii]. https://doi.org/10.

1038/ki.1996.23.

[39] Russell A, Chatterjee S, Seed M. Does this case hold the answer to one of the worse types of pain in medicine--that of loin pain haematuria syndrome (LPHS). BMJ Case Rep 2015;2015:bcr2014209165. doi: https://doi.org/10.1136/bcr-2014-209165.

[40] Schrier RW, Abebe KZ, Perrone RD, Torres VE, Braun WE, Steinman TI, et al. Blood pressure in early autosomal dominant polycystic kidney disease. N Engl J Med. 2014;371(24):2255-66. https://doi.org/10.1056/NEJMoa1402685.

[41] Chapman AB, Johnson A, Gabow PA, Schrier RW. The renin-angiotensin-aldosterone system and autosomal dominant polycystic kidney disease. N Engl J Med. 1990;323(16):1091-6. https://doi.org/10.1056/nejm199010183231602.

[42] Torres VE, Wilson DM, Burnett JC Jr, Johnson CM, Offord KP. Effect of inhibition of converting enzyme on renal hemodynamics and sodium management in polycystic kidney disease. Mayo Clin Proc. 1991;66(10):1010-7. https://doi.org/10.1016/s0025-6196(12)61724-8.

[43] Torres VE, Chapman AB, Devuyst O, Gansevoort RT, Grantham JJ, Higashihara E, et al. Tolvaptan in patients with autosomal dominant polycystic kidney disease. N Engl J Med. 2012;367(25):2407-18. https://doi.org/10.1056/NEJMoa1205511.

[44] Sakakura K, Ladich E, Cheng Q, Otsuka F, Yahagi K, Fowler DR, et al. Anatomic assessment of sympathetic peri-arterial renal nerves in man. J Am Coll Cardiol. 2014;64(7):635-43. https://doi.org/10.1016/j.jacc.2014.03.059.

[45] Valente JF, Dreyer DR, Breda MA, Bennett WM. Laparoscopic renal denervation for intractable ADPKD-related pain. Nephrol Dial Transplant. 2001;16(1):160. https://doi.org/10.1093/ndt/16.1.160.

[46] Zheng H, Patel KP. Integration of renal sensory afferents at the level of the paraventricular nucleus dictating sympathetic outflow. Auton Neurosci. 2017;204:57-64. https://doi.org/10.1016/j.autneu.2016.08.008.

[47] Ammons WS. Bowditch Lecture. Renal afferent inputs to ascending spinal pathways. Am J Phys. 1992;262(2 Pt 2):R165-76. https://doi.org/10.1152/ajpregu. 1992. 262. 2.R165.

[48] Prasad B, Giebel S, Garcia F, Goyal K, Shrivastava P, Berry W. Successful use of renal denervation in patients with loin pain Hematuria syndrome-the Regina loin pain Hematuria syndrome study. Kidney Int Rep. 2018;3(3):638-44. https://doi.org/10.1016/j.ekir.2018.01.006.

[49] Kadi N, Mains E, Townell N, Nabi G. Transperitoneal laparoscopic renal denervation for the management of loin pain haematuria syndrome. Minim Invasive Ther Allied Technol. 2013;22(6):346-51. https://doi.org/10.3109/13645706.2013.789059.

[50] Uzoh CC, Kumar V, Timoney AG. The use of capsaicin in loin pain-haematuria syndrome. BJU Int. 2009;103(2):236-9. BJU7916 [pii]. https://doi.org/10.1111/j.1464-410X.2008.07916.x.

[51] Chung M-K, Campbell JN. Use of capsaicin to treat pain: mechanistic and therapeutic considerations. Pharmaceuticals (Basel, Switzerland). 2016;9(4):66. https://doi.org/10.3390/ph9040066.

[52] Bultitude MI. Capsaicin in treatment of loin pain/haematuria syndrome. Lancet. 1995;345(8954):921-2.

[53] Playford D, Kulkarni H, Thomas M, Vivian J, Low A, Mander J, et al. Intra-ureteric capsaicin in loin pain haematuria syndrome: efficacy and complications. BJU Int. 2002;90(6):518-21. https://doi.org/10.1046/j.1464-410x.2002.02966.x.

[54] Armstrong T, McLean AD, Hayes M, Morgans BT, Tulloch DN. Early experience of intra-ureteric capsaicin infusion in loin pain haematuria syndrome. BJU Int. 2000;85(3):233-7. https://doi.org/10.1046/j.1464-410x.2000.00469.x.

[55] Sheil AG, Chui AK, Verran DJ, Boulas J, Ibels LS. Evaluation of the loin pain/hematuria syndrome treated by renal autotransplantation or radical renal neurectomy. Am J Kidney Dis. 1998;32(2):215-20. https://doi.org/10.1053/ajkd.1998.v32.pm9708604.

[56] Goroszeniuk T, Khan R, Kothari S. Lumbar sympathetic chain neuromodulation with implanted electrodes for long-term pain relief in loin pain haematuria syndrome. Neuromodulation. 2009;12(4):284-91. https://doi.org/10.1111/j.1525-1403.2009.00237.x.

[57] Bennett WM, Elzinga L, Golper TA, Barry JM. Reduction of cyst volume for symptomatic management of autosomal dominant polycystic kidney disease. J Urol. 1987;137(4):620-2. https://doi.org/10.1016/s0022-5347(17)44156-5.

[58] Fengler K, Rommel KP, Blazek S, Besler C, Hartung P, von Roeder M, et al. A three-arm randomized trial of different renal denervation devices and techniques in patients with resistant hypertension (RADIOSOUND-HTN). Circulation. 2019;139(5):590-600. https://doi.org/10.1161/CIRCULATIONAHA.118.037654.

[59] Warchoł-Celińska E, Prejbisz A, Florczak E, Kądziela J, Witkowski A, Januszewicz A. Renal denervation - current evidence and perspectives. Postepy Kardiol Interwencyjnej. 2013;9(4):362-8. https://doi.org/10.5114/pwki.2013.38866.

[60] Kapil V, Jain AK, Lobo MD. Renal sympathetic denervation - a review of applications in current practice. Interv Cardiol. 2014;9(1):54-61. https://doi.org/10.15420/icr.2011.9.1.54.

[61] Mahfoud F, Edelman ER, Bohm M. Catheter-based renal denervation is no simple matter: lessons to be learned from our anatomy? J Am Coll Cardiol. 2014;64(7):644-6. https://doi.org/10.1016/j.jacc.2014.05.037.

[62] Torii S, Mori H, Jinnouchi H, Sakamoto A, Finn A, Virmani R. Renal denervation with ultrasound therapy (paradise device) is an effective therapy for systemic hypertension. J Thorac Dis. 2018;10(Suppl 26):S3060-S3. https://doi.org/10.21037/jtd.2018.08.134.

[63] Fischell TA, Ebner A, Gallo S, Ikeno F, Minarsch L, Vega F, et al. Transcatheter alcohol-mediated perivascular renal denervation with the Peregrine system: first-in-human experience. JACC Cardiovasc Interv 2016;9(6):589-598. doi: S1936-8798(15)01895-6 [pii]. https://doi.org/10.1016/j.jcin.2015.11.041

[64] Mahfoud F, Renkin J, Sievert H, Bertog S, Ewen S, Böhm M, et al. Alcohol-mediated renal denervation using the Peregrine system infusion catheter for treatment of hypertension. J Am Coll Cardiol Intv. 2020;13(4):471-84. https://doi.org/10.1016/j.jcin.2019.10.048.

[65] Townsend RR, Mahfoud F, Kandzari DE, Kario K, Pocock S, Weber MA, et al. Catheter-based renal denervation in patients with uncontrolled hypertension in the absence of antihypertensive medications(SPYRAL HTN-OFF MED): a randomised, sham-controlled, proof-of-concept trial. Lancet. 2017;390(10108):2160-70. https://doi.org/10.1016/S0140-6736(17)32281-X.

[66] Lobo MD, Sharp ASP, Kapil V, Davies J, de Belder MA, Cleveland T, et al. Joint UK societies' 2019 consensus statement on renal denervation. Heart. 2019;105(19):1456-63. https://doi.org/10.1136/heartjnl-2019-315098.

[67] Mahfoud F, Azizi M, Ewen S, Pathak A, Ukena C, Blankestijn PJ, et al. Proceedings from the 3rd European clinical consensus conference for clinical trials in device-based hypertension therapies. Eur Heart J. 2020;41(16):1588-99. https://doi.org/10.1093/eurheartj/ehaa121.

[68] Esler MD, Krum H, Sobotka PA, Schlaich MP, Schmieder RE, Böhm M. Renal sympathetic denervation in patients with treatment-resistant hypertension (the Symplicity HTN-2 trial): a randomised controlled trial. Lancet. 2010;376(9756):1903-9. https://doi.org/10.1016/s0140-6736(10)62039-9.

[69] Böhm M, Kario K, Kandzari DE, Mahfoud F, Weber MA, Schmieder RE, et al. Efficacy of catheter-based renal denervation in the absence of antihypertensive medications (SPYRAL HTN-OFF MED pivotal): a multicentre, randomised, sham-controlled trial. Lancet. 2020;395(10234):1444-51. https://doi.org/10.1016/s0140-6736(20)30554-7.

[70] Kandzari DE, Böhm M, Mahfoud F, Townsend RR, Weber MA, Pocock S, et al. Effect of renal denervation on blood pressure in the presence of antihypertensive drugs: 6-month efficacy and safety results from the SPYRAL HTN-ON MED proof-of-concept randomised trial. Lancet. 2018;391(10137):2346-55. https://doi.org/10.1016/s0140-6736(18)30951-6.

[71] Azizi M, Schmieder RE, Mahfoud F, Weber MA, Daemen J, Davies J, et al. Endovascular ultrasound renal denervation to treat hypertension (RADIANCE-HTN SOLO): a multicentre, international, single-blind, randomised, sham-controlled trial. Lancet. 2018;391(10137):2335-45. https://doi.org/10.1016/s0140-6736(18)31082-1.

[72] Casteleijn NF, de Jager RL, Neeleman MP, Blankestijn PJ, Gansevoort RT. Chronic kidney pain in autosomal dominant polycystic kidney disease: a case report of successful treatment by catheter-based renal denervation. Am J Kidney Dis. 2014;63(6):1019-21. https://doi.org/10.1053/j.ajkd.2013.12.011.

[73] Shetty SV, Roberts TJ, Schlaich MP. Percutaneous transluminal renal denervation: a potential treatment option for polycystic kidney disease-related pain? Int J Cardiol. 2013;162(3):e58-9. https://doi.org/10.1016/j.ijcard.2012.05.114.

[74] Srougi V, Duarte RJ, Srougi M, Yu L. Laparoscopic kidney denervation for refractory loin pain: can we predict outcomes? Urol Case Rep. 2016;8:31-3. https://doi.org/10.1016/j.eucr.2016.06.003.

[75] Chapuis O, Sockeel P, Pallas G, Pons F, Jancovici R. Thoracoscopic renal denervation for intractable autosomal dominant polycystic kidney disease-related pain. Am J Kidney Dis. 2004;43(1):161-3. https://doi.org/10.1053/j.ajkd.2003.07.026.

[76] Andrews BT, Jones NF, Browse NL. The use of surgical sympathectomy in the treatment of chronic renal pain. Br J Urol. 1997;80(1):6-10. https://doi.org/10.1046/j.1464-410x.1997.00231.x.

[77] Greenwell TJ, Peters JL, Neild GH, Shah PJ. The outcome of renal denervation for managing loin pain haematuria syndrome. BJU Int. 2004;93(6):818-21. https://doi.org/10.1111/j.1464-410X.2003.04724.x.

[78] Prasad B, Giebel S, Garcia F, Goyal K, St Onge JR. Renal denervation in patients with loin pain Hematuria syndrome. Am J Kidney Dis. 2017;69(1):156-9. https://doi.org/10.1053/j.ajkd.2016.06.016.

[79] Resnick M, Chang AY, Casale P. Laparoscopic renal denervation and nephropexy for autosomal dominant polycystic kidney disease related pain in adolescents. J Urol. 2006;175(6):2274-6.; discussion 6. https://doi.org/10.1016/s0022-5347(06)00336-3.

[80] Casale P, Meyers K, Kaplan B. Follow-up for laparoscopic renal denervation and nephropexy for autosomal dominant polycystic kidney disease-related pain in pediatrics. J Endourol. 2008;22(5):991-3. https://doi.org/10.1089/end.2007.0359.

[81] Wuerzner G, Muller O, Erne P, Sudano I, Cook S, Noll G, et al. Transcatheter renal denervation for the treatment of resistant arterial hypertension: the Swiss expert consensus. Swiss Med Wkly. 2014;144:w13913. https://doi.org/10.4414/smw.2014.13913.

第三篇　去肾神经术的设备

Renal Denervation Devices

第 14 章 Symplicity SPYRAL™：设备和操作技巧

Symplicity SPYRAL™: Device and Procedural Tips and Tricks

Joachim Weil 著
林沛文 译 孙玉喜 校

一、SPYRAL™ 导管系统介绍

在未来广泛开展去肾神经术（RDN）时[1]，导管将会应用于更复杂的病例。Symplicity SPYRAL™ 多电极去肾神经术导管[2]旨在与射频（RF）发生器（Symplicity G3™）配合使用。该导管通过连接到导管手柄的集成电缆与发生器连接。导管需要使用 0.014 英寸（0.36mm）的引导线进行输送，最好不要有亲水涂层。一般而言，软质导丝更安全、更容易推进到曲折分支部位，而硬质导丝则具有更好的扭矩控制。最大剖面为 0.052 英寸。

为了进行治疗，必须在患者的大腿区域放置一个标准的分散电极（接地垫），并将其连接到发生器。该导管的有效长度为 117cm，与 6Fr 导管（长度 55cm）兼容，并设计用于治疗直径为 3～8mm 的血管。因此，目前无法通过桡动脉途径使用。

该导管在螺旋末端具有 4 个金制可见放射性电极（图 14–1A）。在直线配置下，电极之间的距离为 6.5mm。通过部分向近端缩回引导线，电极被部署成螺旋形状。导管的治疗长度（电极 1～4 的距离）随血管直径而变化（表 14–1）。导管尖端附近 1mm 处设有可见放射性提示标记，以辅助通过透视引导定位导管。导管还配备有一种直线工具，可促进将引导线安全插入导管内（图 14–1B）。该工具位于手柄附近，沿导管轴向滑动以使末端直线化。然而，引导线的插入也可以像每一种冠状动脉程序一样，使用快速交换球囊进行。

发生器如图 14–2 所示。前置触摸屏显示诸如阻抗、温度、消融时间和错误消息等信息。前面板还配备了一个射频激活按钮。发生器屏幕上的电极标识符与导管上的每个电极对应。发生器的触摸屏和遥控器允许使用者浏览不同的选项，如选择 / 取消选择单个电极。发生器使用自动化算法来控制功率和时间设置。

该程序所需的附件包括 6Fr 导入鞘、分流装置旁通阀、图希 – 波斯特适配器（Tuohy-Borst adapter），以及任何其他标准项目，用于辅助经皮腔内肾动脉进行插管。

二、患者术前准备

患者应使用标准的电手术和导管插入技术进行准备。确保患者的整个身体（包括四肢），与接地金属部件隔离。分散电极应放置在大腿或身体的任何非骨骼区域，并应位于血管造影场外。

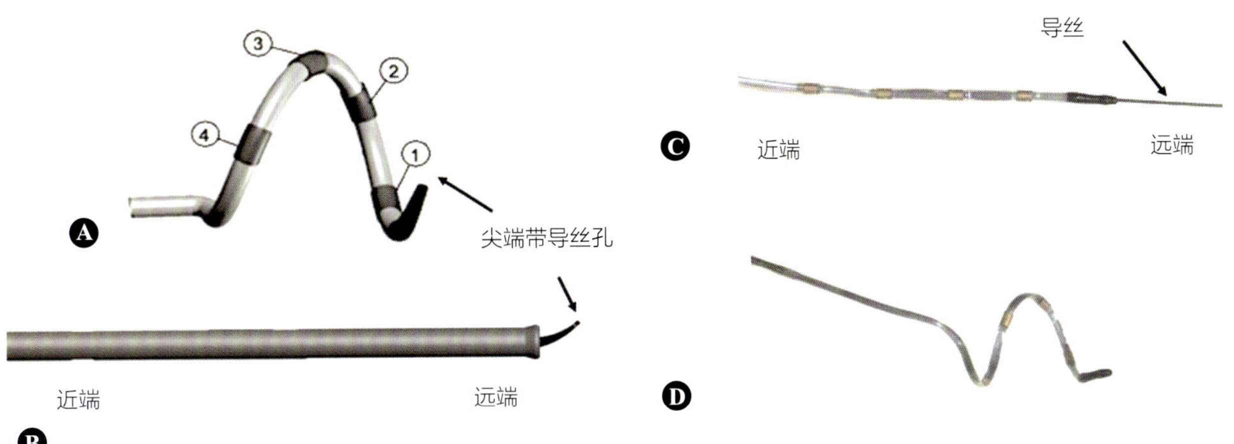

▲ 图 14-1　Symplicity Spyral™ 多电极去肾神经术导管电极配置

（A，由 Medtronic, Inc. 提供）。通过部分向导丝近端缩回，将电极部署成螺旋（螺旋）形状。导管的治疗长度（电极 1～4 的距离）随着血管直径而变化。1～4 标记了从远端[1]到近端[4]的电极。用于导管远端的直线工具（B，由 Medtronic，Inc. 提供）。引导线插入（C）远端尖端之外（螺旋未部署）。引导线向近端缩回（D），位于最近端电极的近端（螺旋部署）

表 14-1　根据 SPYRAL™ 导管展开直径，治疗长度与电极 1～4 距离的关系

血管长度（mm）	治疗长度（mm）
3	21
4	20
5	20
6	19
7	18
8	17

如果分散电极的整个黏附表面未能与皮肤接触良好，可能会导致烧伤或高阻抗测量。应建立并在整个程序过程中保持用于药物管理的静脉通路。在插入导入鞘后，应给予适当的全身抗凝治疗（如肝素 80U/kg），以达到激活凝血时间（ACT）至少为 250s 的目标。

由于患者在消融过程中会经历一些内脏疼痛，需要在消融前至少 5min 给予镇痛和镇静药物。在整个手术过程中需要监测生命体征，包括氧饱和度。通常使用静脉注射咪达唑仑和芬太尼（分别增量给药最多或 4mg 和 150μg）。可以使用抗恶心药物（如静脉注射 4mg 奥昔替韦）来预防与阿片类药物相关的恶心。由于它们的半衰期较短，我们更倾向于使用希马非太尼［0.025～0.1μg/（kg·min）持续输注］、和丙泊酚（0.5～1mg/kg 静脉负荷剂量；每 3～5min 以 0.5mg/kg 的增量重复）。输注剂量可以根据临床效果进行调整。通常情况下，即使在进行广泛的消融后，这些患者也不需要长时间的监测。静脉注射阿托品（1mg）应该在出现迷走反应（由于与 RDN 相关的疼痛）时备用，以及富马酯和纳洛酮以在出现临床上显著的呼吸抑制时逆转苯二氮䓬类和阿片类药物的作用。

三、放置导管

使用标准介入技术为导管放置进行准备。将图希 - 波斯特适配器连接到导管引导针管，并将旁通阀旁臂连接到图希 - 波斯特适配器上。在透视下，向两侧肾动脉注射对比剂以评估解剖结构。肾动脉通常起源于腹主动脉的侧面，在第一和第二腰椎间盘空间水平，在肠系膜上动脉起源的下方[3]。右肾动脉通常更靠近头部。大多数肾动脉都有下方的起始点，并且内乳头动脉导管（IMA）的结构最适合选择性参与。对于具有水平起始点的肾动脉，双曲导管（RDC）或 Judkins 右侧（JR 1 或 2）可能非常适合。多用途导管可能在具有上方起始点的肾动脉中提供最佳的对

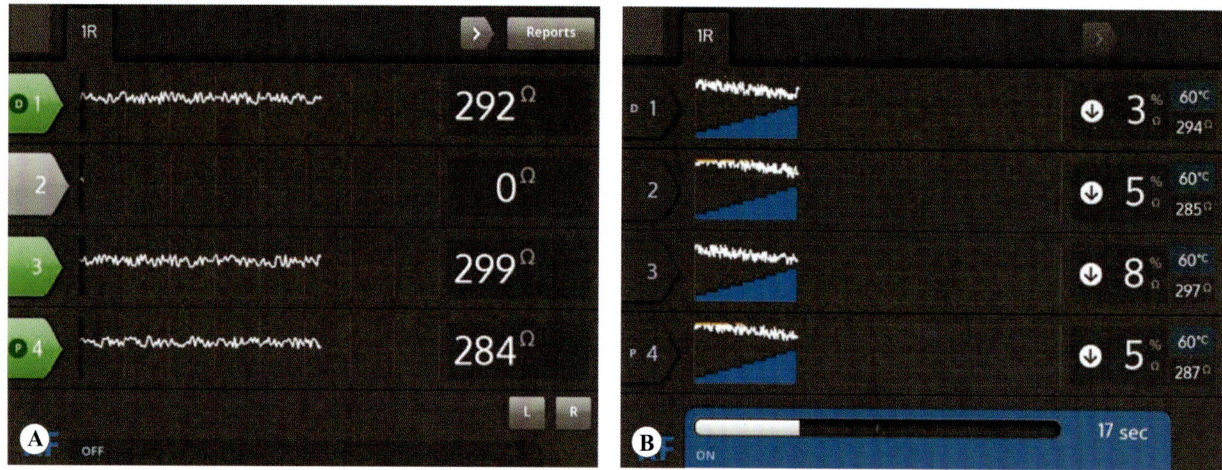

▲ 图 14-2 **A.** 在就绪状态下，"**D**"图标表示四通道导管上最远的通道。图标在选择时呈绿色阴影，在取消选择时呈灰色阴影，如此处所示的通道 **2**。底部的文本显示射频传递的当前状态。**B.** 在射频开启状态下，记录射频传递的当前状态。图标显示温度值（蓝色）以摄氏度为单位和阻抗下降（白色）与基线温度或阻抗值相比，箭头显示阻抗是从基线阻抗下降，保持不变还是增加

齐。通常，在达到肾门前，主要肾动脉分成两个或更多的分支（分段动脉）。在主要肾动脉的近端之外进行消融（Y 形图案），包括允许消融更多的主要分支是安全的，并且与常规方法相比，可导致显著降低平均 24h 动态收缩和舒张血压[4]。每个肾动脉通常供应肾上腺、输尿管和周围的细胞组织和肌肉等小分支。然而，应该避免损伤这些分支，不要在消融过程中对其造成伤害。

胆固醇栓塞是肾动脉血管造影术的一种罕见但严重的并发症。通过尽量减少导管与主动脉的接触，可以避免这种并发症。因此，在腹主动脉严重动脉粥样硬化病变存在的情况下，最好采用"无触碰"技术进行导管操作[5]。在这种情况下，0.035 英寸的 J 导丝仍保留在胸主动脉内，同时将导管尖端指向肾动脉入口。通过注射少量对比剂来确认导管的位置。一旦导管尖端处于正确位置，将小心拔出 0.035 英寸的导丝，使导管被动地接触到血管开口。在进一步插入任何设备之前，最佳的导管位置是重要的。导管的尖端应突出 3～4mm 进入肾动脉。消融导管通常会轻微拉直引导导管，可能导致脱离。如果导管的稳定性不佳，可以考虑谨慎地将"伴随导丝"[6]（图 14-3）进一步推进到肾动脉中，或者使用导管延长件（Guidezilla™ 或 GuideLiner V3™，分别内径为 0.057 英寸和 0.056 英寸），以母子式轻轻推进（"母子"概念）。

使用 5～10ml 对比剂进行选择性血管造影。重要的是要延长的动态血管造影图像，以可视化对比剂肾图。这有助于检测副肾动脉，这些动脉也可以通过 RDN 进行治疗，前提是血管直径＞3mm（图 14-4）。通过尽量减少对比剂的使用量，可以将造成的对比剂性肾病的风险降至最低。在血管造影后，需要确定动脉是否适合治疗。排除标准总结在表 14-2 中。对于肾功能受损或对对比剂有严重过敏反应的患者，二氧化碳（CO_2）可以作为 RDN 的替代对比剂（图 14-5）[7]。在可视化右肾动脉和左肾动脉后，应暂停由团队确定消融策略。

将直径为 0.014 英寸（0.36mm）的导丝推进至目标血管。建议使用具有柔软软尖端且无润滑涂层的导丝，以避免损伤肾脏。在使用前，导管包内请勿冲洗 SPYRAL™ 导管腔或导管。不要擦拭导管的螺旋部分。将导丝的近端小心地插入导管的尖端。继续将导丝通过导管，直到导丝从快速交换近端口穿出。此出口端口位于导管尖端的 30cm 近端。

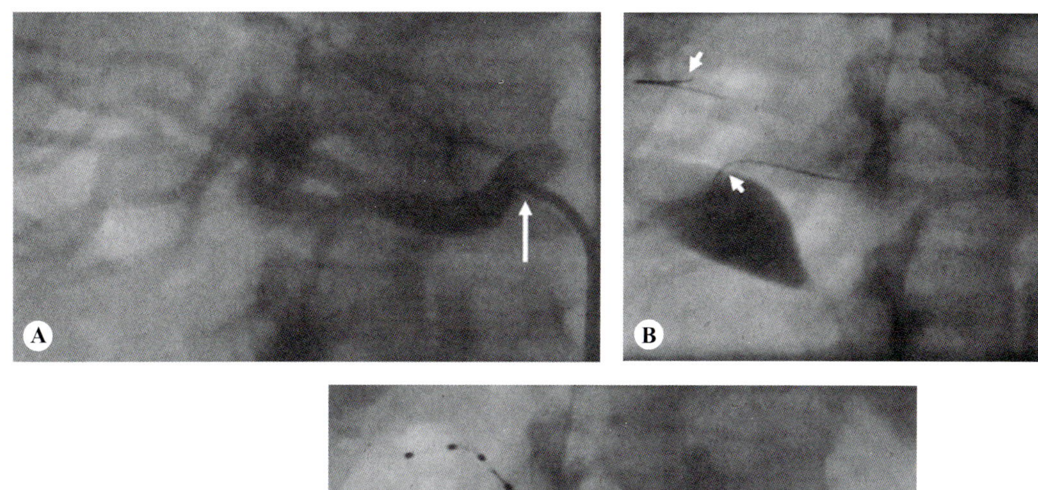

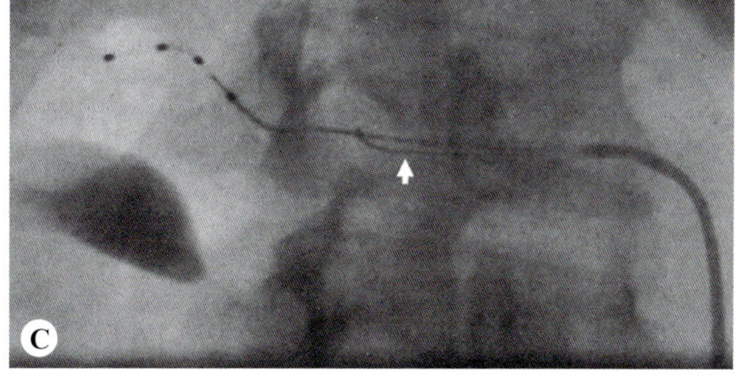

▲ 图 14-3 伴随导丝技术，即使用额外的 **0.014** 英寸冠状动脉导丝与用于推进 **SPYRAL™** 导管的导丝一起，有助于完成原本具有挑战性的解剖结构。**A.** 显示不稳定的导管引导针位置。**B.** 在右肾动脉的一个侧支中放置额外的冠状动脉导丝以稳定导管引导针的尖端，从而允许推进 **SPYRAL™**。**C.** 在射频消融前撤回导丝

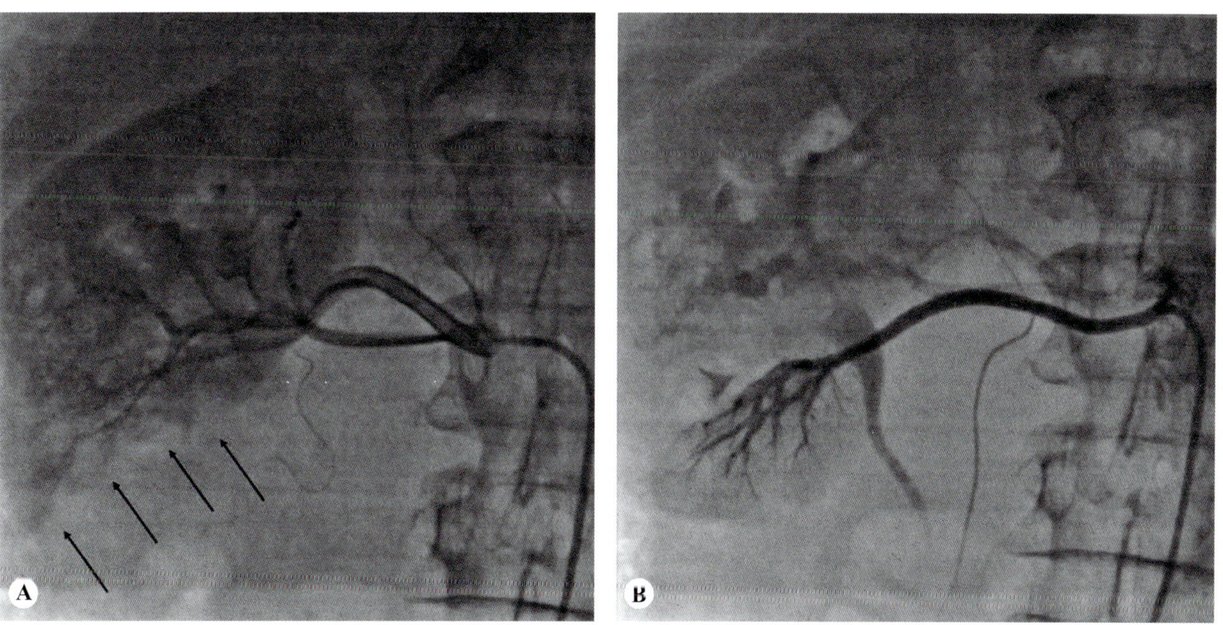

▲ 图 14-4 采用 5～10ml 对比剂进行选择性血管造影

A. 重要的是长时间的显示血管造影图像，以便观察对比剂肾影。请注意左肾下极的"缺失"组织（箭头）。B. 供应左肾下极的辅助肾动脉

表 14-2 去肾神经术的 排除标准

主要排除标准
1. 严重的肾功能障碍
2. 显著的动脉粥样硬化疾病或狭窄
3. 显著的纤维肌性发育异常（FMD）
4. 先前的肾动脉介入治疗
5. 不适合治疗的肾动脉解剖结构（定义为直径<4mm）
6. 1 型糖尿病
7. 怀孕

一旦导丝从快速交换口穿出，就通过引导导管将导管推进至导丝上。为了减少动脉痉挛的风险，先给予硝酸甘油（100～200mg），然后再将导管推进动脉内。当所有 4 个电极穿出引导导管时，阻抗监测屏幕（图 14-6）将显示出来。如果显示没有继续到阻抗监测屏幕，请按照以下步骤操作：①检查导管位置，确保所有 4 个电极都在引导导管外面。②验证适当的分散电极连接和与患者的接触。如果前述步骤未能显示阻抗监测屏幕，则尝试将分散电极移到患者的侧腹部。如有必要，更换分散电极。

在透视引导下，将消融导管推进至近端电极位于肾动脉的位置。直径>3mm 的肾实质外分支也可以进行治疗。在透视引导下，通过将导丝收回到装置内（图 14-1C 和 D）来展开螺旋，直到导丝尖端位于电极 4 的近端位置。但是，请确保导丝不完全退出快速交换口。在部署 SPYRAL™ 导管并检查充足的壁面接触后，使用血管造影术评估阻抗值（约为 250Ω），并且每个电极的阻抗值应在至少一个呼吸周期内保持稳定。如果起始阻抗变化超过 10～20Ω，表示导管尖端不稳定，其位置应进行修改。为此，稍微顺时针扭转导管并 / 或稍微向前移动导管。这些小的调整应该可以改善电极与血管壁的贴合度。如果任何电极在不合适的位置部署（如小血管的开口处、分叉处或肾上腺动脉），则可以通过在遥控器或发生器触摸屏上按下电极编号按钮（图 14-2A）来取消选择这些电极。通过取消选择这些单独的电极，当 RF 激活时，RF 能量将不会传递到这些电极。

一旦电极在血管造影下贴合良好，并且阻抗值和示踪稳定，就可以向治疗部位传递 RF 能量。确保这一点的方法包括按下以下任何一个：①脚踏开关；②遥控器上的 RF 按钮；③发生器前面板上的 RF 按钮。发生器使用自动算法提供 60s 的目标持续时间的功率，并在完成治疗周期后停止功率传输。计时器开始计时，LED 指示灯在传

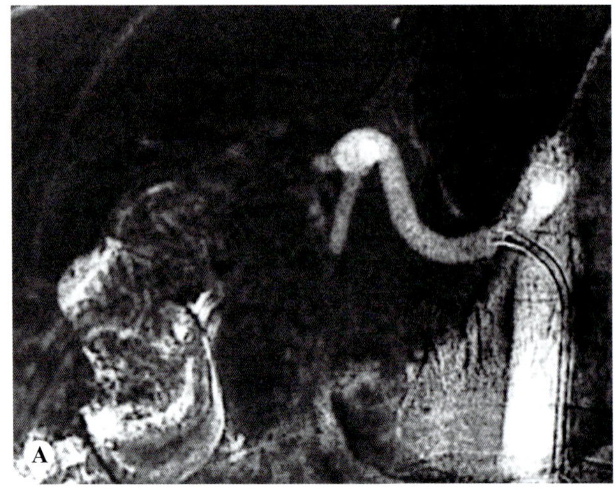

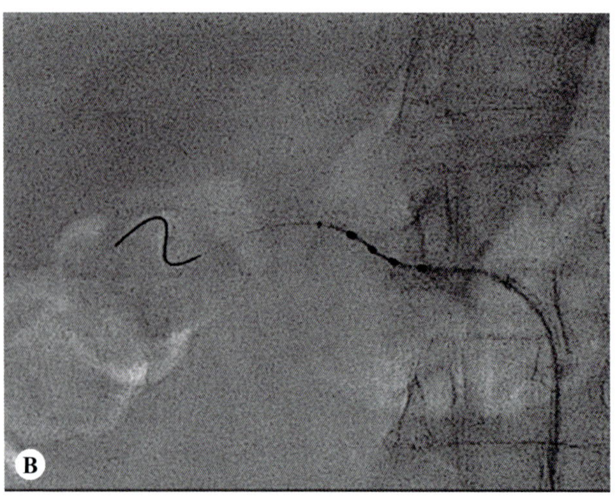

▲ 图 14-5 在一例 65 岁对对比剂有严重过敏反应的患者中，二氧化碳造影显示右肾动脉

A. 分别对肾功能受损或对碘化对比剂有严重过敏反应，以及可能出现肾毒性或过敏性休克的患者使用阴性对比剂（二氧化碳）。B. 显示透视时 SPYRAL™ 导管的位置

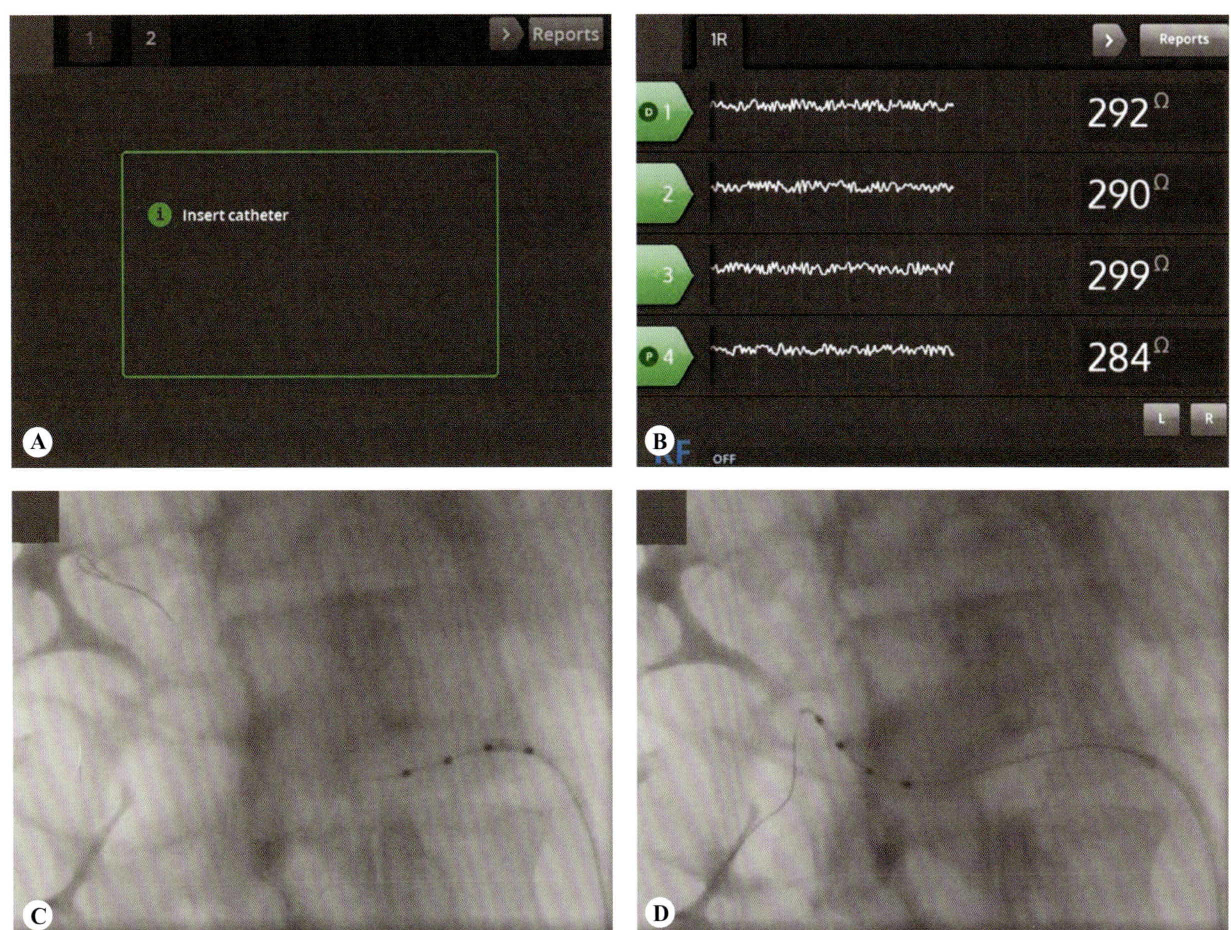

▲ 图 14-6 前置触摸屏显示

A. 当电极部分位于引导导管内时；B. 当所有电极（4 个）退出引导导管时；C. 阻抗监测屏幕将显示；D. 图片由 Medtronic, Inc 提供

递 RF 疗法时保持蓝色。在 60s 的治疗周期中的任何时候，可以通过按下脚踏开关、按下发生器前面板上的 RF 按钮或按下遥控器上的 RF 按钮来停止传递 RF 能量。

如果在达到 60s 治疗持续时间之前，发生器停止向一个或多个电极传递 RF 能量，则在相同位置可以从未完成治疗的电极处进行额外的 RF 应用。然而，在进行重复消融之前，首先可视化动脉，以确保在相同位置进行重复消融是安全的；其次，取消选择完成 60s 循环的电极。如有必要，对导管进行轻微调整以保证适当的壁面接触，然后再次启动消融。确保定期用肝素化盐水冲洗引导导管。然而，每次冲洗引导导管时，需要等待至少 3～5s，以使温度和阻抗测量稳定，然后再启动下一个治疗周期。

如果要在同一条动脉中进行多次消融，可以通过将导管向近端拉回，同时注意避开血管的病变或钙化区域（图 14–7），小心地将导丝从导管尖端推进，以拉直螺旋末端。在拉回时可以施加轻微的顺时针旋转以减少移动。一般来说，所有治疗应位于先前治疗位置的近端至少 5mm 处。如果出现引导不稳定，可以使用伴随导丝技术来定位 SPYRAL™ 导管。然而，在消融之前，额外的导丝应被移除。治疗一侧完成后，拍摄动脉的影像，然后小心地将导丝从导管尖端推出，以拉直螺旋末端。将拉直的导管收回到引导导管中。如果要处理另一条血管，请将引导导管重新定位到下一条血管内。重复放置导管和进行治疗的步骤。

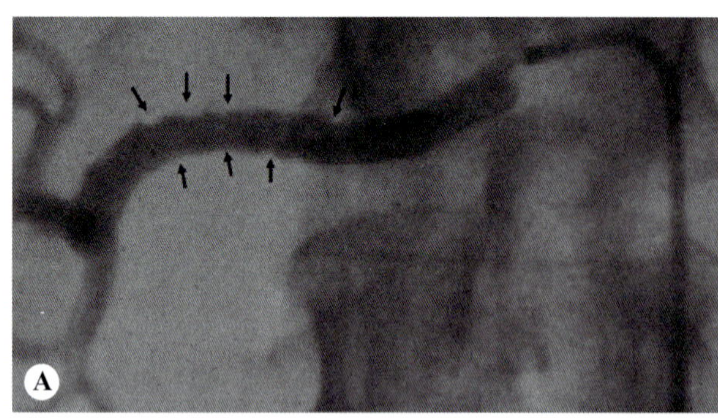
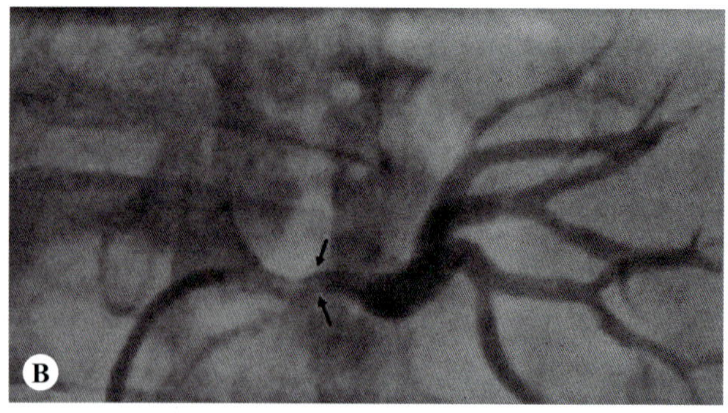

▲ 图 14-7　应避免的区域，也是去肾神经术的主要排除标准

A. 52 岁女性肾动脉纤维肌性发育异常（FMD）；B. 65 岁男性左肾明显狭窄，患有已知冠状动脉疾病

消融后的管腔不规则性和（或）痉挛（“凹陷”）是常见的（图 14-8）。根据对肾动脉的组织学评估，管腔变化很可能对应于血管壁水肿、内皮剥脱和附着的血栓性物质[8]。偶尔，使用血管扩张药可能会改善痉挛。但血管扩张药不会改变血管造影的外观（图 14-9）。通常，这些变化将在接下来的几天内消失（除了极少数情况下会发生肾动脉狭窄的罕见情况）[9]。注意，不要在受影响的血管中进行球囊扩张术或支架置入。治疗一侧完成后，拍摄动脉的影像，然后小心地将导丝从导管尖端推出，以拉直螺旋末端。

四、复杂的解剖结构

在老年患者中，髂动脉和（或）腹主动脉的弯曲常见。严重的弯曲可能导致引导导管无法推进或在引导导管内摩擦，从而可能无法将导管推进到肾动脉内。在这种情况下，可以使用长（如 45cm）的鞘管来使血管成直线，以便定位引导导管并减少摩擦，或者可以考虑经桡动脉途径。然而，必须注意第一次穿刺桡动脉时要成功。由于手臂的空间较小，在这里的血肿形成很容易会引起前臂和手的压迫综合征。

如果肾动脉的出口是急角向下的，引导导管

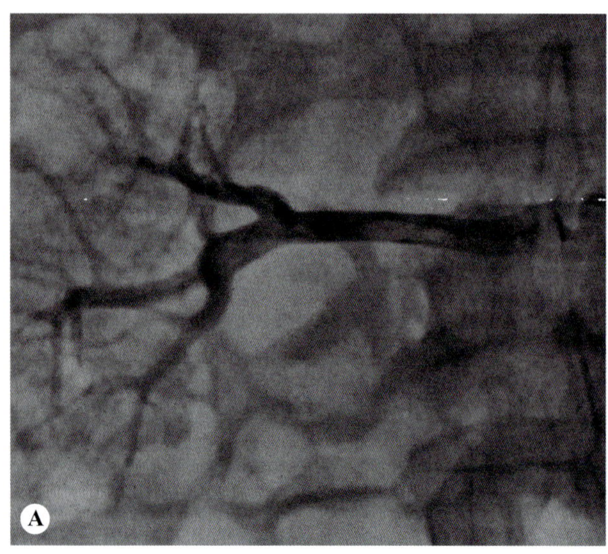
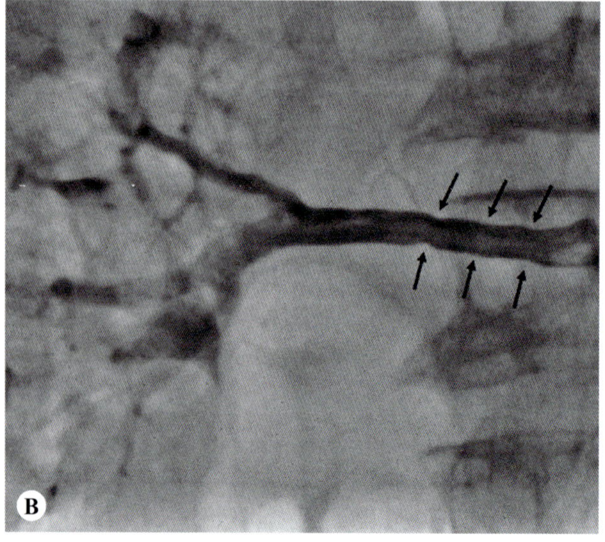

▲ 图 14-8　右肾动脉的血管造影图，在肾动脉主干分支进行 RDN 前（A）和后（B）。请注意 RDN 后的凹陷（箭）

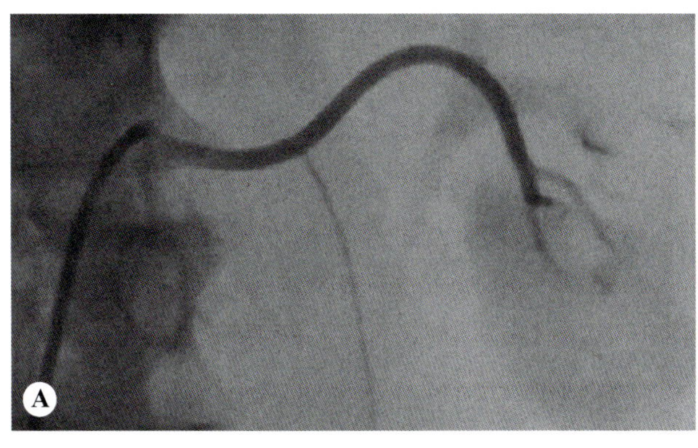

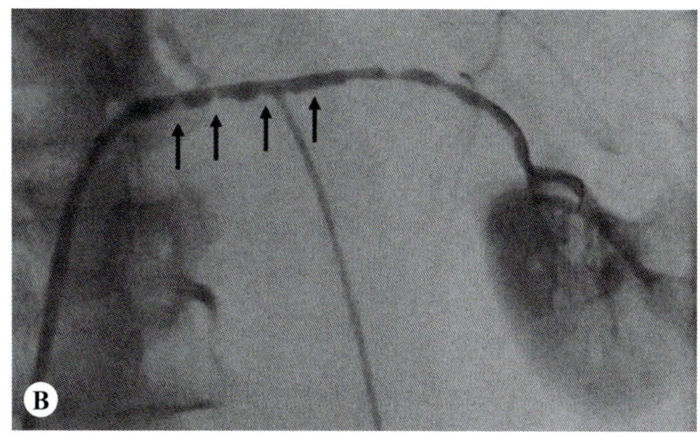

▲ 图 14-9 左下副肾动脉的血管造影图，在进行 **RDN** 前（**A**）和后（**B**）。显示了未被消融的血管的远端和近端部位出现痉挛（箭）

的插入和支撑可能不理想，导致在推进导管时引导导管后退。在这种情况下，将一个 0.014 英寸的伴随导丝插入到远端肾动脉中可能会提供更多支撑和稳定的引导导管位置（图 14-3）。再次强调，在消融过程中记得移除伴随导丝。

五、安全性

在任何新型安慰剂对照试验的积极干预组（包括 SPYRAL HTN-ON MED 和 SPYRAL HTN-OFF MED）中，均未报告任何重大不良事件（包括全因死亡、重大心血管事件、围术期并发症、明显肾功能损害或低血压 / 高血压危机）[10]。然而，这些观察到的结果是相对短期的，且随访时用于重新评估肾动脉的影像方法可能不够。在这种情况下，应特别注意超声在检测肾动脉亚临床病变方面的低敏感性 [11]。众所周知，在内皮损伤后动发生脉粥样硬化通常是缓慢进行的，可能需要数年才能在临床上显现出来。已经报告了在去肾神经术后出现肾动脉狭窄的情况 [9]。因此，仍需要长期的安全性数据。

六、术后期

完成所有治疗和血管造影后，通过推进导丝将消融导管的远端拉直，然后以拉直状态完全从引导导管中拔出。根据当地标准，将引导导管收回到鞘内。导管插入鞘从动脉中移除，通过标准护理实现穿刺部位的止血。动脉穿刺部位的止血仍然是血管介入治疗的关键点。血管通路部位并发症发生率约为 5%[12]。血管内闭合装置（如 Angioseal™, St. Jude Medical, Minnetonka, MN,USA）已被证明在血管造影或介入性操作后减少止血时间是安全和有效的 [13]。在我们的机构，常规使用股动脉切口闭合装置以达到术后即刻止血。如果没有禁忌证，每位患者应服用抗血小板药物 4 周（如阿司匹林 100mg，每日 1 次），以避免消融部位的局部血栓形成。

总的来说，RDN 代表了治疗难治性高血压的重要进展。使用 Simplicity SPYRAL™ 导管进行去肾神经术是一种简单直接的程序，耐受性好且安全性高。然而，考虑到目前尚无消融成功的术中控制，介入医生必须对肾动脉解剖和成像、肾交感神经的分布、所需设备及操作细节有充分的了解，以增加成功率并减少潜在的并发症。因此，去肾神经术应由具备导管插入和血管技术能力强的医生执行。

参考文献

[1] Liang B, Zhao YX, Gu N. Renal denervation for resistant hypertension: where do we stand? Curr Hypertens Rep. 2020;22:83.

[2] Versaci F, Sciarretta S, Scappaticci M, Calcagno S, di Pietro R, Sbandi F, Dei Giudici A, Del Prete A, de Angelis S, Biondi-Zoccai G. Renal arteries denervation with second generation systems: a remedy for resistant hypertension? Eur Heart J Suppl. 2020;22(Suppl L):L160-5.

[3] Turba UC, Uflacker R, Bozlar U, Hagspiel KD. Normal renal arterial anatomy assessed by multidetector CT angiography: are there differences between men and women? Clin Anat. 2009;22:236-42.

[4] Petrov I, Tasheva I, Garvanski I, Stankov Z, Simova I. Comparison of standard renal denervation procedure versus novel distal and branch vessel procedure with brachial arterial access. Cardiovasc Revasc Med. 2019;20:38-42.

[5] Feldman RL, Wargovich TJ, Bittl JA. No-touch technique for reducing aortic wall trauma during renal artery stenting. Catheter Cardiovasc Interv. 1999;46:245-8.

[6] Selig MB. Lesion protection during fixed-wire balloon angioplasty: use of the "buddy wire" technique and access catheters. Catheter Cardiovasc Diagn. 1992;25:331-5.

[7] Renton M, Hameed MA, Dasgupta I, Hoey ET, Freedman J, Ganeshan A. The use of carbon dioxide angiography for renal sympathetic denervation: a technical report. Br J Radiol. 2016;89:20160311.

[8] Templin C, Jaguszewski M, Ghadri JR, Sudano I, Gaehwiler R, Hellermann JP, Schoenenberger-Berzins R, Landmesser U, Erne P, Noll G, Lüscher TF. Vascular lesions induced by renal nerve ablation as assessed by optical coherence tomography: pre- and post-procedural comparison with the simplicity catheter system and the EnligHTN multi-electrode renal denervation catheter. Eur Heart J. 2013;34:2141-8.

[9] Kaltenbach B, Id D, Franke JC, Sievert H, Hennersdorf M, Maier J, Bertog SC. Renal artery stenosis after renal sympathetic denervation. J Am Coll Cardiol. 2012;60:2694-5.

[10] Stavropoulos K, Patoulias D, Imprialos K, Doumas M, Katsimardou A, Dimitriadis K, Tsioufis C, Papademetriou V. Efficacy and safety of renal denervation for the management of arterial hypertension: a systematic review and meta-analysis of randomized, sham-controlled, catheter-based trials. J Clin Hypertens (Greenwich). 2020;22:572-84.

[11] Harvin HJ, Verma N, Nikolaidis P, Michael Hanley M, Dogra VS, Goldfarb S, Gore JL, Savage SJ, Steigner ML, Strax R, Taffel MT, Wong-You-Cheong JJ, Yoo DC, Remer RM, Dill KE, Lockhart ME. Expert panels on urologic imaging and vascular imaging. ACR appropriateness criteria® renovascular hypertension. J Am Coll Radiol. 2017;14:S540-9.

[12] Sesana M, Vaghetti M, Albiero R, Corvaja N, Martini G, Sivieri G, Colombo A. Effectiveness and complications of vascular access closure devices after interventional procedures. J Invasive Cardiol. 2000;12:395-9.

[13] Kussmaul WG 3rd, Buchbinder M, Whitlow PL, Aker UT, Heuser RR, King SB, Kent KM, Leon MB, Kolansky DM, Sandaz JG Jr. Rapid arterial haemostasis and decreased access site complications after cardiac catheterisation and angioplasty. J Am Coll Cardiol. 1995;25:1685-92.

第 15 章　ReCor Medical Paradise™ 系统：设备和操作的提示与技巧

ReCor Medical Paradise™ System: Device and Procedural Tips and Tricks

Victor Zeijen　Joost Daemen　著
林沛文　译　　孙玉喜　校

一、一般系统特性

Paradise™ 系统由两个主要组件组成：一次性 Paradise™ 导管，其中包含超声能源（换能器）（图 15–1），以及便携式 Paradise™ 发生器，用于为换能器提供能量（图 15–2）。通过股动脉途径插入 Paradise™ 导管，在透视引导下将其推进至肾动脉。通过在每个肾动脉内传递超声能量来实现双侧去肾神经术（RDN）（图 15–3）。

该系统通过使用位于充满液体的气囊内的热超声元件来区分，从而防止直接组织与能量源接触，以降低动脉壁损伤和血栓栓塞的风险。通过使用环周能量传递，设备不太可能出现与导管定位和壁面接触相关的问题。此外，每个主动脉仅需要 2～3 次持续 7s 的消融，可以在短时间内以最小的患者不适进行神经阻滞。

Paradise™ 系统目前已获得 CE 标志，但在美国仍被视为调查性产品。

二、科研证据

Paradise™ 系统首次用于治疗高血压是在 2011 年的开放式单臂 REDUCE 研究中（*n*=15）[1]。这项首次人体试验显示，在严重高血压患者中，

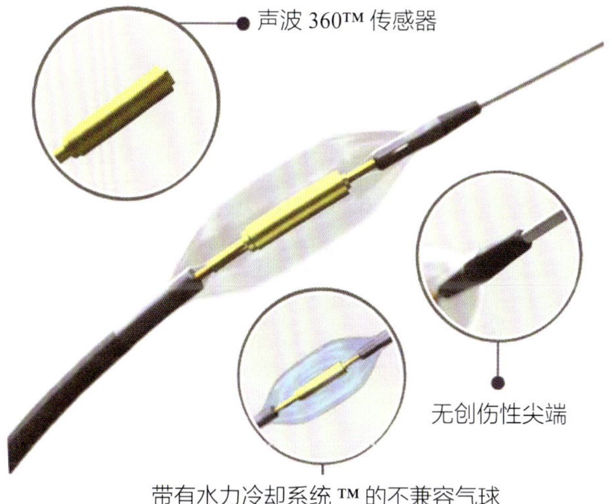

▲ 图 15–1　Paradise™ 导管的各个组件
由 ReCor Medical, Inc 提供

通过射频法行 RDN 治疗能够持续降低诊室和家庭血压[1]。在此过程中，增加了气囊内的冷却流速以减少肾动脉狭窄的风险。

为了确认首次人体试验的结果，更大规模的单臂 REALISE 研究（*n*=20）和 ACHIEVE 研究（*n*=96）进行了 RDN 疗效和安全性评估[2, 3]。ACHIEVE 研究表明，在治疗难治性高血压患者中，RDN 后 1 年内 24h 动态收缩压持续显著降低，降幅达到 –7.5mmHg[3]。这两项研究显示

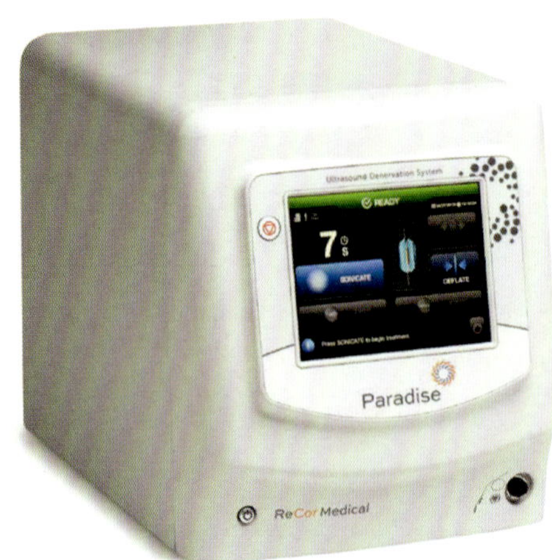

▲ 图 15-2　**Paradise™ 发生器**
由 ReCor Medical,Inc 提供

Paradise™ 系统的使用具有良好的安全性，主要不良事件发生率低，无手术相关的主要不良事件和肾动脉狭窄[2, 3]。

在进行了这些更大规模的单臂研究之后，设计了随机双盲安慰剂对照的 RADIANCE-HTN 研究，尽可能避免可能存在的混杂偏倚和安慰剂效应问题[4]。在这项研究中，观察了经超声 RDN 在中度高血压患者（0～2 种药物治疗）中的效果，并在停止抗高血压药物治疗后对其进行随访观察（SOLO 队列），以及在难治性高血压患者中（3 种或 3 种以上药物），这些患者在接受 3 种药物单粒固定降压药方案后进行相关研究（TRIO 队列）[4]。

在 SOLO 队列（n=146）中，与安慰剂对照组相比，经超声 RDN 在 2 个月时显著降低了日间收缩压，降幅达到 -6.3mmHg[5]。在 6 个月时，该效果得以保持，与安慰剂对照组相比，患者服用的抗高血压药物更少[6]。在该研究中未观察到任何重大不良事件[6]。然而，在 12 个月时，经超声 RDN 组和安慰剂对照组的动态血压没有差异，但进行 RDN 手术患者服用的抗高血压药物负担明显较小[7]。对于最初随机分配到安慰剂对照组后来转为接受超声 RDN 治疗的患者，在接受超声 RDN 治疗后的 6 个月内观察到了日间动态收缩压的显著降低，降幅达到 -10.8mmHg[8]。

与 SOLO 队列同时进行的 TRIO 队列证实了 Paradise™ 系统在难治性高血压患者（n=136）中的疗效和安全性。在该队列中，所有受试者都接受了一种包含 3 种高血压药物（钙通道阻滞药、血管紧张素 Ⅱ 受体拮抗药和利尿药）的单药合剂治疗。最近公布的 RADIANCE-HTN TRIO 研究结果显示，与对照组相比，超声 RDN 组在 2 个月时的日间动态收缩压降低了 -4.5mmHg[9]。

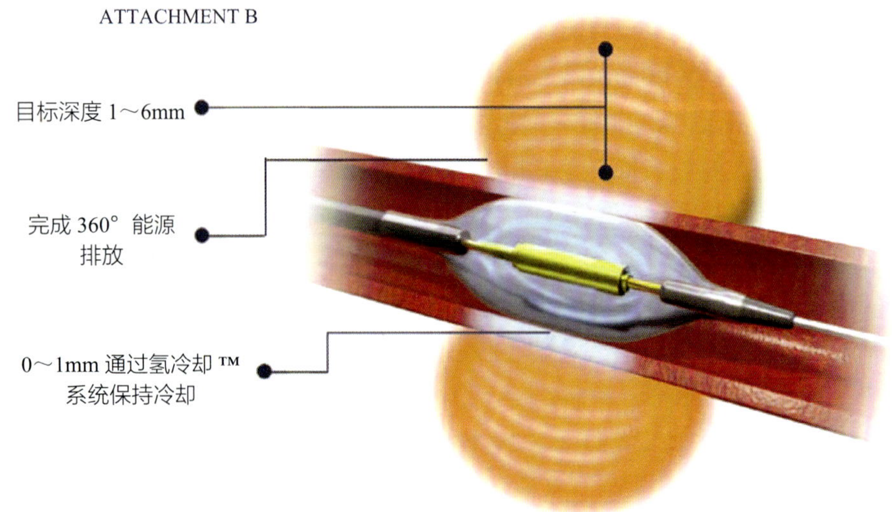

▲ 图 15-3　**使用 Paradise™ 超声系统进行 RDN**
由 ReCor Medical，Inc 提供

与美国和欧洲的 RADIANCE 计划并行，评估该技术在接受 3 种或更多高血压药物治疗（非标准化）的难治性高血压患者中的结果即将公布，这是日本和韩国的 REQUIRE 试验（*n*=143）。

为了更全面地评估疗效和安全性，RADIANCE-Ⅱ关键性研究目前正在招募轻度至中度高血压患者。该研究将专注于治疗安全性，将患者以 2∶1 随机分配到 RDN 和模拟对照组，来增加检测罕见不良事件的机会。

三、操作程序方面

Paradise™ 系统由冷却系统装置、连接电缆、导管和发生器组成。球囊可用于治疗直径为 3.0～8.0mm、主肾动脉长度≥20mm 的肾动脉。在通过肾动脉造影确认可治疗肾脏解剖结构后，Paradise™ 系统经由常规的冠状 0.014 英寸导丝通过短（55cm）7Fr 导管引入。在透视引导下，通过支撑性非亲水性导丝推进导管，导管在各种肾动脉解剖学结构中表现出卓越的跟踪性和递送性。建议进行双侧治疗，每侧主要肾动脉至少进行 2～3 次治疗。第一次超声治疗将在距肾动脉分叉口至少 5mm 的位置进行。其他的超声治疗将以不重叠的方式在主要肾动脉开口至少 5mm 的位置进行。超声治疗也可以在所有直径＞3.0mm 的近端动脉分支和副肾动脉中进行。

参考文献

[1] Mabin T, Sapoval M, Cabane V, Stemmett J, Iyer M. First experience with endovascular ultrasound renal denervation for the treatment of resistant hypertension. EuroIntervention. 2012;8(1):57-61.

[2] Montalescot G, Cluzel P, Girerd X, Pathak A. TCT-417 REALISE trial: renal denervation by ultrasound Transcatheter emission: six month results. J Am Coll Cardiol. 2014;64(11 Supplement):B122-B3.

[3] Daemen J, Mahfoud F, Kuck KH, Andersson B, Bohm M, Graf T, et al. Safety and efficacy of endovascular ultrasound renal denervation in resistant hypertension: 12-month results from the ACHIEVE study. J Hypertens. 2019;37(9):1906-12

[4] Mauri L, Kario K, Basile J, Daemen J, Davies J, Kirtane AJ, et al. A multinational clinical approach to assessing the effectiveness of catheter-based ultrasound renal denervation: the RADIANCE-HTN and REQUIRE clinical study designs. Am Heart J. 2018;195:115-29.

[5] Azizi M, Schmieder RE, Mahfoud F, Weber MA, Daemen J, Davies J, et al. Endovascular ultrasound renal denervation to treat hypertension (RADIANCE-HTN SOLO): a multicentre, international, single-blind, randomised, sham-controlled trial. Lancet 2018;391(10137):2335-2345.

[6] Azizi M, Schmieder RE, Mahfoud F, Weber MA, Daemen J, Lobo MD, et al. Six-month results of treatment-blinded medication titration for hypertension control following randomization to endovascular ultrasound renal denervation or a sham procedure in the RADIANCE-HTN SOLO trial. Circulation. 2019;139:2542-53.

[7] Azizi M, Daemen J, Lobo MD, Mahfoud F, Sharp ASP, Schmieder RE, et al. 12-month results from the Unblinded phase of the RADIANCE-HTN SOLO trial of ultrasound renal denervation. JACC Cardiovasc Interv. 2020;13(24):2922-33.

[8] Mahfoud F, Bloch MJ, Azizi M, Wang Y, Schmieder RE, Lobo MD, et al. Changes in blood pressure after crossover to ultrasound renal denervation in patients initially treated with sham in the RADIANCE-HTN SOLO trial. EuroIntervention. 2021;17:e1024-32.

[9] Azizi M, Sanghvi K, Saxena M, Gosse P, Reilly JP, Levy T, et al. Ultrasound renal denervation for hypertension resistant to a triple medication pill (RADIANCE-HTN TRIO): a randomised, multicentre, single-blind, sham-controlled trial. Lancet. 2021;397:2476-86.

第 16 章　导管介导的乙醇去肾神经术治疗高血压：Peregrine™ 灌注导管 ❶

Alcohol-Mediated Renal Sympathetic Neurolysis for the Treatment of Hypertension: The Peregrine™ Infusion Catheter

Stefan C. Bertog　Alok Sharma　Dagmara Hering　Felix Mahfoud　Atul Pathak　Roland E. Schmieder
Kolja Sievert　Vasilios Papademetriou　Michael A. Weber　Kerstin Piayda　Melvin D. Lobo
Manish Saxena　David E. Kandzari　Tim A. Fischell　Horst Sievert　著
叶渝洋　译　　孙玉喜　校

一、导管介导的乙醇去肾神经术理论基础：基于血管内能量的非制冷单电极去肾神经术的潜在局限性 [1]

基于能量的 RDN 具有潜在的缺点：首先，基于能量的设备仍然受限于神经消融深度和肾动脉壁损伤程度之间的精细平衡。其次，周围的静脉和淋巴结可能作为散热器，从而减少能量传递 [2]。当使用非灌注导管时，更大的组织穿透力可能通过到达更深的交感神经纤维，来提供更完全的去神经支配，但同样伴随着电极 – 血管界面上更大的动脉热损伤。通过灌注系统冷却，可以在一定程度上减轻这种伤害。大多数肾交感神经相对于肾动脉内膜表面的深度仍存在争议。然而，有证据表明，这些神经中有很大一部分深度>3mm，部分神经深度为 8mm 或更大 [3]。在猪模型中，只有 48%～55% 的肾交感神经位于组织深度的前 2.5mm 范围内 [4]。Atherton 等报道，在所研究的人肾动脉中，在 2.5mm 的深度内，大多数神经与内膜 – 管腔界面的距离为 0.5～1.0mm[5]。然而，该研究的作者认识到，由于>2.5mm 深度的组织没有得到很好保存，因此无法进行评估，在含有保存良好的组织标本中，超过 2.5mm 的深度发现了一些可供分析的交感神经。相比之下，Sakakura 等检查了 20 例人类尸检受试者的肾动脉。50% 的交感神经纤维位于距内膜 – 管腔界面 2.8mm 以上，25% 位于 4.7mm 以上 [3]。由于在 Symplicity 试验中使用的功率（8W）下，射频消融的平均深度为 2～3mm，因此在不危及肾动脉壁的情况下使用射频热能量，特别是在消融过程中不使用冷却的情况下，实现足够的肾交感神经破坏可能是具有挑战性的或不可能的。事实上，在动物模型中［尽管其能量水平通常超过用于 RDN 的能量水平，并且在不同的位置（肺静脉）］，射频肺静脉隔离后可以发现内皮

❶ 本章配有视频，可登录网址 https://doi.org/10.1007/978-3-031-38934-4_16 观看。

剥脱、机化血栓、内弹力层的破裂和增厚，以及肌细胞坏死[6]。同样，在猪模型中，基于导管的射频去肾神经术后，中膜和外膜内结缔组织表现出细胞肿胀和凝固[7]。一项针对人体的小型研究显示，在单电极或多电极射频 RDN 后立即用光学相干断层扫描检查动脉壁，结果显示大多数肾动脉存在内皮 – 内膜水肿和局部血栓形成[8]。尽管这种变化的长期后果可能并不常见，但在动物模型射频 RDN 后 6 个月的随访中，观察到深部中膜和其下外膜的纤维化、外弹力层的破坏和去神经术部位的内膜增厚[9]。在人类中，一些显而易见的原因使去肾神经术后不存在长期的组织学随访。然而，一份尸检报告显示，1 例女性在接受单电极射频能量 Symplicity（Medtronic Inc., Minneapolis, MN, USA）设备进行的去肾神经术 12 天后死亡，其神经损伤限制在距离管腔 – 内膜表面 2mm 以内，并且在内膜处有宽基底的累及脉管系统全层的楔形损伤[10]。也有报道显示，在射频和超声能量应用后可能出现血管损伤所致的肾动脉狭窄[11–14]。这是否是由单独能量应用、肾动脉内的操作或两者共同作用的结果，目前尚不清楚。最近的假手术对照试验表明，由于 RDN 的热能而导致肾动脉狭窄的情况非常罕见（如果有的话），但目前正在利用全面的成像技术进行安全性分析。原则上，肾动脉狭窄也可能发生在导管介导的乙醇 RDN 后，尽管尚无报道。为了维持血管完整性和患者安全，Symplicity 试验中提供的能量水平（8W）虽然可以提供组织深度达 2～3mm 的神经损伤，但可能仍无法达到足够的深度以提供完整的 RDN 和最佳的疗效。因此，单电极非制冷的 Symplicity 射频导管的肾去甲肾上腺素溢出减少率为 47%，且变异性很大，便不足为奇[15]。

实现完全的 RDN 不仅需要损伤深度＞2mm，还需要损伤呈圆周分布。单电极射频能量输送系统可能存在缺点，因为如果没有导管尖端位置的三维反馈，射频消融的圆周分布是困难的。以典型的肾动脉管腔直径为 6mm，周长为 31.4mm 计算，假设损伤深度（射频能量为 8W 时）为距离管腔 – 内膜界面 2mm，在最佳情况下，假设射频电极将导致直径为 2mm 的损伤，4 次射频应用（Symplicity HTN-3[16]）仅导致肾动脉弧的 8/31.4mm（25%）的损伤。非灌注单电极 Symplicity 导管被推荐用于最小长度为 20mm、直径至少为 4mm 的肾动脉。在所有使用单电极 Symplicity 导管的试验中，肾动脉长度较短或直径较小的患者被排除在外。考虑到这些限制，仅略超过 50% 的顽固性高血压患者符合去肾神经术的条件[17]。

考虑到上述基于能量的去肾神经术概念的局限性，除了肾主动脉干外，策略还侧重于在更远端的肾动脉中使用射频能量（因为肾交感神经纤维在更远端的位置更接近肾动脉），以及环形超声应用并伴随冷却以避免设备 / 内膜界面的肾动脉损伤，同时允许通过更高的能量应用造成更深的损伤。考虑到前一个观念，多电极导管 SYMPLICITY SPYRAL（Medtronic, Galway, Ireland）被设计并用于对主要肾动脉及其分支进行去神经术，而根据后一个观念，Paradise-US RDN（ReCor Medical, Palo Alto, CA）使用了圆周冷却超声导管。在最近的随机假手术对照试验中，这些设备的结果非常令人鼓舞，与假手术对照组相比，试验组血压持续降低[18–33]，本书前一章对此进行了总结（标题为：评估随机假手术对照试验中 RDN 治疗高血压的数据）。假设血压是心血管发病率和死亡率的可靠替代指标，正如药物干预研究结论所支持的那样，报告的血压降低幅度应转化为心血管事件的显著减少，包括卒中、心力衰竭和心肌梗死。

除了达到完全去神经支配的挑战外，使用所有目前可用的血管内能量系统实施去肾神经术几乎总是产生疼痛[34]，因而需要清醒镇静。一个常见的解释是疼痛感受器和纤维与传入感觉神经位于同一位置。很少有数据支持这一假设。然而，在肌肉动脉介质中，乙酰胆碱能神经末梢（可能是“牵拉感受器”）可能将感觉信息传递到大脑[35]。

所有基于能量的设备的最后一个潜在限制是

需要能量发生器以及安全能量输送所需的软件和算法。

使用 Peregrine 导管（Ablative Solutions, Wakefield, MA, USA）进行血管周围导管介导的乙醇 RDN（图 16–1）可能有几个好处。第一，由于输送微针穿透肾动脉约 3mm，血液和肾动脉内膜界面的组织损伤（预期由能量输送造成）不存在，乙醇的分布基本上局限于外膜和血管周围间隙[36]。第二，可以达到 1cm 的组织深度，确保更完全的去神经支配[36]。第三，在没有中膜损伤的情况下，围术期疼痛通常不存在或不太明显，只需要最少的镇痛和镇静。第四，肾动脉的长度几乎没有解剖学限制，直径也几乎没有限制。此外，手术和透视时间短，执行手术所需的对比剂量小。例如，在使用 Peregrine 导管的欧洲上市后研究中（详见下文），手术时间（皮肤到皮肤）为 49min，透视时间为 10.8min，总对比剂体积为 92ml[37]。相比之下，在使用 SYMPLICITY SPYRAL 导管的 SYMPLICITY SPYRAL 试验中，对比剂的总量为 271ml（ON-med）[24]，手术时间为 100min（OFF-med）[38]。在使用 Paradise-US RDN 导管的 Radiance HTN-Solo 试验中，平均手术时间为 72min。最后，不需要能量发生器或附属设备，从而使操作成本和复杂性得到控制。鉴于这些优点，人们对进一步评估基于导管介导的乙醇 RDN 的安全性和有效性产生了浓厚的兴趣，如下所述。

二、乙醇：作用机制和代谢

乙醇对神经组织的影响取决于暴露的浓度和持续时间。在较低浓度（5%～10%）下，它抑制钠和钾通道，具有局部麻醉作用[39]。在较高浓度（>50%）下，它通过提取磷脂、胆固醇和脑苷脂引起必需的细胞蛋白的变性和膜损伤。在神经组织中，这些作用导致组织硬化，以及髓鞘硬化和分离、施旺细胞和轴突的水肿[40]。其结果是损伤远端轴突变性（顺行性或 Wallerian 变性）[40]。施万细胞管的基底细胞通常幸免于难，轴突可以沿着先前的路线再生。当神经暴露于较低浓度和较短持续时间的乙醇时，主要影响外周纤维，而在较高浓

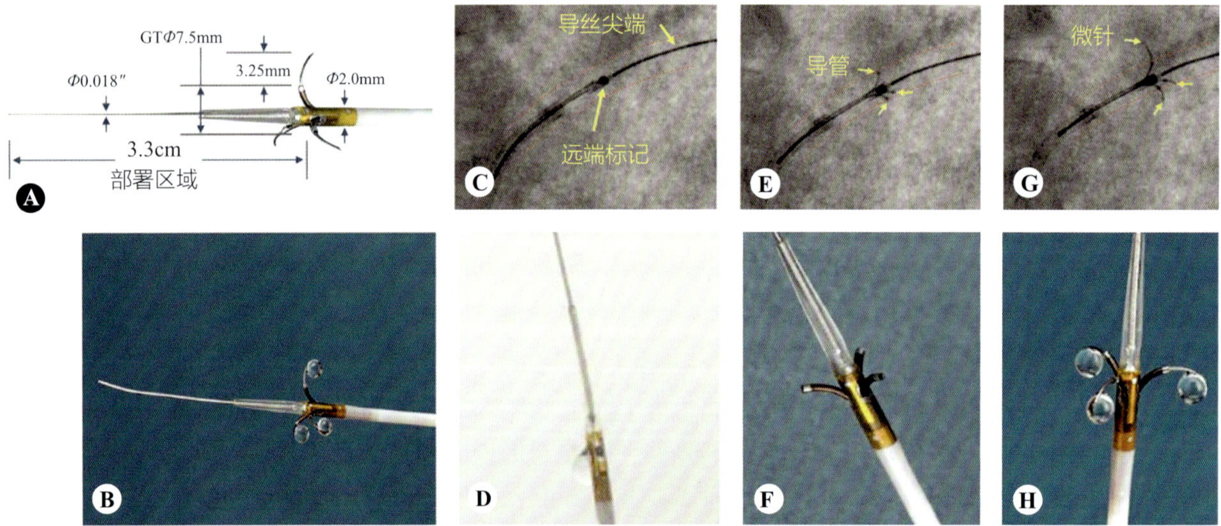

▲ 图 16–1 **Peregrine 导管（Ablative Solutions, Wakefield, MA, USA）尖端**

A. 该图说明了 Peregrine 导管尖端及其规格。请注意，远端尖端是一根 0.018 英寸的柔性导丝，其形状类似于冠状动脉导丝。B. 该图显示了输注乙醇期间的导管尖端。C. 该图显示了 Peregrine 导管尖端在导管和微针均缩回的情况下的透视外观。D. 该图显示了将 Peregrine 导管尖端插入指引导管之前。E. 该图显示了导管部署后 Peregrine 导管尖端的透视外观。F. 该图显示了 Peregrine 导管部署在指引导管外部时的导管尖端。G. 该图显示了导管和微针部署后的 Peregrine 导管尖端的透视外观。H. 该图显示了导管和微针部署后的 Peregrine 导管尖端，并在指引导管外输注乙醇（此图经 Elsevier Publishing 许可转载自先前的出版物[1]）

度和较长时间暴露时，损伤会延伸到更深层[40]。如果达到足够高的浓度，乙醇会通过膜裂解、蛋白质变性和血管闭塞导致任何组织坏死[41]。此外，乙醇通过扩散到周围血管，可以进入血流，并可能产生全身效应，与大量饮酒后的中毒相同[42]。乙醇在肝细胞中通过乙醇脱氢酶完全代谢[43]。

三、乙醇：临床应用

鉴于局部应用后可预测的组织损伤，乙醇已成功用于治疗多种疾病，包括但不限于肥厚梗阻型心肌病[44]、慢性疼痛[45]、痉挛[39]、囊肿[46, 47]和一些恶性肿瘤[48]。

在治疗肥厚梗阻型心肌病时，通过球囊导管将乙醇（通常为96%，0.1ml/min，共1～2ml）注射到室间隔穿支中，同时球囊保持充气，以防止反流到上一级血管（通常是冠状动脉左前降支）[44]。在这里，它会导致室间隔穿支本身及其供血的心肌的凝固性坏死[49]。

对于慢性疼痛[50]或痉挛[39]的治疗，在影像学引导下，将乙醇注入神经周围间隙。治疗肝肾囊肿或恶性肿瘤时，直接将乙醇注射到囊肿或肿瘤中。如下所述，用于囊肿或肿瘤治疗的乙醇量远大于神经消融、肥厚梗阻型心肌病或RDN。例如，对于基于血管周围导管的肾动脉神经纤维化学消融术，通常将0.6ml乙醇注入每条肾动脉的血管周围间隙，而在腹腔神经节神经消融术中，通常使用5～10ml乙醇，而在肾囊肿治疗时，通常将多达100ml乙醇注入囊肿，导致囊腔内壁的分泌细胞被破坏[51–54]。使用非常大量乙醇的囊肿消融术的并发症包括疼痛、发热和全身反应，乙醇中毒和休克。然而，尽管注入了大量的乙醇，但中毒仍然是罕见的。一项肝囊肿乙醇注射的研究显示，平均血液乙醇含量为0.38g/L（最高值为1.02g/L）[55]。

四、用于血管周围乙醇输注的 Peregrine 导管

该导管由3个彼此成120°分开的自定心导管组成（图16–1），由导管手柄的简单机制展开后（图16–2和补充视频16–1，请注意，这在美国属于试验性设备），每个导管的远端与肾动脉壁接触，使装置“居中”于或接近肾动脉管腔的中部。当位置最佳时（5mm的着陆区就足够了），3个不透射线的微针［0.008英寸（203μm）］通过导管推进（图16–1，补充视频16–1）穿过肾动脉壁。它们超出导管3.25mm。导管贴近内膜表面。考虑到人肾动脉约0.5mm的内膜和中膜厚度，平均而言，针尖位于外膜层中心部分的外弹力层外

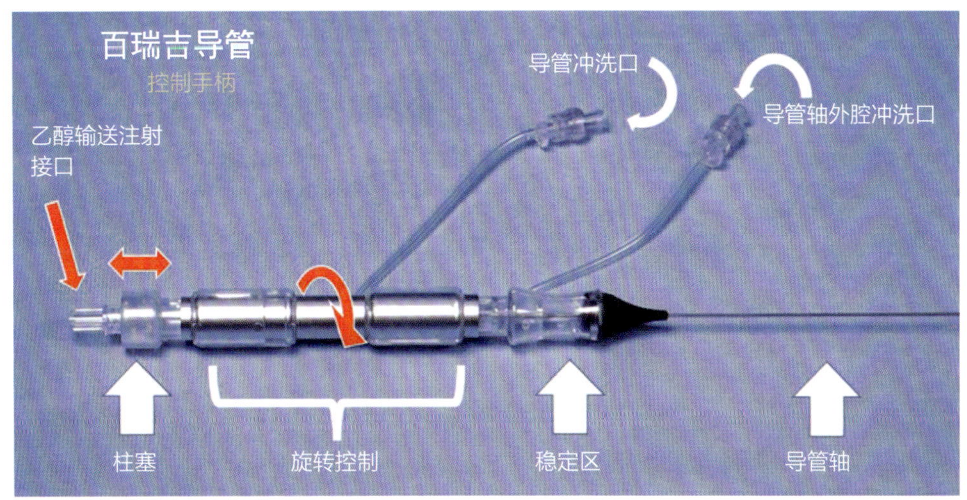

▲ 图 16–2 **Peregrine 导管控制手柄（Ablative Solutions, Wakefield, MA, USA）**
该图经 Ablative Solutions（Ablative Solutions, Wakefield, MA, USA）许可转载

缘约 2.75mm 之外。然后，在超过约 60s 的时间将乙醇注入外膜周围空间。乙醇在肾动脉周围呈圆周分布，如图 16–3 所示（在该图中，注射了一种染料来说明圆周分布，而不是乙醇）。注入后，微针和导管依次缩回，并移除装置。装置远端尖端是一个 2cm 长可调节方向的 0.014 英寸的不透射线的软导丝，可最大限度地降低进入肾动脉期间血管损伤的风险（图 16–1）。目前使用 7F 指引导管进行器械输送（指引导管长度不应超过 55cm）。上述所有步骤都可以通过操作导管近端手柄部分的控制装置轻松完成（图 16–1 和补充视频 16–1）。

五、Peregrine 导管的动物试验

Peregrine 导管在猪模型中进行了研究，该导管具有外膜周围乙醇输送功能，用于去肾神经术，结果喜人[56]。无论注入多少乙醇，都没有安全警示。在随访 2 周时，治疗组动物（n=9）的肾去甲肾上腺素浓度显著低于对照组（n=7），并且与乙醇剂量为 0.6ml/ 动脉时显著的 RDN 一致。根据每条动脉输注的乙醇量，0.15ml，0.3ml 和 0.6ml，肾去甲肾上腺素浓度分别比对照组低 54%、78% 和 88%。重要的是，在所有接受治疗的动物中，都观察到了深部肾神经损伤（平均消融深度为 8mm）。通常几乎没有有意义的肾动脉壁损伤，除了在较高的 0.6ml 剂量下，少数样本存在中膜外层的平滑肌细胞坏死。随访时，所有肾动脉血管造影正常。在急性动物模型中，添加组织染色剂（亚甲蓝染料）显示出染料的环向分布。考虑到理论上由于无意中将乙醇输注到肾动脉中而导致的肾细胞损伤，将 0.3ml 和 0.6ml 乙醇直接输注到肾动脉中，对通过血清肌酐水平反映的肾功能没有影响，并且在病理标本中没有检测到肾实质损伤。在一项扩大剂量的猪模型安全性研究中，测试了远高于当前临床剂量（分别为 1.2ml/ 动脉与 0.6ml/ 动脉）的影响。在 3 个月的随访中，没有发现对血管壁或肾脏的严重毒性。中膜损伤的迹象稍多，但没有血管狭窄、动脉瘤

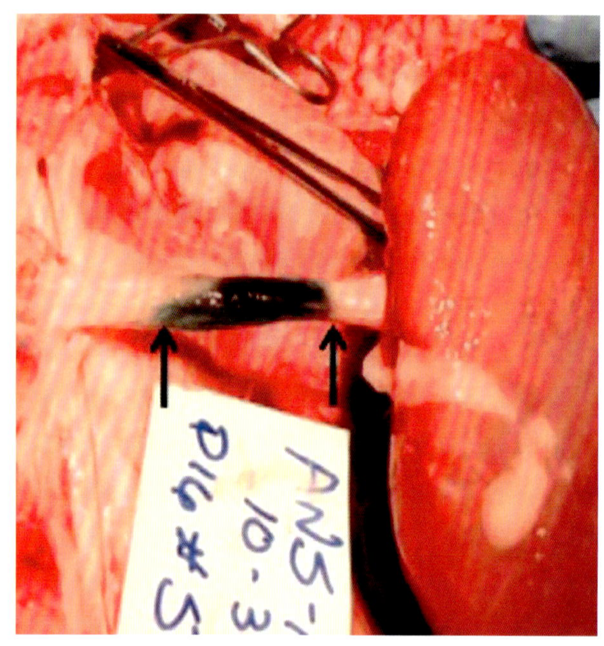

▲ **图 16–3　这是通过 Peregrine 导管注射染料后在动物尸体解剖过程中拍摄的照片（Ablative Solutions, Wakefield, MA, USA），以展示使用 Peregrine 导管后染料或乙醇的圆周分布**

该图经 Ablative Solutions（Ablative Solutions, Wakefield, MA, USA）许可转载

形成或血栓形成（个人交流）。血管周围注射的一个潜在问题是肾动脉损伤，在拔出针头后，血管周围 / 腹膜后间隙或腹部出血。然而，由于使用针头外形（约相当于 30 号针头），虽然使用肝素进行积极抗凝［活化凝血时间（ACT）为 300～600s］，但在 >100 只动物（个人交流）和 > 75 例患者中，未检测到有意义的血液外渗。

在猪模型（n=12）中以（2∶1）随机方式进一步研究了 Peregrine 导管，将其与单电极射频导管（Symplicity Flex, Medtronic, Galway, Ireland）进行比较。分别将注入 0.3ml 和 0.6ml 乙醇的去神经术与射频去神经术［每条肾动脉至少 4 次消融（8W），每个象限 1 次，阻抗下降 15%～18%，7/8 肾动脉血管造影后立即可见中度切迹］比较[36]。3 个月时，进行血管造影显示无肾动脉异常。然后对动物实施安乐死，进行大体解剖学和组织学检查。主要终点是消融深度和肾组织去甲肾上腺素浓度。一个预先定义的终点是平均总消融面

积。所有动物后腹膜和邻近腹部器官均无严重病理异常。与射频消融（3.9 ± 1.2mm）相比，乙醇 RDN 后的最大组织损伤深度显著更大（0.3ml 和 0.6ml 乙醇分别为 6.6 ± 1.7mm 和 8.2 ± 2.2mm）（0.3ml 乙醇消融与射频消融相比，P=0.017；0.6ml 乙醇消融与射频消融相比，P= 0.013）（图 16–4）。与射频能量消融相比，乙醇注入后的消融面积也显著更大（0.3ml 和 0.6ml 乙醇分别为 30.8 ± 13.7mm^2 和 41.6 ± 12.4mm^2，而射频消融后为 11.0 ± 7.5mm^2，P=0.044 和 P= 0.005）（图 16–4）。此外，与对照组动物相比，乙醇 RDH 后的肾组织去甲肾上腺素浓度显著降低（0.3ml 乙醇 RDH 后中位数为 68.5ng/g，0.6ml 乙醇 RDH 后中位数为 47.5ng/g，对照组中位数为 286ng/g）。与对照组动物相比，分别减少了 76% 和 83%（P<0.001）。

六、Peregrine 导管的人类经验

首次使用 CE-Mark Peregrine 导管（首次人体研究，n=18，注入 0.3ml 乙醇）的人类经验显示，诊室收缩压和舒张压平均降低 24 ± 21mmHg 和 12 ± 16mmHg[57]。该研究未进行动态血压监测（ABPM）。应答率（定义为收缩压降低至少 10mmHg）为 88%（n=16），12 例患者中有 9 例减少了用药。手术过程中没有发生不良事件，6 个月的血管造影（由独立的核心实验室判读）显示与基线相比没有变化。

欧洲 Peregrine 上市后研究（European Peregrine Post-Market Study）是一项开放标签前瞻性研究，纳入了 45 例未控制高血压患者（诊室血压≥150/85mmHg），采用 Peregrine 导管注入 0.6ml 乙醇（每条肾动脉）实施去神经术[37]。基线诊室血压和动态血压分别为 169/99 ± 15/13mmHg 和 151/89 ± 14/12mmHg，平均降压药物数量为 5.1 ± 1.5。所有患者均接受双侧去肾神经术，其中 4 例患者接受副肾动脉治疗。从建立血管通路到鞘取出的时间为 49 ± 21min，从导管插入到收回的时间为 7 ± 3min。在接受程序性疼痛评估的患者中，57% 的乙醇注入无疼痛或伴有轻度疼痛，43% 伴有中度或重度疼痛。与基线相比，在 6 个月时，24h 动态收缩压降低了 11 ± 14mmHg（P<0.001）（主要终点，图 16–5）。此外，平均诊室收缩压降低了 18 ± 21mmHg（P<0.001）（图 16–5）。此外，平均动态和诊室舒张压分别降低了 7 ± 9mmHg（P<0.001）和 10 ± 11mmHg（P<0.001）（图 16–5）。应答率（定义为平均 24h 动态收缩压降低≥5mmHg 或≥10mmHg）分别为 71% 和 52%。平均白天动态血压降低比夜间降低更明显（分别为 –12/–7mmHg 和 –9/–5mmHg）。21% 的患者被认为血压得到控制，定义为平均 24h 动态血压<130/80mmHg。在 6 个月的随访

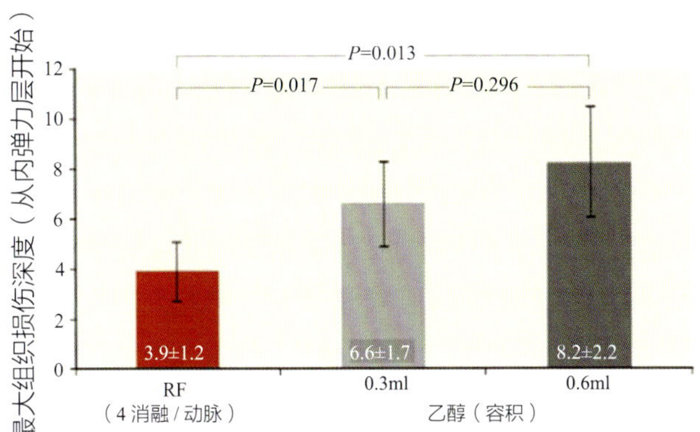

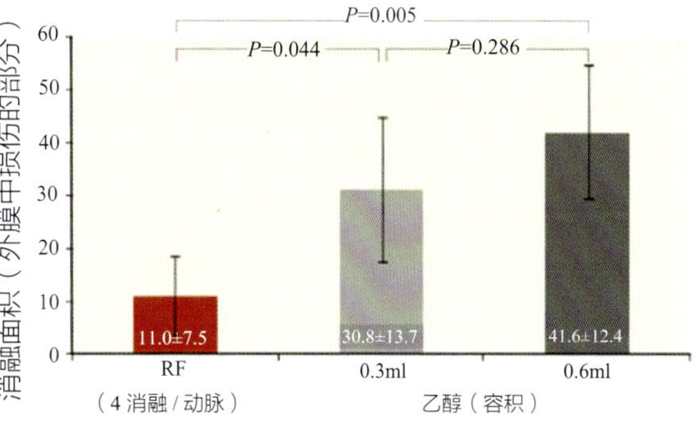

▲ 图 16–4　动物模型中的肾神经损伤深度和面积（单位分别为 mm 和 mm^2），比较了使用单电极无冷却的 **Symplicity Flex** 导管的去神经术（如红色条图所示，**Medtronic, Galway, Ireland**）与使用 **Peregrine** 系统进行乙醇消融（如灰色条所示，**Ablative Solutions, Wakefield, MA, USA**）。**RF**= 射频。**IEL**= 内弹力层

此图经 Elsevier Publishing 许可转载自先前的出版物[1]

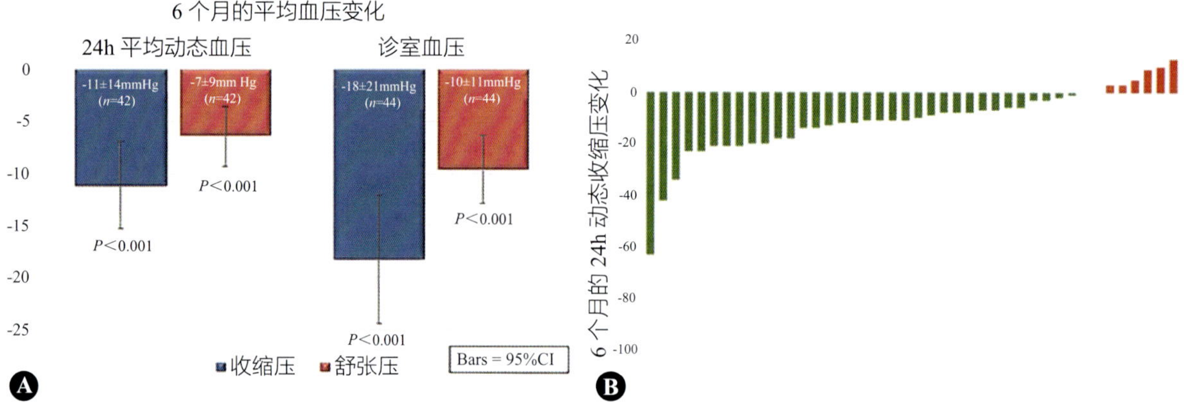

▲ 图 16-5 **A. 使用 Peregrine 导管行去神经术后 24h 平均动态血压和诊室血压的变化（Ablative Solutions, Wakefield, MA, USA）。B. 个体应答情况**

此图经 Elsevier Publishing 许可转载自先前的出版物 [1]

中，23% 的患者降压药减少，而 5% 的患者增加。在整个试验过程中，通过尿液药物分析反映的抗高血压药物依从性没有显著变化（75%～78%）。并发症包括 2 例无永久性后遗症的血管通路不良事件（2 例血管假性动脉瘤，1 例需要输血的大出血）和 2 例肾动脉夹层，经保守治疗后在 6 个月 CT 随访时完全消退。值得注意的是，针头回撤后对比剂的微渗发生在约 45% 治疗的肾动脉中。在这种情况下，方案建议观察等待并在 5～10min 后重复血管造影。在接受重复血管造影的患者中，不再见到外渗。在有数据的 45 例患者中，有 43 例在 6 个月随访时通过计算机断层扫描血管造影（CTA）、磁共振血管造影或肾多普勒超声评估，没有发现肾动脉异常。24h 动态血压变化的个体变化如图 16-5 所示。

在 4 例患者中进一步研究了使用 Peregrine 导管进行乙醇 RDN 的效果 [58]。该研究的目的是评估去肾神经术前和术后 8 周的肾皮质交感传出神经的活动。使用 11-C- 甲基瑞波西汀（CMRB），一种去甲肾上腺素转运蛋白配体和 6-^{18}F- 氟多巴胺（FDA），一种细胞膜去甲肾上腺素转运蛋白的底物，通过正电子发射计算机断层扫描（PET-CT）测量肾皮质交感传出神经活动。CMRB 下降了 30%，FDA 增加（3 例对照组患者没有发生显著变化）。CMRB 的降低提示交感传出神经活动降低。FDA 的增加可能是由于残留神经元中囊泡胞吐作用的减少以及 FDA 的积累（预期与交感传出神经活动减少有关），或者由残余交感神经元中去甲肾上腺素转运蛋白活性的代偿性增加引起。4 例患者中有 3 例的平均动态收缩压降低（-9mmHg，P=0.058）。仰卧位肌交感神经活动（MSNA）没有变化。虽然神经激素激活的血浆标志物没有变化，但去神经术后尿儿茶酚胺水平在数值上降低。

鉴于上述动物和人类经验，已经启动了两项随机、盲法、假手术对照试验。TARGET BP（https://clinicaltrials.gov/ct2/show/NCT02910414?term=TARGET+BP&rank=1）是一项多中心试验，比较了使用 Peregrine 导管进行乙醇 RDN 加上最佳医疗管理，以及单独使用最佳医疗管理和诊断性肾血管造影，治疗使用 2～5 种最大可耐受剂量的抗高血压药物仍未控制的收缩期和舒张期高血压患者，其中一种降压药物最好是血管紧张素转换酶抑制药或血管紧张素受体拮抗药，另一种是利尿药 [59]。主要终点是 3 个月时平均动态血压的变化，且至少 4 个月内基线抗高血压药物没有变化。2019 年开始招募，预计将有 300 例参与者（1∶1 随机化）。在本文发表时，结果尚未公布或公布，但试验已接近完成入组。在 TARGET BPOFF-MED 研究（https://clinicaltrials.gov/ct2/

show/NCT03503773?term=TARGET+BP&rank=3）中，将使用 Peregrine Kit 的乙醇介导的去肾神经术与不治疗（即不服用抗高血压药物）进行比较，同样地，患有未控制的高血压（历史上服用 0～2 种药物）且平均动态收缩压为 135～170mmHg 且诊室收缩压为 150～180mmHg，诊室舒张压 >89mmHg 的患者被随机分配到 Peregrine 系统去肾神经术组与肾血管造影假手术组[59]。主要终点是 8 周时的平均 24h 动态收缩压。106 例患者被随机分配（1∶1）。随访 8 周时，主要终点（平均收缩期动态血压）无显著差异。在 12 个月时，尽管两组之间的诊室收缩压没有差异，但接受 Peregrine 装置治疗的患者的用药负担显著降低（平均为 1.5 vs. 2.3 种药物）[60]。在 TARGET BP1 和 TARGET BP OFF-MED 试验中，每条肾动脉都注入 0.6 ml 乙醇。表 16–1 概述了 TARGET BP 的主要纳入和排除标准。

表 16–1　TARGET BP 的主要纳入和排除标准

纳入标准

- 接受 2～5 种降压药物时，平均诊室收缩压（SBP）≥150mmHg 且≤180mmHg，平均诊室舒张压（DBP）≥90mmHg
- 平均 24h 动态收缩压≥135mmHg 且≤170mmHg，有效测量≥70%

排除标准

- 估算肾小球滤过率（eGFR）≤45ml/（min · 1.73m²），或正在接受长期的肾脏替代治疗
- 有记录的睡眠呼吸暂停
- 严重心脏瓣膜狭窄、心力衰竭［纽约心脏协会（NYHA）Ⅲ级或Ⅳ级］、慢性心房颤动和已知的原发性肺动脉高压（肺动脉收缩压>60mmHg）
- 哺乳期或妊娠期
- 受试者正在接受非甾体抗炎药、免疫抑制药或免疫抑制剂量的类固醇的长期治疗（如日常使用）
- 计划手术前 6 个月内有心肌梗死、不稳定型心绞痛或卒中 / 短暂性脑缺血发作史

七、案例展示

以下是 1 例 75 岁女性（病例 1）的病例，她长期患有高血压，基线诊室血压为 201/103mmHg，平均 24h 动态血压为 147/82mmHg，同时接受包括利尿药、钙通道阻滞药和血管扩张药在内的抗高血压治疗方案。基线磁共振血管成像（MRA）如图 16–6 和图 16–7 所示。这些目标肾动脉的直径为 4～7mm，且长度至少为 5mm。建立右股动脉通路（7F）并给予普通肝素。将 7F 导管经 0.035 英寸的 J 形导丝进入腹主动脉至肾动脉水平，并且导丝仍留在原位，获得腹主动脉造影（补充视频 16–2）。然后，将 7F 指引导管插入右肾动脉，并进行选择性血管造影以确认 MRA 结果（补充视频 16–3）。在透视引导下，将 Peregrine 导管推进到右肾动脉中，针 / 导管端口位于右肾动脉近段（补充视频 16–4 和补充视频 16–5）。通过手柄操作（补充视频 16–6 和补充视频 16–7），部署导管并通过指引导管注入对比剂，以确保导管位于中心位置（图 16–8 和补充视频 16–7）。通过手柄操作，部署针头（补充视频 16–8 和补充视频 16–9），随后进行对比剂注射以确认针头位于中心位置（图 16–8 和补充视频 16–10）。在手柄的远端，取下止动旋塞，连接装有 0.6ml 乙醇的 1ml 注射器并缓慢注入乙醇（超过 1～2min）（补充视频 16–11）。然后通过手柄操作将针收回（图 16–8 和补充视频 16–12），然后收回导管（补充视频 16–13）。最后，拔除导管并进行血管造影（图 16–8 和补充视频 16–14）。乙醇注入部位有轻度管腔不规则和轻度痉挛。以类似的方式处理左肾动脉（图 16–8、补充视频 16–15 至补充视频 16–21）。患者出院后，诊室血压和 24h 动态血压如图 16–9 所示。从术前 4 周到 6 个月的随访期间，没有调整降压药物。

一些重要的技术注意事项可能有助于处理解剖结构复杂的病例。在预期困难肾动脉解剖的情况下，可以考虑使用 8F 指引导管而不是 7F 导管，以使在推进 Peregrine 导管之前使辅助导丝（如 0.018 英寸控制导丝或 0.014 英寸铁导丝）进入肾动脉以提供支撑。也可以先用 0.014 英寸或 0.018 英寸的支撑导丝进入肾动脉，然后将 8F 指引导

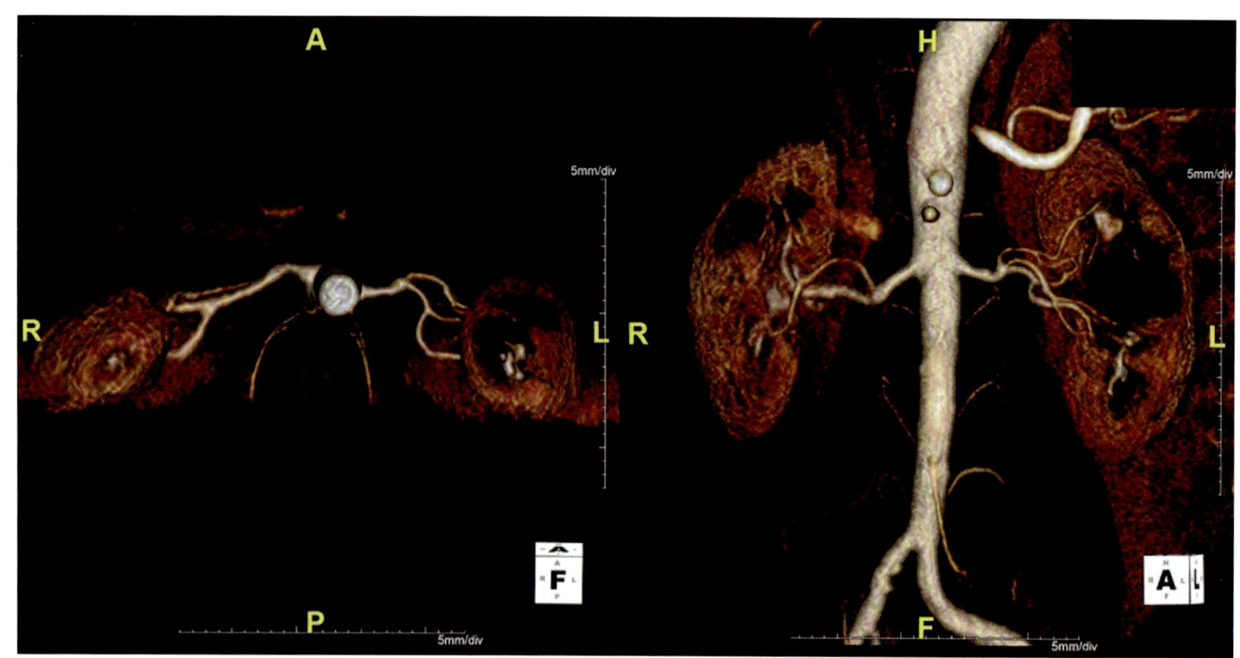

▲ 图 16-6 案例 1。肾动脉磁共振血管成像

此图经 Elsevier Publishing 许可转载自先前的出版物 [1]

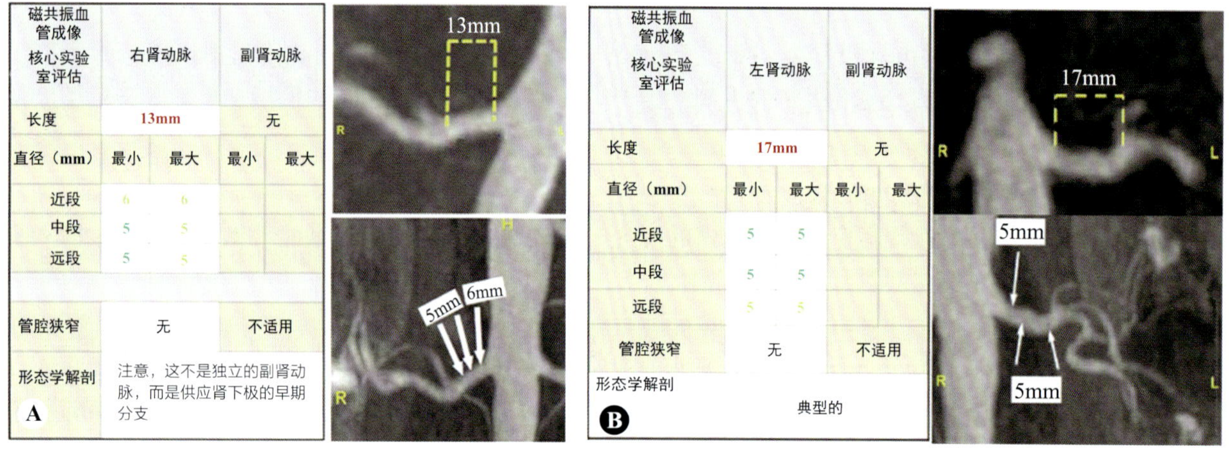

磁共振血管成像 核心实验室评估	右肾动脉		副肾动脉	
长度	13mm		无	
直径（mm）	最小	最大	最小	最大
近段	6	6		
中段	5	5		
远段	5	5		
管腔狭窄	无		不适用	
形态学解剖 A	注意，这不是独立的副肾动脉，而是供应肾下极的早期分支			

磁共振血管成像 核心实验室评估	左肾动脉		副肾动脉	
长度	17mm		无	
直径（mm）	最小	最大	最小	最大
近段	5	5		
中段	5	5		
远段	5	5		
管腔狭窄	无		不适用	
形态学解剖 B	典型的			

▲ 图 16-7 案例 1。磁共振血管成像，测量右侧（A）和左侧（B）肾动脉

此图经 Elsevier Publishing 许可转载自先前的出版物 [1]

管延伸部分推进肾动脉，以方便 Peregrine 导管的推进。与任何肾动脉手术一样，如果肾动脉向下发出，导致指引导管的插入复杂化或腹主动脉迂曲，可以考虑先用 Simmons 或 Omniflush 导管插入肾动脉，然后以套管式将指引导管（如 IM 或 JR-4）或鞘（如肾双曲线 [RDC] 鞘）推进到肾动脉中，并使用来自对侧股动脉的 0.035 英寸或 0.038 英寸硬导丝（如 Amplatz 超硬导丝或 Lunderquist 导丝）可能有助于拉直腹主动脉并促进导管插入（如案例 2 所示，图 16-10 至图 16-14，补充视频 16-22 至补充视频 16-26）。请注意，乙醇注入后非常少量的对比剂外渗并不少见（“短暂性微渗漏”）（图 16-15、补充视频 16-27 和补充视频 16-28）。然而，在迄今为止的所有病例中，在针头回缩后 2～5min 重复血管造影后，这种情况均已自发消退，没有任何临床后遗症。具体而言，

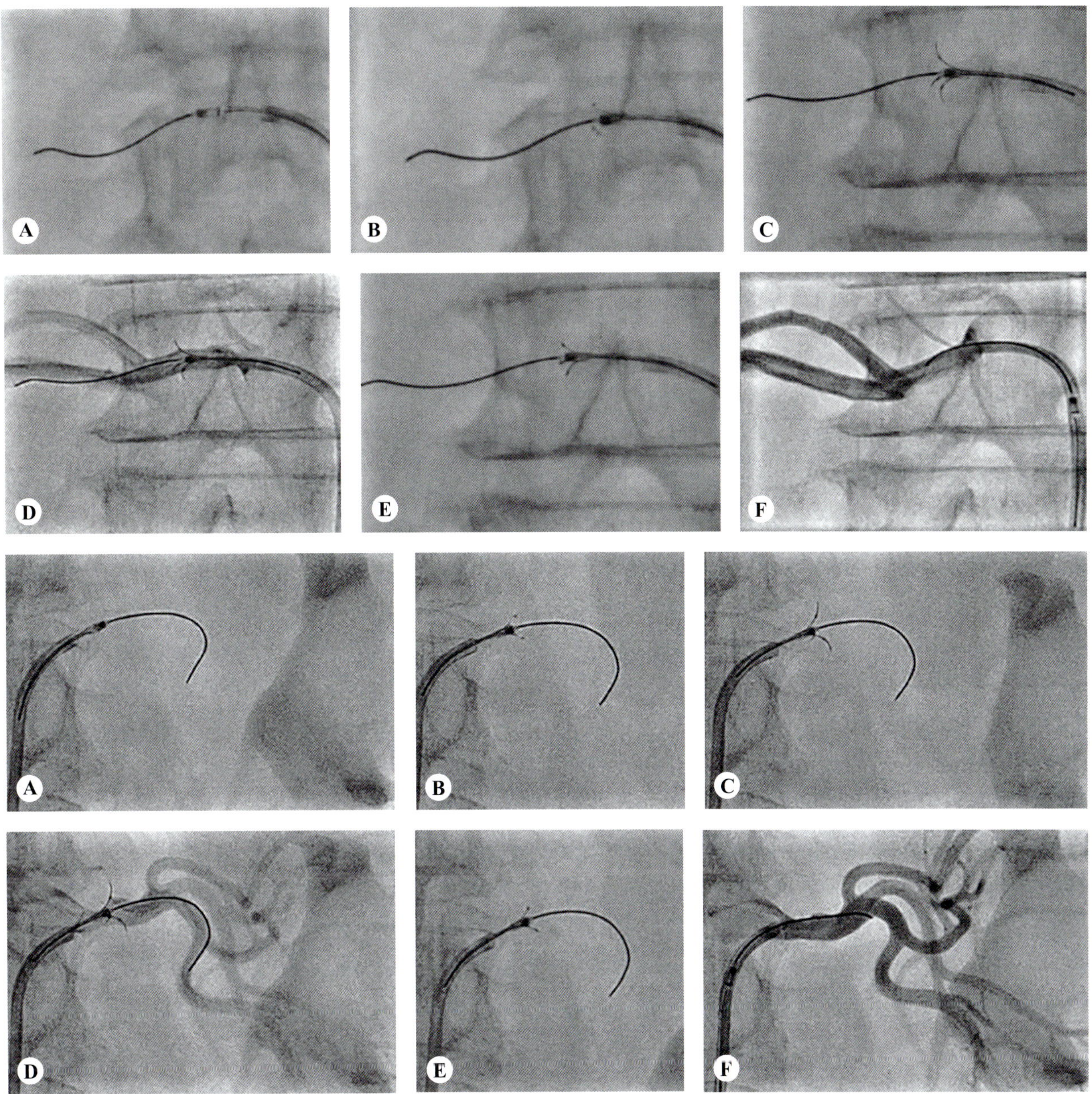

▲ 图 16-8 案例 1。该图显示了右肾动脉（上图）和左肾动脉（下图）操作的步骤

A. 将 Peregrine 系统导管（Ablative Solutions, Wakefield, MA, USA）插入肾动脉中。B. 导管部署。C. 针头部署。D. 肾动脉血管造影时针头部署的图示。E. 针头已收回。F. 最终肾动脉血管造影。（此图经 Elsevier Publishing 许可转载自先前的出版物 [1]）

在发生微渗漏的患者中，随访时肾动脉成像没有发现异常。因此，建议采用观察等待的方法。在存在副肾动脉的情况下，建议对它们进行治疗（每侧只有一个肾副动脉），前提是它们在可接受的直径范围内（4～7mm）（如案例 2 所示，图 16-13 和图 16-14，以及补充视频 16-25 和补充视频 16-26）。在这种情况下，虽然副肾动脉去神经术的重要性尚不清楚，但一些数据表明，在治疗副肾动脉后，去肾神经术可能更有效 [61]。

八、用于去肾神经术的神经化学消融的其他概念和物质

与乙醇类似，其他物质已被用于肾动脉化学去交感神经术。长春新碱是一种抗肿瘤药物，与

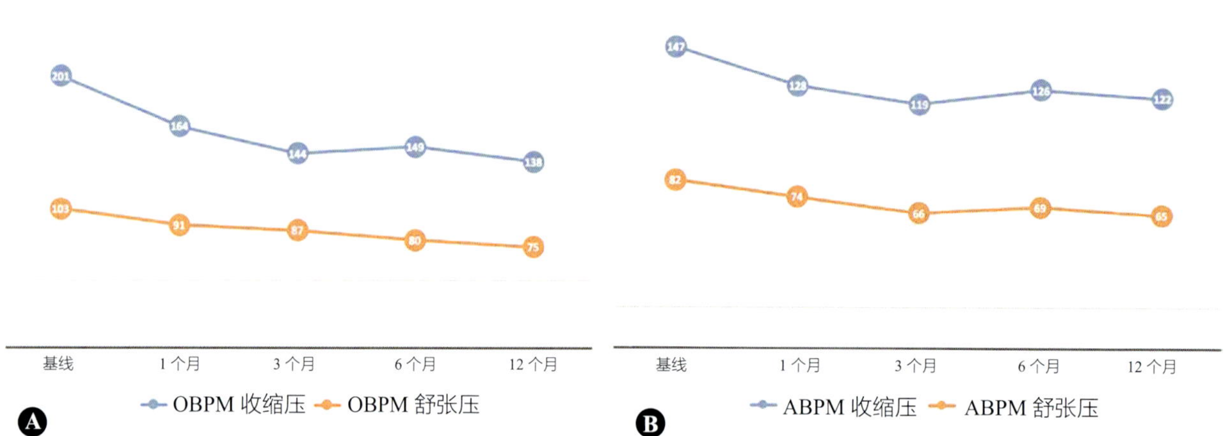

▲ 图 16-9　案例 1。使用 Peregrine 系统进行去肾神经术后的诊室血压（OBPM）（A）和动态血压（ABPM）（B）（患者病例）

此图经 Elsevier Publishing 许可转载自先前的出版物 [1]

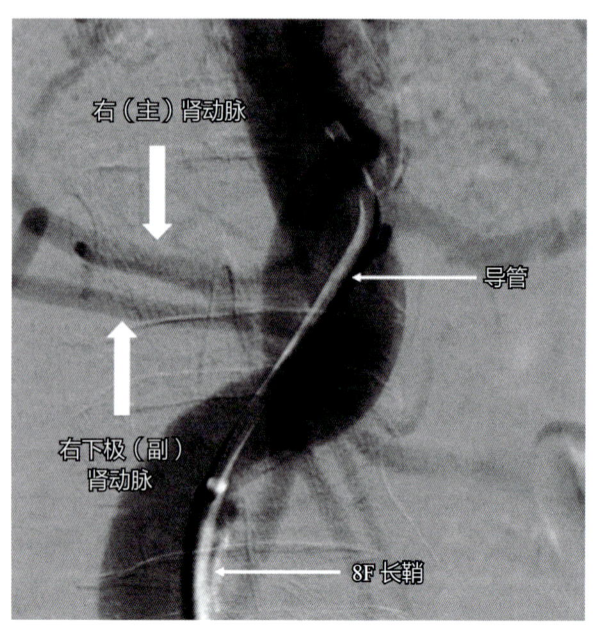

▲ 图 16-10　案例 2。展示了一个非常迂曲的腹主动脉，发出右上肾动脉和较小的右下极副肾动脉

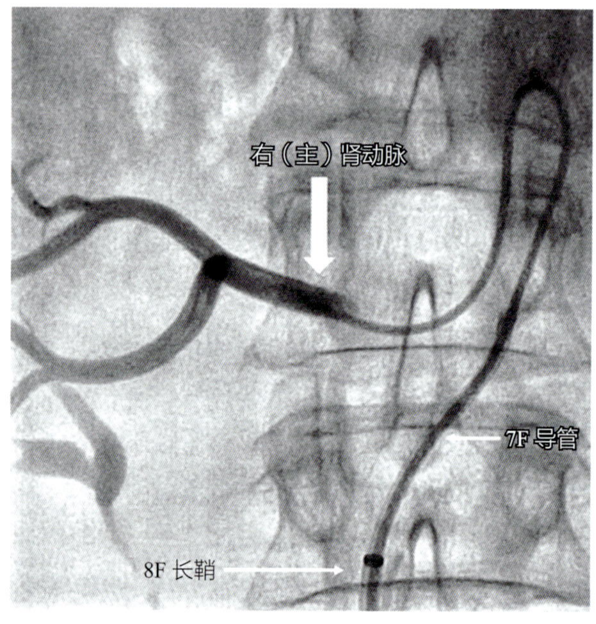

▲ 图 16-11　案例 2。腹主动脉中有一个 8F 长的鞘，右上肾动脉插入诊断性 Simmons 导管，7F 指引导管通过诊断性 Simmons 导管以套管式进入右上肾动脉

微管蛋白结合，抑制细胞分裂所需的微管形成。除其他不良反应外，它还会导致周围神经脱髓鞘和轴突损伤，随后出现不可逆的周围神经病变。它对神经细胞损伤的潜力导致了对这种物质进行化学神经消融的探索。在猪模型中，Stefanidis 等使用多孔球囊导管在肾动脉主干中充气，并加入生理盐水、对比剂和长春新碱的混合物，允许长春新碱通过充气的球囊进入到肾动脉壁中，结果显示有活性的肾交感神经纤维中度减少 [62]。该概念也在 1 例顽固性高血压患者中进行了测试，该患者的血压明显降低 [63]。尽管球囊充气期间动脉壁染色表明药物已经从管腔输送到动脉壁，但这尚未得到生化证实。此外，这种方法尚未显示出

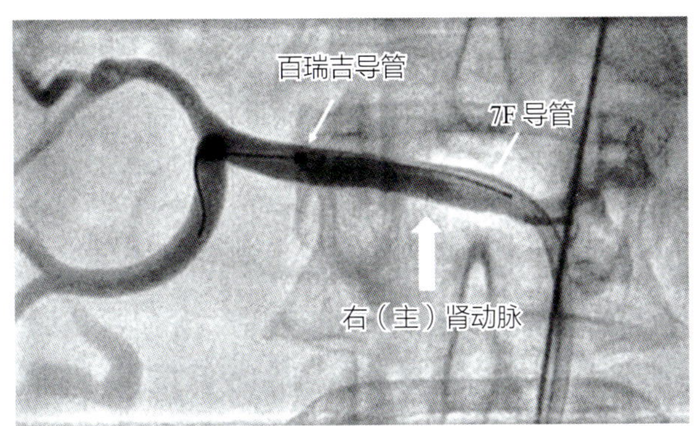

▲ 图 16-12　案例 2。7F 指引导管正插入在右上肾动脉中，Peregrine 导管（Ablative Solutions, Wakefield, MA, USA）已推进到远端动脉中，准备好部署

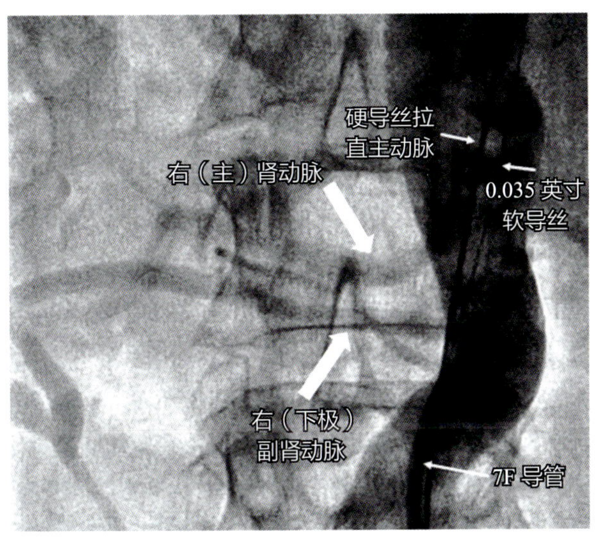

▲ 图 16-13　案例 2。为了插入右下小副肾动脉，将一根硬导丝插入主动脉，以帮助拉直主动脉并促进指引导管插入

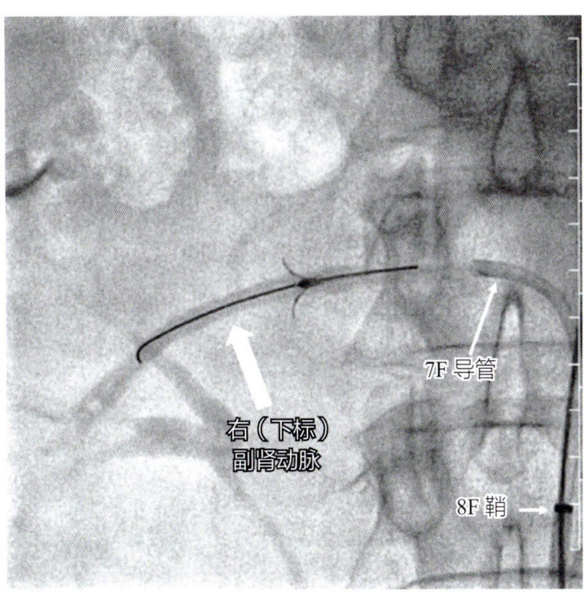

▲ 图 16-14　案例 2。指引导管已插入右下副肾动脉，Peregrine 装置（Ablative Solutions, Wakefield, MA, USA）的微针已部署

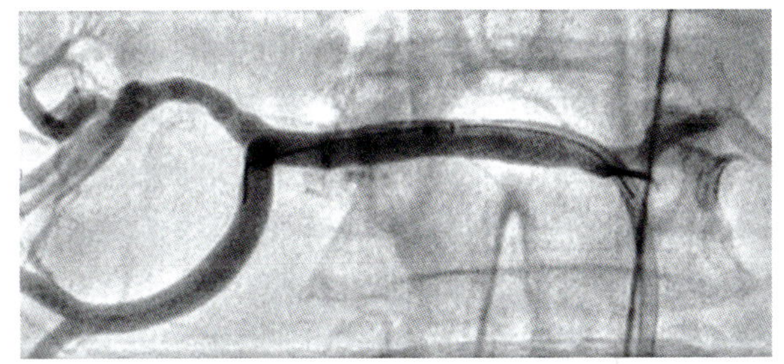

▲ 图 16-15　显示 Peregrine 导管（Ablative Solutions, Wakefield, MA, USA）针头和导管收回后的微渗漏（黑箭头）

此图经 Elsevier Publishing 许可转载自先前的出版物 [1]

肾去甲肾上腺素浓度的降低。这种情况下，猪模型中 CT 引导下的长春新碱动脉周围注射可使肾组织去甲肾上腺素水平降低 53%（值得注意的是，动脉周围注射高渗盐水、紫杉醇和胍乙啶并未显著降低组织去甲肾上腺素水平）[64]。

胍乙啶是一种神经毒性药物 [65]，可通过经皮入路注射到血管周围间隙，使用单根针头穿透肾动脉，并在肾动脉中将球囊充气，以控制针头部署，该方法可导致动物组织学标本中的交感神经损伤 [66]。

已在大鼠模型中评估了手术化学神经消融 [67]。手术暴露后，血管周围注射高渗盐水、乙醇 / 苯酚、胍乙啶或紫杉醇可使肾去甲肾上腺素水平显著降低。

此外，在 MRI 引导下，在猪模型中血管周围经皮注射大剂量乙醇可显著降低肾去甲肾上腺素水平，并显著降低 1 例难治性高血压患者的血压（CT 引导下）[68, 69]。在动物模型中，只有在血管周围注射大量（10ml）乙醇后，肾去甲肾上腺素水平才有意义地降低（53%），这也导致肾周组织的附带损伤，在 6 只治疗的动物中，有 2 只由于输尿管狭窄导致肾积水。在猪模型中，MRI 引导下的血管周围乙醇注射与使用 Peregrine 导管注入乙醇进行了比较[70]。与对照组相比，MRI 引导下血管周围注射 5ml 和 10ml 乙醇在 4 周时肾组织去甲肾上腺素水平降低 0% 和 57%。相比之下，如前所述，用 Peregrine 导管注入 0.15ml、0.3ml 和 0.6ml 乙醇可使肾组织去甲肾上腺素水平分别降低 54%、78% 和 88%[56]。在所有剂量范围内，基于导管的乙醇注入产生距内膜深达 10mm 的环形肾神经损伤（通过神经丝蛋白和酪氨酸羟化酶的免疫染色评估），而神经变性和神经周围纤维化仅在 MRI 引导下 10ml 乙醇注入后发生，在该剂量下观察到肾积水和肾粘连。

九、结论

通过专用（Peregrine）导管输注入乙醇进行 RDN，其去神经组织深度通常是射频消融术所无法达到的，同时还能在很大程度上保护肾动脉内膜和中膜。迄今为止发表的人类和动物数据支持良好的安全性，有限的人类非随机数据表明，与基线相比，血压显著降低。在广泛采用这项技术之前，其安全性和有效性必须在目前正在积极招募的更大规模的随机假手术对照试验中得到证实。

参考文献

[1] Bertog S, Sharma A, Mahfoud F, et al. Alcohol-mediated renal sympathetic neurolysis for the treatment of hypertension: the Peregrine infusion catheter. Cardiovasc Revasc Med. 2020;
[2] Sharp A, Tunev S, Schlaich M, et al. Optimizing safety and efficacy of lesion formation for percutaneous renal denervation: human and porcine histological analysis. JACC. 2019;74
[3] Sakakura K, Ladich E, Cheng Q, et al. Anatomical distribution of human renal sympathetic nerves: pathologic study. Washington, DC: American College of Cardiology Scientific Meeting; 2014.
[4] Tellez A, Rousselle S, Palmieri T, et al. Renal artery nerve distribution and density in the porcine model: biologic implications for the development of radiofrequency ablation therapies. Transl Res. 2013;162:381-9.
[5] Atherton DS, Deep NL, Mendelsohn FO. Micro-anatomy of the renal sympathetic nervous system: a human postmortem histologic study. Clin Anat. 2012;25:628-33.
[6] Taylor GW, Kay GN, Zheng X, Bishop S, Ideker RE. Pathological effects of extensive radiofrequency energy applications in the pulmonary veins in dogs. Circulation. 2000;101:1736-42.
[7] Steigerwald K, Titova A, Malle C, et al. Morphological assessment of renal arteries after radiofrequency catheter-based sympathetic denervation in a porcine model. J Hypertens. 2012;30:2230-9.
[8] Templin C, Jaguszewski M, Ghadri JR, et al. Vascular lesions induced by renal nerve ablation as assessed by optical coherence tomography: pre- and post-procedural comparison with the Simplicity catheter system and the EnligHTN multi-electrode renal denervation catheter. Eur Heart J. 2013;34:2141-8, 8b.
[9] Rippy MK, Zarins D, Barman NC, Wu A, Duncan KL, Zarins CK. Catheter-based renal sympathetic denervation: chronic preclinical evidence for renal artery safety. Clin Res Cardiol. 2011;100:1095-101.
[10] Vink EE, Goldschmeding R, Vink A, Weggemans C, Bleijs RL, Blankestijn PJ. Limited destruction of renal nerves after catheter-based renal denervation: results of a human case study. Nephrol Dial Transplant. 2014;29:1608-10.
[11] Kaltenbach B, Id D, Franke JC, et al. Renal artery stenosis after renal sympathetic denervation. J Am Coll Cardiol. 2012;60:2694-5.
[12] Vonend O, Antoch G, Rump LC, Blondin D. Secondary rise in blood pressure after renal denervation. Lancet. 2012;380:778.
[13] Zeller T. Percutaneous renal denervation: the new ultrasound solution for the management of hypertension. Transcatheter Therapeutics (TCT). San Francisco 2013.
[14] Bhamra-Ariza P, Rao S, Muller DW. Renal artery stenosis following renal percutaneous denervation. Catheter Cardiovasc Interv. 2014;84:1180.
[15] Melder RJ. Clinical insights into the optimal ablation location for renal denervation procedures. TCT (Transcatheter Therapeutics). Washington, D.C., USA 2014.
[16] Bhatt DL, Kandzari DE, O'Neill WW, et al. A controlled trial of renal denervation for resistant hypertension. N Engl J Med. 2014;370:1393-401.
[17] Rimoldi SF, Scheidegger N, Scherrer U, et al. Anatomical eligibility of the renal vasculature for catheter-based renal denervation in hypertensive patients. JACC Cardiovasc Interv. 2014;7:187-92.
[18] Bohm M, Kario K, Kandzari DE, et al. Efficacy of catheter-

based renal denervation in the absence of antihypertensive medications (SPYRAL HTN-OFF MED Pivotal): a multicentre, randomised, sham-controlled trial. Lancet. 2020;395:1444-51.

[19] Townsend RR, Mahfoud F, Kandzari DE, et al. Catheter-based renal denervation in patients with uncontrolled hypertension in the absence of antihypertensive medications (SPYRAL HTN-OFF MED): a randomised, sham-controlled, proof-of-concept trial. Lancet. 2017;390:2160-70.

[20] Weber T, Wassertheurer S, Mayer CC, et al. Twenty-four-hour pulsatile hemodynamics predict brachial blood pressure response to renal denervation in the SPYRAL HTN-OFF MED Trial. Hypertension. 2022;79:1506-14.

[21] Bohm M, Tsioufis K, Kandzari DE, et al. Effect of heart rate on the outcome of renal denervation in patients with uncontrolled hypertension. J Am Coll Cardiol. 2021;78:1028-38.

[22] Bohm M, Mahfoud F, Townsend RR, et al. Ambulatory heart rate reduction after catheter-based renal denervation in hypertensive patients not receiving anti-hypertensive medications: data from SPYRAL HTN-OFF MED, a randomized, sham-controlled, proof-of-concept trial. Eur Heart J. 2019;40:743-51.

[23] Mahfoud F, Townsend RR, Kandzari DE, et al. Changes in plasma renin activity after renal artery sympathetic denervation. J Am Coll Cardiol. 2021;77:2909-19.

[24] Kandzari DE, Bohm M, Mahfoud F, et al. Effect of renal denervation on blood pressure in the presence of antihypertensive drugs: 6-month efficacy and safety results from the SPYRAL HTN-ON MED proof-of-concept randomised trial. Lancet. 2018;391:2346-55.

[25] Mahfoud F, Kandzari DE, Kario K, et al. Long-term efficacy and safety of renal denervation in the presence of antihypertensive drugs (SPYRAL HTN-ON MED): a randomised, sham-controlled trial. Lancet. 2022;399:1401.

[26] Kario K, Weber MA, Bohm M, et al. Effect of renal denervation in attenuating the stress of morning surge in blood pressure: post-hoc analysis from the SPYRAL HTN-ON MED trial. Clin Res Cardiol. 2021;110:725-31.

[27] Daemen J, Mahfoud F, Kuck KH, et al. Safety and efficacy of endovascular ultrasound renal denervation in resistant hypertension: 12-month results from the ACHIEVE study. J Hypertens. 2019;37:1906-12.

[28] Mauri L, Kario K, Basile J, et al. A multinational clinical approach to assessing the effectiveness of catheter-based ultrasound renal denervation: the RADIANCE-HTN and REQUIRE clinical study designs. Am Heart J. 2018;195:115-29.

[29] Azizi M, Schmieder RE, Mahfoud F, et al. Endovascular ultrasound renal denervation to treat hypertension (RADIANCE-HTN SOLO): a multicentre, international, single-blind, randomised, sham-controlled trial. Lancet. 2018;391:2335-45.

[30] Azizi M, Daemen J, Lobo MD, et al. 12-month results from the unblinded phase of the RADIANCE-HTN SOLO trial of ultrasound renal denervation. JACC Cardiovasc Interv. 2020;13:2922-33.

[31] Mahfoud F, Bloch MJ, Azizi M, et al. Changes in blood pressure after crossover to ultrasound renal denervation in patients initially treated with sham in the RADIANCE-HTN SOLO trial. EuroIntervention. 2021;17:e1024-e32.

[32] Fisher NDL, Kirtane AJ, Daemen J, et al. Plasma renin and aldosterone concentrations related to endovascular ultrasound renal denervation in the RADIANCE-HTN SOLO trial. J Hypertens. 2022;40:221-8.

[33] Kario K, Yokoi Y, Okamura K, et al. Catheter-based ultrasound renal denervation in patients with resistant hypertension: the randomized, controlled REQUIRE trial. Hypertens Res. 2022;45:221-31.

[34] Krum H, Schlaich M, Whitbourn R, et al. Catheter-based renal sympathetic denervation for resistant hypertension: a multicentre safety and proof-of-principle cohort study. Lancet. 2009;373:1275-81.

[35] Schenk EA, el-Badawi A. Dual innervation of arteries and arterioles. A histochemical study. Zeitschrift fur Zellforschung und mikroskopische Anatomie. 1968;91:170-7.

[36] Bertog S, Fischel TA, Vega F, et al. Randomised, blinded and controlled comparative study of chemical and radiofrequency-based renal denervation in a porcine model. EuroIntervention. 2017;12:e1898-e906.

[37] Mahfoud F, Renkin J, Sievert H, et al. Alcohol-mediated renal denervation using the peregrine system infusion catheter for treatment of hypertension. JACC Cardiovasc Interv. 2020;13:471-84.

[38] Bohm M, Kario K, Kandzari DE, et al. Efficacy of catheter-based renal denervation in the absence of antihypertensive medications (SPYRAL HTN-OFF MED Pivotal): a multicentre, randomised, sham-controlled trial. Lancet. 2020;395(10234):1444-451.

[39] Pelissier J, Viel E, Enjalbert M, Kotzki N, Eledjam JJ. Chemical neurolysis using alcohol (alcoholization) in the treatment of spasticity in the hemiplegic. Cahiers d'anesthesiologie. 1993;41:139-43.

[40] Taylor JJ, Woolsey RM. Dilute ethyl alcohol: effect on the sciatic nerve of the mouse. Arch Phys Med Rehabil. 1976;57:233-7.

[41] Gelczer RK, Charboneau JW, Hussain S, Brown DL. Complications of percutaneous ethanol ablation. J Ultrasound Med. 1998;17:531-3.

[42] Zerem E, Imamovic G, Omerovic S. Symptomatic simple renal cyst: comparison of continuous negative-pressure catheter drainage and single-session alcohol sclerotherapy. AJR Am J Roentgenol. 2008;190:1193-7.

[43] Cederbaum AI. Alcohol metabolism. Clin Liver Dis. 2012;16:667-85.

[44] Bertog SC, Franke J, Hornung M, Hofmann I, Sievert H. Tools & techniques: alcohol septal ablation for hypertrophic cardiomyopathy. EuroIntervention. 2011; 7: 1004-5.

[45] Zhang WY, Li ZS, Jin ZD. Endoscopic ultrasound-guided ethanol ablation therapy for tumors. World J Gastroenterol. 2013;19:3397-403.

[46] Omerovic S, Zerem E. Alcohol sclerotherapy in the treatment of symptomatic simple renal cysts. Bosn J Basic Med Sci. 2008;8:337-40.

[47] Bean WJ. Renal cysts: treatment with alcohol. Radiology. 1981;138:329-31.

[48] Livraghi T, Bolondi L, Lazzaroni S, et al. Percutaneous

ethanol injection in the treatment of hepatocellular carcinoma in cirrhosis. A study on 207 patients. Cancer. 1992;69:925-9.

[49] Baggish AL, Smith RN, Palacios I, et al. Pathological effects of alcohol septal ablation for hypertrophic obstructive cardiomyopathy. Heart. 2006;92:1773-8.

[50] Doi S, Yasuda I, Kawakami H, et al. Endoscopic ultrasound-guided celiac ganglia neurolysis vs. celiac plexus neurolysis: a randomized multicenter trial. Endoscopy. 2013;45:362-9.

[51] Okeke AA, Mitchelmore AE, Keeley FX, Timoney AG. A comparison of aspiration and sclerotherapy with laparoscopic de-roofing in the management of symptomatic simple renal cysts. BJU Int. 2003;92:610-3.

[52] Akinci D, Gumus B, Ozkan OS, Ozmen MN, Akhan O. Single-session percutaneous ethanol sclerotherapy in simple renal cysts in children: long-term follow-up. Pediatr Radiol. 2005;35:155-8.

[53] Falci-Junior R, Lucon AM, Cerri LM, Danilovic A, Da Rocha PC, Arap S. Treatment of simple renal cysts with single-session percutaneous ethanol sclerotherapy without drainage of the sclerosing agent. J Endourol. 2005;19:834-8.

[54] Mohsen T, Gomha MA. Treatment of symptomatic simple renal cysts by percutaneous aspiration and ethanol sclerotherapy. BJU Int. 2005;96:1369-72.

[55] Kairaluoma MI, Leinonen A, Stahlberg M, Paivansalo M, Kiviniemi H, Siniluoto T. Percutaneous aspiration and alcohol sclerotherapy for symptomatic hepatic cysts. An alternative to surgical intervention. Ann Surg. 1989;210: 208-15.

[56] Fischell TA, Vega F, Raju N, et al. Ethanol-mediated perivascular renal sympathetic denervation: preclinical validation of safety and efficacy in a porcine model. EuroIntervention. 2013;9:140-7.

[57] Fischell TA, Ebner A, Gallo S, et al. Transcatheter alcohol-mediated perivascular renal denervation with the peregrine system: first-in-human experience. JACC Cardiovasc Interv. 2016;9:589-98.

[58] Hearon CM, Howden EJ, Fu Q, et al. Evidence of reduced efferent renal sympathetic innervation after chemical renal denervation in humans. Am J Hypertens. 2021;34:744-52.

[59] Mahfoud F, Weber M, Schmieder RE, et al. Catheter-based alcohol-mediated renal denervation for the treatment of uncontrolled hypertension: design of two sham-controlled, randomized, blinded trials in the absence (TARGET BP OFF-MED) and presence (TARGET BP I) of antihypertensive medications. Am Heart J. 2021;239:90-9.

[60] Pathak A, Rudolph UM, Saxena M, Zeller T, Müller-Ehmsen J, Lipsic E, Schmieder RE, Sievert H, Halbach M, Sharif F, Parise H, Fischell TA, Weber MA, Kandzari DE, Mahfoud F. Alcohol-mediated renal denervation in patients with hypertension in the absence of antihypertensive medications. EuroIntervention. 2023;19(7):602-11.

[61] VonAchen P, Hamann J, Houghland T, et al. Accessory renal arteries: prevalence in resistant hypertension and an important role in nonresponse to radiofrequency renal denervation. Cardiovasc Revasc Med. 2016;17:470-3.

[62] Stefanadis C, Toutouzas K, Synetos A, et al. Chemical denervation of the renal artery by vincristine in swine. A new catheter based technique. Int J Cardiol. 2013;167: 421-5.

[63] Stefanadis C, Toutouzas K, Vlachopoulos C, et al. Chemical denervation of the renal artery with vincristine for the treatment of resistant arterial hypertension: first-in-man application. Hellenic J Cardiol. 2013;54:318-21.

[64] Freyhardt P, Donners R, Riemert A, et al. Renal denervation by CT-guided periarterial injection of hyperosmolar saline, vincristine, paclitaxel and guanethidine in a pig model. EuroIntervention. 2017;12:e2262-e70.

[65] Burnstock G, Evans B, Gannon BJ, Heath JW, James V. A new method of destroying adrenergic nerves in adult animals using guanethidine. Br J Pharmacol. 1971;43:295-301.

[66] Seward K. Adventitial guanethidine in comparison to ethanol and a prior formulation of guanethidine for renal denervation: preclinical norepinephrine and histopathology results. JACC. 2019;74

[67] Consigny PM, Davalian D, Donn R, Hu J, Rieser M, Stolarik D. Chemical renal denervation in the rat. Cardiovasc Intervent Radiol. 2014;37:218-23.

[68] Streitparth F, Walter A, Stolzenburg N, et al. MR-guided periarterial ethanol injection for renal sympathetic denervation: a feasibility study in pigs. Cardiovasc Intervent Radiol. 2013;36:791-6.

[69] Streitparth F, Gebauer B, Nickel P, et al. Percutaneous computer tomography-guided ethanol sympathicolysis for the treatment of resistant arterial hypertension. Cardiovasc Intervent Radiol. 2014;37:513-8.

[70] Fischell T. Ethanol-based renal sympathetic denervation: current approaches. Transcatheter Therapeutics. Washington 2014.

第 17 章　肾脏传入神经在高血压发生中的作用及通过肾集合系统实现肾神经消融：Verve 医疗系统

Role of Afferent Nerves in High Blood Pressure and Approaching Renal Denervation Via the Collecting System: The Verve Medical System

Dagmara Hering　Richard R. Heuser　著
张志鹏　译　　刘　凯　校

高血压被称为“沉默的杀手”，是导致全球过早心血管疾病发病和死亡的主要原因之一。通过健康的生活方式和降压治疗，高血压及其相关心血管风险在很大程度上是可预防和可控制的尽管在高血压的预防和管理上取得了临床和研究方面进展，但高血压的人数仍然居高不下。根据一项对 1201 项关于高血压患病率、检测、治疗和控制趋势的人群研究进行的全球患病率综合分析，1990—2019 年，30—79 岁的成人高血压患者人数从 6.5 亿增加到 12.8 亿，翻了近一倍[1]。据估计，46% 的成人高血压患者并不知道自己的血压情况，在接受高血压治疗的人中，只有 50% 实现了血压控制。有效的血压控制是减少与高血压相关的靶器官损害和卒中、缺血性心脏病、其他血管疾病和慢性肾脏疾病死亡风险的最具成本效益的方法。鉴于这些不利后果，全球目标之一是到 2030 年将高血压患病率降低 1/3。收缩压干预试验表明，制定积极的血压目标在高危高血压患者的管理中至关重要[2]。虽然与收缩压低于 140mmHg 相比，将收缩压控制在 120mmHg 以下可以降低致命性和非致命性主要心血管事件和全因死亡率，但在强化治疗组中观察到包括急性肾损伤在内的一些不良事件的发生率有显著升高。值得注意的是，优化的药物治疗对控制血压是有效的，然而，长期治疗的药物依从性较差[3]，近 50% 的高血压患者在一年内停止了服药[4]。尽管药物基因组学和其他“组学”的临床意义和用途仍在调查中，但已有研究表明，某些基因变异可能会影响个体对降压药物的反应[5]。血压控制率低可能与高血压复杂的病理生理机制有关。虽然识别患者对药物治疗和个体化治疗反应的相关的生物标志物有可能提高全球的血压控制率，但其他替代治疗方式依然是必要的，包括高血压的器械治疗，它可以单独地或与生活方式改善和降压药物一起有效地降低血压。

一、交感神经系统在高血压中的角色

在过去的 40 年里，交感神经系统的激活在高血压的发生、发展和并发症中的作用得到了广泛的研究。Murray Esler 教授在 80 年代中期提

出的用于量化去甲肾上腺素（NA）外溢率的同位素稀释法，被认为是评估交感活性的金标准方法。通过这种方法，我们了解到心脏和肾脏的交感神经活性选择性增加在原发性高血压中是明确的，并对高血压的发生发展有重要作用[6, 7]。肾交感神经末梢 NA 释放率的增加是血压升高的原动力，这种现象在 40 岁以下的成年人中最明显[8]。心脏 NA 溢出增加和神经元对 NA 重摄取的减少进一步增加了交感神经的兴奋，在维持血压升高方面起着重要作用[9]。直接评估人交感神经活动的第二个金标准技术是用微神经电图方法测量节后传出交感神经的电活动。研究发现肌肉交感神经活动（MSNA）即使在正常高值血压时也会升高[10]。我们的数据证实了这些发现，并表明在血压正常高值的低危受试者中，静息 MSNA 的增加在血压明显升高之前即可出现[11]。高血压前期显著的交感神经过度激活，导致血压随时间逐渐升高，并最终发展为持续性高血压和无症状性动脉硬化[12]。心脏和肾脏交感神经释放的高 NA 水平与 MSNA 的增加相对应，与高血压患者的左室肥厚和左心功能不全有关[13, 14]。交感神经介导的血压升高和相应的靶器官损害是心脏、肾脏、血管和脑血管疾病发展的关键因素。此外，交感神经激活的程度可以预测死亡率和心血管预后[15]。难治性高血压患者的特征之一是持续的交感神经激活，这一点已经被肾脏 NA 溢出增加和直接微神经电图的记录所证明，微神经电图记录显示难治性高血压患者的单单位放电模式的所有特性活性增强，并且多单位 MSNA 增加[16, 17]。我们的临床经验表明，与健康受试者和原发性高血压患者相比，难治性高血压患者的 MSNA 水平较高，脉冲式的交感神经活动与每次心跳同步。高血压患者交感神经激活的增强可能源于周围调节机制的紊乱（即动脉压力感受器、动脉化学感受器和心肺机械感受器）或中枢神经系统内交感流出的原发性的增加。使用局部 NA 溢出技术的研究记录到脑干内 NA 释放的增加[18]，这支持了中枢对传出交感神经流出的增加有重要作用。

二、传入和传出肾神经的作用

人的肾脏被大量的交感传出和感觉传入纤维所支配（图 17–1），肾脏的化学和机械感受器激活通过感觉传入纤维进入中枢整合后增强交感神经的传出。在健康人中，肾传入感觉纤维的激活通过“肾 – 肾反射”（一侧肾脏影响对侧肾功能的反射）对传出肾神经活动产生抑制作用。相反，肾缺血和（或）肾损伤会激活肾传入神经，进而增加中枢交感神经向外周的传出，随着时间的推移而产生不良的后果[19]。刺激肾传出交感神经可增加肾素释放，减少肾脏血流量，增加肾小管钠重吸收，继而刺激肾素 – 血管紧张素 – 醛固酮系统，引起持续性高血压[8]。

除了传出交感神经纤维在肾脏内的广泛分布外，大多数的肾传入神经起源于集合系统，特别是在肾盂的壁内[19]。传入神经的激活导致全身交感神经流出增加。实验研究已经证明，肾脏感觉传入纤维投射到脑干，并通过激活下丘脑中心，增加了中枢交感神经流出，导致血压升高形成高血压[19]。动物数据进一步支持了这一概念，表明去肾传入神经可防止发展成高血压并延缓肾脏疾病的进展[20]。

三、去肾神经术作为一种治疗方式

肾脏在短期和长期的血压调节中都扮演着重要的角色。肾传出和传入通路的阻断可在多种情况下，如高血压，减少交感神经冲动地传出并降低血压。基于这一原理，在过去的十多年里，基于器械的高血压治疗得到了广泛的研究。其中，去肾神经术（RDN）在治疗高血压方面的证据最多。许多临床研究证明，在使用射频、超声或乙醇肾神经消融术治疗后，血压降低，高血压介导的靶器官损害和疾病也得到改善。虽然最近的假手术组对照随机临床研究解决了 Symplicity HTN-3 试验在操作层面和其他方面存在的混杂临床因素[21]，证实了降压的作用，但 RDN 降压的幅度在个体间存在显著的差异，无论有无服用降

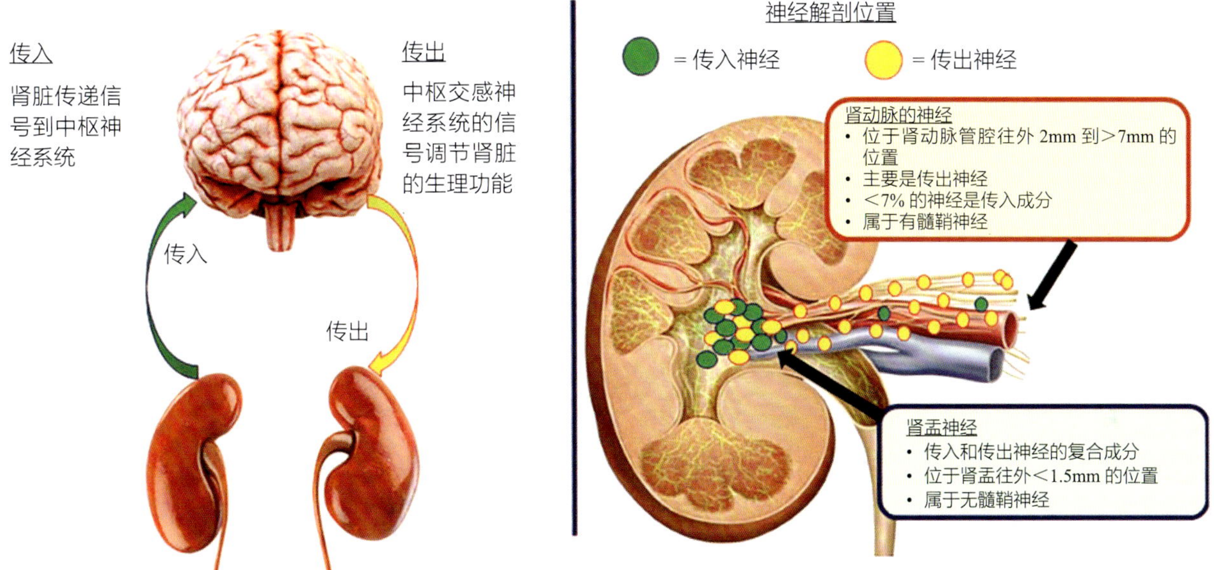

▲ 图 17-1 肾脏传出和传入神经的作用和位置

压药物[22-26]，为何存在这种现象目前尚未完全了解。在一部分患者中，血压水平在 RDN 后没有下降，而是进一步上升，这可能表明神经保持完好或高血压病理生理基础的不同机制在这种情况下发挥了作用。

除了较高的初始基线血压外，在未控制的高血压患者中，目前难以找到可以预测 RDN 应答的指标。以前的观点认为大多数传入和传出神经位于肾动脉近端[27]，人类肾神经解剖学研究对此提出了质疑。动物和临床研究发现，动脉周围肾神经的分布影响了 RDN 后血压的降幅。此外，肾动脉解剖影响血压和交感神经对手术的反应[28-30]。

虽然越来越多的来自基础和临床研究的证据，提供了肾神经消融治疗高血压的理论基础，但并不是所有的肾动脉都可以用目前的 RDN 设备进行治疗。相当大比例的难治性高血压患者不符合 RDN 入路的解剖学标准，原因是副肾动脉较小，或肾动脉的直径和长度不足以容纳手术导管进行有效消融。重要的是，目前还没有发现可靠的 RDN 成功的术中标志物。肾传出和传入神经破坏不充分、动脉粥样硬化相关的肾动脉壁增厚、肾动脉周围间质脂肪等因素均可导致 RDN 后血压降幅的差异。RDN 的降压效果可能会延迟，并在长期观察中逐渐显现[31-33]。值得注意的是，大多数导管向血管周围组织传递的射频能量深度可达到 3.5～4mm，这在肾动脉的远端分支中应该是有效的，因为交感神经纤维在肾动脉分支逐步分布到血管壁的内侧。超声能量可提供环周状的热消融，穿透深度可达 6mm，这是从肾动脉中央部分向外交感纤维的预期位置。这种深度在 1～6mm 的环状消融似乎可覆盖约 80% 的神经。然而，最近一项对人类肾脏神经系统的显微解剖研究表明，并不是所有的肾神经支配都通过肾动脉主干，而且相当一部分肾神经（late arriving nerve）经常绕过肾动脉主干到达肾脏（右肾 73% 和左肾 53%），这可以解释不彻底或不理想的消融效果[34]。这些绕行神经基本上是交感传出纤维，约占肾动脉附近总横截神经面积的 73.5%，传入神经约占 8.7%[35]。虽然没有确切证据表明传入或传出的肾神经可以通过乙醇消融，也没有假手术对照的试验证据，但乙醇消融的 RDN 可能获得理想的降压结果[36]。

四、作为一种治疗方式的肾盂去神经术

使用一种新的导管经尿道进入肾盂，可以为 RDN 提供一个新的、有针对性的治疗靶点。该入路利用了肾神经与肾盂的近距离的特点（图 17–1）。传入神经距肾盂表面不到 1mm。由于肾传入感觉纤维调节传出交感神经活动，并影响脑干的中枢交感神经和血压控制[19]，该方法为肾神经消融提供了一个可用的靶点。肾动脉周围交感神经的预期位置距离肾动脉管腔 6～7mm[37]，而大多数传入神经非常靠近肾盂的内表面，并且无髓鞘，这可能允许更有效的能量穿透和传递来消融神经（图 17–1）。这种方法的主要优点是它不受肾动脉解剖变异的限制，也不需要使用动脉内的对比剂。考虑到人肾动脉周围的神经分布模式[27, 34, 35]，肾动脉 RDN 主要针对传出神经。由于从肾盂内表面距离传入神经较近（约 1mm），经尿道肾盂去神经术有可能同时消融传入和传出的肾神经。

经尿道途径进行 RDN 是安全的，并使用了泌尿外科中常见的技术。在这种方法中，双侧肾神经消融是使用基于导管的 4 电极 Verve Medical Phoenix™ 射频（RF）系统，通过输尿管途径在肾盂进行操作。肾盂神经消融对血压、心率（HR）、肾组织去甲肾上腺素（NE）水平和消融组织的组织病理学的影响已在临床前模型中进行全面评估[38]。这项研究对 42 只体重 60～65kg 的约克郡 / 长白杂交母猪（3.5—5 月龄）进行了肾盂去神经术，分别于术后即刻（n=8）、术后 7 天（n=6）、术后 14 天（n=50）、术后 30 天（n=6）、术后 90 天（n=14）分析肾组织中去甲肾上腺素水平。在肾盂去神经的整个过程中和 14 天后测量了 5 头猪的动脉内血压和心率。术中去神经后即刻（30s 内）平均 SBP 由 115.0 ± 22.17mmHg 降至 94.4 ± 29.9mmHg（P=0.06），DBP 由 62.8 ± 21.4mmHg 降至 56.8 ± 25.9mmHg（P=0.18），并且在随访中能够维持。所有动物的心率从基线到 14 天均显著下降（105.8 ± 19.6 vs. 88.2 ± 16.8，P=0.03）。

猪肾脏 NE 术后即降低 76%，随后在术后 7 天、14 天、30 天、90 天后，平均下降 60%、64%、57%、65%（图 17–2）。经去神经治疗的猪肾脏的组织病理学证实肾神经消融是安全的。直接治疗部位周围的肾脏和输尿管未见明显的纤维化或管壁坏死（图 17–3A）。图 17–3B 和 C 显示了肾神经被导管进行了消融。图 17–4 显示了一只研究动物在输尿管镜下直接看到肾盂，并在肾盂去神经后立即变白。这些初步结果表明，肾盂神经消融是非动脉途径进行 RDN 的一个令人鼓舞的方式[38]。

在猪身上观察到的血压在 30s[38] 内的快速下降与我们之前在 1 例无法控制的高血压合并慢性肾脏疾病患者中的观察结果一致，在该患者中，肾盂去神经引起在 20s 内 SBP 下降 24mmHg，并在按计划进行肾脏切除之前保持持

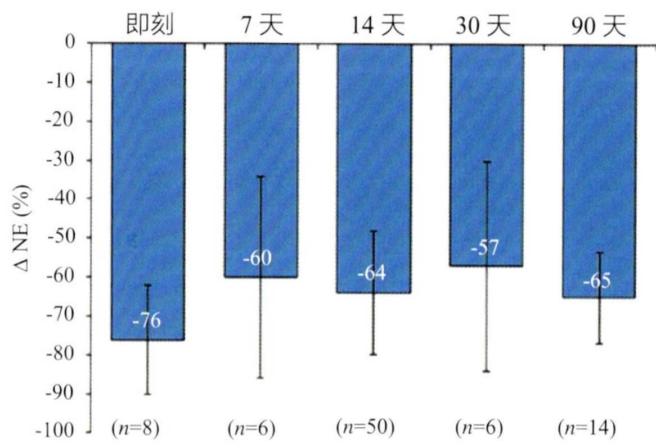

▲ 图 17–2　肾盂去神经术后即刻、术后 7 天、14 天、30 天和 90 天共 84 只猪肾脏的去甲肾上腺素（NE）组织含量减少情况。每条条块下面的数字表示在每个时间点接受治疗的肾脏数量

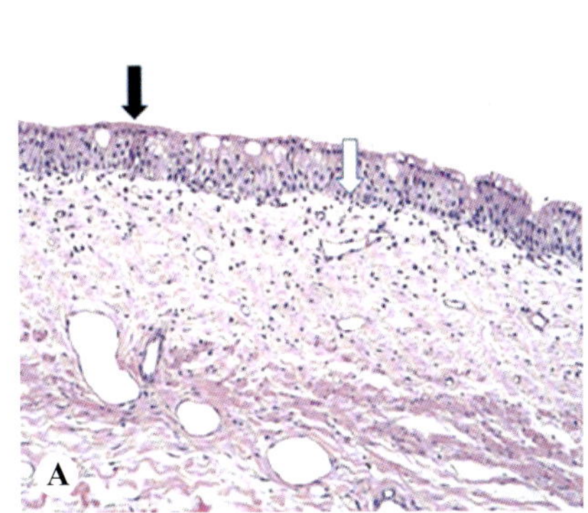

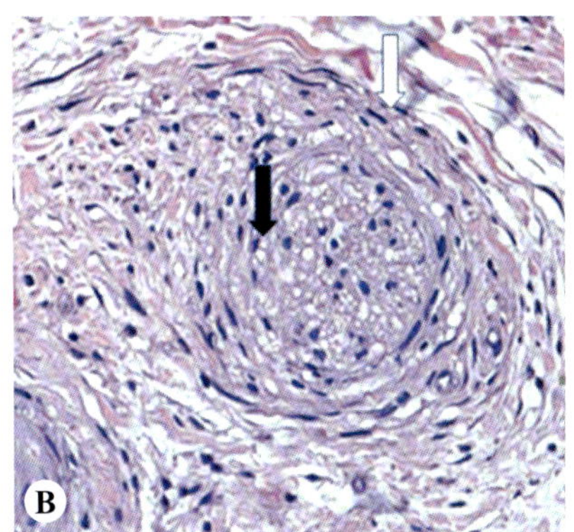

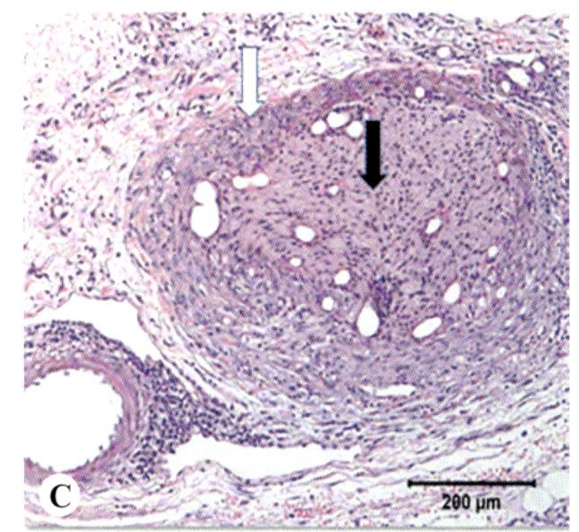

▲ 图 17-3　肾盂去神经术后肾盂壁的组织病理学变化。肾盂（HE 染色）正常肾盂上皮（实心箭头），黏膜和黏膜下层急性炎症（空心箭头）（A）。神经损伤伴神经周围纤维化（空心箭头）、坏死和空泡化（实心箭头）（B 和 C）

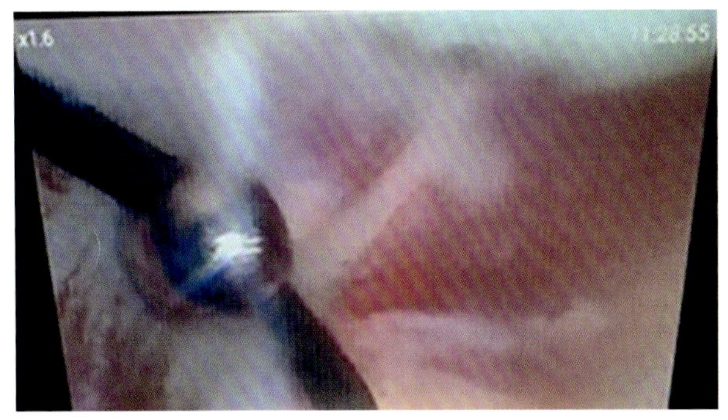

▲ 图 17-4　直观地显示了电极球位于肾盂内，并在射频能量施加到电极后肾盂壁变白的现象。局部变白代表肾盂神经阻断后组织受热

续的血压下降。1 个月后肾切除后的肾脏组织病理学分析显示，肾盂去神经的部位没有残余的神经存在[39]。我们在 4 例难治性高血压患者中的研究结果进一步支持了肾盂去神经术的有效性，在这些患者中，对每个肾脏的肾盂进行射频治疗，使平均血压下降了 44mmHg（SBP）和 13mmHg（DBP），并维持了 1 个月，没有发现操作相关的并发症[39]。目前，需要进一步的临床试验评估肾盂去神经治疗在高血压患者中的可行性。

其他与过度活跃的交感神经驱动相关的疾病，包括心力衰竭、2 型糖尿病、代谢综合征、阻塞性睡眠呼吸暂停和慢性肾脏疾病，可能也会从肾盂去神经术中获益。然而，这一点需要进一步探索。

五、展望

随着高血压患病率的上升，未控制的高血压已成为一个日益严重的临床挑战。心脏病、卒中和慢性肾脏疾病在很大程度上可以通过控制血压和相关的心血管危险因素来预防，其中饮食钠盐限制是一种有效的、但容易被忽视的降压方法。难以坚持长期服用降压药物是很常见的现象，也是导致相关不良心血管结局的重要原因。一项针对 1000 例 30 岁及以上美国居民的调查报告称，30% 的成年人宁愿冒着寿命缩短的风险，也不愿每天服用预防心血管事件的药物[40]。对于药物不耐受、中年高血压患者特别是育龄女性，以及根据 ACC/AHA 指南降压目标应低于 130/80mmHg 的血压未达标的患者和 ESH 指南推荐的 65 岁以下成年人等，创新的器械降压治疗是非常必要的。

在肾动脉 RDN 患者的选择方面，有报道称由于肾脏解剖属于排除标准[32, 41, 42]，有 16%～47% 的患者无法进行双侧 RDN 治疗。高血压相关疾病（如肥胖、糖尿病、慢性肾脏疾病、吸烟、高龄）在难治性高血压患者中很常见，常与单纯的收缩期高血压有关，在这种情况下，肾动脉 RDN 降低血压的效果可能不太理想[43, 44]。神经纤维不会完全汇聚在肾动脉主干上，部分会分布在超过肾动脉分支[45]。肾动脉 RDN 主要针对传出神经，因为交感神经在动脉远端部分更接近于动脉管腔[27]。此外，目前尚无标记物可证实

肾动脉神经消融或术中的降压效果。考虑到这些问题，肾盂去神经术提供了一种可替代的、微创性的非血管方法，该方法可以通过自然腔道在直视下进行，不需要对比剂显像和动脉穿刺，不依赖于肾动脉解剖，除了神经调节机制外，可使血压和心率即刻下降。目前，正在进行的临床试验将进一步确定肾盂去神经术对高血压患者降压的幅度和降压效果的持久性。

参考文献

[1] Collaboration NCDRF. Worldwide trends in hypertension prevalence and progress in treatment and control from 1990 to 2019: a pooled analysis of 1201 population-representative studies with 104 million participants. Lancet. 2021;398: 957-80.

[2] Group SR, Wright JT Jr, Williamson JD, Whelton PK, Snyder JK, Sink KM, Rocco MV, Reboussin DM, Rahman M, Oparil S, Lewis CE, Kimmel PL, Johnson KC, Goff DC Jr, Fine LJ, Cutler JA, Cushman WC, Cheung AK, Ambrosius WT. A randomized trial of intensive versus standard blood-pressure control. N Engl J Med. 2015;373:2103-16.

[3] Caro JJ, Salas M, Speckman JL, Raggio G, Jackson JD. Persistence with treatment for hypertension in actual practice. CMAJ. 1999;160:31-7.

[4] Vrijens B, Vincze G, Kristanto P, Urquhart J, Burnier M. Adherence to prescribed antihypertensive drug treatments: longitudinal study of electronically compiled dosing histories. BMJ. 2008;336:1114-7.

[5] Cooper-DeHoff RM, Johnson JA. Hypertension pharmacogenomics: in search of personalized treatment approaches. Nat Rev Nephrol. 2016;12:110-22.

[6] Esler M, Lambert G, Jennings G. Regional norepinephrine turnover in human hypertension. Clin Exp Hypertens A. 1989;11(Suppl 1):75-89.

[7] DiBona GF, Esler M. Translational medicine: the antihypertensive effect of renal denervation. Am J Physiol Regul Integr Comp Physiol. 2010;298:R245-253.

[8] Parati G, Esler M. The human sympathetic nervous system: its relevance in hypertension and heart failure. Eur Heart J. 2012;33:1058-66.

[9] Schlaich MP, Lambert E, Kaye DM, Krozowski Z, Campbell DJ, Lambert G, Hastings J, Aggarwal A, Esler MD. Sympathetic augmentation in hypertension: role of nerve firing, norepinephrine reuptake, and Angiotensin neuromodulation. Hypertension. 2004;43:169-75.

[10] Greenwood JP, Stoker JB, Mary DA. Single-unit sympathetic discharge: quantitative assessment in human hypertensive disease. Circulation. 1999;100:1305-10.

[11] Hering D, Kara T, Kucharska W, Somers VK, Narkiewicz K. High-normal blood pressure is associated with increased resting sympathetic activity but normal responses to stress tests. Blood Press. 2013;22:183-7.

[12] Hering D, Kara T, Kucharska W, Somers VK, Narkiewicz K. Longitudinal tracking of muscle sympathetic nerve activity and its relationship with blood pressure in subjects with prehypertension. Blood Press. 2016;25:184-92.

[13] Schlaich MP, Kaye DM, Lambert E, Sommerville M, Socratous F, Esler MD. Relation between cardiac sympathetic activity and hypertensive left ventricular hypertrophy. Circulation. 2003;108:560-5.

[14] Grassi G, Seravalle G, Quarti-Trevano F, Dell'Oro R, Arenare F, Spaziani D, Mancia G. Sympathetic and baroreflex cardiovascular control in hypertension-related left ventricular dysfunction. Hypertension. 2009;53:205-9.

[15] Zoccali C, Mallamaci F, Parlongo S, Cutrupi S, Benedetto FA, Tripepi G, Bonanno G, Rapisarda F, Fatuzzo P, Seminara G, Cataliotti A, Stancanelli B, Malatino LS. Plasma norepinephrine predicts survival and incident cardiovascular events in patients with end-stage renal disease. Circulation. 2002;105:1354-9.

[16] Schlaich MP, Sobotka PA, Krum H, Lambert E, Esler MD. Renal sympathetic-nerve ablation for uncontrolled hypertension. N Engl J Med. 2009;361:932-4.

[17] Hering D, Lambert EA, Marusic P, Walton AS, Krum H, Lambert GW, Esler MD, Schlaich MP. Substantial reduction in single sympathetic nerve firing after renal denervation in patients with resistant hypertension. Hypertension. 2013;61:457-64.

[18] Ferrier C, Esler MD, Eisenhofer G, Wallin BG, Horne M, Cox HS, Lambert G, Jennings GL. Increased norepinephrine spillover into the jugular veins in essential hypertension. Hypertension. 1992;19:62-9.

[19] Kopp UC. Role of renal sensory nerves in physiological and pathophysiological conditions. Am J Physiol Regul Integr Comp Physiol. 2015;308:R79-95.

[20] Campese VM, Kogosov E, Koss M. Renal afferent denervation prevents the progression of renal disease in the renal ablation model of chronic renal failure in the rat. Am J Kidney Dis. 1995;26:861-5.

[21] Bhatt DL, Kandzari DE, O'Neill WW, D'Agostino R, Flack JM, Katzen BT, Leon MB, Liu M, Mauri L, Negoita M, Cohen SA, Oparil S, Rocha-Singh K, Townsend RR, Bakris GL, Investigators SH. A controlled trial of renal denervation for resistant hypertension. N Engl J Med. 2014;370: 1393-401.

[22] Azizi M, Schmieder RE, Mahfoud F, Weber MA, Daemen

J, Davies J, Basile J, Kirtane AJ, Wang Y, Lobo MD, Saxena M, Feyz L, Rader F, Lurz P, Sayer J, Sapoval M, Levy T, Sanghvi K, Abraham J, Sharp ASP, Fisher NDL, Bloch MJ, Reeve-Stoffer H, Coleman L, Mullin C, Mauri L, Investigators R-H. Endovascular ultrasound renal denervation to treat hypertension (RADIANCE-HTN SOLO): a multicentre, international, single-blind, randomised, sham-controlled trial. Lancet. 2018;391:2335-45.

[23] Kandzari DE, Bohm M, Mahfoud F, Townsend RR, Weber MA, Pocock S, Tsioufis K, Tousoulis D, Choi JW, East C, Brar S, Cohen SA, Fahy M, Pilcher G, Kario K. Investigators SH-OMT: effect of renal denervation on blood pressure in the presence of antihypertensive drugs: 6-month efficacy and safety results from the SPYRAL HTN-ON MED proof-of-concept randomised trial. Lancet. 2018;391:2346-55.

[24] Azizi M, Schmieder RE, Mahfoud F, Weber MA, Daemen J, Lobo MD, Sharp ASP, Bloch MJ, Basile J, Wang Y, Saxena M, Lurz P, Rader F, Sayer J, Fisher NDL, Fouassier D, Barman NC, Reeve-Stoffer H, McClure C, Kirtane AJ, Investigators R-H. Six-month results of treatment-blinded medication titration for hypertension control following randomization to endovascular ultrasound renal denervation or a sham procedure in the RADIANCE-HTN SOLO trial. Circulation. 2019;

[25] Weber MA, Kirtane AJ, Weir MR, Radhakrishnan J, Das T, Berk M, Mendelsohn F, Bouchard A, Larrain G, Haase M, Diaz-Cartelle J, Leon MB. The REDUCE HTN: REINFORCE: randomized, sham-controlled trial of bipolar radiofrequency renal denervation for the treatment of hypertension. JACC Cardiovasc Interv. 2020;13:461-70.

[26] Bohm M, Kario K, Kandzari DE, Mahfoud F, Weber MA, Schmieder RE, Tsioufis K, Pocock S, Konstantinidis D, Choi JW, East C, Lee DP, Ma A, Ewen S, Cohen DL, Wilensky R, Devireddy CM, Lea J, Schmid A, Weil J, Agdirlioglu T, Reedus D, Jefferson BK, Reyes D, D'Souza R, Sharp ASP, Sharif F, Fahy M, DeBruin V, Cohen SA, Brar S, Townsend RR, Investigators SH-OMP. Efficacy of catheter-based renal denervation in the absence of antihypertensive medications (SPYRAL HTN-OFF MED Pivotal): a multicentre, randomised, sham-controlled trial. Lancet. 2020;

[27] Sakakura K, Ladich E, Cheng Q, Otsuka F, Yahagi K, Fowler DR, Kolodgie FD, Virmani R, Joner M. Anatomic assessment of sympathetic peri-arterial renal nerves in man. J Am Coll Cardiol. 2014;64:635-43.

[28] Mahfoud F, Tunev S, Ewen S, Cremers B, Ruwart J, Schulz-Jander D, Linz D, Davies J, Kandzari DE, Whitbourn R, Bohm M, Melder RJ. Impact of lesion placement on efficacy and safety of catheter-based radiofrequency renal denervation. J Am Coll Cardiol. 2015;66:1766-75.

[29] Henegar JR, Zhang Y, Hata C, Narciso I, Hall ME, Hall JE. Catheter-based radiofrequency renal denervation: location effects on renal norepinephrine. Am J Hypertens. 2015;28:909-14.

[30] Hering D, Marusic P, Walton AS, Duval J, Lee R, Sata Y, Krum H, Lambert E, Peter K, Head G, Lambert G, Esler MD, Schlaich MP. Renal artery anatomy affects the blood pressure response to renal denervation in patients with resistant hypertension. Int J Cardiol. 2016;202:388-93.

[31] Krum H, Schlaich MP, Sobotka PA, Bohm M, Mahfoud F, Rocha-Singh K, Katholi R, Esler MD. Percutaneous renal denervation in patients with treatment-resistant hypertension: final 3-year report of the Symplicity HTN-1 study. Lancet. 2014;383:622-9.

[32] Esler MD, Bohm M, Sievert H, Rump CL, Schmieder RE, Krum H, Mahfoud F, Schlaich MP. Catheter-based renal denervation for treatment of patients with treatment-resistant hypertension: 36 month results from the SYMPLICITY HTN-2 randomized clinical trial. Eur Heart J. 2014;35:1752-9.

[33] Hering D, Marusic P, Duval J, Sata Y, Head GA, Denton KM, Burrows S, Walton AS, Esler MD, Schlaich MP. Effect of renal denervation on kidney function in patients with chronic kidney disease. Int J Cardiol. 2017;232:93-7.

[34] Garcia-Touchard A, Maranillo E, Mompeo B, Sanudo JR. Microdissection of the human renal nervous system: implications for performing renal denervation procedures. Hypertension. 2020;76:1240-6.

[35] van Amsterdam WA, Blankestijn PJ, Goldschmeding R, Bleys RL. The morphological substrate for renal denervation: nerve distribution patterns and parasympathetic nerves. A post-mortem histological study. Ann Anat. 2016;204: 71-9.

[36] Mahfoud F, Renkin J, Sievert H, Bertog S, Ewen S, Bohm M, Lengele JP, Wojakowski W, Schmieder R, van der Giet M, Parise H, Haratani N, Pathak A, Persu A. Alcohol-mediated renal denervation using the Peregrine system infusion catheter for treatment of hypertension. JACC Cardiovasc Interv. 2020;13:471-84.

[37] Sakakura K, Roth A, Ladich E, Shen K, Coleman L, Joner M, Virmani R. Controlled circumferential renal sympathetic denervation with preservation of the renal arterial wall using intraluminal ultrasound: a next-generation approach for treating sympathetic overactivity. EuroIntervention. 2015;10:1230-8.

[38] Hering D, Hubbard BS, Weber MA, Heuser RR. Impact of renal pelvic denervation on systemic hemodynamics and neurohumoral changes in a porcine model. Am J Nephrol. 2021;52:429-34.

[39] Heuser R, Patel NJ. Could it be PARADISE found or is SYMPLICITY the answer to the treatment of hypertension: the resurrection of renal denervation to treat hypertension... new studies and newer options. Vasc Dis Manag. 2018;15(10):E120-5.

[40] Hutchins R, Viera AJ, Sheridan SL, Pignone MP. Quantifying the utility of taking pills for cardiovascular prevention. Circ Cardiovasc Qual Outcomes. 2015;8:155-63.

[41] Rimoldi SF, Scheidegger N, Scherrer U, Farese S, Rexhaj E, Moschovitis A, Windecker S, Meier B, Allemann Y. Anatomical eligibility of the renal vasculature for

catheter-based renal denervation in hypertensive patients. JACC Cardiovasc Interv. 2014;7:187-92.

[42] Okada T, Pellerin O, Savard S, Curis E, Monge M, Frank M, Bobrie G, Yamaguchi M, Sugimoto K, Plouin PF, Azizi M, Sapoval M. Eligibility for renal denervation: anatomical classification and results in essential resistant hypertension. Cardiovasc Intervent Radiol. 2015;38:79-87.

[43] Mahfoud F, Bakris G, Bhatt DL, Esler M, Ewen S, Fahy M, Kandzari D, Kario K, Mancia G, Weber M, Bohm M. Reduced blood pressure-lowering effect of catheter-based renal denervationin patients with isolated systolic hypertension: data from SYMPLICITY HTN-3 and the Global SYMPLICITY registry. Eur Heart J. 2017;38:93-100.

[44] Fengler K, Rommel KP, Lapusca R, Blazek S, Besler C, Hartung P, von Roeder M, Kresoja KP, Desch S, Thiele H, Lurz P. Renal denervation in isolated systolic hypertension using different catheter techniques and technologies. Hypertension. 2019;74:341-8.

[45] Mompeo B, Maranillo E, Garcia-Touchard A, Larkin T, Sanudo J. The gross anatomy of the renal sympathetic nerves revisited. Clin Anat. 2016;29:660-4.

第四篇　肾交感神经活动的测定及引导性 RDN

Measurement of Renal Sympathetic Nerve Activity and Guided Denervation

第 18 章　去神经前中后标测肾神经活性：SyMap

Sensing Renal Nerve Activity Before, During and After Denervation: SyMap

Jie Wang　Yue-Hui Yin　Yue Wang　Wei Ma　Weijie Chen　著
张志鹏　译　　刘　凯　校

一、去肾神经术缺乏反馈指标以确认有效的去神经化

RDN 治疗高血压的概念可以追溯到 20 世纪 50 年代。在一项大规模的研究中，Smithwick 和 Thompson 证明了胸腰段内脏神经切除术能显著改善高血压患者的血压（BP）和死亡率[1]，证明了 RDN 治疗高血压的有效性。由于外科手术 RDN 的严重不良反应和药物治疗的发展，这种外科手术降压的方法最终未进入临床实践。尽管目前已经有了复杂的药物治疗方案，但因为药物依从性和耐药性等方面的问题，高血压的治疗仍然需要新的治疗方式。美国、欧盟和中国分别有 7000 万[2]、1.5 亿[3] 和 2.45[4] 亿高血压患者，而且血压控制率很低。Krum 等首次提出了一种经皮治疗原发性高血压的方案，并于 2009 年发表了第一项概念验证性研究，证明在难治性高血压患者中使用专用导管去肾神经可以显著降低血压，且安全性极高[5]。自此以后，一系列临床研究证实了 RDN 治疗高血压的有效性和安全性[6-10]。然而，第一个双盲、随机、假手术对照试验——SYMPICITY HTN-3[11] 在 6 个月随访时，未能证明 RDN 组相较于假手术组有显著的血压降低。一些研究人员提出以下主要因素可能影响了 RDN 的降压效果，并导致了 Symplicity HTN-3 研究的失败：药物依从性差，在 RDN 消融过程中和消融后缺乏反馈以确认去神经化是否成功，加上操作者缺乏经验和消融不充分[12]。最近的 Spyral Global Off-Med 和 On-Med 研究使用了第二代设备，解决了第一代单电极 Symplicity 导管的一些缺点以及药物依从性的问题，证实了 RDN 的有效性和安全性，但平均诊室 SBP 仅有中等下降（约 10mmHg），因为有 20%～30% 的患者是所谓的“无应答者”（non-responders），他们的血压在 RDN 后没有明显下降甚至可能有上升[6, 9, 10]。无反应者或反常应答者（paradoxical responder，RDN 后血压升高的患者）的比率可能抵消 RDN 所达到的平均降压效果。到目前为止，在所有使用各种能量的 RDN 设备中都一致地观察到了这种现象。根据 Townsend 和 Sobotka[13]，射频消融或超声消融的总体成功率约为 63%。值得注意的是，在乙醇 RDN 的患者中也观察到了大约 30% 的无反应率。Mahfoud 等报道称，分别有 70% 和 61% 的患者 6 个月时诊室 SBP 的下降≥ 5mmHg[14] 和≥10mmHg。Townsend 和 Sobotka 认为，由于缺乏降压成功的预测因素，约 30% 的

无应答率可能反映了技术层面或患者选择方面不够优化。RDN手术费用昂贵且具有侵入性，因此，需要解决如此高的无反应率的问题。正如Esler指出的那样，未能找到合适的指标判断肾去交感神经是否有效是RDN领域的重大不足[15]。因此，在RDN的术前、术中和术后，寻找预测和确认手术成功的指标对于RDN来说是迫切需要的。

二、肾神经刺激标测肾神经：解剖学、生理学和组织学证据

解剖学、生理学和组织学研究的最新进展使标测肾神经和选择性RDN成为可能。Van Amsterdam等和Mompeo等[16, 17]研究了肾动脉周围的神经解剖结构，发现了3种神经类型：交感、副交感和传入神经成分（图18–1）；然而，Kuichi等对这些神经的类型有不同的看法，并根据对电刺激后血压是否升高、降低或不变而将这些神经命名为“升压神经”“降压神经”“中性神经”[12]。我们[18–20]和其他研究人员[21, 22]已经证明，电刺激肾动脉会引起全身血流动力学改变，特别是血压会增加、降低或不变。电刺激引起的血压变化方向取决于激活了哪种类型的肾神经。我们将刺激时血压升高的部位称为“热点”，代表交感神经支配占优势，将刺激时血压降低的部位称为“冷点”，代表副交感神经支配占优势，将受刺激时无明显血流动力学改变的部位称为“中性点”，这些部位可能没有神经支配或交感和副交感神经支配相平衡（图18–2）。标测交感/升压神经或热点以进行选择性消融，对这些区域进行局部去神经可能会导致血压显著下降，而消融副交感/降压神经或冷点可能导致血压无变化甚至升高[18, 23]，这些点都不应该进行消融[12]。临床试验的结果显示，在6个月的随访中，一些患者在RDN后血压升高[6, 9, 10]。这种现象可能是由于对冷点进行了消融所致。正如Tsioufis等[23]提到的，肾神经纤维在肾动脉主干和分支，以及近端和远端的神经类型、数目、大小及其与管腔的距离都存在很大差异。最近的几项研究[19–25]

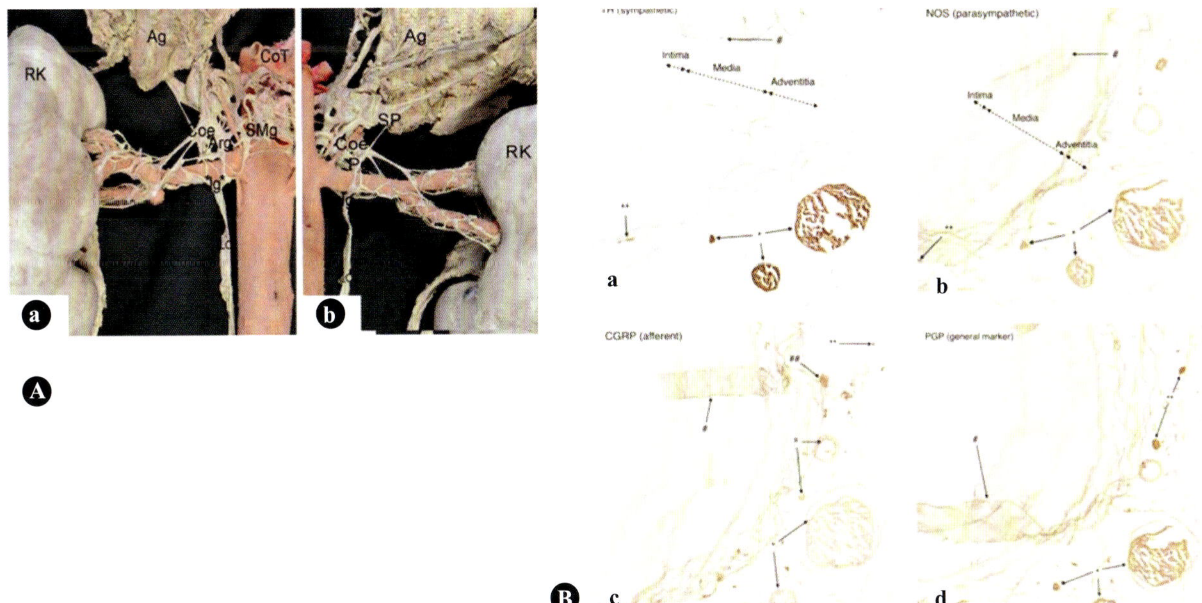

▲ 图18–1　图A显示的是一名人体右肾的肾交感神经丛。(a) 前面观和 (b) 后面观。**Ag**（肾上腺）、**Arg**（主肾神经节）、**Coe**（腹膜神经节）、**CoT**（腹腔干）、**Ig**（肾下神经节）、**LC**（腰链汇入肾丛）、**Pg**（肾后神经节）、**RK**（右肾）、**SMg**（肠系膜上神经节）、**SP**（胸内脏神经）。图B显示同一动脉和节段的免疫组织学标记的染色切片。左上角是动脉的管腔。(a) **TH**，交感神经标记物；(b) **NOS**，副交感神经标记物；(c) **CGRP**，传入神经标记物；(d) **PGP**，一般标记物。**TH**（酪氨酸羟化酶）、**NOS**（一氧化氮合酶）、**CGRP**（降钙素基因相关肽）、**PGP**（蛋白质基因产物9.5）

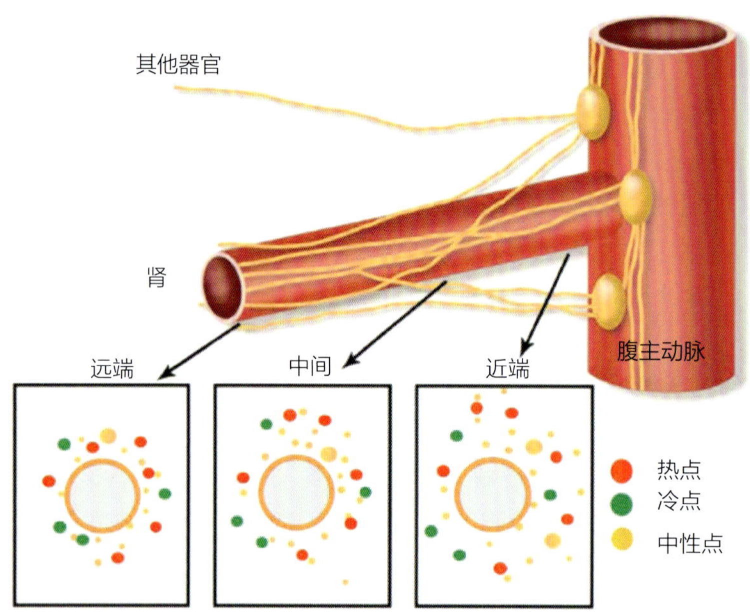

▲ 图 18-2 选择性与非选择性 RDN 的理论框架：红线 / 点代表“热点”——升压点。这些神经在受到刺激时会升高血压。这些点是 RDN 的理想靶点。绿线 / 点代表“冷点”——抑制点，刺激时会降低血压。黄色的神经纤维对血压调节的作用是中性的，刺激时不会表现出明显的血流动力学效应

经许可转载，引自 Fudim et al[18]

说明了 BP 对肾神经刺激的反应与肾动脉周围不同的神经分布相对应，为通过肾神经刺激进行肾标测的理论基础提供了令人信服的证据。关于在肾动脉分散不连续的部位刺激引起不同的血压反应的概念，我们在中国昆明狗（一种自发高交感神经张力的狗类模型）上证明，对刺激肾神经引起的血压显著升高的部位进行消融后，血压[20, 26]和血清去甲肾上腺素水平均显著降低，并证实了降压效果与刺激引起的血压升高成比例。组织学证据表明，这些部位由含有交感纤维的神经束支配[19, 20]，电刺激引起的血压升高幅度与刺激部位的肾神经的总面积和数量成比例（图 18-3）。肾神经刺激也可用于评估是否实现了成功的 RDN。在一次成功的 RDN 后，BP 对电刺激的反应应该明显减弱；否则，则提示目标部位的去神经不充分，可能需要在同一部位进行第二次消融。

因此，肾神经刺激及其引起的血压变化被认为在肾神经标测以选择性地去交感神经和避免无效消融方面，具有很大的潜力。

三、利用 BP 反应模式识别热点、冷点和中性点

基于交感和副交感神经纤维的生理异质性，不同比例的交感和副交感神经纤维在刺激时会产生不同的血压反应表型。正如我们之前所讨论的[20]，同一神经束可能包含不同类型的神经，如交感神经和副交感神经（或交感抑制纤维）。电刺激后血压的变化是一个综合的生理事件，取决于在这个特定部位哪些神经纤维占主导。如果副交感神经占优势的部位被消融，可能会部分中和交感神经消融引起的血压下降，甚至使血压升高。因此，我们认为 RDN 对 BP 的影响与消融区交感和副交感神经纤维之间的平衡有关。识别刺激时的血压模式可能是肾神经标测和选择性 RDN 的关键。

（一）动物研究数据

在动物研究中，我们观察到至少 5 种 BP 反应模式，这可能有助于我们区分交感神经或副交感神经占优势的部位（图 18-4）。

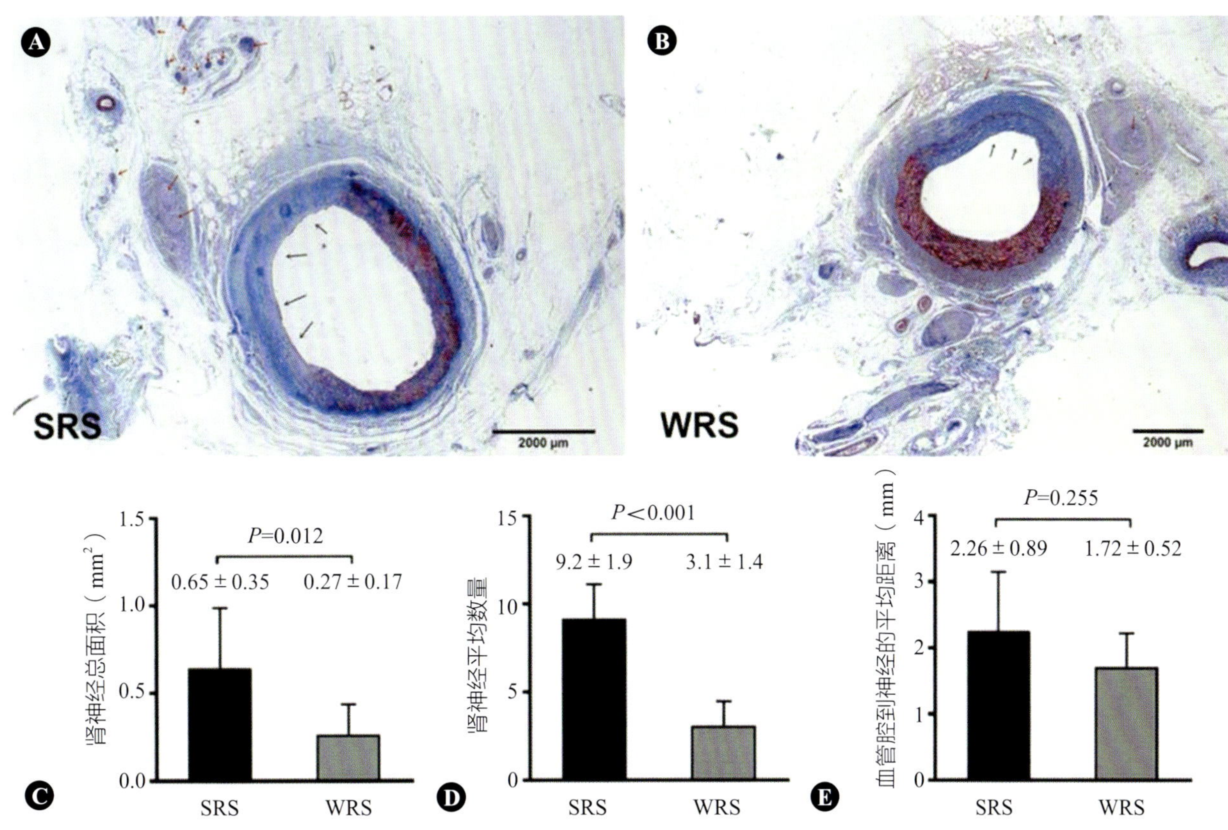

▲ 图 18-3 强反应部位（SRS）和弱反应部位（WRS）的神经分布差异

SRS 在刺激时显著升高血压，而 WRS 在刺激时升高血压要小得多。SRS 和 WRS 的代表性 Masson 染色图像（A 和 B）。红色箭头表示肾神经束，黑箭头表示消融区。SRS 组肾神经总面积（C）/ 肾神经数量（D）大于 WRS 组。SRS 和 WRS 的管腔到神经的距离（E）无差异

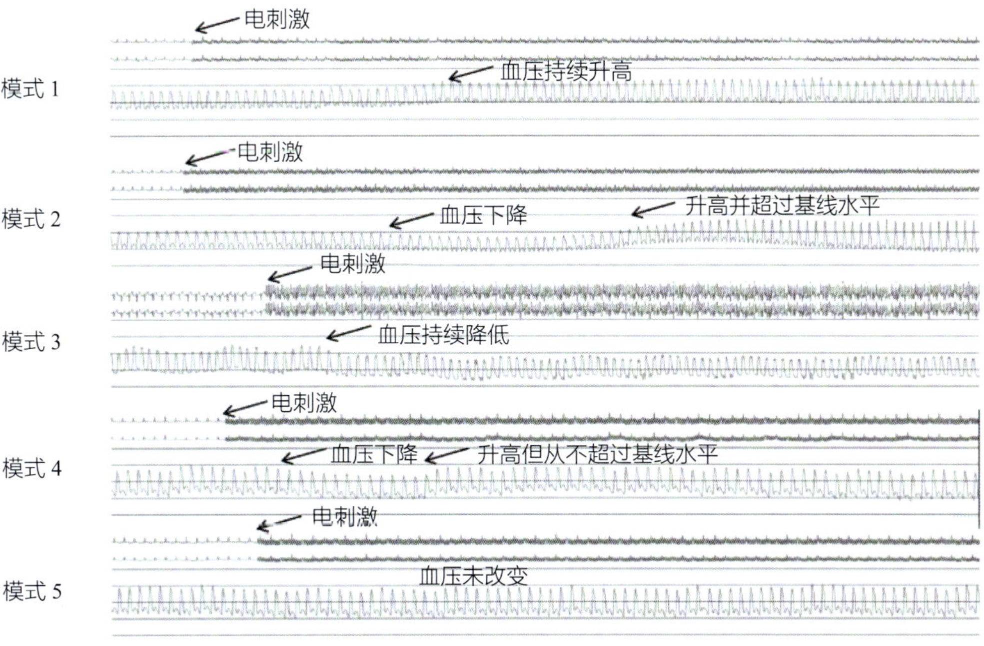

▲ 图 18-4 狗对肾神经刺激反应的不同类型的血压模式

1. 模式 1

血压在刺激肾神经时立即升高到平台期，在刺激过程中保持稳定和升高的状态，提示交感神经在这个部位占主导。我们还推测，电刺激信号通过传入纤维传递到中枢神经系统（CNS），增加了中枢交感神经活动，引起中枢交感传出增加。它引起一系列的生理效应，包括外周血管收缩，心肌收缩能力和心输出量增加，导致血压升高。同一神经束内的传出神经纤维也被刺激；传递到肾脏的交感神经传出信号可引起肾动脉收缩、肾素从肾小球旁细胞释放以及肾小管钠和水的重吸收的增加而引起血压升高。总体而言，这种 BP 反应模式代表了一个“热点”，需要进行消融。

根据血压反应增强及其对刺激的快速反应的特点，我们将这种模式命名为交感优势 / 快速反应。该模式中 BP 的典型原始波形轨迹详见图 18–4 的模式 1。

2. 模式 2

肾动脉电刺激后血压一过性低于基线，然后升高，达到稳定和高于基线的状态。我们认为这种模式代表了交感神经和迷走神经的同时激活，由于迷走神经纤维向中枢神经系统的传递速度快于传入神经，因此血压先降低后逐渐升高。这种净效应最终导致血压升高，表明此处交感神经比迷走神经对血压的影响更大。这个部位是一个热点，应该进行消融。

由于血压升高但延迟上升，这种模式被命名为交感优势 / 慢反应，详见图 18–4 的模式 2。

3. 模式 3

肾动脉电刺激后，血压立即降至基线以下，并在刺激过程中维持在较低水平稳态。这种模式代表副交感神经占优势的部位，属于冷点，不应消融。消融这些部位可能导致副交感神经活动的抑制和交感神经活动的增强，导致血压升高。我们将这种模式命名为副交感优势 / 快速反应，这种模式的波形轨迹详见图 18–4 的模式 3。

4. 模式 4

血压对电刺激的反应是短暂低于基线，然后上升，但在刺激期间保持在低于基线的水平。BP 的这种模式也代表了交感神经和副交感神经的同时激活，但这两种神经类型的综合作用使 BP 保持在较低的水平，表明副交感神经起主导作用。这是一个冷点，不应该被消融。

由于 BP 以缓慢的方式达到低水平稳态，这种模式被命名为副交感优势 / 慢反应，详见图 18–4 的模式 4。

5. 模式 5

肾动脉电刺激后，BP 在基线水平附近波动，但在刺激过程中，波动范围在基线上下 5mmHg 以内。这种模式代表的是该部位没有肾神经或交感神经和副交感神经之间功能处于平衡的部位。由于 BP 没有改变，该部位在 BP 调节中的作用较小，因此该部位属于中性点，不应该被消融。

这种 BP 模式被称为中性反应。详见图 18–4 的模式 5。

（二）初步人体数据

在临床上，肾脏电刺激引起的血压反应模式更为复杂。我们观察到至少 6 种不同的肾脏电刺激反应模式，分别代表热点、冷点和中性点。图 18–5 对这几种模式进行了描绘。血压的升高或降低定义为与基线相比收缩压（SBP）变化≥5mmHg。

模式 1：SBP 从基线直接升高，并维持在较高水平。这种部位被认为是热点，需要消融。

模式 2：SBP 呈先升后降的反复波动，但 SBP 总体上升均高于基线水平 5mmHg 以上。我们认为压力感受器反射在血压波动中起着重要作用。这是一个热点，需要消融。

模式 3：SBP 短暂下降低于基线，然后上升至基线以上，并维持在较高的稳态水平。这是一个热点，需要消融。

模式 4：在电刺激期间，SBP 持续下降到基线以下。这是一个冷点，应该避免进行消融。

模式 5：当进行电刺激时，SBP 一过性升高超过基线，然后持续低于基线。这是冷点，应该避免进行消融。

显然，人类血压对肾脏电刺激的反应模式比

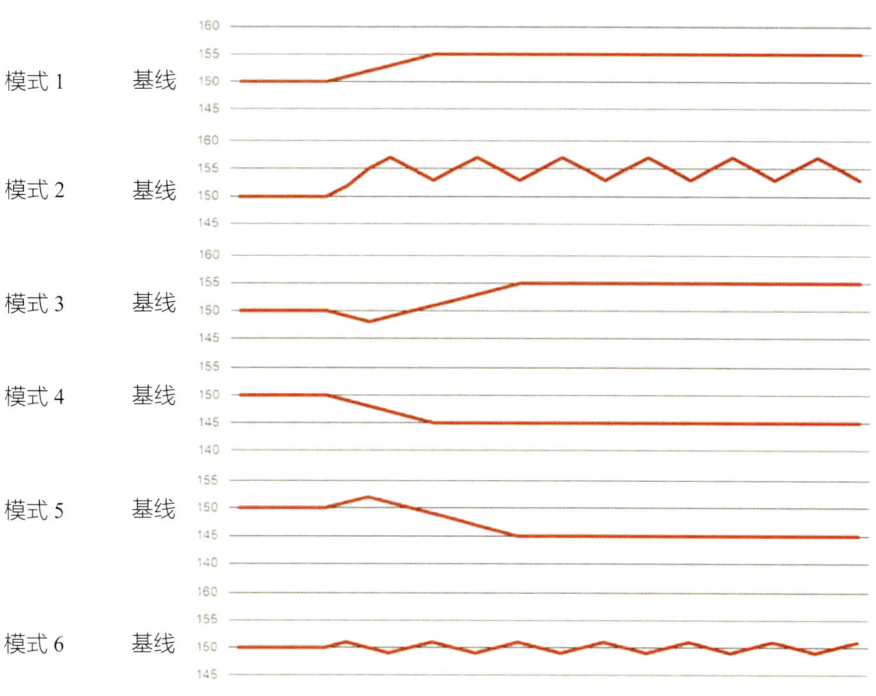

▲ 图 18-5 人体对肾神经刺激反应的不同类型的血压模式

动物的更为复杂。导致这些 BP 变化模式的潜在机制还不完全清楚，需要进一步研究；分析和区分这些对肾脏电刺激的 BP 反应模式将有助于手术者识别神经的类型，并确定某部位是否应该进行消融。

四、肾标测和消融系统

Symap 医疗（Suzhou,China）有限公司开发的联合肾脏标测和消融系统由专用的电子标测 / 消融 SyMapCath I™ 导管和 SYMPIONEER S1™ 刺激 / 发生器[27]组成。这种刺激 / 消融导管具有可控制的尖端，位于可以通过导管手柄操纵向前 / 向后和向上旋转 90° 的鞘内。这种鞘可用于对比剂注射（图 18-6A），该设计为操作者提供了方便，无须使用额外的附件。刺激 / 发生器可以使用同一导管进行电刺激和射频消融（图 18-6B）。该系统有助于筛选血压由肾交感神经激活驱动的患者进行 RDN。此外，它将允许操作者仅针对最佳消融部位（热点 / 交感刺激）进行消融，同时将对冷点 / 交感抑制部位的损伤降至最低，并通过在 RDN 后再次刺激而血压变化消失来证明消融成功。

五、SMART 研究和初步结果

正在进行的交感神经标测 / 肾神经消融试验（SMART Study，ClinicalTrials.gov ID：NCT02761811）旨在评估对接受降压药物治疗至少 6 个月但血压未控制的高血压患者，在标准化降压药物治疗（至少两类药物）至少 28 天，而诊室 SBP 仍≥150mmHg 且≤180mmmHg 的患者，使用该系统进行靶向去交感神经治疗的安全性和有效性。

该试验有两个主要终点：消融后血压下降的幅度和降压药物负担变化。目前大多数临床试验的设计都集中在前者，针对这个问题已经出现了大量的数据；然而，后者还没有得到充分的解决。我们认为术后服用降压药物数量和剂量的变化应该是 RDN 试验的一个主要临床终点。Weber 等人也支持这一观点[28]。在临床上，将血压降低作为主要临床终点的设计面临着一个重要的挑战：需要说服患者不要改变他们的降压方案，即使他们的血压在 RDN 后仍≥150mmHg，尤其是

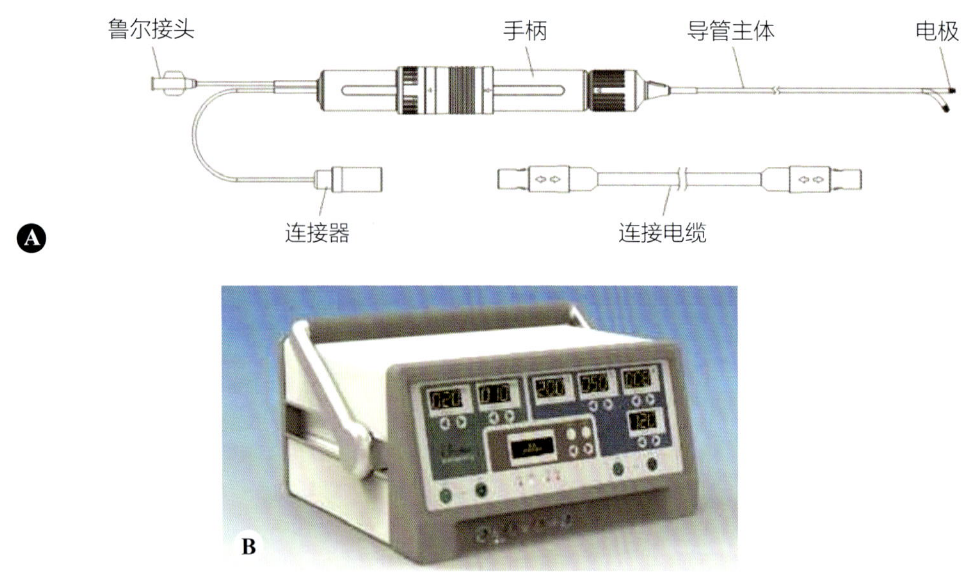

▲ 图 18-6 **Symap Medical Ltd. 开发的肾脏标测和消融系统，由 SyMapCath I™ 导管（A）和 SYMPIONEER S1™ 刺激器 / 发生器（B）组成**

对于假手术组患者在 6 个月的随访期间，做到这一点更为困难。由于全球范围内 RDN 的疗效约为 10mmHg[6, 9, 10]，如果假手术组患者服用降压药物来控制他们的高血压，RDN 组与假手术组的诊室 SBP 的差异则可能会受到影响。因此，我们将 RDN 后 6 个月的 2 个主要终点纳入 SMART 研究。

- 诊室 SBP 的控制率（SBP＜140 mmHg）。
- 降压药物综合指数（Drug Composite Index）。

综合指数由降压药物的数量和剂量得出：药物综合指数（Drug Composite Index）= 权重（weights）× 剂量和（sum of doses），权重是降压药种类数。一个标准剂量定义为 1，半剂量定义为 0.5，双倍剂量定义为 2。例如，如果患者服用一个剂量的血管紧张素Ⅱ受体阻滞剂和一个剂量的钙离子通道拮抗剂，则该患者的药物综合指数为：2×（1+1）=4。

通过这项试验，我们将能够告诉患者和医生在 RDN 后能少服多少降压药。

在 RDN 手术过程中，进行肾动脉标测和选择性去神经。肾神经刺激以 15mA、20Hz 和 5ms 的脉冲持续进行 60s，热点以 8～10W 和 50℃消融 2min。如果遇到对 RDN 的反应不佳，即术后刺激仍可升高血压，则在同一部位重复进行 RDN。

这是一项前瞻性、多中心、单盲、随机和假手术对照试验，患者将被充分知情同意并进入筛选过程。在筛选期间，患者将接受至少 28 天的标准化降压药物治疗，如果 150mmHg≤诊室 SBP≤180mmHg，且满足纳入排除标准，则被纳入该试验。患者按 1∶1 随机分组进行肾交感神经消融或仅进行肾动脉造影（220 例患者，每组 110 例患者）。RDN 手术 3 个月后，如诊室 SBP 未达到理想水平（＜140mmHg），将按预先确定的标准化用药方案滴定剂量和（或）其他类别的降压药物，直至诊室 SBP＜140mmHg。所有药物均由研究赞助商（苏州 Symap 医疗有限公司）提供，并且滴定的降压药物只能从标准化药物方案中选择（表 18-1）。药物滴定的种类 / 剂量和顺序都有严格的定义。术后对患者进行管理的医生和 RDN 手术的医生对患者的分组是设盲的。术后 7 天或出院时，术后 1 个月、2 个月、3 个月、4 个月、5 个月、6 个月、9 个月、12 个月对患者进行随访。在每次筛选访视、3 个月、6 个月和 12 个月采集尿液标本，监测降压药物的依从性。

表 18-1　标准降压药方案：SMART 研究

	类　别	通用名	商品名（厂商）	标准剂量	最大剂量
1	ARB	厄贝沙坦	APROVEL®（Sanofi）	150mg/d	300mg/d
2	CCB	苯磺酸氨氯地平片	络活喜（Pfizer）	5mg/d	10mg/d
3	β 受体拮抗药	琥珀酸美托洛尔缓释片	倍他乐克（AstraZeneca）	47.5mg/d	95mg/d
4	利尿药	氢氯噻嗪	氢氯噻嗪片（Changzhou pharmaceutical factory co ltd., China）	25mg/d	50mg/d
5	α 受体拮抗药	盐酸特拉唑嗪	HYTRIN（Abbott）	2mg/d	4mg/d
6	复方制剂	厄贝沙坦氢氯噻嗪	COAPROVEL（Sanofi）	厄贝沙坦 150mg+ 氢氯噻嗪 12.5mg/d	厄贝沙坦 300mg+ 氢氯噻嗪 25mg/d

SMART 研究的初步数据在 CRT 2017（Washington DC）[29] 和 TCT 2019（San Francisco, USA）大会 [30] 上公布。在 10 例血压未控制的高血压患者中，只有 54% 的部位在电刺激后血压升高（热点）（表 18-2）。刺激导致 16% 的部位血压下降（SBP 平均下降 16mmHg，DBP 下降 4mmHg，平均 BP 下降 7mmHg）（表 18-3），29% 的部位对刺激无反应。术中消融热点区后重复刺激血压不再升高，提示 RDN 有效。否则，在同一部位进行第二次消融。整个研究队列的长期结果仍在随访。Rainbow/Pythagoras（Israel）也在尝试进行开发标测系统。Mahfoud、Tsioufis 和 Damen 最近在 EuroPCR 2017 上公布了初步结果，证实了刺激位置不同对肾神经刺激的反应也有所不同，在肾动脉近端刺激有出现更高的血压升高的趋势和需要更高的能量水平 [23, 31]。继续开发合适的方法来测试肾神经对血压升高的贡献可能会进一步提高 RDN 技术的成功，并最终实现选择性的 RDN。

靶向性的、选择性的交感神经 RDN 的发展可能会解决既往传统的非选择性或广泛性的 RDN 存在的局限性。未来需要专门的临床研究证明选择性 RDN 在长期降压方面的安全性和有效性。

表 18-2　未控制高血压患者肾脏电刺激的热点、冷点和中性点数（n=10）

	肾脏标测结果		
	左肾动脉	右肾动脉	总　数
总刺激位点	82	75	157
平均刺激点 / 每个肾	8.2	7.5	15.7
发现的总热点数（%）	41（50%）	44（59%）	85（54%）
平均热点 / 每个肾	4.1	4.4	8.5
需要第二次消融	16（39%）	18（41%）	34（40%）

表 18-3　未控制高血压患者肾脏电刺激后的血压变化（n=10）

	基线 SBP	SBP 反应	△ SBP	基线 DBP	DBP 反应	△ DBP	基线 MAP	MAP 反应	△ MAP
热点	172.1 ± 4.4	185.9 ± 4.5	13.8 ± 1.1	87.1 ± 2.4	94.9 ± 2.4	8.1 ± 0.7	116.9 ± 2.8	124.6 ± 2.7	8.2 ± 0.8
冷点	167.6 ± 6.7	151.5 ± 6.4	−16.2 ± 1.7	92.2 ± 3.7	88.0 ± 4.1	−4.2 ± 0.9	118.1 ± 4.6	109.7 ± 4.5	−6.8 ± 1.5
中性点	166.6 ± 4.1	166.8 ± 4.1	0.1 ± 0.3	88.2 ± 2.7	87.8 ± 2.7	−0.4 ± 0.3	114.8 ± 2.8	114.3 ± 2.9	−0.4 ± 0.4

SBP. 收缩压；DBP. 舒张压；MAP. 平均动脉压

参考文献

[1] Smithwick RH, Thompson JE..Splanchnicectomy for essential hypertension: results in 1,266 cases. J Am Med Assoc. 1953;152(16):1501-4.

[2] Khera R, Lu Y, Lu J, Saxena A, Nasir K, Jiang L, Krumholz HM..Impact of 2017 ACC/AHA guidelines on prevalence of hypertension and eligibility for antihypertensive treatment in United States and China: nationally representative cross sectional study. Br Med J. 2018;362:k2357.

[3] Williams B, Mancia G, Spiering W, Rosei EA, Azizi M, Burnier M, Clement DL, Coca A, Simone G, Dominiczak A, Kahan T, Mahfoud F, Redon J, Ruilope L, Zanchetti A, Kerins M, Kjeldsen SE, Kreutz R, Laurent S, Lip GYH, McManus R, Narkiewicz K, Ruschitzka F, Schmieder RE, Shlyakhto E, Tsioufis C, Aboyans V, Desormais L. 2018 ESC/ESH Guidelines for the management of arterial hypertension: the task force for the management of arterial hypertension of the European Society of Cardiology (ESC) and the European Society of Hypertension (ESH). J Hypertens. 2018;36(10):1953-2050.

[4] Wang Z, Chen Z, Zhang L, Wang X, Hao G, Zhang Z, Shao L, Tian Y, Dong Y, Zheng C, Wang J, Zhu M, Weintraub WS, Gao R..Status of Hypertension in China: Results from the China Hypertension Survey, 2012-2015. Circulation. 2018;137(22):2344-56.

[5] Krum H, Schlaich M, Whitbourn R, Sobotka PA, Sadowski J, Bartus K, Kapelak B, Walton A, Sievert H, Thambar S, Abraham WT, Esler M..Catheter-based renal sympathetic denervation for resistant hypertension: a multicentre safety and proof-of-principle cohort study. Lancet. 2009; 373(9671):1275-81.

[6] Kandzari DE, B.hm M, Mahfoud F, Townsend RR, Weber MA, Pocock S, Tsioufis K, Tousoulis D, Choi JW, East C, Brar S, Cohen SA, Fahy M, Pilcher G, Kario K, on behalf of the SPYRAL HTN-ON MED Trial Investigators, SPYRAL HTN-ON MED Trial Investigators. Effect of renal denervation on blood pressure in the presence of antihypertensive drugs: 6-month efficacy and safety results from the SPYRAL HTN-ON MED proof-of-concept randomized trial. Lancet. 2018;391(10137):2346-55.

[7] Azizi M, Sapoval M, Gosse P, Monge M, Bobrie G, Delsart P, Midulla M, Mounier-Véhier C, Courand PY, Lantelme P, Denolle T, Dourmap-Collas C, Trillaud H, Pereira H, Plouin PF, Chatellier G, Denervation R, for Hypertension (DENERHTN) investigators. Optimum and stepped care standardised antihypertensive treatment with or without renal denervation for resistant hypertension (DENERHTN): a multicentre, open-label, randomized controlled trial. Lancet. 2015;385(9981):1957-65.

[8] Fengler K, Rommel KP, Blazek S, Besler C, Hartung P, von Roeder M, Petzold M, Winkler S, H.llriegel R, Desch S, Thiele H, Lurz P..A three-arm randomized trial of different renal denervation devices and techniques in patients with resistant hypertension (RADIOSOUND-HTN). Circulation. 2019;139(5):590-600.

[9] Townsend RR, Mahfoud F, Kandzari DE, Kario K, Pocock S, Weber MA, Ewen S, Tsioufis K, Tousoulis D, Sharp ASP, Watkinson AF, Schmieder RE, Schmid A, Choi JW, East C, Walton A, Hopper I, Cohen DL, Wilensky R, Lee DP, Ma A, Devireddy CM, Lea JP, Lurz PC, Fengler K, Davies J, Chapman N, Cohen SA, DeBruin V, Fahy M, Jones DE, Rothman M, B.hm M, on behalf of the SPYRAL HTN-OFF MED trial investigators. Catheter-based renal denervation in patients with uncontrolled hypertension in the absence of antihypertensive medications (SPYRAL HTN-OFF MED): a randomised, sham-controlled, proof-of-concept trial. Lancet. 2017;390(10108):2160-70.

[10] Bohm M, Kario K, Kandzari D, Mahfoud F, Weber MA, Schmieder RE, Tsioufis K, Pocock S, Konstantinidis D, Choi JW, East C, Lee DP, Ma A, Ewen S, Cohen DL, Wilensky R, Devireddy CM, Lea J, Schmid A, Weil J, Agdirlioglu T, Reedus D, Jefferson BK, Reyes D, D'Souza R, Sharp ASP, Sharif F, Fahy M, DeBruin V, Cohen SA, Brar S, Townsend RR, on behalf of the SPYRAL HTN-OFF MED Pivotal Investigators. Efficacy of catheter-based renal denervation in the absence of antihypertensive medications (SPYRAL HTNOFF MED Pivotal): a multicentre, randomized, sham-controlled trial. Lancet. 2020;395(10234):1444-51.

[11] Bhatt DL, Kandzari DE, O'Neill WW, D'Agostino R, Flack JM, Katzen BT, Leon MB, Liu M, Mauri L, Mauri L, Negoita M, Cohen SA, Oparil S, Rocha-Singh K, Townsend RR, Bakris GL, for the SYMPLICITY HTN-3 Investigators. A controlled trial of renal denervation for resistant

hypertension. N Engl J Med. 2014;370(15):1393-401.

[12] Kiuchi MG, Esler MD, Fink GD, Osborn JW, Banek CT, Bohm M, Denton KM, DiBina GF, Everett TH IV, Grassi G, Katholi RE, Knuepfer MM, Kopp UC, Lefer DJ, Lohmeier TE, May CN, Mahfoud F, Paton JFR, Schmieder RE, Pellegrino PR, Sharabi Y, Schlaich MP..Renal denervation update from the international sympathetic nervous system summit: JACC State-of-the-Art review. J Am Coll Cardiol. 2019;73(23):3006-17.

[13] Townsend RR, Soborka PA..Catheter-based renal denervation for hypertension. Curr Hypertens Rep. 2018; 20(11): 93.

[14] Mahfoud F, Renkin J, Sievert H, Bertog S, Ewen S, Bohm M, Lengele JP, Wojakowski W, Schmieder R, Giet M, Parise H, Haratani N, Pathak A, Persu A..Alcohol-mediated renal denervation using the Peregrine system infusion catheter for treatment of hypertension. JACC Cardiovasc Interv. 2020;13(4):471-84.

[15] Murray E..Illusions of truths in the Symplicity HTN-3 trial: generic design strengths but neuroscience failings. J Am Soc Hypertens. 2014;8(8):593-8.

[16] van Amsterdam WA, Blankestijn PJ, Goldschmeding R, Bleys RL..The morphological substrate for renal denervation: nerve distribution patterns and parasympathetic nerves. A post-mortem histological study. Ann Anat. 2016;204:71-9.

[17] Mompeo B, Maranillo E, Garcia-Touchard A, Larkin T, Sanudo J. The gross anatomy of the renal sympathetic nerves revisited. Clin Anat. 2016;29(5):660-4.

[18] Fudim M, Sobotka AA, Yin YH, Wang JW, Levin H, Esler M, Wang J, Sobotka PA. Selective vs. Global Renal Denervation: a Case for Less Is More. Curr Hypertens Rep. 2018;20(5):37.

[19] Tan K, Lai Y, Chen W, Liu H, Xu Y, Li Y, Zhou H, Song W, Wang J, Woo K, Yin Y. Selective renal denervation guided by renal nerve stimulation: mapping renal nerves for unmet clinical needs. J Hum Hypertens. 2019;33(10):716-24.

[20] Liu H, Chen W, Lai Y, Du H, Wang Z, Xu Y, Ling Z, Fan J, Xiao P, Zhang B, Wang J, Gyawali L, Zrenner B, Woo K, Yin Y. Selective renal Denervation guided by renal nerve stimulation in canine: a method for identification of optimal ablation target. Hypertension. 2019;74(3):536-45.

[21] Chinushi M, Izumi D, Kenichi I, Suzuki K, Furushima H, Saitoh O, Furuta Y, Aizawa Y, Iwafuchi M. Blood pressure and autonomic responses to electrical stimulation of the renal arterial nerves before and after ablation of the renal artery. Hypertension. 2013;61(2):450-6.

[22] Chinushi M, Suzuki K, Saitoh O, Furushima H, Iijima K, Izumi D, Sato A, Sugai M, Iwafuchi M. Electrical stimulation-based evaluation for functional modification of renal autonomic nerve activities induced by catheter ablation. Heart Rhythm. 2016;13(8):1707-15.

[23] Tsioufis C, Dimitriadis K, Tsioufis P, Patras R, Papadoliopoulou M, Petropoulou Z, Konstantinidis D, Tousoulis D. ConfidenHT™ System for diagnostic mapping of renal nerves. Curr Hypertens Rep. 2018;20(6):49.

[24] Hilbert S, Kosiuk J, Hindricks G, Bollmann A. Blood pressure and autonomic responses to electrical stimulation of the renal arterial nerves before and after ablation of the renal artery. Int J Cardiol. 2014;177(2):669-71.

[25] Sakakura K, Ladich E, Cheng Q, Otsuka F, Yahagi K, Fowler DR, Kolodgie FD, Virmani R, Joner M. Anatomic assessment of sympathetic peri-arterial renal nerves in man. J Am Coll Cardiol. 2014;64(7):635-43.

[26] Lu J, Wang Z, Zhou T, Chen S, Chen W, Du H, Tan Z, Yang H, Hu X, Liu C, Ling Z, Liu Z, Zrenner B, Woo K, Yin Y. Selective proximal renal denervation guided by autonomic responses evoked via high-frequency stimulation in a preclinical canine model. Circ Cardiovasc Interv. 2015;8(6):e001847.

[27] Wang J. Mapping sympathetic nerve distribution for renal ablation and catheters for same. US Patent 8702619, published on Dec 15, 2011 and issued on April 22, 2014.

[28] Weber MA, Kirtane A, Mauri L, Townsend RR, Kandzari DE, Leon MB. Renal denervation for the treatment of hypertension: making a new start, getting it right. Clin Cardiol. 2015;38(8):447-54.

[29] Sobotka P, Levin H, Yin YH, Wang J. Renal afferent nerve mapping and selective denervation. CRT 2017. Early experience with renal nerve stimulation guided renal denervation.

[30] Wang J and Yin YH. TCT 2019. Hypertension therapies: renal denervation and beyond. Session III: Procedural aspects and indications beyond hypertension. Sensing renal nerve activity before, during, and after denervation II: Symap.

[31] Tsioufis C. ConfidentHT system safety and performance of diagnostic electrical mapping of renal nerves in hypertensive patients and/or potential candidates for a renal sympathetic denervation (RDN) procedure. PCR 2017. Early experience with renal nerve stimulation guided renal denervation.

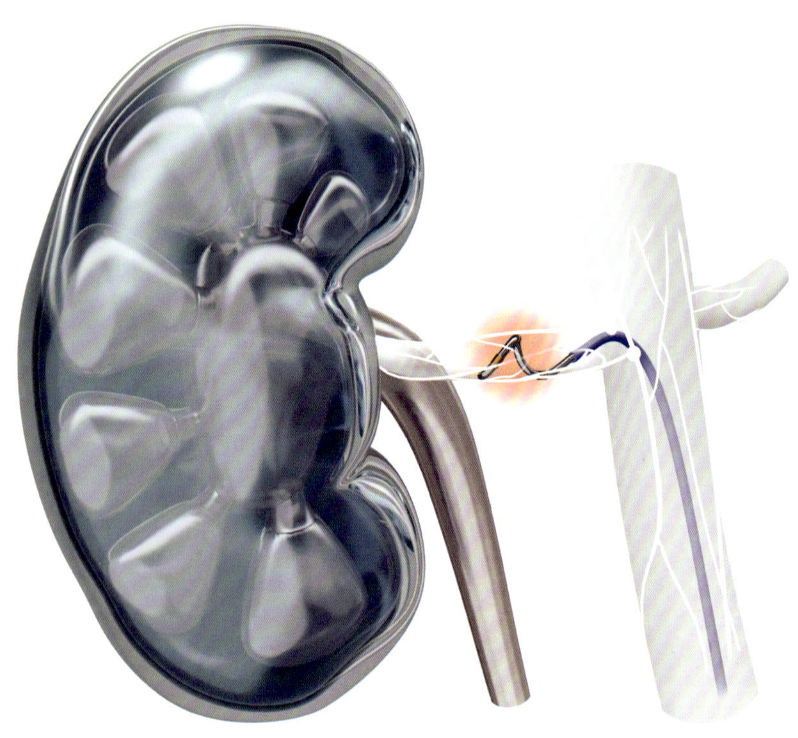

第五篇　器械治疗高血压的诊断和治疗新概念

New Device-Based Concept for the Diagnosis and Treatment of Hypertension

第 19 章　经导管颈动脉体去神经：首例人类研究结果和未来发展方向

Transcatheter Carotid Body Denervation: First-in-Man Results and Future Directions

Melvin D. Lobo　著

张志鹏　译　　刘　凯　校

缩略语

BP	blood pressure	血压
CB	carotid body	颈动脉体
COPD	chronic obstructive pulmonary disease	慢性阻塞性肺疾病
DBP	diastolic blood pressure	舒张压
ISH	isolated systolic hypertension	单纯收缩期高血压
IVUS	intravascular ultrasound	血管内超声
SBP	systolic blood pressure	收缩压
SHR	spontaneously hypertensive rat	自发性高血压大鼠

一、基本原理

（一）颈动脉体结构和功能

颈动脉体（CB）是人体主要的外周多模态化学感受器[1]。主要的刺激，如低氧血症和高碳酸血症，以及较小程度的酸中毒、低血糖和低灌注，可刺激 CB，导致呼吸分钟通气量增加，血管和心脏的交感神经激活[2]。CB 大约有一粒米那么大，位于 2 条颈总动脉的分叉处[3]（图 19-1）。它的神经支配既来自颈动脉窦神经（舌咽神经的一个分支，也支配颈动脉压力感受器）、迷走神经，还接受来自颈交感神经节的神经支配。值得注意的是，相对于体内任何器官的组织质量，CB 的血流量最高（每 100mg 组织中有 2000ml/min）。在自发性高血压（SH）大鼠和高血压患者中可观察到 CB 肥大[4]。刺激 CB 可通过孤束核和延髓头端腹外侧区的交感神经调节通路升高血压，导致肾钠水潴留、肾素释放增加和

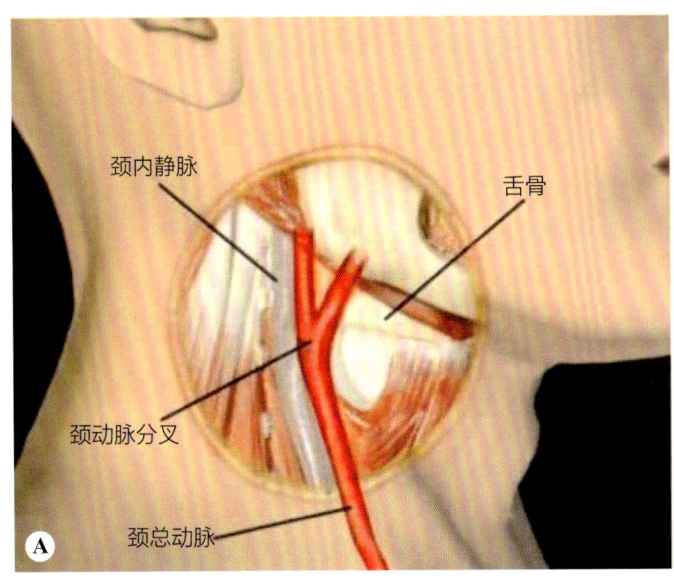

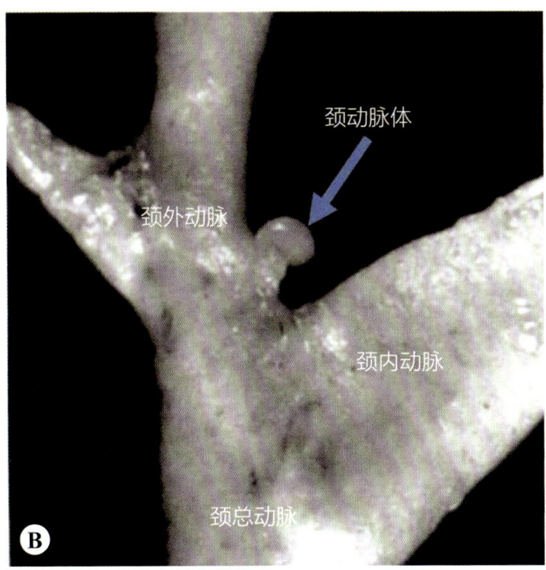

▲ 图 19-1 颈动脉体的解剖。**A.** 颈动脉分叉位置的示意图。**B.** 位于颈动脉分叉处的人颈动脉体的大体解剖形态

血管收缩[5]。重要的是，虽然化学反射具有交感神经兴奋作用，但它同时也抑制压力反射，因此化学反射和压力反射在控制交感神经张力方面有着千丝万缕的联系[6]。目前认为，CB 的慢性高活性状态是一种适应不良的反应，它是以交感神经驱动增强为特征疾病（如高血压、心力衰竭、阻塞性睡眠呼吸暂停）的基础，因此可能成为新治疗方法的潜在重要靶点[7, 8]。

（二）临床前数据

来自动物模型的大量证据表明，CB 在神经源性高血压中起着关键作用。在间歇性低氧的大鼠模型中，接受双侧颈动脉窦神经切断的动物没有因低氧刺激而发生高血压[9]。此外，6- 羟基多巴胺可选择性阻断外周交感神经元，从而阻断缺氧后高血压的发展，显示出 CB 的交感兴奋作用。

随后，Abdala 等证明，在发育期和成年自发性高血压大鼠（SHR）中，双侧颈动脉窦神经切断后血压显著降低，但在健康正常动物中没有这种现象[10]。随之而来的压力感受器功能的改善可能是由于重置了中枢压力感受器的控制。该团队的研究还证明，在 SHR 中，100% 氧气的短暂高氧导致 CB 失活和血压降低，这种现象在颈动脉窦神经切除后消失，提示 CB 的张力活性对于高血压的反应至关重要[11]。在这个特殊的模型中，需要切断双侧颈动脉窦神经以产生降压作用，而单侧切除（不论左侧还是右侧）没有任何效果。此外，研究还表明，肾神经对颈动脉窦去神经的降压作用不是必需的，去肾神经和 CB 去神经有叠加的降压作用，无论哪个去神经术先进行，CB 去神经似乎比单独去肾神经引起的降压幅度更大[11]。

从安全的角度来看，正常血压的 Sprague Dawley 大鼠双侧颈动脉窦神经切断仅导致缺氧所致通气反应的暂时降低，几天后恢复到基线水平[12]。此外，在高血压大鼠中，切断双侧颈动脉窦神经导致呼吸频率一过性减慢，并在 1 周内恢复[10]。综上所述，这些观察结果表明，中枢氧依赖化学反射通路的功能重组，在 CB 去神经后的其他物种中也观察到了这一点，部分原因可能是 CB 化学感受器的冗余[13, 14]。

（三）初步临床数据

1. 15 000 例慢性呼吸系统疾病患者行 CB 切除

最初，单侧或双侧 CB 切除被建议用于治疗慢性肺部疾病（如哮喘、慢性阻塞性肺疾病和肺气肿），或在 CB 瘤或颈动脉窦综合征的情况下进行。大量的文献证明了该手术的相对安全性，在

15 000 例报道的病例中直接可归因于该手术死亡的只有 1 例[8]。毫不奇怪，在这些研究中发现了一些操作上的并发症，最常见的是在 5600 例报告的病例中发现一过性的舌下神经麻痹，发生率约 3%，其他不良反应的发生率低于 0.5%，如头痛、血压紊乱或脑血管损伤导致暂时性 / 永久性偏瘫[8]。最近的数据证实，双侧颈动脉窦神经切断或双侧 CB 切除后，低氧通气反应受损，与其他物种相比，人类的这种反应似乎没有恢复[15]。然而，需要进行更多的研究，特别是需要解决单侧和双侧 CB 切除对没有潜在肺部疾病患者的影响。

20 世纪 40—60 年代，在日本接受 CB 切除治疗哮喘的患者中，Nakayama 报道说，这对正常血压患者的血压水平没有影响，但在 29 例高血压患者中，术后立即观察到血压从基线的 170mmHg 下降了 40mmHg，并持续到 6 个月的随访[16]（图 19–2）。同样地，Winter 和 Whipp 指出，在接受双侧 CB 切除手术的 32 例严重 COPD 患者中，术后 SBP 立即下降了 20mmHg[17]。

2. 高氧相关的研究

与在啮齿类动物身上的实验结果类似，人体的研究也表明，化学反射在神经源性高血压中起着重要作用。在年轻的舒张期高血压患者中，与健康的正常血压对照组相比，他们的呼吸和血压对低氧的反应也增加[18]。此外，在高血压男性中，吸入纯氧 10min 引起肌肉交感神经活动和心率的显著降低（与健康对照组相比），尽管血压没有受到明显影响[19]。另外，研究表明，吸入 70% 的氧气 3min 后，化学感受器的短暂失活显著降低了轻度高血压的年轻男性的 SBP、DBP 和总的外周阻力[20]。综上所述，这些研究结果提示，化学敏感性增加导致交感神经驱动力增强，可能是引起人类早期高血压的关键因素。

3. 首例单侧 CB 切除的研究

2016 年，外科手术单侧 CB 切除治疗难治性高血压的可行性和安全性的前瞻性临床试验结果首次发表[21]。在这项开放标签的单臂研究中，平均服用 5～7 种药物但血压未控制的高血压的患者接受了单侧 CB 切除。该手术被证明是可行的

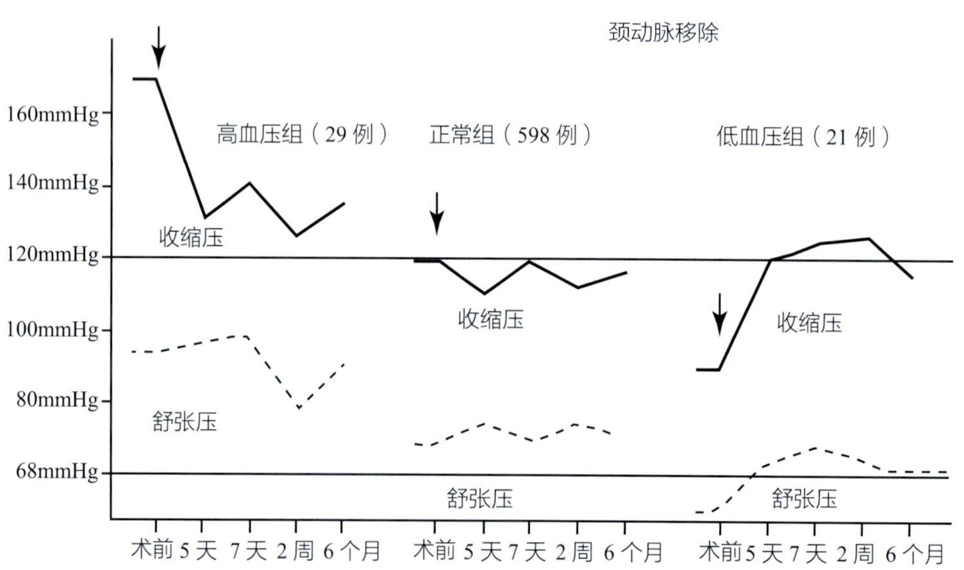

▲ 图 19–2 哮喘患者双侧颈动脉体切除术后的血压变化

箭表示切除 CB 的时间，术后随访至 6 个月。注意高血压组的血压持续下降[16]

和安全的，没有发现与手术相关的严重不良事件。总体而言，在手术后 12 个月内的任何时间点，诊室或动态血压都没有明显变化。然而，在基线血压 168/101 ± 7/5mmHg 的基础上，单侧 CB 切除使 57% 的患者的 SBP 降低了 26mmHg（被归类为应答者），这些患者在 3 个月随访时动态血压下降＞10mmHg，并有组织学证据表明切除的组织中有 CB 球细胞。

在这 8 例应答者中，除了对降压药需求的减少，也观察到肌肉交感神经活性降低和压力反射敏感性的改善。研究发现，应答者具有更高的外周化学反射敏感性，并且都接受了右侧 CB 的切除。这些特征可能会为未来 CB 调节治疗研究的患者选择提供参考。作者承认这项研究的局限性，特别是样本量小，缺乏对照组，以及在招募时没有调查服药的依从性。

（四）操作

考虑到手术切除 CB 耗时长，需要全身麻醉，而且不可重塑，因此最好采用侵入性较小的方法来破坏 CB 的功能。最近，使用连接到专用发生器系统的诊断和消融双功能的导管，使经导管进行 CB 消融成为可能（Cibiem®：图 19–3）。这项技术能够利用血管内超声（IVUS）成像引导定位颈动脉分叉区域的 CB，通过颈静脉使用相同的导管随后传递治疗性的超声能量来实现 CB 的消融。手术使用清醒镇静，持续 40～60min，使用约 250ml 对比剂。

（五）证据

经导管单侧 CB 消融术进行了首次人体研究，目的是确定这一新系统消融右侧 CB 从而改善难治性高血压患者血压控制的安全性和有效性，并确定治疗效果的持久性。到目前为止，这项研究的数据只以摘要的形式发表[22]。这是一项单臂、多中心的前瞻性研究，研究对象包括按固定用法服用 3 种或 3 种以上的降压药（包括利尿药）至少 6 周，诊室血压仍≥160/75mmHg、白天动态收缩压＞135mmHg 的患者。术前需要进行 CT 血管成像以确认右侧 CB 的存在。排除标准为有明显肾功能损害［eGFR＜30ml/（min · 1.73m^2）］、肥胖（BMI＞40kg/m^2）或严重阻塞性睡眠呼吸暂停（呼吸暂停 / 低通气指数＞35/min）和既往有高血压介入治疗史的患者。

主要安全终点包括，治疗后一个月内的死亡率、高血压危象引起的住院和与器械或手术操作相关的严重不良事件（SAE）。主要疗效终点定义为，基线与治疗后 1 个月、3 个月、6 个月之间 24h 动态 SBP 的变化。这项研究的数据最初是在 ESC 2017 大会上公布的（当时只有 10 例患者进行了长期随访），结果显示与基线 ABPM 相比，术后 1 个月 24h 动态 SBP 下降 9 ± 9/4 ± 6mmHg，6 个月时下降 10 ± 15/4 ± 7mmHg。

在 2018 年 ESC 大会期间，报道了这项研

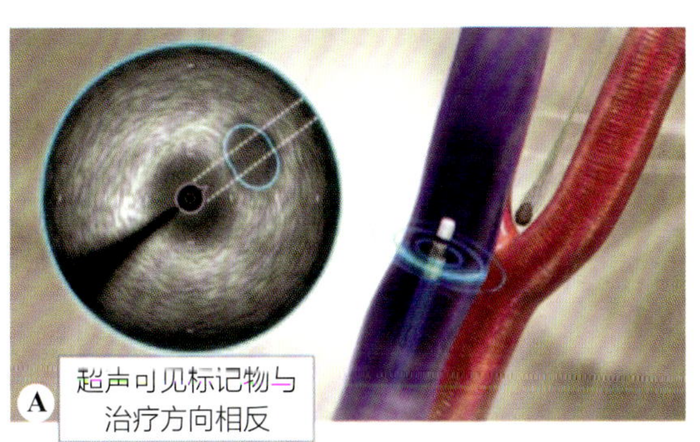

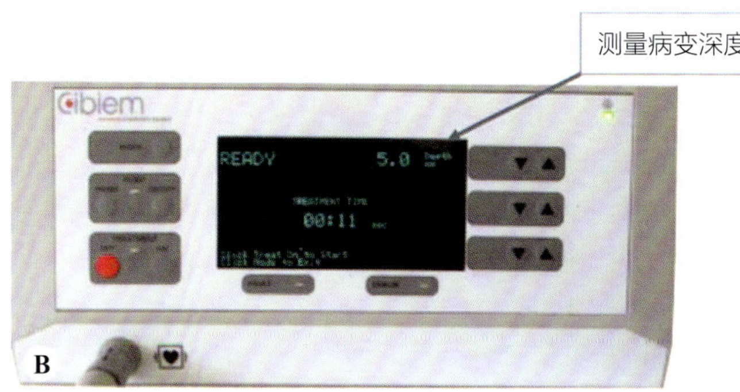

▲ 图 19–3　经血管颈动脉体消融术

经导管颈动脉体（CB）消融术首先使用血管内超声（IVUS）确定颈动脉分叉的来源。此后，将导管推进到所需高度，并使用 IVUS 测量消融深度。之后，使用超声波标记来旋转和识别分叉之间的空间，从而允许操作者定位 CB。A. IVUS 导管在体内的图像。B. 专用程序发生器

究进一步的数据[23]。共有 39 例患者参加了这项研究，其中 29 例患者取得了 6 个月的随访数据。研究人群的平均年龄为 63±11 岁，BMI 为 30.2±4.3kg/m^2，其中 69% 为男性，22% 患有糖尿病。患者平均服用了 4.6±1.9 种降压药物，但他们的血压仍未得到控制，基线诊室血压 170/93±18/20mmHg，24h 平均动态血压 154±13/94±13mmHg。值得注意的是，在这项研究中没有对药物依从性进行评估，而且 44% 的患者在基线有单纯收缩期高血压（定义为诊室 SBP≥160mmHg 且 DBP＜90mmHg）。

所有患者均在 IVUS 引导下进行了右侧 CB 消融术。在 6 个月时，除了一次短暂性脑缺血发作（可能是由于术中非常高的血压所致）外，没有发生重大的 SAE，这表明该手术是安全的，没有观察到单侧 CB 功能的丧失引起任何的中期损害。术后 1 个月 24h 动态 SBP 和 DBP 显著下降，并在术后 6 个月保持稳定，证实了该手术持续的降压效果（图 19-4A）。值得注意的是，在单纯收缩期高血压患者中，对 CB 消融的反应明显减弱（图 19-4B），这可能提示在该组患者中交感神经驱动力升高对维持血压升高的贡献较小[24]。

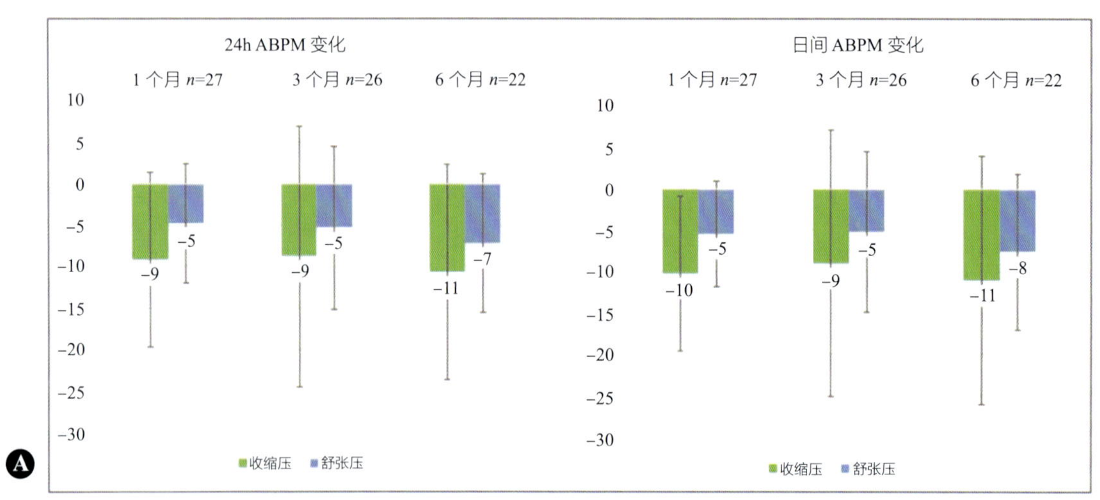

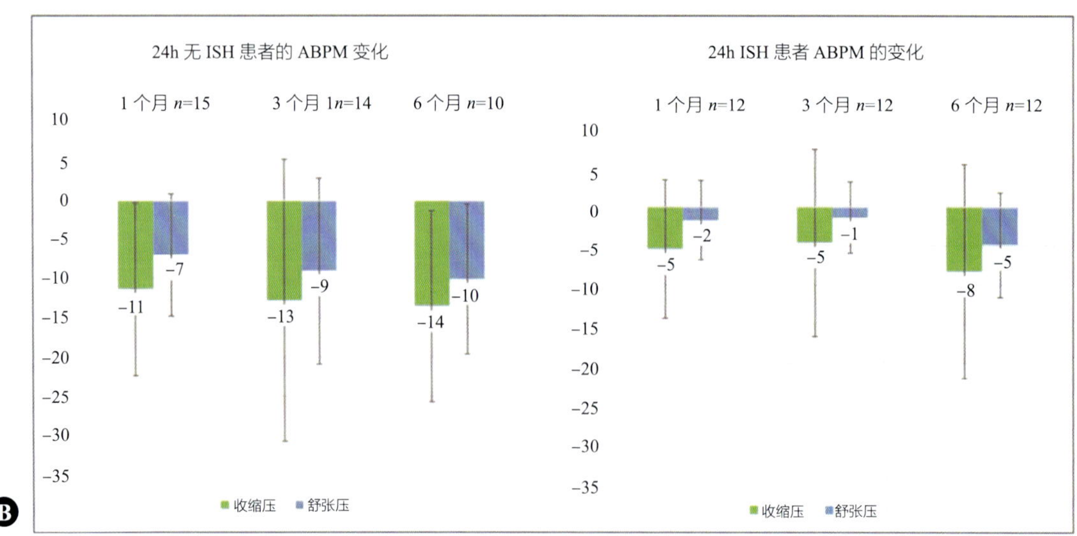

▲ 图 19-4 经导管颈动脉体消融术后动态血压下降

A. 术后 24h 和日间 ABPM 下降。B. 单纯收缩期高血压患者对 CB 消融术的反应明显减弱。ABPM. 动态血压监测；ISH. 单纯收缩期高血压（定义为诊室 SBP≥140mmHg 和 DBP＜90mmHg）

二、未来的方向

根据临床前的数据和对 CB 在神经源性高血压中发生和维持中的作用更好的理解，CB 消融和（或）颈动脉窦神经去神经在未来似乎是一个值得研究的领域。上述单臂研究的结果也令人鼓舞，有必要在高血压患者中进行更大规模随机对照试验，在这些患者中，药物依从性需要常规评估 [25]。一个需要解决的关键问题是，单侧或双侧 CB 消融是否必要。从乐观的方面看，使用非侵入性方法测定基线的 CB 活性，有助于识别那些可能更有可能对 CB 消融治疗有反应的高血压患者，并最终有助于完善高血压器械治疗的适宜人群选择。考虑到 CB 消融后可能发生的对低氧的生理呼吸反应的干扰以及使压力感受器反射功能的潜在的中断，谨慎的治疗方法是非常有必要的。

然而，靶向 CB 治疗高血压的未来前景似乎并不光明：在撰写本文时，首例经导管的人体研究结果仍未在同行评议的期刊上发表。

此外，目前在 ClinicalTrials.gov 网站上还没有检索到正在进行或即将进行的 CB 去神经试验开展。制造 CB 消融导管（Cibiem）的公司已不再运营，目前还没有其他竞争的公司出现。

参考文献

[1] Iturriaga R. Translating carotid body function into clinical medicine. J Physiol. 2018;596(15):3067-77.

[2] Marshall JM. Peripheral chemoreceptors and cardiovascular regulation. Physiol Rev. 1994;74(3):543-94.

[3] Khan Q, Heath D, Smith P. Anatomical variations in human carotid bodies. J Clin Pathol. 1988;41(11):1196-9.

[4] Tan J, Xiong B, Zhu Y, Yao Y, Qian J, Rong S, et al. Carotid body enlargement in hypertension and other comorbidities evaluated by ultrasonography. J Hypertens. 2019;37(7): 1455-62.

[5] DiBona GF. The sympathetic nervous system and hypertension: recent developments. Hypertension. 2004; 43(2): 147-50.

[6] Despas F, Lambert E, Vaccaro A, Labrunee M, Franchitto N, Lebrin M, et al. Peripheral chemoreflex activation contributes to sympathetic baroreflex impairment in chronic heart failure. J Hypertens. 2012;30(4):753-60.

[7] Sobotka PA, Osborn JW, Paton JF. Restoring autonomic balance: future therapeutic targets. EuroIntervention. 2013;9(Suppl R):R140-8.

[8] Paton JF, Sobotka PA, Fudim M, Engelman ZJ, Hart EC, McBryde FD, et al. The carotid body as a therapeutic target for the treatment of sympathetically mediated diseases. Hypertension. 2013;61(1):5-13.

[9] Lesske J, Fletcher EC, Bao G, Unger T. Hypertension caused by chronic intermittent hypoxia—influence of chemoreceptors and sympathetic nervous system. J Hypertens. 1997;15(12 Pt 2):1593-603.

[10] Abdala AP, McBryde FD, Marina N, Hendy EB, Engelman ZJ, Fudim M, et al. Hypertension is critically dependent on the carotid body input in the spontaneously hypertensive rat. J Physiol. 2012;590(Pt 17):4269-77.

[11] McBryde FD, Abdala AP, Hendy EB, Pijacka W, Marvar P, Moraes DJ, et al. The carotid body as a putative therapeutic target for the treatment of neurogenic hypertension. Nat Commun. 2013;4:2395. https://doi.org/10.1038/ncomms3395. PMID: 24002774.

[12] Roux JC, Peyronnet J, Pascual O, Dalmaz Y, Pequignot JM. Ventilatory and central neurochemical reorganisation of O2 chemoreflex after carotid sinus nerve transection in rat. J Physiol. 2000;522(Pt 3):493-501.

[13] Serra A, Brozoski D, Hodges M, Roethle S, Franciosi R, Forster HV. Effects of carotid and aortic chemoreceptor denervation in newborn piglets. J Appl Physiol. 2002; 92(3):893-900.

[14] Hodges MR, Forster HV. Respiratory neuroplasticity following carotid body denervation: central and peripheral adaptations. Neural Regen Res. 2012;7(14):1073-9.

[15] Timmers HJ, Wieling W, Karemaker JM, Lenders JW. Denervation of carotid baro- and chemoreceptors in humans. J Physiol. 2003;553(Pt 1):3-11.

[16] Nakayama K. Surgical removal of the carotid body for bronchial asthma. Dis Chest. 1961;40:595-604.

[17] Winter B, Whipp BJ. Immediate effects of bilateral carotid body resection on total respiratory resistance and compliance in humans. Adv Exp Med Biol. 2004;551:15-21.

[18] Trzebski A, Tafil M, Zoltowski M, Przybylski J. Increased sensitivity of the arterial chemoreceptor drive in young men with mild hypertension. Cardiovasc Res. 1982;16(3): 163-72.

[19] Sinski M, Lewandowski J, Przybylski J, Bidiuk J, Abramczyk P, Ciarka A, et al. Tonic activity of carotid body chemoreceptors contributes to the increased sympathetic drive in essential hypertension. Hypertens Res. 2012; 35(5):487-91.

[20] Izdebska E, Cybulska I, Sawicki M, Izdebski J, Trzebski A. Postexercise decrease in arterial blood pressure, total

peripheral resistance and in circulatory responses to brief hyperoxia in subjects with mild essential hypertension. J Hum Hypertens. 1998;12(12):855-60.

[21] Narkiewicz K, Ratcliffe LE, Hart EC, Briant LJ, Chrostowska M, Wolf J, et al. Unilateral carotid body resection in resistant hypertension: a safety and feasibility trial. JACC Basic Transl Sci. 2016;1(5):313-24.

[22] Neuzil P, Reddy V, Malek F, Kmonicek P, Sievert H, Zeller T, et al. Long term effect of transvenous carotid body ablation in the treatment of patients with resistant hypertension. Eur Heart J. 2017;38

[23] Schlaich M, Schultz C, Shetty S, Hering D, Worthley S, Delacroix S, et al. Transvenous carotid body ablation for resistant hypertension: main results of a multicentre safety and proof-of-principle cohort study. Eur Heart J. 2018;39:267.

[24] Mahfoud F, Bakris G, Bhatt DL, Esler M, Ewen S, Fahy M, et al. Reduced blood pressure-lowering effect of catheter-based renal denervation in patients with isolated systolic hypertension: data from SYMPLICITY HTN-3 and the Global SYMPLICITY Registry. Eur Heart J. 2017;38(2):93-100.

[25] Mahfoud F, Azizi M, Ewen S, Pathak A, Ukena C, Blankestijn PJ, et al. Proceedings from the 3rd European Clinical Consensus Conference for clinical trials in device-based hypertension therapies.Eur Heart J. 2020;41(16):1588-99.

第 20 章 颈动脉压力感受器放大疗法治疗难治性高血压

Carotid Baroreceptor Amplification for Treatment of Resistant Hypertension

Wilko Spiering 著
肖 姚 译 刘 凯 校

根据最近发布的美国和欧洲的高血压管理指南，难治性高血压（resistant hypertension，RH）被定义为，尽管使用 3 种最大耐受剂量且作用机制互补的降压药物（利尿药应为其中一种），但血压仍超过目标值[1-3]。RH 是一个重要的心血管危险因素，约占高血压患者的 12%～15%[3, 4]。部分人群由于白大衣高血压、血压测量不正确和（或）药物不依从而出现所谓的假性 RH[3]。排除假性 RH 病因后，RH 的真实患病率可能为治疗患者的 10% 左右[4]。真性 RH 人群可能受益于基于器械的非药物治疗。

钠超负荷、动脉硬化、内皮功能障碍和交感神经活性增高是 RH 发病的 4 种主要途径[5]。大多数基于器械的可用治疗方法都旨在减少交感神经系统的传出。2 种基于器械治疗方法以颈动脉窦的交感神经系统为靶点：压力感受性反射激活疗法（baroreflex activation therapy，BAT）和血管内压力感受器扩增设备（endovascular baroreflex Amplification，EVBA）。压力感受性反射在血压调节中起着核心作用，这两种治疗方法都旨在放大压力反射。近年来，这些治疗方法在 RH 患者中得到了越来越多的研究。

一、颈动脉压力感受器和 RH

压力感受器由张力敏感纤维组成，位于主动脉弓和颈动脉分支附近的两个颈动脉窦区。压力感受器在延髓的负反馈回路中提供传入信号，使血压维持在正常水平。当血管壁因血压升高引起的脉搏波而牵拉时，这些受体会被激活[6]。随后，信号通过舌咽神经传递到位于脑干的延髓背侧的孤束核（nucleus tractus solitarius，NTS）。NTS 突触中的初级传入轴突连接到二级神经元上，而二级神经元又向延髓尾侧腹外侧区（caudal ventrolateral medulla，CVLM）的 GABA 能神经元发送兴奋性投射。然后，CVLM 神经元通过突触向延髓的兴奋性头端腹外侧（rostral ventrolateral medulla，RVLM）神经元传递信号并抑制 RVLM 的自发活动[7]。结果，交感神经张力降低，副交感神经张力增加，最终导致血管舒张，血压持续正常化。

在高血压患者中，压力感受器敏感性的阈值通常被认为可能变得更高。对这种现象的可能解释是受体的直接损伤、受体与血管壁之间耦合的变化、受体的遗传决定特性以及受体嵌入的血管壁的顺应性降低[6]。

二、压力感受性反射激活疗法

20 世纪 60 年代早期的研究显示，通过设备对颈动脉窦神经进行电刺激，在血压降低方面取得了良好的效果[8-10]。然而，由于电极植入的技术难题、与神经损伤有关的不良影响以及更有效和耐受性更好的降压药的发明，围绕颈动脉窦神经的压力反射刺激研究停滞不前[11]。直到 2001 年 CVRx（明尼阿波利斯市，明尼苏达州，美国）推出了一种改进的颈动脉压力感受器起搏器，解决了以前的局限性：第一代颈动脉窦电刺激器，即 Rheos 设备（图 20–1A）[12]。

（一）Rheos 设备

Rheos 设备包括通过手术植入到双侧颈动脉球周围的 2 个脉冲发生器和 1 个放置在胸部皮下的脉冲发生器。对狗的基础研究表明，连续 7 天的 BAT 导致平均动脉压、心率和去甲肾上腺素水平显著持续下降，而血浆肾素活性无代偿性增加[13]。

开放标签、非随机的 Rheos Feasibility 试验（临床试验号：NCT01077180）研究了 10 例 RH 患者对使用 Rheos 系统进行 BAT 的反应[14]。该研究显示，诊室收缩压平均降低 41mmHg（22～104mmHg; $P<0.001$），峰值反应为 4.8V（$P<0.001$），无明显心动过缓或其他显著症状[14]。

随后，多中心非随机可行性 DEBuT-HT 研究（Device-Based Therapy in Hypertension，临床试验号：NCT00710190）评估了 45 例血压≥160/90mmHg 同时至少使用两种降血压药物的患者在植入设备后 3 个月的血压降低效果和安全性[15]。研究显示，3 个月后平均诊室血压下降 21 ± 4/12 ± 2mmHg，2 年后平均血压降低 33 ± 8/22 ± 6mmHg[15]。尽管这些结果令人鼓舞，但在随机试验中获得的关于降压作用持久性的数据仍然缺乏。

为了克服这一限制，设计了双盲随机 Rheos Pivotal 试验（临床试验号：NCT00442286）[16]。Rheos Pivotal 试验评估了 BAT 在 265 例 RH 患者中的安全性和有效性。置入 Rheos 装置 1 个月后，每位患者被随机分配到立即开始压力感受器刺激（A 组，n=181）或随访 6 个月后再开始压力感受器刺激（B 组，n=84）。在该试验中，预先指定了 5 个共同主要终点：① 6 个月时的急性反应率；② 12 个月时的持续反应率；③程序安全性；④ BAT 安全性；⑤设备安全性。A 组 54% 的受试者和 B 组 46% 的受试者达到了急性疗效终点（与基线相比，第 6 个月收缩压至少下降 10mmHg 的受试者比例，有效率为 20%），这项结果无统计学意义。此外，25.5% 的患者出现手术并发症、伤口并发症或神经损伤，因此不符合手术安全标准[16]。然而，与基线相比，A 组受试者 6 个月后收缩压平均降低 16 ± 29mmHg，而 B 组为 9 ± 29mmHg（P=0.08）。Rheos Pivotal 试验的长期随访 22～53 个月后的结果显示，与置入前相比，应答者的平均收缩压持续降低 35 ± 31mmHg[17]。一项 Rheos Feasibility 试验、DEBuT-HT 试验和 Rheos Pivotal 试验的联合长期随访研究显示，随访 6 年后设备对血压仍有持续影响（治疗前平均血压为 179 ± 24/103 ± 16mmHg，治疗后平均血压为 144 ± 28/85 ± 18mmHg）[18]。

在标准临床实践中使用第一代 Rheos 设备的主要缺点是侵入性和电池寿命短，需要每 3～5 年更换 1 次电池。基于这些因素，以及较多的手术并发症和神经损伤，美国食品药物管理局（Food and Drug Administration，FDA）没有批准 Rheos 系统用于治疗 RH。因此，Rheos 系统不再被使用。

（二）Barostim Neo 设备

第二代设备（Barostim neo）（图 20–1B）在欧洲获得批准并应用于临床，它使用更小的单侧单极盘电极来减少侵入性并延长电池寿命。非对照、开放标签的 Neo 非随机高血压研究（Neo Non-Randomized Hypertension Study，临床试验号：NCT01471834）是首项调查该装置疗效的研究[19]。该试验纳入了来自欧洲和加拿大 7 个中心的 30 例 RH 患者，结果显示，在 6 个月时，诊室收缩压和舒张压分别降低 26 ± 4mmHg 和 12 ± 3mmHg。有趣的是，已经接受过去肾神

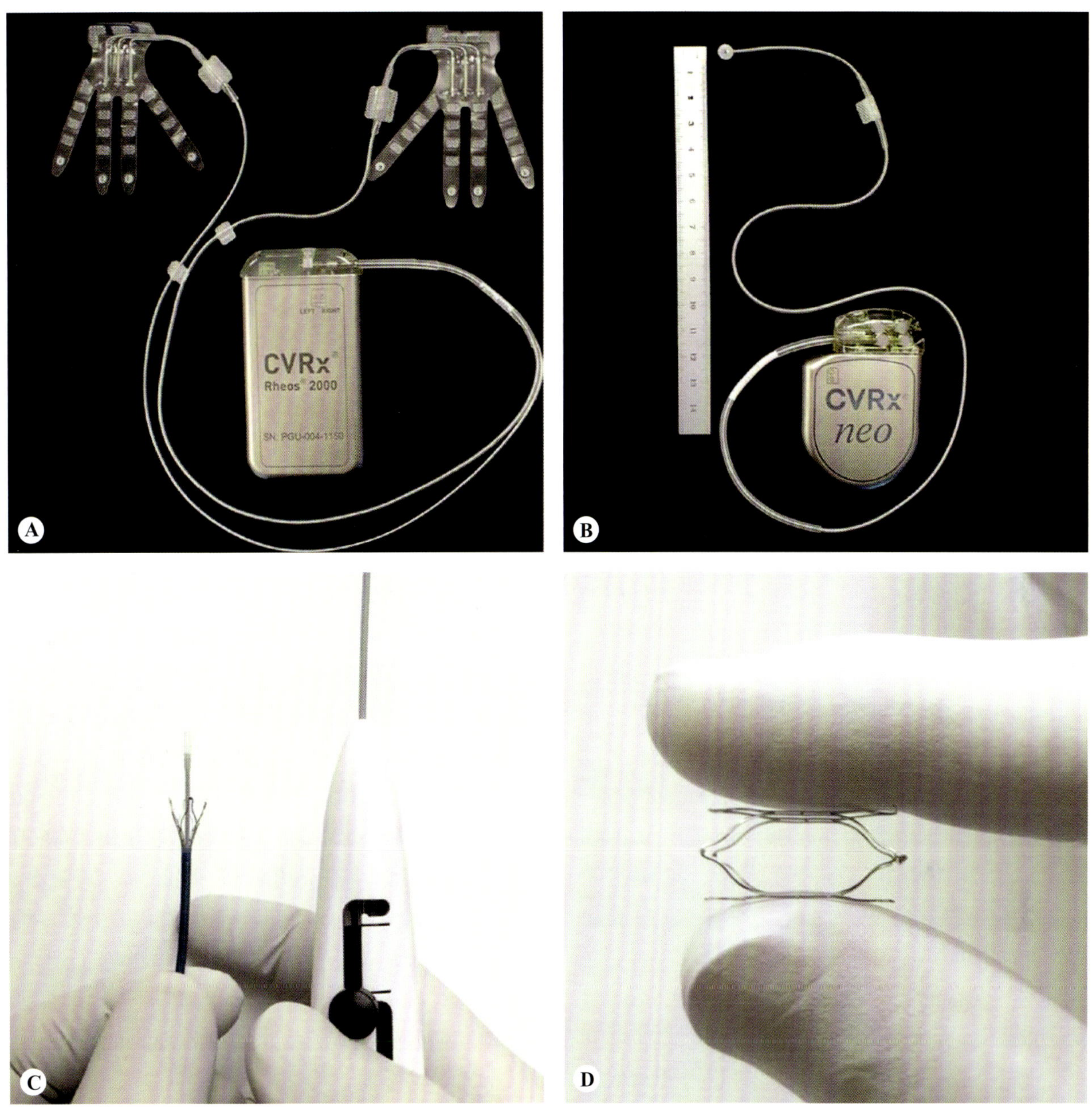

▲ 图 20-1 压力感受性反射放大装置

A. Rheos 设备（第一代）由双边电极和置入式脉冲发生器组成。三极配置的双极电极放置在两个颈动脉窦周围，并将电激活压力感受器。B. Barostim neo 设备（第二代）由一个单边电极和导线以及一个植入式脉冲发生器组成。电极被缝合在动脉壁上，刺激颈动脉窦。C. MobiusHD 由导管输送，导管经股动脉借助导丝引入。D. 自膨胀镍钛合金 MobiusHD 设备，置入颈内动脉内以放大颈动脉压力感受器信号

经术（renal denervation，RDN）的 6 例患者在置入 Barostim neo 后表现出类似的血压降低，这意味着压力感受器激活的作用机制可能不仅仅局限于抑制肾交感神经活动。此外，在置入 Barostim neo 后的前 30 天内，90% 的患者没有发生与系统或手术相关的不良事件，而 Rheos Pivotal 试验中这一比例为 75%，少数确实发生的事件在没有后遗症的情况下得到解决。几年后，该设备在一项针对 51 例 RH 患者的单臂研究中得到了进一步研究。该研究报道，术后 6 个月时，平均 24h 动态收缩压（从 148 ± 17mmHg 降至 140 ± 23mmHg；$P<0.01$）和舒张压（从 82 ± 13mmHg 降至

77 ± 15mmHg；P<0.01）显著降低[20]。

另一项研究调查了 18 例 RH 患者交感神经收缩张力和 Barostim neo 装置的血压反应，结果显示，在短期内使用产生可耐受不良反应的强度刺激可导致诊室收缩压平均降低 17 ± 15mmHg（P=0.002）[21]。然而，其中 12 例（66.7%）患者出现了与刺激相关的不良反应，如下颌或颈部疼痛、癔球症或吞咽感、咳嗽或声音异常。因此，在这些患者中，必须降低长期治疗的刺激强度。降低刺激强度导致疗效显著下降，平均诊室收缩压仅降低 6 ± 7mmHg（P=0.028）[21]。

对在 Neo 非随机高血压研究中接受治疗患者进行长期随访，结果显示了长期 BAT 的持续降压效果（平均诊室收缩压降低 26 ± 35mmHg）以及设备失活和再激活对 BAT 治疗 16.5 个月后血压的急性影响，这些结果均支持 BAT 的疗效[22]。迄今为止报道的最大队列中，60 例 RH 患者接受 Barostim neo 治疗的队列显示长期血压下降[23]。如果患者在诊室收缩压降低≥10mmHg 和（或）动态血压监测（ambulatory blood pressure monitoring，ABPM）收缩压降低≥5mmHg，则被定义为应答者。置入 Barostim neo 24 个月后，35 例患者（70%）根据诊室血压标准归类为应答者，21 例患者（46%）可根据 ABPM 标准归类为应答者。总体而言，50% 的患者达到 140mmHg 或以下的目标诊室收缩压[23]。

此外，BAT 也能有效降低 RH 合并肾衰竭患者的血压。Wallbach 等对 23 例患有慢性肾脏病并接受 Barostim neo 治疗的 RH 患者进行了研究。他们发现，经过 6 个月治疗，患者的平均诊室血压下降了 17/9mmHg，而对照组（标准医学管理）的 21 例患者仅降低了 1/1mmHg（P<0.01）[24]。Beige 等则研究了 Barostim neo 治疗在 7 例 RH 合并终末期肾病患者中的应用[25]。他们发现，患者的诊室收缩压从 194 ± 28mmHg 显著下降至 137 ± 16mmHg（P<0.01）。

（三）BAT 在心力衰竭中的应用

Barostim neo 的 BAT 也在射血分数降低的心力衰竭（heart failure and reduced ejection fraction，HFrEF）患者中得到了研究，因为这些患者的交感神经系统活动增加。BeAT-HF（Baroreflex Activation Therapy for Heart Failure，临床试验号：NCT02627196）试验是一项针对 HFrEF 患者的多中心、前瞻性、随机、对照试验[26]。受试者以 1∶1 的比例随机接受 BAT+ 最佳医疗管理（BAT 组）或单独接受最佳医疗管理（对照组）。疗效终点是 6min 步行距离（6-min hall walk distance，6MHW）、明尼苏达州心力衰竭生活问卷生活质量（quality-of-life，QOL）得分和 N 端 B 型利钠肽前体（N-terminal pro-B-type natriuretic peptide，NT-proBNP）水平从基线到 6 个月时的变化。安全性终点包括主要不良神经系统或心血管系统或手术相关事件发生率（major adverse neurological or cardiovascular system or procedure-related event，MANCE）。研究表明，Barostim neo 显著改善了 QOL 评分［BAT 组的得分比对照组高出 14 分，Δ=–14（95%CI –19～–9 分）］、运动能力［与对照组相比，BAT 组的 6MHW 增加 60m，Δ=60（95%CI 40～80m）］和 NT–proBNP［BAT 组与对照组相比，NT-proBNP 降低 25%，Δ=–25%（95%CI –38%～–9%）］。BAT 是安全的，97% 患者未发生 MANCE（95%CI 93%～100%）[26]。

（四）正在进行的 BAT 相关研究

迄今为止的研究表明，Barostim neo 设备有很好的效果。然而，仍然需要进行随机假对照试验来确认 Barostim neo 对诊室血压和 24h ABPM 的影响。此外，了解这种疗法与 RH 患者的常规护理相比的成本效益也很重要，因为这种疗法价格昂贵，并且需要随着时间的推移更换电池。

目前正在进行的两项随机研究，使用 Barostim neo 研究 BAT 的疗效：ESTIM-rHTN 研究（Economic Evaluation of Baroreceptor STIMulation for the Treatment of Resistant HyperTensioN）和 Nordic BAT 研究。ESTIM-rHTN 研究（临床试验号：NCT02364310）是一项随机开放标签试验，旨在招募 128 例患者，比较 RH 患者 BAT 与常规护理的日间动态收缩压，

并计算增量成本效益比（以确定与常规护理相比，BAT 在降低血压方面的额外成本），该试验预计将于 2022 年完成。Nordic BAT 研究（临床试验号：NCT02572024）是一项随机双盲试验，旨在招募 100 例患者，比较 RH 患者 BAT 与常规护理的 24h 动态收缩压，该试验预计将于 2028 年完成。

三、血管内压力感受器扩增投备

一种在 RH 中扩增压力感受器的方法是使用血管内植入物来增加颈动脉压力感受器水平的环向和纵向壁应变，这可能导致压力反射的放大和血压的降低。多年来对颈动脉压力感受器的研究结果表明，在心脏周期的收缩期，通过增加颈动脉球部的伸展性，可以增加压力感受器的反射活动。颈动脉球的应变随球部半径的增大、壁厚的减小和（或）压力的增加而增加。通过非手术方式减少颈动脉球部的壁厚度或增加血压以达到增加压力感受器反应的目的是不可能的。然而，已经研制出一种可以增加颈动脉窦水平应变的血管内设备：MobiusHD 设备。

（一）MobiusHD 设备

MobiusHD（Vascular Dynamics, Mountain View, CA, USA）是一种镍钛合金自膨胀矩形长方体植入物，作为一种非手术替代方案，它通过将动脉重塑为非圆形横截面来增加伸展性，以增加颈动脉窦壁应变，而不影响搏动和压力。为了更好地了解应力–应变关系并评估潜在的颈动脉血流变化，对该设备与动脉壁接触面进行了流固耦合模拟分析[27]。结果表明，在颈动脉窦中放置设备分别导致环向和纵向壁应变增加 2.5% 和 7.5%，这导致颈动脉窦壁压力感受器区域的范式等效动脉压力最大增加 54%。此外，装置植入对血流模式的影响很小。基于这些流固耦合模拟，MobiusHD 诱导局部窦壁应变增加，表明这将激活压力感受器，而不会对颈动脉窦血流动力学产生相应的有害影响。下一步是在基础模型中研究该设备。不幸的是，很少有动物有颈动脉窦和（或）压力感受器，这给开发动物替代模型以预测人类结果带来了挑战。

在一项针对狗的急性研究中，MobiusHD 诱导的颈动脉窦神经活动较标准颈动脉支架增加更为明显。置入设备后血压降低约 50/30mmHg，降压效应可持续 6h，并且血流动力学效应没有复位或消失[28]。然而，由于狗颈动脉窦的直径通常<1mm，这导致难以长时间保持设备通畅，因此无法探究其长期疗效。

CALM-FIM 试验（Controlling And Lower BP with the MobiusHD-First In Man）是第一个探究 MobiusHD 在人体中的安全性和有效性的研究。本研究是一项在欧洲（CALM-FIM_EUR，临床试验号：NCT01911897）和美国（CALM-FIM_US，临床试验号：NCT01831895）患有 RH 的成人中进行的前瞻性多中心单臂安全性研究。CALM-FIM 研究是前瞻性、非随机、首次在人体中进行的研究，纳入了 RH 患者［尽管使用≥3 种降压药物（包括利尿药）的稳定方案，但诊室收缩压≥160mmHg，平均 24h 动态血压≥130/80mmHg］。主要终点是 6 个月时严重不良事件的发生率。次要终点包括诊室和 24h 动态血压的变化。30 例欧洲患者（CALM-FIM_EUR）6 个月随访结果显示 4 例（13%）出现严重不良反应，6 个月时平均诊室血压和 24h 动态血压下降分别为 24/12mmHg（95%CI 13～34/6～18mmHg）和 21/12mmHg（95%CI 14～29/7～16mmHg）。最近报道了欧洲和美国 CALM-FIM 联合队列中 MobiusHD 最终的长期（3 年）安全性和有效性[29]。47 例患者置入了 MobiusHD（欧洲 30 例，美国 17 例；平均年龄 54 岁，23 例女性）。术后 30 天内发生 5 例严重不良事件，均与器械或手术有关：2 例患者出现严重低血压，需要延长住院时间来进行静脉治疗和调整降压药物；1 例患者出现高血压危象，需要住院治疗；1 例患者因股骨闭合器移位而出现急性下肢缺血症状，并接受手术治疗；1 例患者腹股沟血肿较大，导致低血压，需要容量复苏。此外，还发生了 2 例归因于该设备或手术的与置入物同侧血管区域相对应的神经系统表现的短暂性脑缺血发作（transient ischemic attacks，TIA）（但未确认卒中）。6 例严重不良事件或脑血管事件发生在术后 30 天以上。2 例患者在植入设备后 24 个月和 31 个月发生卒中，第一名在置入物的对侧，第二名在同侧。1 例患者在置入 MobiusHD 30 个月后，设备的同侧血管区域出现了短暂的神经系统症状。弥散加权磁共振成像结果正常。脑血管造影显示颈内动脉远端狭窄，该狭窄在 MobiusHD 置入前已存在。1 例患者在治疗后 3 个月因高血压需要住院治疗，2 例患者在植入后 11 个月和 32 个月出现严重低血压伴晕厥。6 个月时诊室血压较基线下降 25/12mmHg（95%CI 17～33/8～17mmHg），1 年时下降 24/12mmHg（95%CI 16～32/8～17mmHg），2 年时下降 19/11mmHg（95%CI 11～27/6～15mmHg），3 年时下降 30/12mmHg（95%CI 21～38/8～17mmHg）。6 个月时，平均 24h 动态血压下降了 20/11mmHg（95%CI 14～25/8～15mmHg）。尽管在随访期间降压药物有减少的趋势，但血压仍然下降。有趣的是，随访期间心率较基线没有变化。该试验显示，在 3 年随访中，使用 MobiusHD 的 EVBA 可有效降低血压，并且似乎对植入不复杂的患者具有可接受的安全性，尽管仍需要来自随机假手术对照试验的数据来进一步评估风险收益特征。

CALM-DIEM 试验（Controlling And Lower blood pressure with the MobiusHD-DefIning Efficacy Markers，临床试验号：NCT02827032）的一项原理验证单中心子试验，研究了 EVBA 在基线和 MobiusHD 置入后 3 个月对肌肉交感神经活动（muscle sympathetic nerve activity，MSNA）和压力感受器敏感性的影响[30]。共有 14 例 RH 患者接受 EVBA 治疗，其中 10 例患者的 MSNA 数据可用于评估。10 例患者中有 6 例 MSNA 发作的频率和发生率降低：平均变化 –4.1 次发作 / 分钟（95%CI –12.2～4.0）和 –3.8 次发作 /100 次心跳（95%CI –15.2～7.7）。MSNA 和血压的变化不相关。相比之下，EVBA 后压力反射敏感性和心血管反应保持不变。

（二）正在进行的 EVBA 相关研究

尽管目前的研究显示出 EVBA 在 RH 治疗中的潜力，但仍需要随机、双盲、假手术对照的临床试验来验证使用 MobiusHD 设备进行 EVBA 的安全性和有效性。因此，启动了两项随机、双盲、假手术对照研究，即 CALM-START（Controlling And Lowering Blood Pressure With the MobiusHD Device: STudying Effects in A Randomized Trial，临床试验号:NCT02804087）和 CALM-2（Controlling and Lowering Blood Pressure With the MobiusHD，临床试验号：NCT03179800）。CALM-START 试验旨在消除降压药物对 MobiusHD 设备疗效的混杂影响，因此纳入清除所有降压药物后的 RH 患者。由于试验的严格性和新型冠状病毒感染（coronavirus disease 2019，COVID-19）造成的入组中断，试验的申办者决定终止该研究。该研究仅招募了计划中的 110 例受试者中的 4 例。CALM-2 试验旨在招募 300 例 RH 患者（平均 24h 动态收缩压≥145mmHg），最低要求剂量方案为血管紧张素转换酶抑制药或血管紧张素受体拮抗药、钙通道阻滞药和利尿药。主要效应终点是从基线到 180 天的平均 24h 动态收缩压的变化。不坚持服用降压药物是一个重要的排除标准。该研究的设计很先进，但纳入标准很严格，因此研究团队面临着入组率低的挑战，因此申办者决定暂停研究，现在已将重点转移到心力衰竭上。目前，正在启动一项概念验证、开放标签研究 HF-FIM（A Feasibility Study Exploring the Effect of the MobiusHD® in Patients With Heart Failure，临床试验号：NCT04590001），以评估使用 MobiusHD 的 EVBA 在 40 例 HFrEF 患者中的安全性和有效性。因此，尽管 EVBA 在 RH 患者中的初步结果非常有前景，但下一步证明其疗效和消除对其安全性担忧的必要步骤似乎被推迟了，目前尚不清楚这种治疗方法是否可用于 RH 患者。

四、结论

近年来，人们越来越关注识别真性 RH，从而确定可能从基于器械的治疗中获益最多的患者。由于交感神经过度活跃在这些患者中起着至关重要的作用，针对颈动脉窦压力感受器水平的交感神经系统的器械治疗，如 BAT 和 EVBA，正在积极研究中。通过置入 Barostim neo 设备或血管内 MobiusHD 设备来放大压力反射有望成为补充而非替代真性 RH 患者药物治疗的新疗法。然而，在临床应用之前，目前的证据必须得到正在进行的随机、假手术对照试验结果的证实。此外，未来的研究还应探讨这些治疗通过降低血压在多大程度上减少了心血管事件和死亡率。

参考文献

[1] Whelton PK, Carey RM, Aronow WS, Casey DE, Collins KJ, Dennison Himmelfarb C, et al. 2017 ACC/AHA/AAPA/ABC/ACPM/AGS/APhA/ASH/ASPC/NMA/PCNA guideline for the prevention, detection, evaluation, and management of high blood pressure in adults: a report of the American College of Cardiology/American Heart Association Task Force on clinical practice guidelines. J Am Coll Cardiol. 2018;71(19):e127-248.

[2] Williams B, Mancia G, Spiering W, Agabiti Rosei E, Azizi M, Burnier M, et al. 2018 ESC/ESH Guidelines for the management of arterial hypertension. Eur Heart J. 2018;39(33):3021-104.

[3] Carey RM, Calhoun DA, Bakris GL, Brook RD, Daugherty SL, Dennison-Himmelfarb CR, et al. Resistant hypertension: detection, evaluation, and management: a scientific statement from the American Heart Association. Hypertension. 2018;72(5):e53-90.

[4] Noubiap JJ, Nansseu JR, Nyaga UF, Sime PS, Francis I, Bigna JJ. Global prevalence of resistant hypertension: a meta-analysis of data from 3.2 million patients. Heart. 2019;105(2):98-105.

[5] Townsend RR. Pathogenesis of drug-resistant hypertension. Semin Nephrol. 2014;34(5):506-13.

[6] Kougias P, Weakley SM, Yao Q, Lin PH, Chen C. Arterial baroreceptors in the management of systemic hypertension. Med Sci Monit Int Med J Exp Clin Res. 2010;16(1):RA1-8.

[7] Dampney RA. Functional organization of central pathways regulating the cardiovascular system. Physiol Rev. 1994;74(2):323-64.

[8] Carlsten A, Folkow B, Grimby G, Hamberger CA, Thulesius O. Cardiovascular effects of direct stimulation of the carotid sinus nerve in man. Acta Physiol Scand. 1958;44(2):138-45.

[9] Bilgutay AM, Lillehei CW. Treatment of hypertension with an implantable electronic device. JAMA. 1965;191:649-53.

[10] Rothfeld EL, Parsonnet V, Raman KV, Zucker IR, Tiu R. The effect of carotid sinus nerve stimulation on cardiovascular dynamics in man. Angiology. 1969;20(4):213-8.

[11] Scheffers IJM, Kroon AA, de Leeuw PW. Carotid baroreflex activation: past, present, and future. Curr Hypertens Rep. 2010;12(2):61-6.

[12] Tordoir JHM, Scheffers I, Schmidli J, Savolainen H, Liebeskind U, Hansky B, et al. An implantable carotid sinus baroreflex activating system: surgical technique and short-term outcome from a multi-center feasibility trial for the treatment of resistant hypertension. Eur J Vasc Endovasc Surg. 2007;33(4):414-21.

[13] Lohmeier TE, Irwin ED, Rossing MA, Serdar DJ, Kieval RS. Prolonged activation of the baroreflex produces sustained hypotension. Hypertension. 2004;43(2):306-11.

[14] Illig KA, Levy M, Sanchez L, Trachiotis GD, Shanley C, Irwin E, et al. An implantable carotid sinus stimulator for drug-resistant hypertension: surgical technique and short-term outcome from the multicenter phase II Rheos feasibility trial. J Vasc Surg. 2006;44(6):1213-8.

[15] Scheffers IJM, Kroon AA, Schmidli J, Jordan J, Tordoir JJM, Mohaupt MG, et al. Novel baroreflex activation therapy in resistant hypertension: results of a European multi-center feasibility study. J Am Coll Cardiol. 2010;56(15):1254-8.

[16] Bisognano JD, Bakris G, Nadim MK, Sanchez L, Kroon AA, Schafer J, et al. Baroreflex activation therapy lowers blood pressure in patients with resistant hypertension: results from the double-blind, randomized, placebo-controlled rheos pivotal trial. J Am Coll Cardiol. 2011;58(7):765-73.

[17] Bakris GL, Nadim MK, Haller H, Lovett EG, Schafer JE, Bisognano JD. Baroreflex activation therapy provides durable benefit in patients with resistant hypertension: results of long-term follow-up in the Rheos Pivotal Trial. J Am Soc Hypertens. 2012;6(2):152-8.

[18] de Leeuw PW, Bisognano JD, Bakris GL, Nadim MK, Haller H, Kroon AA, et al. Sustained reduction of blood pressure with baroreceptor activation therapy: results of the 6-year open follow-up. Hypertension. 2017;69(5):836-43.

[19] Hoppe UC, Brandt M-C, Wachter R, Beige J, Rump LC, Kroon AA, et al. Minimally invasive system for baroreflex activation therapy chronically lowers blood pressure with pacemaker-like safety profile: results from the Barostim neo trial. J Am Soc Hypertens. 2012;6(4):270-6.

[20] Wallbach M, Lehnig L-Y, Schroer C, Lüders S, Böhning E, Müller GA, et al. Effects of Baroreflex activation therapy on ambulatory blood pressure in patients with resistant hypertension. Hypertension. 2016;67(4):701-9.

[21] Heusser K, Tank J, Brinkmann J, Menne J, Kaufeld J, Linnenweber-Held S, et al. Acute response to unilateral unipolar electrical carotid sinus stimulation in patients

with resistant arterial hypertension. Hypertension. 2016;67(3):585-91.
[22] Halbach M, Hickethier T, Madershahian N, Reuter H, Brandt MC, Hoppe UC, et al. Acute on/off effects and chronic blood pressure reduction after long-term baroreflex activation therapy in resistant hypertension. J Hypertens. 2015;33(8):1697-703.
[23] Wallbach M, Born E, Kämpfer D, Lüders S, Müller GA, Wachter R, et al. Long-term effects of baroreflex activation therapy: 2-year follow-up data of the BAT neo system. Clin Res Cardiol. 2020;109(4):513-22.
[24] Wallbach M, Lehnig L-Y, Schroer C, Hasenfuss G, Müller GA, Wachter R, et al. Impact of baroreflex activation therapy on renal function—a pilot study. Am J Nephrol. 2014;40(4):371-80.
[25] Beige J, Koziolek MJ, Hennig G, Hamza A, Wendt R, Müller GA, et al. Baroreflex activation therapy in patients with end-stage renal failure: proof of concept. J Hypertens. 2015;33(11):2344-9.
[26] Zile MR, Lindenfeld J, Weaver FA, Zannad F, Galle E, Rogers T, et al. Baroreflex activation therapy in patients with heart failure with reduced ejection fraction. J Am Coll Cardiol. 2020;76(1):1-13.
[27] Peter DA, Alemu Y, Xenos M, Weisberg O, Avneri I, Eshkol M, et al. Fluid structure interaction with contact surface methodology for evaluation of endovascular carotid implants for drug-resistant hypertension treatment. J Biomech Eng. 2012;134(4):041001.
[28] Spiering W, Williams B, Van der Heyden J, van Kleef M, Lo R, Versmissen J, et al. Endovascular baroreflex amplification for resistant hypertension: a safety and proof-of-principle clinical study. Lancet. 2017;390(10113):2655-61.
[29] van Kleef MEAM, Devireddy CM, van der Heyden J, Bates MC, Bakris GL, Stone GW, et al. Treatment of resistant hypertension with endovascular Baroreflex amplification: 3-year results from the CALM-FIM study. JACC Cardiovasc Interv. 2022;15(3):321-32.
[30] van Kleef MEAM, Heusser K, Diedrich A, Oey PL, Tank J, Jordan J, et al. Endovascular baroreflex amplification and the effect on sympathetic nerve activity in patients with resistant hypertension: a proof-of-principle study. PLoS One. 2021;16(11):e0259826.

第六篇　未解决的问题

Unresolved Topics

第21章 去肾神经术的患者选择

Patient Selection for Renal Denervation

Julien Doublet　Romain Boulestreau　Julie Gaudissard　Philippe Gosse　Antoine Cremer　著
肖　姚　译　　刘　凯　校

由于 Symplicity HTN-3 试验在难治性高血压（resistant hypertension，RH）中取得初步结果以及实施健全的临床研究方案，RDN 现在已被证明可有效控制血压。然而，应该认识到，在关键试验中研究人群在年龄（平均年龄 55 岁）和合并症方面具有或多或少相似的临床特征（表 21-1），并且样本量仍然很小。此外，目前已经明确，一些患者在接受 RDN 后并未出现有意义的血压降低。因此，关于 RDN 的患者选择仍存在许多悬而未决的问题。本章总结了 RDN 后的应答率、潜在预测因素和患者选择的研究现状。

RDN 的有效性是建立在高血压患者高交感神经活动的基础上的。这种疗法的临床意义得到了 20 世纪上半叶胸腰交感神经切除术的降压效果[1]，以及一些交感神经中枢或外周抑制药的已知降压作用的支持。尽管交感神经过度活跃可升高血压的作用已得到充分证实，但这并不一定意味着 RDN 对特定的高血压患者有效。事实上，有很大一部分患者不能通过 RDN 降低血压，即所谓的无应答者。为了优化这种有前途的技术，确定应答者非常关键，因为该技术是侵入性的且价格昂贵。

一、已发表文献中的应答率

在 Symplicity HTN-3 试验中，接受 RDN 的 364 例患者中，58.3% 的患者在 6 个月时收缩压降低＞10mmHg[2, 3]。与对照组相比，RDN 组的应答率更高。在 RH 的背景下，以 24h 动态血压监测（ambulatory blood pressure monitoring，ABPM）为参考，DENER HTN 研究显示，RDN 组 6 个月时 41.7% 的患者 24h 收缩压降低＞20mmHg，对照组为 20.8%[4]。

在 PRAGUE-15 研究中，比较了两种不同的 RH（包括利尿药三联疗法）的治疗策略[5]。在继续现有的三联疗法基础上，对 RDN 与螺内酯强化药物治疗（对照组）进行了比较。在 6 个月时，基于 ABPM，RDN 组的 24h 收缩压显著下降（-8.6mmHg）。作者定义了 6 个月时 24h 收缩压降低＞10mmHg 为对 RDN 有反应。根据这个定义，RDN 组的应答率为 35%。

在针对非 RH 的 RADIANCE HTN SOLO 研究中，在没有使用降压治疗的情况下，根据 ABPM 记录，RDN 组 74 例患者中有 49 例（66%）在 2 个月时平均日间收缩压降低＞5mmHg，而对照组为 72 例患者中的 24 例（33%）[6]。最后，在 RADIOSOUND 研究中，应答定义为 3 个月时日间收缩压降低＞5mmHg[7]。“极端”应答定义为 3 个月时日间收缩压降低＞20mmHg。接受肾动脉主干射频 RDN 组的患者应答率是 66%，接受肾动脉主干及分支射频 RDN 组的应答率为 73%，接受肾动脉主干超声 RDN 的应答率为 67%。三组的“极端”应答率分别为 8%、14% 和 29%。

因此，应答者的百分比因定义而异。ABPM的使用由于其较好的可重复性而显得更为重要，因此应用于评估 RDN 的血压反应。

总体而言，可接受的对应答的定义是日间收缩压降低＞5～10mmHg。根据这个定义，综合多项研究（表 21-1），RDN 的应答率约为 60%。这种应答率和血压降低的幅度或多或少与降压药物试验中观察到的效果相对应。

二、应答的临床预测因素

很少有文章提出可能预测对 RDN 更好反应的临床特征。我们不会在这里讨论可能决定血压应答的 RDN 的技术特征。

对 Symplicity HTN-3 试验的二次分析揭示了多变量分析中 RDN 应答的一些预测因素 [3]。基线收缩压＞180mmHg 和初始接受盐皮质激素受体拮抗药（mineralocorticoid receptor antagonist，MRA）治疗与 RDN 后患者反应良好相关。相比之下，应用血管扩张药可预测手术相关欠佳。根据 ABPM 数据，初始应用MRA 和肾小球滤过率（glomerular filtration rate，GFR）＞60ml/（min · 1.73m^2）可预测对 RDN 的应答。根据作者的说法，初始应用 MRA 被认为与对 RDN 反应的改善有关，原因如下。首先，接受 MRA 治疗的患者可能患有更严重的高血压。其次，MRA 抑制交感神经系统，这可能增强 RDN 的作用 [8]。

全球 SYMPLICITY 研究是 RDN 的大型注册研究 [9]。它包括 2237 例使用美敦力导管（SYMPLICITY Flex 和 SYMPLICITY SPYRAL 单电极）进行 RDN 的患者。作者发现，3 年时平均 24h 收缩压显著降低。反应较好的患者基线收缩压较高。此外，接受 α 受体拮抗药或血管扩张药治疗的患者的降压效果较差。在该登记库中，已经研究了 RDN 在某些合并症亚组患者中的影响 [10]。年龄＞65 岁，糖尿病和心房颤动与对 RDN 的应答较差无关。同样，心血管风险评分较高的患者对 RDN 的应答与风险评分较低的患者相似。单纯性收缩期高血压患者在 3 年时 24h 收缩压也有明显降低。

应该注意的是，在结合 Symplicity HTN-3 和全球注册数据后，虽然一些单纯性收缩期高血压患者的血压有了显著降低，但与合并收缩期和舒张期高血压患者相比，单纯收缩期高血压患者对 RDN 的应答总体上不明显。例如，在 6 个月的随访中，合并性高血压患者的 24h 动态收缩压降低了 9mmHg，而单纯性收缩期高血压患者的 24h 动态收缩压降低了 6mmHg。在这项分析中，6 个月时诊室血压的最强预测因子是合并高血压、使用醛固酮拮抗剂和不使用血管扩张药。

总之，各种临床研究的结果不允许在非常均匀和较小的总体样本量的范围内确定预测 RDN 的临床因素。根据目前的知识水平，只要肾动脉解剖结构适合，RDN 可以用于任何类型的高血压，即使存在显著的心血管合并症或单纯性收缩期高血压。需要认识到，基线收缩压越高，血压降低的可能性越大；此外，在合并性收缩期和舒张期高血压的患者中，血压降低的可能性也更大。后一种观点可能是第二代和第三代设备的随机试验几乎只包括合并高血压患者的原因。

三、关注治疗目标：交感神经张力

RDN 的发展是基于胸腰交感神经切除术的结果和原则 [1]。因此，这种干预旨在调节和抑制部分导致血压升高的交感神经活动。目前研究了两个反映交感神经张力的临床标志物：血压变异性和心率（heart rate，HR）。

（一）血压变异性

对 DENER HTN 研究的二次分析发现，一些论据支持以下假设：识别增加的交感神经张力有助于预测对 RDN 的应答 [11]。基于 6 个月时的 ABPM，通过将应答定义为 24h 收缩压降低＞20mmHg，研究识别了两个预测参数。基线夜间收缩压及其变异性似乎可预测对 RDN 的显著应答。相反，这两个变量与对照组的血压下降无关。因此，这两个参数可以在 RDN 组中对患者进行反应者和非反应者的分类，准确率达

表 21-1　主要临床试验和应答率的描述

临床试验(年份)	研究方法	样本量	高血压类型	纳入人群特征（去神经术组）	技术方法	主要判断标准	结果（降压效果）	应答者的定义	应答率
Symplicity HTN 3（2014）	假手术的随机对照试验	535	3 种治疗下的收缩期高血压	年龄 =57.9 岁 BMI=34.2kg/m^2 肾功能不全 =9.3% 2 型糖尿病 =47% 心肌梗死 =8.8%	单电极射频导管	询问 6 个月时的 SBP	RDN= −14.1mmHg P=0.26	血压降低＞10mmHg（询问 SBP）	6 个月时 58.3%
DENER HTN（2015）	随机对照试验，RDN 和标准药物疗法	106	标准三联药物的难治性高血压（ABPM）	年龄 =55.2 岁 BMI=30.7kg/m^2 GFR=88ml/（min · 1.73m^2） 2 型糖尿病 =17% 主要心血管不良事件 =30.2%	单电极射频导管	6 个月时的平均日间 SBP（ABPM）	RDN= −15.8mmHg P=0.03	血压降低＞20mmHg（ABPM 测得的 24h 平均 SBP）	6 个月时 41.7%
PRAGUE-15（2015）	随机对照试验，RDN 和标准药物疗法	106	三联药物难治性高血压	年龄 =56 岁 BMI=31.2kg/m^2 GFR=90ml/（min · 1.73m^2） 2 型糖尿病 =22% 冠状动脉疾病 =6%	单电极射频导管	6 个月时的 24h 平均 SBP（ABPM）	RDN= −8.8mmHg P= 0.87	血压降低＞10mmHg（ABPM 测得的 24h 平均 SBP）	6 个月时 35%
SPYRAL OFF MED（2017）	假手术随机对照试验	80	未经治疗的收缩期高血压	年龄 =52.4 岁 BMI=31.6kg/m^2 2 型糖尿病 =4% 冠状动脉疾病 =0%	多电极射频导管	3 个月时的 24h 平均 SBP（ABPM）	RDN= −5.5mmHg P＜0.05	—	—
SPYRAL ON MED（2018）	假手术对照试验	80	使用 1～3 种药物的收缩期高血压	年龄 =53.9 岁 BMI=31.4kg/m^2 2 型糖尿病 =13% 冠状动脉疾病 =3%	多电极射频导管	6 个月时的 24h 平均 SBP（ABPM）	RDN= −9.0mmHg P＜0.05	—	—

（续表）

临床试验(年份)	研究方法	样本量	高血压类型	纳入人群特征（去神经术组）	技术方法	主要判断标准	结果（降压效果）	应答者的定义	应答率
RADIANCE HTN-SOLO（2018）	假手术对照试验	146	未经治疗的收缩期高血压	年龄 =54 岁 BMI=29.9kg/m^2 2 型糖尿病 =3% GFR=84.7ml/(min·1.73m^2)	超声	2 个月时的平均日间 SBP（ABPM）	RDN=–8.5mmHg P<0.05	血压降低>5mmHg（ABPM 测得的平均日间 SBP）	2 个月时 22%
RADIOSOUND（2019）	随机对照试验，2 个射频去神经组和 1 个超声去神经组	120	接受药物治疗的收缩期高血压	年龄 =63.5 岁 BMI=31.6kg/m^2 糖尿病 =46% GFR=77.4ml/(min·1.73m^2) 冠状动脉疾病 =36%	超声和多电极射频导管	3 个月时的平均日间 SBP（ABPM）	总队列 =–9.5mmHg	血压降低>5mmHg（ABPM 测得的平均日间 SBP）	3 个月时 射频肾主动脉：66% 射频肾主、副动脉：73% 超声：67%

BMI. 体重指数；SBP. 收缩压；RDN. 去肾神经术；ABPM. 动态血压监测；GFR. 肾小球滤过率；

到 70%。夜间收缩压临界值 136mmHg 可预测对 RDN 的应答，灵敏度为 75%，特异度为 54%。同样，夜间收缩压变异性的临界值为 12mmHg，预测 RDN 反应的敏感性为 55%，特异性为 83%。夜间收缩压及其变异性反映了交感神经系统在个体高血压发病机制中可能具有更为突出的作用。

RADIANCE SOLO 研究的 ABPM 数据的二次分析将很快发布。先前在 DENER HTN 人群中定义的夜间收缩压及其变异性的阈值被应用于 RADIANCE SOLO 研究人群。评估了这些参数在 RDN 后 2 个月预测血压应答的能力[12]。如前所述，定义了几种类型的应答。第一种是“临床”应答（24h 收缩压＜130mmHg），第二种是“显著”应答（24h 收缩压降低＞10mmHg），最后一种是“极端”应答（24h 收缩压降低＞16.5mmHg）。夜间收缩压及其变异性，特别是将这两种参数结合在一起时，为预测应答者提供了良好的特异度（＞90%，无论定义如何），但灵敏度较低（9.1%～30%，取决于定义）。该分析表明，夜间收缩压及其变异性在预测高血压患者 RDN 后的血压反应方面具有潜在作用[12]。

（二）心率

PRAGUE 15 研究发现，RDN 组的心率降低[5]。此外，日间收缩压和日间心率与对 RDN 的良好应答相关。这些发现支持了 HR 与 RDN 反应相关的假设，尤其是与通过 RDN 介导的交感神经活动减少有关。

一项对 SPYRAL HTN-OFF MED 研究的二次分析发现了类似的结果[13]。较高的基线 HR 与 RDN 后血压明显下降有关。此外，RDN 组与对照组相比，基线时 24h 平均心率＞73.5 次 / 分的患者 24h 收缩压和 24h 平均心率都显著降低。基线时平均心率＜73.5 次 / 分的患者结果无显著差异。另一项分析显示，基线诊室心率≥70 次 / 分的患者 24h ABPM 降低 6.2mmHg，而心率＜70 次 / 分的患者为 0.1mmHg（交互作用 P=0.008）[14]。这表明肾上腺素过度激活（心率较高）的患者可能对 RDN 更敏感。

在 RADIANCE SOLO 试验的二次分析中，研究了心率为 73.5 次 / 分的预测价值[15]。仅以平均心率≥73.5 次 / 分作为单一标准，灵敏度和特异度约为 50%，无论对应答定义如何，满足定义的都作为应答者。根据 24h 平均心率标准＜或≥ 73.5 次 / 分，还比较了 RDN 组和对照组血压从基线到 2 个月时的演变。与心率≥73.5 次 / 分的患者相比，24h 平均心率≥73.5 次 / 分的患者接受 RDN 后日间收缩压的下降幅度更大。在对照组中也发现了类似的发现。

（三）舒张压

在 RADIANCE HTN SOLO 中，未服用任何降压药物的患者被随机分配到 RDN 组和假手术组。一项事后分析发现，舒张压和使用降压药物（筛查时）可作为超声 RDN 后应答的预测因素[15]。值得一提的是，直立性高血压的预测价值有上升趋势。舒张压越高，可能反映了基线外周动脉阻力和交感神经张力越高[16]。事实上，已经证明高肌交感神经活动（muscle sympathetic nerve activity，MSNA）是交感神经张力较高的代名词，它与平均血压（主要由舒张压驱动[17]）有关。

四、动脉硬化

有一些回顾性数据支持动脉硬化患者的高血压不太可能对 RDN 应答。最近，Fengler 等发表了他们对 80 例动脉硬化患者计划接受 RDN 的前瞻性研究结果[18]。在手术前通过侵入性脉搏波传导速度（invasive pulse wave velocity，IPWV）和基于磁共振成像的参数评估动脉硬度。IPWV 的临界值为 14.4m/s，用于区分动脉硬化和非动脉硬化的患者。在动脉硬化患者中（IPWV＞14.4m/s），接受 RDN 3 个月后 24h 收缩期 ABPM 降低（约 6mmHg）明显小于非动脉硬化患者（约 14mmHg）（P＜0.001）。

此外，升主动脉扩张和基线收缩压可独立预测血压反应。

五、患者选择的临床实践

（一）确定高血压并排除继发性高血压

首先，高血压必须通过家庭血压监测或ABPM来确认。其次，必须排除继发性高血压。因此，必须进行系统的激素评估，以排除需要特定治疗的原发性醛固酮增多症。进行肾动脉计算机断层扫描、多普勒超声或磁共振成像以排除肾血管性高血压并评估肾动脉解剖学适用性。进行完整的饮食评估、寻找钠过量摄入和睡眠研究以评估未经治疗的阻塞性睡眠呼吸暂停（obstructive sleep apnoea，OSA）也很重要。最后，在RH的背景下，评估药物依从性是有帮助的，这可以通过尿液药理学分析来评估。

（二）分析血压表型

到目前为止，几乎没有数据根据这一标准来选择患者。研究表明，RH和轻度高血压的血压应答相当。注册研究显示了RDN对收缩期高血压有显著应答，但是随机临床试验选择纳入了合并高血压患者。此外，研究表明，与合并高血压患者相比，单纯性收缩期高血压（Mahfoud Symplicity HTN-3）患者从RDN中获益的可能性较小。由于所选人群的同质性和患者样本较少，有必要继续进行临床研究，尤其是在年轻受试者和代表性不足的女性中。无论血压表型如何，明显的血压变异性，特别是夜间血压变异性，可以反映对RDN的良好应答。然而，该参数不够敏感，因此不应排除其他患者。此外，虽然基线HR和舒张期高血压可能对应答率具有预测价值，并可用于教育正在考虑RDN的患者成功的可能性，但不应将其用作纳入或排除患者进行手术的唯一标准。

总之，对于经过全面血压检查的患者，RDN现在可以被考虑作为一种治疗选择。对于难治性高血压患者，即使存在合并症，也可以考虑RDN。同样，在轻中度高血压的情况下，尤其是当患者存在治疗依从性不佳时，也可以考虑RDN。如果受试者选择得当，60%的病例可实现显著的血压应答（24h后血压>5mmHg），这与其他类型的降压治疗的预期应答率差不多（图21-1）。

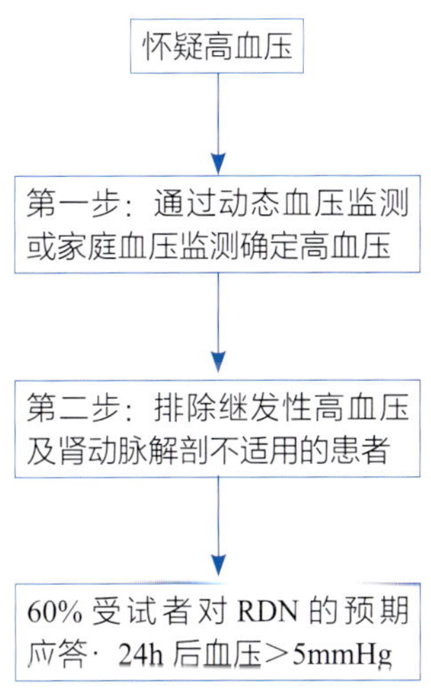

▲ 图21-1　实现RDN的算法建议

参考文献

[1] Parkes WE. Thoracolumbar sympathectomy in hypertension. Br Heart J. 1958;20:249-52.
[2] Bhatt DL, Kandzari DE, O'Neill WW, et al. A controlled trial of renal denervation for resistant hypertension. N Engl J Med. 2014;370:1393-401.
[3] Kandzari DE, Bhatt DL, Brar S, et al. Predictors of blood pressure response in the SYMPLICITY HTN-3 trial. Eur Heart J. 2015;36:219-27.
[4] Azizi M, Sapoval M, Gosse P, et al. Optimum and stepped care standardised antihypertensive treatment with or without renal denervation for resistant hypertension (DENERHTN): a multicentre, open-label, randomised controlled trial. Lancet. 2015;385:1957-65.
[5] Rosa J, Widimsky P, Tousek P, et al. Randomized comparison of renal denervation versus intensified pharmacotherapy including spironolactone in true-resistant hypertension: six-month results from the Prague-15 study. Hypertension. 2015;65:407-13.

[6] Azizi M, Schmieder RE, Mahfoud F, et al. Endovascular ultrasound renal denervation to treat hypertension (RADIANCE-HTN SOLO): a multicentre, international, single-blind, randomised, sham-controlled trial. Lancet. 2018;391:2335-45.
[7] Fengler K, Rommel KP, Blazek S, et al. A three-arm randomized trial of different renal denervation devices and techniques in patients with resistant hypertension (RADIOSOUND-HTN). Circulation. 2019;139:590-600.
[8] Wray DW, Supiano MA. Impact of aldosterone receptor blockade compared with thiazide therapy on sympathetic nervous system function in geriatric hypertension. Hypertension. 2010;55:1217-23.
[9] Mahfoud F, Bohm M, Schmieder R, et al. Effects of renal denervation on kidney function and long-term outcomes: 3-year follow-up from the Global SYMPLICITY registry. Eur Heart J. 2019;40:3474-82.
[10] Mahfoud F, Mancia G, Schmieder R, et al. Renal denervation in high-risk patients with hypertension. J Am Coll Cardiol. 2020;75:2879-88.
[11] Gosse P, Cremer A, Pereira H, et al. Twenty-four-hour blood pressure monitoring to predict and assess impact of renal denervation: the DENERHTN study (renal denervation for hypertension). Hypertension. 2017;69:494-500.
[12] Gosse P, Cremer A, Kirtane AJ, et al. Ambulatory blood pressure monitoring to predict response to renal denervation: a post hoc analysis of the RADIANCE-HTN SOLO study. Hypertension. 2021;77:529-36.
[13] Bohm M, Mahfoud F, Townsend RR, et al. Ambulatory heart rate reduction after catheter-based renal denervation in hypertensive patients not receiving anti-hypertensive medications: data from SPYRAL HTN-OFF MED, a randomized, sham-controlled, proof-of-concept trial. Eur Heart J. 2019;40:743-51.
[14] Bohm M, Tsioufis K, Kandzari DE, et al. Effect of heart rate on the outcome of renal denervation in patients with uncontrolled hypertension. J Am Coll Cardiol. 2021;78:1028-38.
[15] Saxena M, Schmieder RE, Kirtane AJ, et al. Predictors of blood pressure response to ultrasound renal denervation in the RADIANCE-HTN SOLO study. J Hum Hypertens. 2021;
[16] Guyenet PG. The sympathetic control of blood pressure. Nat Rev Neurosci. 2006;7:335-46.
[17] Narkiewicz K, Winnicki M, Schroeder K, et al. Relationship between muscle sympathetic nerve activity and diurnal blood pressure profile. Hypertension. 2002;39:168-72.
[18] Fengler K, Rommel KP, Kriese W, et al. Assessment of arterial stiffness to predict blood pressure response to renal sympathetic denervation. EuroIntervention. 2022;

第22章 继发性高血压和难治性高血压的筛查

Testing for Secondary Hypertension and Difficult to Control Patients

Omar Azzam　Márcio Galindo Kiuchi　Revathy Carnagarin　Markus P. Schlaich　著

肖　姚　译　　刘　凯　校

一、定义与流行病学

继发性高血压是指具有可识别和潜在可逆病因的所有形式的高血压。据估计，它占高血压病例总数的5%～10%，不同年龄组的比例和病因模式各不相同。此外，继发性高血压还受到转诊偏倚的影响，其在高血压转诊中心的检出率高于其他场所[1-3]。一项探究年龄对几种继发性高血压患病率影响的研究，对图卢兹（法国南部城市）一家高血压中心收治的40岁以下患者（n=148）进行了回顾性分析，发现继发性高血压的患病率接近33%，其中原发性醛固酮增多症（primary aldosteronism，PA）和纤维肌发育不良（fibromuscular dysplasia，FMD）是最常见的继发性原因，分别占总队列的11.5%和5.4%[4]。在年轻高血压队列中，识别和治疗继发性病因主要是为了实现血压目标和降低高血压介导的器官损伤风险，但在老年人群中，这并不容易。可能的部分原因是残留原发性高血压患病率较高，且高龄人群中暴露在高血压中的时间较长[5]。

继发性高血压也常见于血压难以控制的患者，或者说是难治性高血压（resistant hypertension，RH）患者。RH被定义为尽管同时使用3种降压药物，通常包括长效钙通道阻滞药、肾素血管紧张素系统阻滞药和利尿药，每种药物均采用最佳或最大耐受剂量，血压仍高于治疗目标血压。RH还包括使用≥4种降压药物达到目标血压的患者[6]。与非RH患者相比，RH患者发生继发性高血压的可能性要大得多，在DENERHTN试验中，排除了50%（1416例中的709例）的RH[7]。

真性RH的患病率尚不清楚，存在许多混杂因素干扰，包括药物依从性差、治疗方案不充分和缺少诊室外血压测量。因此，它们被统称为"表观RH"[8]。在接受治疗的成人高血压患者中，表观RH的患病率因人群选择和地区而异[9-11]。一项纳入>400 000例患者的研究发现，与非RH患者相比，RH患者发生终末期肾病的风险增加32%，冠状动脉疾病风险增加24%，心力衰竭增加46%，脑卒中风险增加14%，死亡风险增加6%[12]。因此，当务之急是正确识别RH，因为这样将使人们能够有针对性地、有成本效益地筛查人群中的继发性病因，这些人群将从明确的干预措施中获益良多。

二、继发性高血压的类型

继发性高血压有几种确定的病因，如表22-1所示。这些病因大致可分为内分泌、血管、肾脏、睡眠呼吸障碍和医源性。继发性高血压最常见的病因因年龄组而异，肾实质疾病和主动脉缩窄是儿童和青少年的主要病因，而内分泌紊乱和阻塞性睡眠呼吸暂停（obstructive sleep apnoea，OSA）在中青年队列中更常见，动脉粥样硬化性

表 22–1 继发性高血压的病因

肾血管性高血压
• 动脉粥样硬化性
• 纤维肌发育不良
内分泌性
• 原发性醛固酮增多症
• 库欣综合征
• 嗜铬细胞瘤 / 副神经节瘤
• 甲状腺功能减退症 / 甲状腺毒症
• 甲状旁腺功能亢进症
• 盐皮质激素过量
• 家族性醛固酮增多症 1 型和 2 型
肾性
• 肾小球肾炎
• 慢性肾病
• Liddle 综合征
• Gordon 综合征
阻塞性睡眠呼吸暂停
主动脉缩窄
医源性
• 激素（糖皮质激素、非甾体抗炎药、避孕药等）
• 癌症治疗（酪氨酸激酶抑制药、血管内皮生长因子阻滞药）
• 钙调磷酸酶抑制药（环孢素和他克莫司）
• 违禁物质
• 安非他命、可卡因等

肾动脉疾病在老年人中更为常见。

在评估疑似继发性高血压患者时，获取与已知疾病过程一致的临床和生化线索，并了解与年龄人口统计学相关的患病率，可能会识别到哪些患者将从继发性高血压筛查中获益，并指导选择具有最大收益的确认性检查。例如，以下线索提示肾血管性高血压（renovascular hypertension，RVH）的可能性，并构成进行诊断性研究的 1 类（证据等级：B）建议[13]。

• 55 岁后出现急进、恶性或 3 级高血压［收缩压≥180mmHg 和（或）舒张压≥110mmHg］，提示动脉粥样硬化性疾病。

• 早发高血压，尤其是女性，提示纤维肌发育不良。

• 在开始使用血管紧张素转换酶抑制药、血管紧张素Ⅱ受体拮抗药或直接肾素抑制药后，肌酐出现不明原因的急性和持续升高。

• 已知有其他部位动脉粥样硬化性疾病的严重高血压患者。

• 肾萎缩或肾脏大小不对称的严重高血压患者。

• 突发性、不明原因、反复发作的急性肺水肿（更常见于双侧肾动脉狭窄）。

• 严重高血压合并突发或不明原因的心力衰竭和肾功能受损。

• 单侧的腹部收缩舒张期杂音；具有中等敏感性和高度特异性的发现[14]。

以下各节将提到与继发性高血压其他病因有关的特征。

三、肾血管性高血压

RVH 是一种常见的继发性高血压类型，定义为肾动脉狭窄或闭塞性疾病导致肾灌注压降低到激活肾血管紧张素 – 醛固酮系统的水平从而引起的高血压。虽然轻中度高血压的患病率较低，但在美国，白人重症高血压患者的患病率可能高达 38%[15]。绝大多数（90%）由动脉粥样硬化性疾病引起，即动脉粥样硬化性 RVH（atherosclerotic renovascular hypertension，ATS-RVH），其余主要由 FMD 引起，即 FMD-RVH[16]。老年（>55 岁）患者以 ATS-RVH 为主，而年轻和早发高血压患者以 FMD-RVH 为主[17]。多个学会（美国心脏病学会 / 美国心脏协会、欧洲心脏病学会和心血管血管造影与介入学会）参与制订的指南和共识强烈主张，如果存在继发性高血压特征，且不太可能有其他病因，应筛查肾动脉狭窄，如果发现明显病变，应计划进行矫正手术[13, 18]。

高血压患者通常并发动脉粥样硬化疾病，包括肾动脉床。在个体患者中，两种疾病状态之间可能存在双向关系。可以理解的是，人们常常难以断定肾动脉狭窄病变与高血压（如 RVH）的发病机制有关。只有当血供重建能够改善或消退高血压时，才能回顾性地确定这种可能性[19]。由于缺乏证据表明干预方法有明显的益处，而且存在手术的风险，因此他们的发现并不一定支持进行干预[20]。尽管如此，肾动脉病变的偶然发现可能早于高血压的发生，因此，一旦发现，应进行监测，同时监测在此情况下可逆的、新的（突发的）继发性高血压的发生[21]。

此外，在腹主动脉瘤、主动脉闭塞性疾病或下肢闭塞性疾病患者中，动脉粥样硬化性肾动脉疾病的患病率很高（＞50%），这些患者通常合并高血压[22]。以往使用的检查方法，如卡托普利肾图和血浆肾素活性检测，目前已不再用于肾动脉狭窄的筛查。取而代之的是，筛查主要依赖于非侵入性影像学检查，包括多普勒超声检查、计算机断层扫描（computed tomography，CT）和磁共振成像（magnetic resonance imaging，MRI）。

（一）纤维肌发育不良

按血管造影表现，FMD 分为以下 2 种表型。

- 多灶性 FMD，占病例的 80% 以上，由于纤维肌肉网和动脉瘤样扩张交替出现，具有“串珠”样的典型表现。这种表型通常与内侧纤维增生有关。
- 局灶性 FMD，约占病例的 10%，表现为同心、平滑、带状局灶性或管状狭窄。与多灶性 FMD 不同，它通常与内膜纤维增生有关[23]。

由于 FMD-RVH 患者往往较年轻，他们可以从准确、及时的诊断和分类中获益良多。大多数多灶性 FMD 患者仅使用药物治疗（平均使用 2 种降压药物）即可充分控制血压，因此血供重建的风险可能大于益处。另外，局灶性 FMD 患者更有可能出现难治性高血压和缺血性肾病并发症。血管再灌注后高血压的治愈率在不同的研究中差异很大，Trinquart 等的一项大型 Meta 分析显示，平均治愈率约为 36%，更常见于局灶性 FMD 亚组[24]（表 22-2）。

表 22-2 肾动脉纤维肌发育不良的临床体征 ᵃ

- 早发性高血压（＜30 岁），尤其是女性
- 急进、恶性或 3 级（＞180/110mmHg）高血压
- 难治性高血压
- 无致病性泌尿系统异常的单侧小肾脏
- 无动脉粥样硬化疾病或危险因素时的腹部杂音
- 可疑肾动脉夹层 / 梗死
- 在至少一个其他血管区域存在肾动脉纤维肌发育不良

a. 改编自 Gornik 等的研究[17]

基于导管的数字减影血管造影（catheter-based digital subtraction angiography，DSA）仍然是准确评估肾脏 FMD 的“金标准”。当发现压力梯度达到平均（主动脉）压力的 10%，或者病变部位的跨壁压力梯度＞20mmHg 时，可以判断病变是否具有血流动力学意义，并指导是否进行血管成形术的决策，尽管这主要是从动脉粥样硬化性肾动脉狭窄的经验中推导出来的[17, 25]。当临床怀疑 FMD 是继发性高血压的原因时，通过计算机断层扫描血管造影（computed tomographic angiography，CTA）进行非侵入性检查是首选。磁共振血管造影（magnetic resonance angiography，MRA）是禁忌使用 CTA 时的替代方法。与 MRA 相比，CTA 在检测肾脏 FMD 方面具有更好的空间分辨率和灵敏度，因此，如果高度怀疑 FMD 时，更适合选择 CTA 来进行筛查。然而，这两种检查方法出现假性的风险仍然显著，尤其是在肾动脉远端 / 肾内段[26]。

多普勒超声虽然是无创的、更实惠的、没有辐射暴露的检查，但它具有一定的局限性，例如，它耗时较长，易受患者体位影响，并且高度依赖操作者的技术水平。因此，仅在具有丰富 FMD 评估经验的专业中心，才谨慎推荐将其作为筛查 FMD 的排除性检查[17]。虽然峰值流速＞200cm/s 通常被认为反映了＞60% 的狭窄，而峰值速度＞300cm/s 被认为是一个血流动力学意义的阈值，但多普勒超声对狭窄程度的估计是不准确的，因此不应依赖多普勒超声来诊断或监测肾脏 FMD[27]。

（二）动脉粥样硬化性肾血管性高血压

与 FMD 不同，动脉粥样硬化性肾动脉狭窄

更常见于主肾动脉的开口和近端部位（图 22-1）。这种形式的肾动脉狭窄最常见于高龄人群（>55—65 岁），通常是累及多个血管床的系统性动脉粥样硬化的一部分[28]。在血供重建随机对照试验中，单侧疾病占 53%～80%，这意味着有较多的患者有双侧疾病[29-31]。

1. 基于导管的数字减影血管造影

与 FMD-RVH 一样，仍然是诊断和定量评估动脉粥样硬化性疾病所致肾动脉狭窄的“金标准”。除了通过肾动脉直接注射对比剂来显示血管解剖外，它还能测量狭窄病变的压力梯度，这与病变的严重程度相关，并可预测干预的效果[25, 32]。使用血管造影和血流动力学的非侵入性诊断技术测量病变严重程度的相关性不高。比较血供重建与单纯药物治疗的最大规模随机对照试验得到的阴性结果，被认为至少在一定程度上受到选择试验参与者时使用的不准确和非标准化放射评估的影响[29, 30]。

2. 多普勒超声

多普勒超声是应用最广泛的初始筛查方式。它为肾动脉狭窄提供了一种有效的、无创的、相对便宜的筛查方法。尽管有这些优点，它在过程挑战（耗时、患者习惯）和诊断准确性方面存在一些局限性。它提供了一种间接检测和估计狭窄病变严重程度的方法，该方法具有高估严重程度的倾向，从而导致“过度诊断”。这至少在一定程度上解释了既往肾血管成形术治疗 RVH 时令人失望的结果，其中一些入组患者的病情较轻，因此不太可能从血供重建中获益[33]。肾脏阻力指数［（收缩期峰值速度 - 舒张末期速度）除以峰值收缩速度］的额外测量将识别可能受益于血供重建的肾动脉狭窄患者。一项前瞻性研究纳入了 131 例管腔狭窄>50% 患者，肾脏阻力指数>80% 有效识别了这些血管成形术不能改善肾功能、血压或肾脏存活率的肾动脉狭窄患者[34]。这可能反映了肾脏阻力指数升高与已确诊的动脉硬化性肾病之间的相关性[35]。随后的一项研究证实了 80% 临界值在预测肾脏结局方面的效用，该研

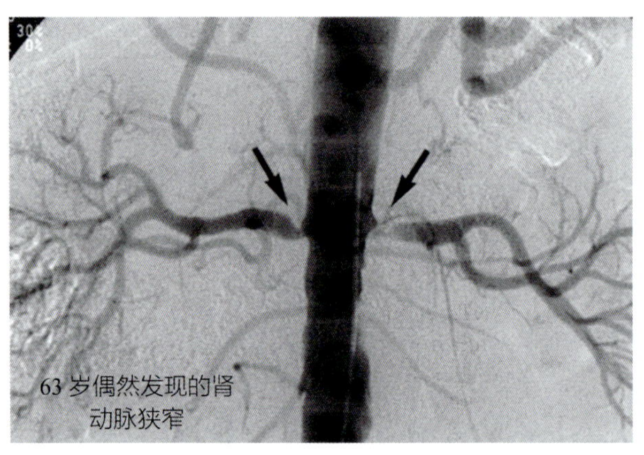

▲ **图 22-1 主动脉造影显示 63 岁男性的肾动脉开口处有相对高级别的双侧动脉粥样硬化病变**

改编自 Textor SC. Progressive hypertension in a patient with “incidental” renal artery stenosis. Hypertension. 2002;40(5):595-600[21], with permission. Hypertension

究检查了接受开放或经皮手术干预的 ATS-RVH 患者。术前阻力指数与死亡率之间也存在很强的独立关系，但与血压应答无关[36]。但是，必须记住，该参数高度依赖于操作员，并受肥胖等患者因素的影响。

3. 计算机断层扫描血管造影

CTA 是诊断肾动脉狭窄最可靠的无创的检查方式。在小群体患者中评估时，其灵敏度为 97%，特异度为 96%，因此，如果检查结果为阴性，临床医生可以有一定的信心放弃基于有创导管的评估[37]。

4. 使用钆的磁共振血管造影

使用钆的 MRA 在检测肾动脉近端 / 主干发生狭窄方面具有高灵敏度[38]。然而，它的主要局限性是中重度肾功能不全患者发生钆相关肾源性系统性纤维化的风险，这是该人群队列中一个突出的合并症。对于有效肾小球滤过率（effective glomerular filtration rate，eGFR）为<30ml/（min・1.73m^2）的患者，最好避免使用钆，尤其是钆二胺[39, 40]。

四、原发性醛固酮增多症

PA 最初由 Conn 在 1955 年描述，是指肾上腺皮质自主产生醛固酮的综合征，通常伴有高血压、低钾血症和代谢性碱中毒三联征[41]。PA 的

生化标志是血浆醛固酮浓度（plasma aldosterone concentration，PAC）升高和相关的血浆肾素浓度/活性抑制（plasma renin concentration/activity，PRC/PRA）。它在高血压人群中的患病率差异很大，为2%～34%，具体取决于选择的人群[42-46]。与Conn的最初描述相反，大多数PA病例表现为血钾正常状态，因此，如果在高度怀疑的病例中不积极筛查，则有可能漏诊[47]。自早期描述以来，该综合征大致分为2种形式：①醛固酮瘤（aldosterone-producing adenomas，APA）；②双侧肾上腺皮质增生症（bilateral adrenal hyperplasia，BAH），也称为特发性醛固酮增多症，约占PA的60%。APA通常与更高水平的醛固酮、更严重的高血压和更严重的低钾血症（如果有的话）相关。不太常见的PA类型包括家族性（Ⅰ～Ⅳ型）、单侧增生、肾上腺皮质癌和异位醛固酮瘤[48]。

PA的早期筛查和检测有助于提供有针对性的治疗方法，从而改善血压控制，减少或停止使用降压药物[49]。除了控制血压外，早期发现和针对性治疗可显著降低醛固酮增多症相关器官损伤（心脏、肾脏和血管）和死亡的风险[42, 50]。

建议对以下患者进行PA筛查。

- 持续性高血压者（>150/100mmHg），在不同日期分别测量3次血压，每次血压都升高。
- RH。
- 高血压合并自发性或利尿药诱导的低钾血症的患者。
- 高血压合并肾上腺意外瘤的患者。
- 早发性高血压家族史或早发（<40岁）脑血管意外家族史的高血压患者。
- 高血压且一级亲属确诊PA。
- 高血压合并睡眠呼吸暂停的患者。

内分泌学会通过对文献的广泛回顾，设计了一种对PA进行筛查、诊断、分型和治疗的算法（图22-2）。

（一）筛查

醛固酮：肾素比值（aldosterone: renin ratio，ARR）是PA的首选筛查试验。尽管其具有筛选实用性和广泛可用性，但仍存在一些局限性，突出表明在解释其结果时必须认真。ARR可能因肾素水平极低而升高，给人以阳性的假象，尽管同时PAC相对较低。一些中心试图通过在其诊断算法中增加PAC阈值>410pmol/L（15ng/dl）来克服这个问题。然而，考虑到两种形式的PA（尤其是BAH）都可能与PAC的适度升高有关，这可能导致漏诊（从而错失治疗机会）[43, 51]。

因此，它应该在“理想”的测试条件下进行，以提高测试的灵敏度和特异度，如下所示。

- 血清钾正常（必要时补充）。
- 无限制盐饮食。
- 患者行走至少2h，在测试前坐5～15min。
- 使用无干扰性的降压药物来维持血压。
- 非二氢吡啶类钙通道阻滞药（如维拉帕米）。
- α受体拮抗药（如哌唑嗪）。
- 血管扩张药（如肼屈嗪）。
- $α_2$/咪唑啉受体拮抗药（如莫索尼定）。
- 在可行（安全）的情况下，停止使用干扰性降压药物至少2周，如果是盐皮质激素受体拮抗药，最好提前4周停用。

（二）诊断

在ARR阳性后进行确诊试验，以明确确认或排除PA的诊断，从而决定是否进行单侧或肾上腺的亚型分型。国际指南推荐进行以下4项检查之一：口服钠负荷试验、静脉生理盐水抑制试验、氟氢可的松抑制试验或卡托普利激发试验[52]。氟氢可的松抑制试验最为可靠，但成本较高且耗时较长。生理盐水抑制试验（saline suppression test，SST）是应用最广泛的确诊试验，患者可以坐着或躺着进行。坐姿SST的灵敏度为88%，远优于卧式SST，且特异度为94%。因此，它是首选的确诊试验[53]。如果输注2L 0.9%生理盐水4h后PAC未能降至<170pmol/L，则基本上排除了PA。注意患者在开始SST前至少30min保持坐姿。

（三）分型——计算机断层扫描和肾上腺静脉取血

单侧PA（腺瘤或不太常见的单侧增生）采

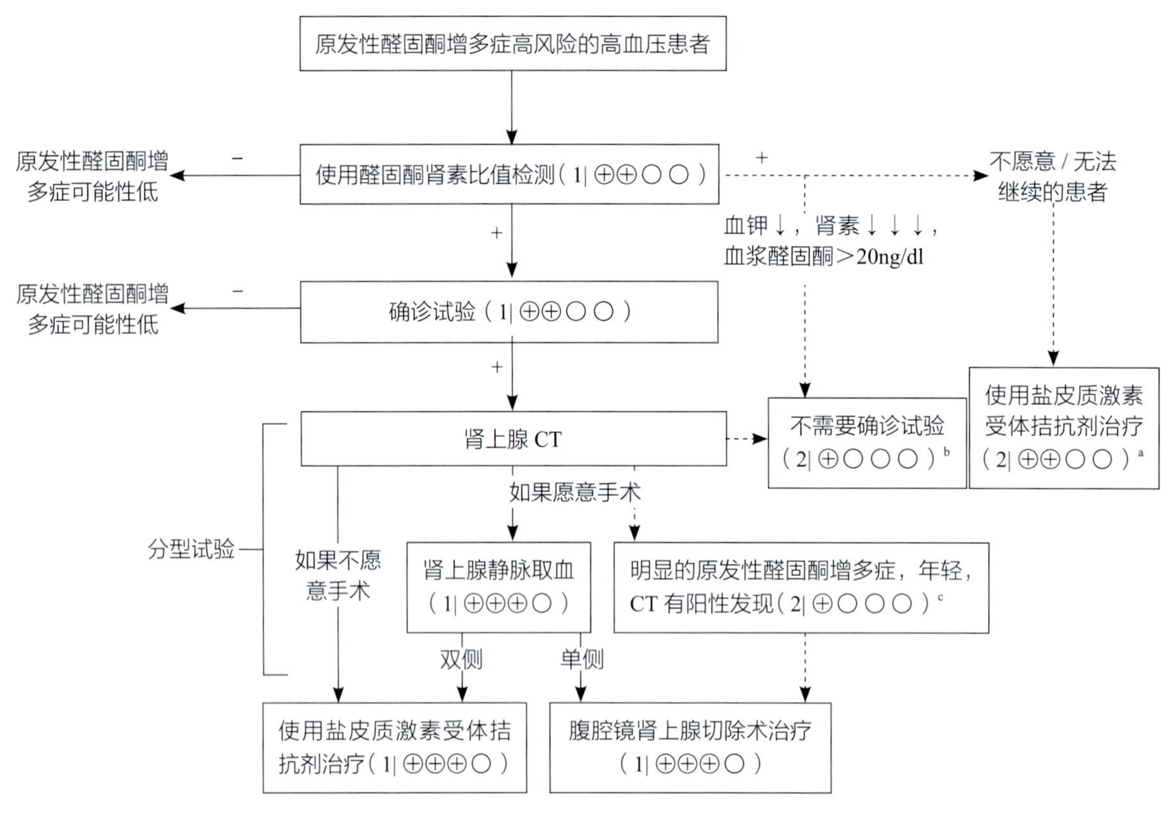

▲ 图 22-2 筛查、诊断、分型和治疗原发性醛固酮增多症的算法

改编自 J. W. Funder et al.,Case detection, diagnosis, and treatment of patients with primary aldosteronism: an Endocrine Society Clinical Practice Guideline. J Clin Endocrinol Metab.2016;101(5):1889-1916, with permission. ©Endocrine Society。圆圈表示证据的质量，如⊕○○○表示质量极低；⊕⊕○○表示质量低；⊕⊕⊕○表示中等质量；⊕⊕⊕⊕表示质量高[47]

用腹腔镜肾上腺切除术治疗，可使血钾恢复正常水平，对高血压的疗效可达 30%~60%。相反，肾上腺切除术很少能纠正双侧 PA 引起的高血压，双侧 PA 的治疗主要依靠 MRA[42, 48]。因此，诊断算法的最后一步对于指导治疗决策至关重要。分型方法包括肾上腺 CT 和（或）由经验丰富的介入放射科医生进行的肾上腺静脉取血（adrenal venous sampling，AVS）检查。

CT 可提供有关 PA 亚型的重要放射学线索，包括可见结节、增生等特征。此外，CT 能发现大小超过 4cm 的疑似肾上腺癌的特征。

确诊 PA 合并低钾血症且 CT 提示单侧腺瘤的年轻患者（<35 岁）可能不需要 AVS 而直接进行肾上腺切除术，但大多数中心更倾向于在手术前通过 AVS 进行确认。而不具备以上特征的患者，如果愿意接受手术且肾上腺切除术可行，则强烈建议 AVS 以区分（和定位）单侧和双侧 PA[54]。

CT 虽然有助于提供有价值的分型信息，但也有其局限性。功能性微腺瘤（≤1cm）很容易被遗漏，相反，检测到的大腺瘤（>1cm）可能代表无功能结节。因此，几乎普遍建议在 CT 评估后进行 AVS。AVS 是 PA 检测和分型的金标准，检测单侧 PA 的灵敏度和特异度分别为 95% 和 100%[47]。

大多数单侧 PA 患者同侧醛固酮 / 皮质醇比值>4。比值<3 提示增生，比值 3~4 表示结果不确定。然而，与任何检测方法一样，使用提高特异性的诊断阈值可能会降低灵敏度，因此可能错失识别和明确治疗单侧 PA 患者的机会[55]。这是诊断中面临的一个巨大挑战，经常需要在经验丰富的内分泌学家参与下反复进行 AVS，无论有无二十四肽促皮质素（促肾上腺皮质激素）刺激。

五、库欣综合征

库欣综合征（Cushing syndrome，CS）是指肾上腺皮质醇的过度分泌，或者由自主的不依赖促肾上腺素皮质激素（adrenocorticotropic hormone，ACTH）的肾上腺分泌产生，或者继发于垂体或非垂体来源的ACTH过多。ACTH依赖性CS占CS病例的80%～85%[56]。虽然这是继发性高血压一种罕见的内分泌病因，但绝大多数（80%左右）CS患者会发展为高血压，如果不对CS进行针对性治疗，疾病的发展通常会难以控制[57]。高血压患者中提示CS的典型症状和体征包括肥胖、多血质、水牛背、多毛和紫纹[58]。

（一）库欣综合征筛查

筛查方法包括过夜1mg或48h 2mg地塞米松抑制试验（dexamethasone suppression test，DST）、深夜唾液皮质醇和24h尿游离皮质醇（urinary free cortisol，UFC）中的一种或组合。如果可能的话，建议这些检查应远离与生理性高皮质醇血症状态相关的临床环境，如住院、患病或围术期，并且在这些状态以及其他可能导致内源性皮质醇分泌增加的情况下（如未经治疗的阻塞性睡眠呼吸暂停、妊娠、剧烈运动、酗酒或重度抑郁），需谨慎解读检测结果[59]。提示CS的诊断标准是UFC超过正常范围，1mg地塞米松（1mg DST）后血清皮质醇>1.8μg/dl（50nmol/L），深夜唾液皮质醇>145ng/dl（4nmol/L）。在对CS的基础病因进行检测之前，应重复异常检测结果以确认诊断[58]。

（二）确定库欣综合征亚型

一旦筛查确定皮质醇增多症，确定CS的亚型以指导确定针对性治疗方案至关重要。第一步涉及ACTH的测定，鉴于所有形式的CS中ACTH分泌的昼夜节律，应在2天进行2次测定。ACTH抑制［<5pg/ml（1.1pmol/L）］提示原发性CS，即肾上腺腺瘤/增生，而未抑制的ACTH［>20pg/ml（4.4pmol/L）］提示ACTH依赖性CS。ACTH依赖性CS在垂体ACTH腺瘤中被称为库欣病。库欣病是ACTH依赖性CS的主要病因，而少数是由ACTH的异位分泌引起的。极少数情况下，异位促肾上腺皮质激素释放激素（corticotropin-releasing hormone，CRH）分泌可能是CS的病因。

对于不依赖ACTH的CS患者，CT或MRI影像学检查可能显示单侧肾上腺腺瘤（90%左右的病例）或增生，增生可能是单侧或双侧的[60]。如果怀疑或证实ACTH依赖性皮质醇增多症，专门的生化检查（CRH刺激试验、去氨加压素刺激试验、大剂量8mg DST）、影像学检查（垂体MRI），以及岩下窦静脉取血都将有助于鉴别垂体和异位ACTH产生过多。测定方法的选择最好由内分泌学家指导，这超出了本章的范围。2008年，内分泌学会为疑似CS患者设计了一种诊断算法（图22-3）[58]。

六、嗜铬细胞瘤/副神经节瘤

分泌儿茶酚胺的肿瘤很少见，据估计占高血压病例的<0.2%，尽管这可能被低估了。位于肾上腺髓质嗜铬细胞中的分泌儿茶酚胺的肿瘤称为嗜铬细胞瘤，约占90%，其余10%位于交感神经链附近，最常见于腹部[61]。分泌儿茶酚胺的肿瘤统称为嗜铬细胞瘤/副神经节瘤（Phaeochromocytoma/Paraganglioma，PPGL）[62]。虽然大多数病例是散发的，但也有一部分病例是家族性分布的。因此，当高血压患者的亲属存在PPGL相关的家族性疾病时，应强烈怀疑PPGL并降低筛查的阈值。与肾上腺嗜铬细胞瘤相关的家族性疾病为常染色体显性遗传模式，包括von Hippel-Lindau综合征、2型多发性内分泌肿瘤和较少见的1型神经纤维瘤病[63]。推荐进行基因检测，包括所有散发性PPGL患者，因为这些患者中约有1/3存在种系突变，这样可以检测出与恶性/转移性疾病高风险相关的基因型，此外还允许亲属早期诊断和治疗PPGL[62]。PPGL的表现多种多样，从腹部影像学检查偶然发现的无症状肾上腺肿瘤到严重和危及生命的急症。

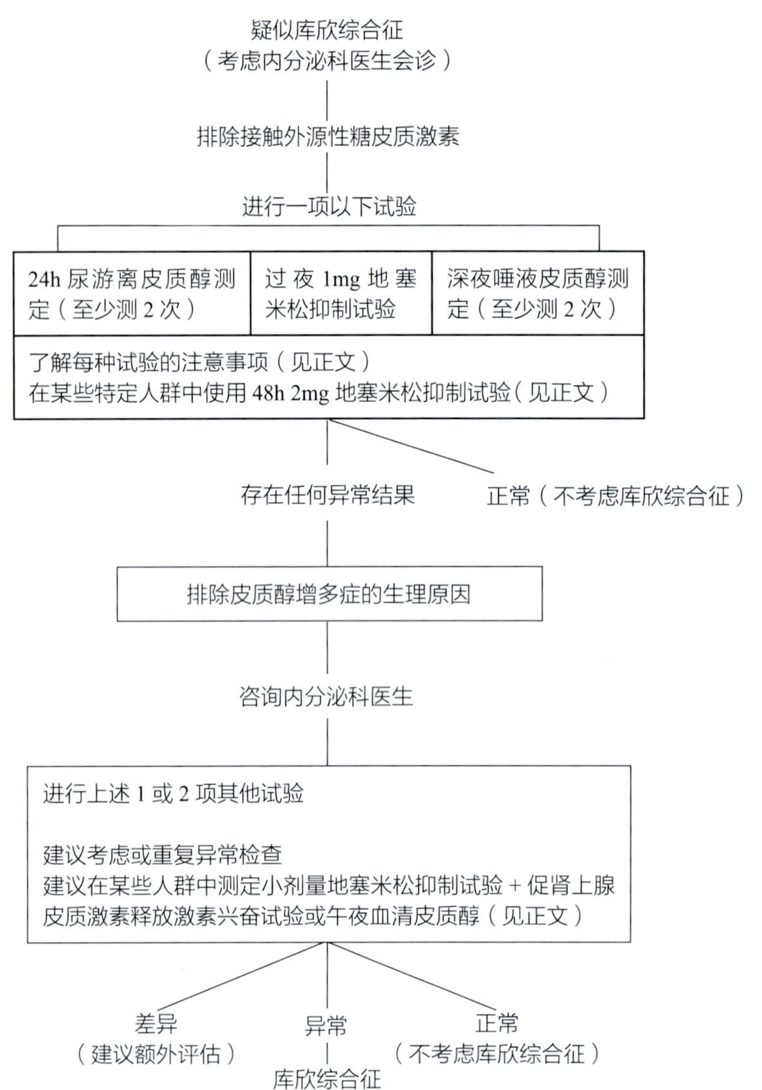

▲ 图 22-3 **疑似 CS 患者的诊断算法。除以“建议”开头的陈述外，其余陈述均推荐。提示 CS 的诊断标准包括 UFC 超过正常范围，1mg 地塞米松（1mg DST）后血清皮质醇＞1.8μg/dl（50nmol/L），深夜唾液皮质醇＞145ng/dl（4nmol/L）**

改编自 Nieman LK, et al. The diagnosis of Cushing's syndrome: an Endocrine Society Clinical Practice Guideline. J Clin Endocrinol Metab. 2008;93(5):1526-40. With permission. ©Endocrine Society. [58]

（一）筛查时间

在以下情况下，高血压患者应怀疑 PPGL 并进行筛查 [64]。

- 发作性头痛、多汗和心动过速的典型三联征。
- “五 P”症状：阵发性高血压、心悸、出汗、面色苍白和剧烈头痛。
- 早发高血压（＜20 岁）。
- RH。
- PPGL 相关的遗传综合征。
- PPGL 家族史。
- 影像学上观察到嗜铬细胞瘤特征性的肾上腺肿块。

（二）筛查试验

2014 年《内分泌学会临床实践指南》推荐，当怀疑 PPGL 时，可以使用以下任一检查 [62]。

- 24h 尿分馏甲基肾上腺素类物质和儿茶酚胺。
- 血浆游离甲基肾上腺素类物质。

测定血浆游离甲基肾上腺素类物质在技术上更容易实现，阴性结果能可靠地排除嗜铬细胞瘤，但那些有早期临床前疾病的患者和严格分泌多巴胺的肿瘤患者除外[65]。这个检查虽然灵敏度高，但假阳性率较高（特异度为77%～89%），这可能导致额外的不必要的检查和相关的过高的费用[66]。理想情况下，需在患者维持仰卧位至少30min后进行取样，然后对从套管中取出的样本进行检测[62]。当PPGL的怀疑指数较高（如PPGL家族史、高危遗传综合征、典型影像学特征）时，它通常被认为是首选检查。

测定24h尿分馏甲基肾上腺素类物质和儿茶酚胺虽然耗时较长，但灵敏度和特异度均很高，被一些机构作为首选的初筛试验，尤其是当临床怀疑指数相对较低时（如RH、肾上腺素能亢进）[67]。

（三）影像学

分泌儿茶酚胺的肿瘤，无论定位于肾上腺还是肾上腺外，都位于腹腔内。

CT非常敏感，典型病变的特征是普通CT显示衰减＞10HU，静脉注射对比剂后明显增强。

MRI通过T_2加权成像的特征性高信号将嗜铬细胞瘤与其他肾上腺肿瘤区分开来，因为其他肿瘤往往是等信号的。然而，与CT相比，MRI的空间分辨率较低。

当生化筛查呈阳性且临床怀疑指数高，而CT和（或）MRI无法识别PPGL时，^{123}I MIBG闪烁显像可能具有诊断价值。它们对于鉴别转移性疾病特别有用，尤其是当原发病灶较大（直径＞10cm）时，但对散发性嗜铬细胞瘤则不可靠[68]。

FDG-PET和^{68}Ga DOTATATE PET主要用于转移性PPGL的诊断。在非转移性环境中，它们对检测原发性肿瘤不太敏感，因此被CT/MRI取代[69]。

七、肾脏实质疾病

肾脏疾病和高血压之间的关系是双向的，可以说是一个病理生理恶性循环。几种肾脏疾病可引起并加重高血压，高血压本身也是慢性肾脏疾病（chronic kidney disease，CKD）的主要原因[70, 71]。此外，CKD进展与高血压呈正相关，患病率随着肾小球滤过率的下降而上升[72]。IgA肾病是原发性肾小球肾炎最常见的类型，在病程的某个阶段常伴有高血压的发生，偶尔表现为恶性高血压[57]。肾性高血压的发病机制包括但不限于：钠潴留、肾素血管紧张素系统（rennin-angiotensin system，RAS）活性增加、交感神经激活增强和继发性甲状旁腺功能亢进[73, 74]。用于治疗CKD相关贫血的促红细胞生成素的刺激剂也被认为是引起高血压的病因[75]。

肾性高血压的常见首发表现是在基线生化筛查中发现肌酐升高，肾小球滤过率相应降低。接下来最有用的评估步骤是评估尿沉渣，特别注意是否存在蛋白尿和（或）微量血尿的病理水平。随后通常进行肾脏超声检查，并根据指征进行肾活检以确定疑似原发性肾小球肾炎的类型。

八、阻塞性睡眠呼吸暂停

OSA是由睡眠期间上呼吸道阻塞导致的反复性呼吸暂停或低通气所致，是继发性高血压常见且经常被低估的原因。OSA的严重程度与高血压风险之间存在很强的相关性，与舒张期高血压的相关性强于收缩期高血压[76, 77]，与RH的相关性更强[78]。OSA与交感神经系统活动增加有关，儿茶酚胺升高和肌肉交感神经活动增加证明了这一点[79, 80]。诊断OSA后就可以适当地开始使用持续气道正压疗法，这种方式可实现降压药物和减重以外的额外降压效果[81]。

如果超重或肥胖患者患高血压或RH，应及时筛查OSA，尤其是伴有白天嗜睡表现时。其他引起怀疑的症状包括打鼾和（或）睡眠时窒息，以及晨间头痛。在临床上，筛查首先使用评估工具，如Epworth嗜睡量表或STOP-Bang问卷，这些工具可用来预测OSA[82]。然而，这些工具都不应该取代正式的睡眠呼吸暂停测试。此外，还应进行体格检查，以评估肥胖、口咽部狭窄、颅面异常以及颈围和（或）腰围增加。OSA 的诊断和严重程度分级的金标准是实验室多导睡眠图，不需要人监测的家庭睡眠呼吸暂停测试是一种合理的替代方法。

参考文献

[1] Chobanian AV, Bakris GL, Black HR, et al. Seventh report of the Joint National Committee on prevention, detection, evaluation, and treatment of high blood pressure. Hypertension. 2003;42(6):1206-52.

[2] Omura M, Saito J, Yamaguchi K, et al. Prospective study on the prevalence of secondary hypertension among hypertensive patients visiting a general outpatient clinic in Japan. Hypertens Res. 2004;27(3):193-202.

[3] Mancia G, Fagard R, Narkiewicz K, et al. 2013 ESH/ESC guidelines for the management of arterial hypertension: the Task Force for the Management of Arterial Hypertension of the European Society of Hypertension (ESH) and of the European Society of Cardiology (ESC). Eur Heart J. 2013;34(28):2159-219.

[4] Noilhan C, Barigou M, Bieler L, et al. Causes of secondary hypertension in the young population: a monocentric study. Ann Cardiol Angeiol (Paris). 2016;65(3):159-64.

[5] Streeten DH, Anderson GH Jr, Wagner S. Effect of age on response of secondary hypertension to specific treatment. Am J Hypertens. 1990;3(5 Pt 1):360-5.

[6] Carey RM, Calhoun DA, Bakris GL, et al. Resistant hypertension: detection, evaluation, and management: a scientific statement from the American Heart Association. Hypertension. 2018;72(5):e53-90.

[7] Azizi M, Sapoval M, Gosse P, et al. Optimum and stepped care standardised antihypertensive treatment with or without renal denervation for resistant hypertension (DENERHTN): a multicentre, open-label, randomised controlled trial. Lancet. 2015;385(9981):1957-65.

[8] Pimenta E, Calhoun DA. Resistant hypertension: incidence, prevalence, and prognosis. Circulation. 2012;125(13):1594-6.

[9] Egan BM, Zhao Y, Axon RN, et al. Uncontrolled and apparent treatment resistant hypertension in the United States, 1988 to 2008. Circulation. 2011;124(9):1046-58.

[10] Thomas G, Xie D, Chen HY, et al. Prevalence and prognostic significance of apparent treatment resistant hypertension in chronic kidney disease: report from the chronic renal insufficiency cohort study. Hypertension. 2016;67(2):387-96.

[11] Sim JJ, Bhandari SK, Shi J, et al. Characteristics of resistant hypertension in a large, ethnically diverse hypertension population of an integrated health system. Mayo Clin Proc. 2013;88(10):1099-107.

[12] Sim JJ, Bhandari SK, Shi J, et al. Comparative risk of renal, cardiovascular, and mortality outcomes in controlled, uncontrolled resistant, and nonresistant hypertension. Kidney Int. 2015;88(3):622-32.

[13] Anderson JL, Halperin JL, Albert NM, et al. Management of patients with peripheral artery disease (compilation of 2005 and 2011 ACCF/AHA guideline recommendations): a report of the American College of Cardiology Foundation/ American Heart Association Task Force on practice guidelines. Circulation. 2013;127(13):1425-43.

[14] Turnbull JM. The rational clinical examination. Is listening for abdominal bruits useful in the evaluation of hypertension? JAMA. 1995;274(16):1299-301.

[15] Textor SC, Lerman L. Renovascular hypertension and ischemic nephropathy. Am J Hypertens. 2010;23(11):1159-69.

[16] Herrmann SM, Textor SC. Renovascular Hypertension. Endocrinol Metab Clin N Am. 2019;48(4):765-78.

[17] Gornik HL, Persu A, Adlam D, et al. First international consensus on the diagnosis and management of fibromuscular dysplasia. J Hypertens. 2019;37(2):229-52.

[18] Aboyans V, Ricco JB, Bartelink MEL, et al. 2017 ESC guidelines on the diagnosis and treatment of peripheral arterial diseases, in collaboration with the European Society for Vascular Surgery (ESVS): document covering atherosclerotic disease of extracranial carotid and vertebral, mesenteric, renal, upper and lower extremity arteriesEndorsed by: the European stroke organization (ESO) the task force for the diagnosis and treatment of peripheral arterial diseases of the European Society of Cardiology (ESC) and of the European Society for Vascular Surgery (ESVS). Eur Heart J. 2018;39(9):763-816.

[19] Rossi GP, Seccia TM, Pessina AC. Secondary hypertension: the ways of management. Curr Vasc Pharmacol. 2010;8(6):753-68.

[20] Leertouwer TC, Pattynama PM, van den Berg-Huysmans A. Incidental renal artery stenosis in peripheral vascular disease: a case for treatment? Kidney Int. 2001;59(4):1480-3.

[21] Textor SC. Progressive hypertension in a patient with “incidental” renal artery stenosis. Hypertension. 2002; 40(5):595-600.

[22] Olin JW, Melia M, Young JR, et al. Prevalence of atherosclerotic renal artery stenosis in patients with atherosclerosis elsewhere. Am J Med. 1990;88(1N):46N-51N.

[23] Savard S, Steichen O, Azarine A, et al. Association between 2 angiographic subtypes of renal artery fibromuscular dysplasia and clinical characteristics. Circulation. 2012;126(25):3062-9.

[24] Trinquart L, Mounier-Vehier C, Sapoval M, et al. Efficacy of revascularization for renal artery stenosis caused by fibromuscular dysplasia: a systematic review and meta-analysis. Hypertension. 2010;56(3):525-32.

[25] De Bruyne B, Manoharan G, Pijls NH, et al. Assessment of renal artery stenosis severity by pressure gradient measurements. J Am Coll Cardiol. 2006;48(9):1851-5.

[26] Vasbinder GB, Nelemans PJ, Kessels AG, et al. Accuracy of

computed tomographic angiography and magnetic resonance angiography for diagnosing renal artery stenosis. Ann Intern Med. 2004;141(9):674-82. discussion 82.
[27] Chi YW, White CJ, Thornton S, et al. Ultrasound velocity criteria for renal in-stent restenosis. J Vasc Surg. 2009;50(1):119-23.
[28] Schoepe R, McQuillan S, Valsan D, et al. Atherosclerotic renal artery stenosis. Adv Exp Med Biol. 2017;956:209-13.
[29] Investigators A, Wheatley K, Ives N, et al. Revascularization versus medical therapy for renal-artery stenosis. N Engl J Med. 2009;361(20):1953-62.
[30] Cooper CJ, Murphy TP, Cutlip DE, et al. Stenting and medical therapy for atherosclerotic renal-artery stenosis. N Engl J Med. 2014;370(1):13-22.
[31] Bax L, Woittiez AJ, Kouwenberg HJ, et al. Stent placement in patients with atherosclerotic renal artery stenosis and impaired renal function: a randomized trial. Ann Intern Med. 2009;150(12):840-8. W150-1
[32] Mitchell JA, Subramanian R, White CJ, et al. Predicting blood pressure improvement in hypertensive patients after renal artery stent placement: renal fractional flow reserve. Catheter Cardiovasc Interv. 2007;69(5):685-9.
[33] Drieghe B, Madaric J, Sarno G, et al. Assessment of renal artery stenosis: side-by-side comparison of angiography and duplex ultrasound with pressure gradient measurements. Eur Heart J. 2008;29(4):517-24.
[34] Radermacher J, Chavan A, Bleck J, et al. Use of Doppler ultrasonography to predict the outcome of therapy for renal-artery stenosis. N Engl J Med. 2001;344(6):410-7.
[35] Ikee R, Kobayashi S, Hemmi N, et al. Correlation between the resistive index by Doppler ultrasound and kidney function and histology. Am J Kidney Dis. 2005;46(4):603-9.
[36] Crutchley TA, Pearce JD, Craven TE, et al. Clinical utility of the resistive index in atherosclerotic renovascular disease. J Vasc Surg. 2009;49(1):148-55. 55 e1-3; discussion 55
[37] Echevarria JJ, Miguelez JL, Lopez-Romero S, et al. Arteriographic correlation in 30 patients with renal vascular disease diagnosed with multislice CT. Radiologia. 2008;50(5):393-400.
[38] Postma CT, Joosten FB, Rosenbusch G, et al. Magnetic resonance angiography has a high reliability in the detection of renal artery stenosis. Am J Hypertens. 1997;10(9 Pt 1):957-63.
[39] Schieda N, Blaichman JI, Costa AF, et al. Gadolinium-based contrast agents in kidney disease: comprehensive review and clinical practice guideline issued by the Canadian Association of Radiologists. Can Assoc Radiol J. 2018; 69(2):136-50.
[40] European Society of Urogenital Radiology. ESUR Guidelines on Contrast Media v10.0 [Available from: https://www.esur.org/fileadmin/content/2019/ESUR_Guidelines_10.0_Final_Version.pdf]. Accessed Sept 9, 2021.
[41] Conn JW, Louis LH. Primary aldosteronism: a new clinical entity. Trans Assoc Am Phys. 1955;68:215-31. discussion, 31-3
[42] Reincke M, Fischer E, Gerum S, et al. Observational study mortality in treated primary aldosteronism: the German Conn's registry. Hypertension. 2012;60(3):618-24.
[43] Mosso L, Carvajal C, Gonzalez A, et al. Primary aldosteronism and hypertensive disease. Hypertension. 2003;42(2):161-5.
[44] Gallay BJ, Ahmad S, Xu L, et al. Screening for primary aldosteronism without discontinuing hypertensive medications: plasma aldosterone-renin ratio. Am J Kidney Dis. 2001;37(4):699-705.
[45] Kim HY, Kim SG, Lee KW, et al. Clinical study of adrenal incidentaloma in Korea. Korean J Intern Med. 2005;20(4):303-9.
[46] Dudenbostel T, Calhoun DA. Resistant hypertension, obstructive sleep apnoea and aldosterone. J Hum Hypertens. 2012;26(5):281-7.
[47] Funder JW, Carey RM, Mantero F, et al. The management of primary aldosteronism: case detection, diagnosis, and treatment: an Endocrine Society Clinical Practice Guideline. J Clin Endocrinol Metab. 2016;101(5):1889-916.
[48] Young WF. Primary aldosteronism: renaissance of a syndrome. Clin Endocrinol. 2007;66(5):607-18.
[49] Stowasser M, Gordon RD, Gunasekera TG, et al. High rate of detection of primary aldosteronism, including surgically treatable forms, after 'non-selective' screening of hypertensive patients. J Hypertens. 2003;21(11):2149-57.
[50] Rossi GP, Cesari M, Cuspidi C, et al. Long-term control of arterial hypertension and regression of left ventricular hypertrophy with treatment of primary aldosteronism. Hypertension. 2013;62(1):62-9.
[51] Stowasser M, Gordon RD. Primary aldosteronism—careful investigation is essential and rewarding. Mol Cell Endocrinol. 2004;217(1-2):33-9.
[52] Stowasser M, Gordon RD. Primary aldosteronism. Best Pract Res Clin Endocrinol Metab. 2003;17(4):591-605.
[53] Stowasser M, Ahmed AH, Cowley D, et al. Comparison of seated with recumbent saline suppression testing for the diag nosis of primary aldosteronism. J Clin Endocrinol Metab. 2018;103(11):4113-24.
[54] Lim V, Guo Q, Grant CS, et al. Accuracy of adrenal imaging and adrenal venous sampling in predicting surgical cure of primary aldosteronism. J Clin Endocrinol Metab. 2014;99(8):2712-9.
[55] Kline G, Leung A, So B, et al. Application of strict criteria in adrenal venous sampling increases the proportion of missed patients with unilateral disease who benefit from surgery for primary aldosteronism. J Hypertens. 2018;36(6):1407-13.
[56] Sharma ST, Nieman LK, Feelders RA. Cushing's syndrome: epidemiology and developments in disease management. Clin Epidemiol. 2015;7:281-93.
[57] Sevillano AM, Cabrera J, Gutierrez E, et al. Malignant hypertension: a type of IgA nephropathy manifestation with poor prognosis. Nefrologia. 2015;35(1):42-9.
[58] Nieman LK, Biller BM, Findling JW, et al. The diagnosis of Cushing's syndrome: an Endocrine Society Clinical Practice Guideline. J Clin Endocrinol Metab. 2008;93(5):1526-40.
[59] Findling JW, Raff H. DIAGNOSIS OF ENDOCRINE DISEASE: differentiation of pathologic/neoplastic hypercortisolism (Cushing's syndrome) from physiologic/non-neoplastic hypercortisolism (formerly known as pseudo-Cushing's syndrome). Eur J Endocrinol. 2017;176(5):R205-R16.
[60] Singh Y, Kotwal N, Menon AS. Endocrine hypertension—

Cushing's syndrome. Indian J Endocrinol Metab. 2011; 15(Suppl 4):S313-6.
[61] Pacak K, Linehan WM, Eisenhofer G, et al. Recent advances in genetics, diagnosis, localization, and treatment of pheochromocytoma. Ann Intern Med. 2001;134(4): 315-29.
[62] Lenders JW, Duh QY, Eisenhofer G, et al. Pheochromocytoma and paraganglioma: an endocrine society clinical practice guideline. J Clin Endocrinol Metab. 2014;99(6):1915-42.
[63] Neumann HP, Berger DP, Sigmund G, et al. Pheochromocytomas, multiple endocrine neoplasia type 2, and von Hippel-Lindau disease. N Engl J Med. 1993;329(21):1531-8.
[64] Young WF Jr. Adrenal causes of hypertension: pheochromocytoma and primary aldosteronism. Rev Endocr Metab Disord. 2007;8(4):309-20.
[65] Lenders JW, Pacak K, Walther MM, et al. Biochemical diagnosis of pheochromocytoma: which test is best? JAMA. 2002;287(11):1427-34.
[66] Sawka AM, Prebtani AP, Thabane L, et al. A systematic review of the literature examining the diagnostic efficacy of measurement of fractionated plasma free metanephrines in the biochemical diagnosis of pheochromocytoma. BMC Endocr Disord. 2004;4(1):2.
[67] Kudva YC, Sawka AM, Young WF Jr. Clinical review 164: the laboratory diagnosis of adrenal pheochromocytoma: the Mayo Clinic experience. J Clin Endocrinol Metab. 2003;88(10):4533-9.
[68] Taieb D, Sebag F, Hubbard JG, et al. Does iodine-131 meta-iodobenzylguanidine (MIBG) scintigraphy have an impact on the management of sporadic and familial phaeochromocytoma? Clin Endocrinol. 2004;61(1):102-8.
[69] Timmers HJ, Chen CC, Carrasquillo JA, et al. Staging and functional characterization of pheochromocytoma and paraganglioma by 18F-fluorodeoxyglucose (18F-FDG) positron emission tomography. J Natl Cancer Inst. 2012;104(9):700-8.
[70] Rao MV, Qiu Y, Wang C, et al. Hypertension and CKD: Kidney Early Evaluation Program (KEEP) and National Health and Nutrition Examination Survey (NHANES), 1999-2004. Am J Kidney Dis. 2008;51(4 Suppl 2):S30-7.
[71] Sarafidis PA, Li S, Chen SC, et al. Hypertension awareness, treatment, and control in chronic kidney disease. Am J Med. 2008;121(4):332-40.
[72] Buckalew VM Jr, Berg RL, Wang SR, et al. Prevalence of hypertension in 1,795 subjects with chronic renal disease: the modification of diet in renal disease study baseline cohort. Modification of Diet in Renal Disease Study Group. Am J Kidney Dis. 1996;28(6):811-21.
[73] Raine AE, Bedford L, Simpson AW, et al. Hyperparathyroidism, platelet intracellular free calcium and hypertension in chronic renal failure. Kidney Int. 1993;43(3):700-5.
[74] Neumann J, Ligtenberg G, Klein II, et al. Sympathetic hyperactivity in chronic kidney disease: pathogenesis, clinical relevance, and treatment. Kidney Int. 2004; 65(5):1568-76.
[75] Lee MS, Lee JS, Lee JY. Prevention of erythropoietin-associated hypertension. Hypertension. 2007;50(2):439-45.
[76] Nieto FJ, Young TB, Lind BK, et al. Association of sleep-disordered breathing, sleep apnea, and hypertension in a large community-based study. Sleep Heart Health Study. JAMA. 2000;283(14):1829-36.
[77] Haas DC, Foster GL, Nieto FJ, et al. Age-dependent associations between sleep-disordered breathing and hypertension: importance of discriminating between systolic/diastolic hypertension and isolated systolic hypertension in the Sleep Heart Health Study. Circulation. 2005;111(5): 614-21.
[78] Goncalves SC, Martinez D, Gus M, et al. Obstructive sleep apnea and resistant hypertension: a case-control study. Chest. 2007;132(6):1858-62.
[79] Narkiewicz K, Somers VK. Sympathetic nerve activity in obstructive sleep apnoea. Acta Physiol Scand. 2003;177(3):385-90.
[80] Elmasry A, Lindberg E, Hedner J, et al. Obstructive sleep apnoea and urine catecholamines in hypertensive males: a population-based study. Eur Respir J. 2002;19(3):511-7.
[81] Chirinos JA, Gurubhagavatula I, Teff K, et al. CPAP, weight loss, or both for obstructive sleep apnea. N Engl J Med. 2014;370(24):2265-75.
[82] Johns MW. Daytime sleepiness, snoring, and obstructive sleep apnea. The Epworth Sleepiness Scale. Chest. 1993;103(1):30-6.

第 23 章　高血压管理的药物依从性

Drug Adherence in Hypertension Management

Dan Lane　Michel Burnier Pankaj Gupta　著
陈雪峰　译　　刘　凯　校

一、高血压患者的不遵医嘱

高血压是世界范围内主要的死亡原因之一。据估计，2019 年该病将导致 116 万人死亡[1]，超过 12.8 亿人受到该病的影响[2]。然而，其中约 79% 的人患有无法控制的高血压[2]。对于那些诊断并接受治疗的高血压患者，不遵医嘱被认为是导致血压失控、治疗无变化及药物难治的常见因素[3]。2017 年，一篇涉及 12 603 例患者的 28 项研究系统回顾，发现 45.2% 的高血压患者依从性差[4]。此外，83.7% 的血压未得到控制的患者是不遵医嘱的。不坚持服用降压药会产生重大的临床后果[5]。事实上，不遵医嘱的患者死亡和（或）发生卒中、心力衰竭或心肌梗死等心血管并发症的风险更高。造成不遵医嘱的主要因素分以下几类：患者习惯（如治疗方案误解、健忘等）、医生行为（如沟通不畅、缺乏监督等）、社会和环境（如媒体、交通连接等）、保健规定（如耐受性差的药物引起的症状、药费等）[5]。因此，依从性可被认为是一个复杂的问题，不仅仅由于潜在影响因素较多，还因为这是一个随着时间的推移而变化的动态过程。

二、衡量药物依从性：方法和注意事项

虽然大多数医生都认识到，在管理高血压或血脂异常等无症状慢性病患者时，服药依从性是一个重要问题，但他们最关心的是能否发现依从性差的患者。如图 23–1 所示，简单的方法往往相对不可靠，而能提供最佳信息的方法往往更加昂贵，对基础设施的要求也更高。理想的用药依从性评估方法应提供可靠的用药史数据采集、存储、分析和交流方式，使患者难以觉察或试验人员无法以其他方式篡改数据[6]。有趣的是，用药依从性差的发生率因测量方法的不同而不同。自我报告、问卷调查（如广泛使用的 Morisky 量表[7]）和药片计数都会高估依从性，而且容易产生偏差。系统综述显示，在使用化学依从性测试（CAT）[8, 9] 或电子监测[10] 的研究中，不依从率通常较高。近年来，人们开发了几种新的客观方法来衡量服药依从性，包括化学依从性测试和在药片中插入可摄入传感器的数字化药物[5]。准确评估用药依从性至关重要，因为这有助于更好地了解问题所在。然而，大型临床试验在采用这些新技术方面进展缓慢，或许只有用药事件监测系统除外，该系统一直是实时测量新药研发中用药依从性的金标准，并得到了美国食品药品管理局（FDA）的认可。近年来，人们非常重视检测显著难治性高血压患者的不遵医嘱，在临床中发现部分或完全不遵医嘱的患者数量很多[11, 12]。

三、高血压中化学依从性测试介绍

CAT 已迅速成为临床医生区分真正的难治

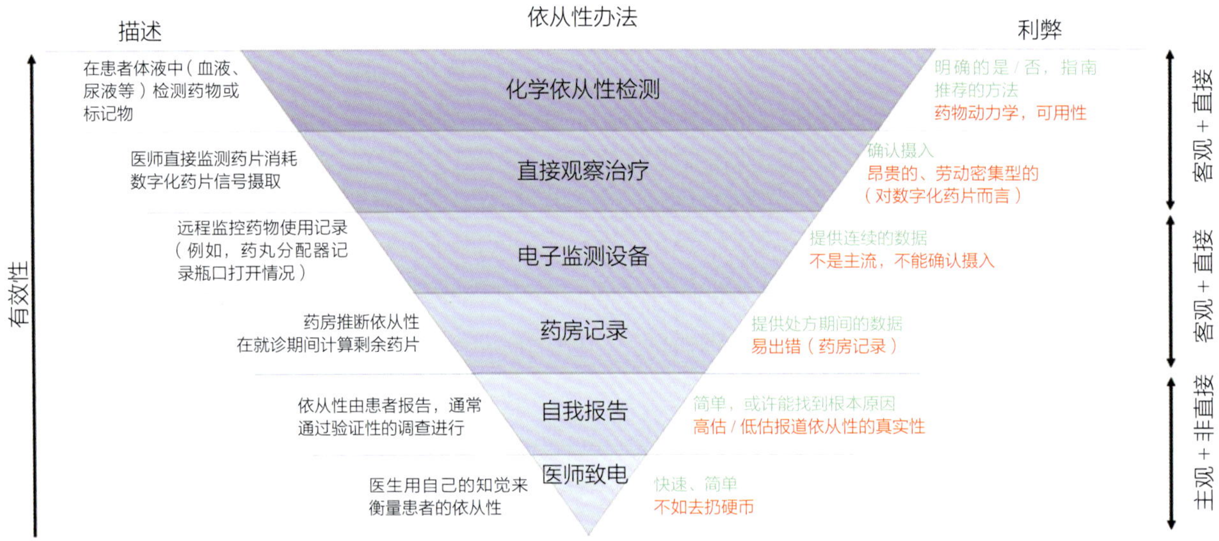

▲ 图 23-1 客观和主观依从性测试措施

性高血压患者和服药不依从高血压患者的重要工具。依从的定义是按照商定的治疗处方进行治疗[13]，CAT 可以客观、准确地确定坚持治疗的情况。从根本上说，它能够通过分析患者的尿液、血液或其他生物成分来确定药物的存在，从而确定药物是否被摄入。这些技术于 2010 年初开始研究[11, 14, 15]，从 2014 年开始在英国的诊所中使用的基础通常包括联用质谱法[16]，其中包括分离系统［如液相色谱法（LC），气相色谱法（GC）］和检测系统［如串联质谱法（MS/MS），高分辨质谱法（HRMS）］。最常见的组合是 LC-MS/MS，其在过去 20 年中一直在临床实验室中得到广泛应用，在很多的化合物（从二甲双胍等小药物到血红蛋白等大蛋白）的检测中具有极高的灵敏度、特异度和选择性。

对这些技术平台的重大革新使得 CAT（计算机辅助断层扫描技术）被纳入欧洲心脏病学会（ESC）与欧洲高血压学会（ESH）2018 年联合发布的临床指南推荐[3]。通过将这些技术应用于临床与研究过程中，一些不适当的操作或治疗升级或许能够被避免。

联用质谱法在依从性检测方面的发展是迅速和持续的。下文将讨论技术和临床方面的问题，包括局限性及该技术的展望。

四、利用质谱法测定药物浓度

唯一能确认药物消耗量的措施是直接观察疗法（DOT）、数字药片（成本较高，劳动密集型），以及使用血液或尿液的 CAT。由于尿液和血液样本（除其他外）可通过邮局寄送，CAT 可像其他病理检验服务一样纳入一个集中性的实验室。Burns 等（2019）的研究表明，大多数降压药在尿液中具有良好的稳定性，因此在无特殊条件（如干冰）下邮寄和 3 天内送达对 LC-MS/MS 检测没有影响[17]。简而言之，已知硝苯地平、肼屈嗪、苄氟噻嗪和卡托普利在室温下不稳定[17, 18]。血液中降压药物的长期冷冻稳定性已得到证实[18]，但有关室温储存的数据很少。人们认为，在诊所和实验室之间通过现有的条件（即如果在现场，则在室温下；如果通过快递，则冷藏）运送血液是合适的。随着用于依从性检测的干血采样[19]的出现，运送标本再无须特殊条件[20]。

质谱仪是一种功能强大的仪器。可在人体生物样品中检测到皮克级别（10^{-12}g）的药物（取样通常需要<1.5ml），从而灵敏地辨别依从性。联用方法在离子分离机制方面各不相同，但其通用过程都是相似的。分子被引入电离源，在那里它们获得电荷。离子通过质谱仪，在质谱仪中按

其质量与电荷比（m/z）进行分离；分离后的离子与检测器碰撞，传递其电荷，可对电荷进行测量。为了提高质谱分析的能力，在分子进入电离源之前，会使用层析技术来帮助分离。分离取决于分子的化学性质，因此也取决于分子对固定相或流动相的亲和性。例如，极性化合物（如阿替洛尔）在极性固定相上的保留率更高，从而与非极性物质分离。在大多数化学附着性测试中，都会使用反相液相色谱法（非极性固定相，如18-C 等碳氢链，极性流动相，如水）。这通常与电喷雾离子（ESI）源结合使用——含有分子的溶剂被喷射到一个具有电荷差的场中，在高温下发生脱溶，分子附电并被转移到质谱入口。

如前所述，联用 MS 技术因离子分离机制而异。如前所述，不同联用质谱技术的关键差异在于其离子分离机制。在药物依从性检测的两大核心系统中，液相色谱 - 串联质谱联用系统（LC-MS/MS，如三重四极杆系统，约合 25 万英镑 / 33.96 万美元，2021 年 10 月）与四极杆飞行质谱仪（QTOF-MS，约合 40 万英镑 /54.35 万美元，2021 年 10 月）分别代表了串联质谱（MS/MS）与高分辨质谱（HRMS）技术体系。LC-MS/MS 能够将 m/z 分辨率提高到 10^{-1} 单位（m/z＞0.1），是目前最广泛使用的方法。该系统如图 23-2 所示。简而言之，圆柱形金属棒对称排列，每对金属棒都带类似的电荷—负极对负极，正极对正极。在金属棒上施加微弱的射频电压可以稳定穿过金属棒中心的离子的飞行路径。离子的 m/z 与施加的电压成正比，因此每组金属棒（4 根为四极棒，8 根为八极棒，以此类推）都可以扫描特定的离子，以稳定或破坏离子飞向检测器的轨迹。这些基本上都是质量过滤器。每个过滤器之间有一个碰撞单元。根据系统的不同，会引入能量（如与惰性气体碰撞），离子会碎裂成小块，而这些小块可以指示出较大的碎片。这些离子被称为母离子和子离子，或前体和产物离子。从母离子到子离子的转变通常是某一特定离子所独有的，可以通过一种称为多反应监测（MRM）的模式同时监测多个转变。这提高了离子之间的分辨率，增加了区分可能具有相同母离子的离子的可信度。如果碎片与预期模式不符，分析师可确认是否存在干扰。

QTOF-MS 具有高分辨率，可分辨 10^{-3} 的 m/z（m/z＞0.001），QTOF-MS 的示意见图 23-3。简而言之，与 MS/MS 一样，四极杆和碰撞池选择和破坏母离子。最终的 MS 系统是主要区别。子离子进入脉冲发生器，脉冲发生器施加恒定的能量，使离子沿着飞行路径加速。由于力与质量和加速度成正比，质量小的离子移动速度快，到达探测器的时间短，质量大的离子则相反。使用这些仪器的主要好处是这些平台可以在非目标模式下运行，持续收集数据。通过回溯性筛选数据集

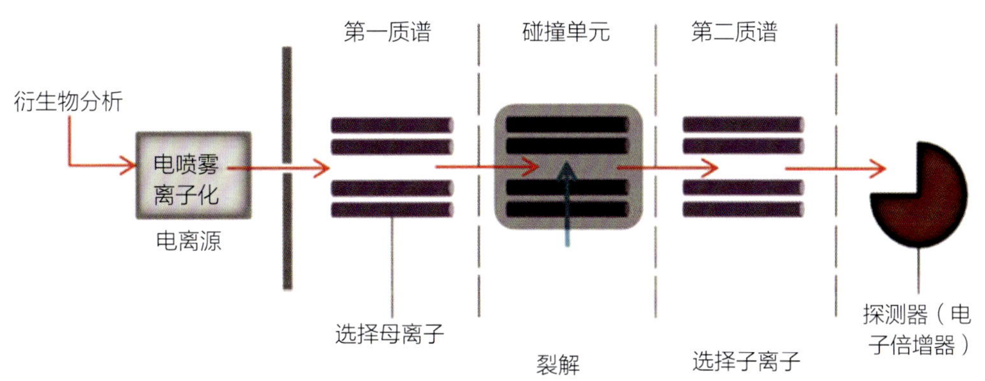

▲ 图 23-2　三重四极杆质谱（MS/MS）示意
红色箭跟踪分析物 / 离子路径的移动。在得到 Gupta 等的许可后重新使用 [39]

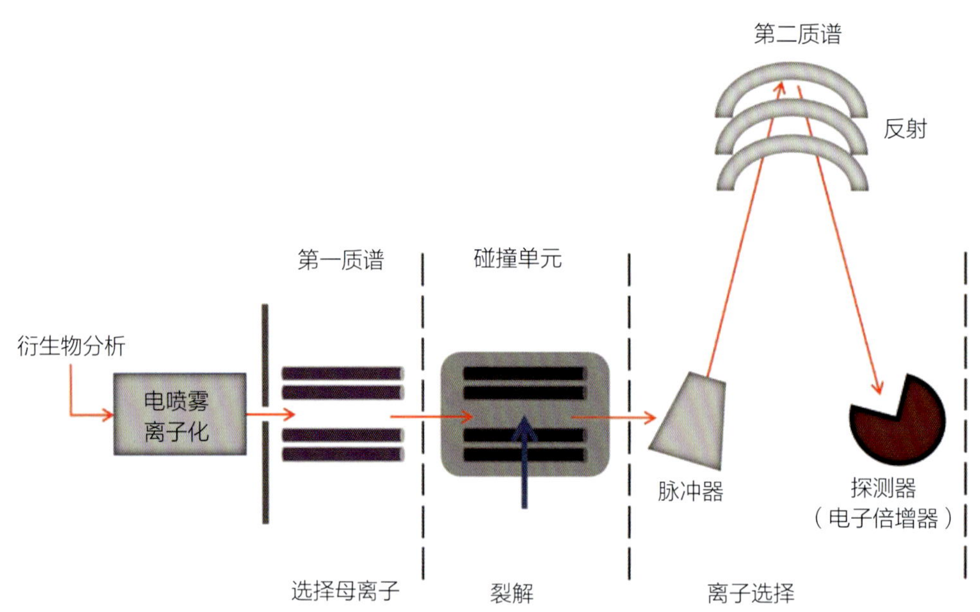

▲ 图 23-3 四极杆飞行时间质谱仪（QTOF-MS）示意
红色箭跟踪分析物 / 离子路径的移动

可识别超出预设检测范围的化合物，即在获得充分知情同意的前提下，可对数据进行二次分析以探索新的研究问题。但在必须获取患者同意的药物依从性检测场景中（至少在现行知情同意框架下），此类非靶向分析模式可能缺乏必要性。也许在推定同意制度下，如许多国家的器官捐献系统，QTOF-MS 和其他 HRMS 平台的价值会进一步得到体现。目前，QTOF-MS 和 LC-MS/MS 具有相似的灵敏度和特异性，因此成本往往是购买的主要决定因素。

就常见的降压药物检测而言，大多数药物都适合用质谱法检测。化合物检测的敏感度会随着样本（尿液或血液）的不同而发生改变。例如，ACEI 等代谢广泛的药物在尿液中可能主要表现为其代谢物（如雷米普利拉、依那普利拉），而在血液中则主要表现为其原药（如雷米普利、依那普利）。有些药物几乎不经肾脏排泄（如螺内酯），因此，要么使用血液，要么必须以代谢物为目标。这些药物占少数。MS 平台的灵敏度很高，＜1% 的经肾脏排泄的化合物仍有可能被检测到。

五、化学检验的临床工作流程

CAT 工作流程与精准医疗类似。对难治性高血压患者进行检测和谈话的周期性特点如下。

- 难治性高血压患者在收集依从性和生活习惯资料后提供样本。
- 样本被送往中央实验室进行分析。
- 结果由实验室 / 病理小组确认和授权。
- 在下一次随访时，将以开放、非评判性的讨论方式展示结果。
- 制订管理计划，必要时重复上述步骤。

通常情况下，在出现依从性不佳的结果时，只要提供不依从的证据，就可以开启新的坦诚对话，否则就无法实现规范用药。医患可以讨论导致不依从的原因，找出原因所在，并考虑制定新的管理计划。例如，当存在多重用药情况（且所有药物检测结果均呈阴性，即未在尿液 / 血液中检出）时，可以通过减少处方的数量，以减轻负担并增加用药依从的可能性。但医生必须采取适当的谨慎措施，阴性结果可能由于患者的药代动力学不同而有所偏差。要排除这些局限性，直接观察治疗可能很重要。为解决这一问题，建议使用单药组合来简化治疗方案[3]。

同样，如果健忘是问题所在，可以使用闹钟提醒，让家庭成员参与提供药物等办法来解决。医患讨论可以提供一个增进患者对自己病情的理解的机会，纠正患者对药物的错误认识及对药物毒性的担忧。

对于那些检出依从性（即在血液/尿液中检测到药物）的患者，难治性高血压可能是其相应的诊断。然而，服药依从性并不是一成不变的，而是随着时间的推移而变化的。患者可能只是在就诊前服用了药物（“白大衣依从性”）。在采集尿样/血样之前测量血压可能有助于辨别这种情况。尽管如此，在结果呈阳性的情况下，对患者强调积极的反馈也很重要。

六、高血压患者的服药依从性和肾功能减退

当使用多种降压药物仍无法控制血压，或者患者不能耐受药物或不愿终身服药时，就需要介入疗法来治疗高血压，其中最著名的是去肾神经术（RDN）[21]。这种方法的主要理念是不使用或仅使用少量降压药物就能控制血压，从而限制了因依从性差而造成的临床影响。RDN 的降压效果与单一降压药的效果相似，收缩压降低约 5～7mmHg，完全独立于干预前的药物依从性水平[22]。

在 9 项长期（>12 个月）的 RDN 随访研究中［如 Liang 等（2021）[23]所述］，随访后的药物基本未变。Krum 等（2009）发现，去肾神经术后药物数量没有变化（尽管他们的方案要求在必要时限制药物更换）[24]；EnligHTN Ⅰ的结果显示 RDN 减少了患者药物的使用（4.24 降到 4.16）[25]；Symplicity HTN-1 的结果显示 RDN 增加了患者药物的使用（5.1 升到 5.6）[26]；Symplicity HTN-2 显示药物数量减少（5.1 降到 4.6）[27]；RAPID 没有提供 12 个月的数据[28]。在 Symplicity HTN-3 中，6 个月的服药数量仅略有变化（5.0 升到 5.1），且没有随访数据[29]。在 REDUCE-HTN 中，每天服药数量没有显著变化（未报告原始数据）[30]。在 EnligHTN Ⅲ中提到了净减少，但未报告原始数据[31]，在全球 Symplicity 登记中观察到了非常低程度的减少（4.5 降到 4.4）[32]。

值得注意的是，在 ENCOReD 研究的短期随访（6 个月）中，发现处方从 4.7 种药物降到 4.4 种[33]。在 RADIANCE-HTN SOLO 试验中，干预 2 个月后接受降压药物治疗的患者比例，RDN 组为 48%，对照组为 61%（P 不显著）[34]。在最近的 SPYRAL HTN-ON MED 概念验证随机试验中，降压药物的依从性在基线时为 65.8%，6 个月时为 60.5%，RDN 组与对照组之间没有差异[35]。在 RADIANCE-HTN TRIO 试验中，尽管观察到轻微支持 RDN 的趋势，但在 2 个月的动态血压测量后接受额外降压药物治疗的患者数量和减少降压药物的患者的数量在 RDN 和对照组之间没有显著差异。RADIANCE-HTN TRIO 试验将很快公布进一步的随访数据（截至本文撰写之时，约 2021 年底）[36]。值得注意的是，即使采取了 RDN 等干预措施，服药依从性仍然很重要，因为大多数接受 RDN 治疗的难治性高血压患者需要继续使用药物来控制血压。研究表明，对这些患者而言，依从性仍是一个问题[22]。

很少有 RDN 研究对研究期间的依从性进行监测，通常只是在试验开始前（使用主观方法）对依从性进行筛查。Patel 等（2016）使用 CAT 显示，23.5% 的转诊患者在第一时间没有服药[7]。最近发表的 RADIANCE-HTN TRIO 是一项随机、多中心、单盲、假对照试验，在 2 个月时，患者对联合用药的依从性（通过 CAT 检测）仍然很高［51 人中有 42 人（82%）vs. 57 人中有 4 人（82%）］[36]。在类似的研究中，客观指标对依从性的影响仍然是一个相关的话题，尤其是当去肾神经术再次受到关注时。这一点以及其他混杂问题（如试验设计不当、干预措施之间的异质性等），很可能是导致 RDN 在难治性高血压中的应用缓慢而谨慎的原因。

表 23-1 来自长期随访试验的去肾神经术后抗高血压药物的变化，仅包括数字数据（不包括百分比）的研究

RDN 的长期研究	基线处方数量（平均）	随访处方数量变化（平均值，月数）
EnligHTN I（2014）	4.24	4.16（12 个月）
Symplicity HTN-1（2014）[a]	5.10	5.60（36 个月）
Symplicity HTN-2（2014）[b]	4.60	5.10（36 个月）
Symplicity HTN-3（2014）	5.10	5.00（6 个月）
Global Symplicity Registry（2019）	4.50	4.40（12 个月）

a. 在 12 个月前不鼓励处方变更；b. 在 6 个月前不鼓励处方变更

七、问题与未来研究

虽然 CAT 越来越多地被认为是临床实践中的推荐方法，但该检测仍存在一些重要问题。首先，和以前一样，不同的药代动力学、身体如何运分布药物及药物的排泄程度，可能会导致假阴性结果。有些患者的细胞色素 P_{450} 酶存在多态性，这会影响新陈代谢和药物运输。这些多态性会改变药物清除率，从而改变特定时刻的排泄量。如果药物不能正常清除，被测体液样本中的含量可能会低于检测限。需要对高血压患者的药代动力学模型进行研究。其次，对于收集哪种体液样本进行检测还存在争议。尿液易于采集，而且无创，可采集较多的尿液。血液衍生物可解决药物不能通过肾脏排泄的问题，但采样更具创伤性。两种方法都可以使用。

再次，“牙刷”或“白大褂依从性”效应可能会歪曲真实结果，缺乏用药史信息可能会限制对数据的全面解读。因此，对结果的解读需建立在一定的背景之上（如患者是否达到了目标血压），并且在治疗过程中需要重复测量。其他问题包括 CAT 在美国的使用受限（因为保险可能不报销该测试），以及需要进行随机对照试验来巩固其实用性。需要提供教学和培训指导，以便统一应用 CAT。还有其他一些问题，主要涉及可检测药物的差异（如取样时间）。

随着技术的发展，悬而未决的问题很可能会得到解决。希望在不久的将来，CAT 可以帮助人们了解用药习惯或与其他技术相结合。它们还有用于测量依从性以外的用途。例如，如果发现血液中的降压药量低于正常水平，就可以上调剂量（即治疗药物监测）。随着精准医学的快速发展，这些方法很有可能实现。目前，38% 的 ESH 卓越中心使用 CAT[37]。鉴于欧洲高血压学会（ESH）心血管药物治疗和依从性工作组即将发表的一份手稿（约于 2021 年 12 月）提供了关于依从性测试的建议和指导，这一数字很可能会增加[38]。

最后，有必要教育医护人员如何评估不遵医嘱，更重要的是如何与患者讨论这一问题。在这方面，ESH 正在采取一些措施。

参考文献

[1] Roth GA, Mensah GA, Johnson CO, et al. Global burden of cardiovascular diseases and risk factors, 1990-2019: update from the GBD 2019 study. J Am Coll Cardiol. 2020;76(25):2982-3021.

[2] World Health Organisation. Hypertension. https://www.who.int/news-room/fact-sheets/detail/hypertension. Updated 2021. Accessed Oct 6, 2021.
[3] Williams B, Mancia G, Spiering W, et al. 2018 ESC/ESH guidelines for the management of arterial hypertension. Eur Heart J. 2018;39(33):3021-104.
[4] Abegaz TM, Shehab A, Gebreyohannes EA, Bhagavathula AS, Elnour AA. Nonadherence to antihypertensive drugs: a systematic review and meta-analysis. Medicine. 2017;96:4.
[5] Burnier M, Egan BM. Adherence in hypertension: a review of prevalence, risk factors, impact, and management. Circ Res. 2019;124(7):1124-40.
[6] Burnier M, Wuerzner G, Struijker-Boudier H, Urquhart J. Measuring, analyzing, and managing drug adherence in resistant hypertension. Hypertension. 2013;62(2):218-25.
[7] Morisky DE, Ang A, Krousel-Wood M, Ward HJ. Predictive validity of a medication adherence measure in an outpatient setting. J Clin Hypertens (Greenwich). 2008;10(5):348-54.
[8] Durand H, Hayes P, Morrissey EC, et al. Medication adherence among patients with apparent treatment-resistant hypertension: systematic review and meta-analysis. J Hypertens. 2017;35(12):2346-57.
[9] Lane D, Alghamdi R, Muscat M, et al. The diagnosis of non-adherence in hypertension using a urine biochemical screen is unaffected by drug pharmacokinetics. Eur Heart J. 2019;40(Supplement_1)
[10] El Alili M, Vrijens B, Demonceau J, Evers SM, Hiligsmann M. A scoping review of studies comparing the medication event monitoring system (MEMS) with alternative methods for measuring medication adherence. Br J Clin Pharmacol. 2016;82(1):268-79.
[11] Tomaszewski M, White C, Patel P, et al. High rates of non-to antihypertensive treatment revealed by high-performance liquid chromatography-tandem mass spectrometry (HP LC-MS/MS) urine analysis. Heart. 2014;100(11):855-61.
[12] Hamdidouche I, Jullien V, Boutouyrie P, Billaud E, Azizi M, Laurent S. Drug adherence in hypertension: from methodological issues to cardiovascular outcomes. J Hypertens. 2017;35(6):1133-44.
[13] World Health Organisation. Adherence to long-term therapies: evidence for action. WHO. 2003:11. http://www.who.int/chp/knowledge/publications/adherence_report/en/. Accessed Aug 2, 2018.
[14] Ceral J, Habrdova V, Vorisek V, Bima M, Pelouch R, Solar M. Difficult-to-control arterial hypertension or uncooperative patients? The assessment of serum antihypertensive drug levels to differentiate non-responsiveness from non-adherence to recommended therapy. Hypertens Res. 2011;34(1):87-90.
[15] Jung O, Gechter JL, Wunder C, et al. Resistant hypertension? Assessment of adherence by toxicological urine analysis. J Hypertens. 2013;31(4):766-74.
[16] Tanna S, Ogwu J, Lawson G. Hyphenated mass spectrometry techniques for assessing medication adherence: advantages, challenges, clinical applications and future perspectives. Clin Chem Lab Med. 2020;58(5):643-63.
[17] Burns AD, Lane D, Cole R, Patel P, Gupta P. Cardiovascular medication stability in urine for non-adherence screening by LC-MS-MS. J Anal Toxicol. 2019;43(4):325-9.
[18] Punt AM, Stienstra NA, van Kleef MEA, et al. Screening of cardiovascular agents in plasma with LC-MS/MS: a valuable tool for objective drug adherence assessment. J Chromatogr B. 2019;1121:103-10.
[19] Bernieh D, Lawson G, Tanna S. Quantitative LC-HRMS determination of selected cardiovascular drugs, in dried blood spots, as an indicator of adherence to medication. J Pharm Biomed Anal. 2017;142:232-43.
[20] Peeters LE, Feyz L, Hameli E, et al. Clinical validation of a dried blood spot assay for 8 antihypertensive drugs and 4 active metabolites. Ther Drug Monit. 2020;42(3):460-7.
[21] Lobo MD, Sobotka PA, Pathak A. Interventional procedures and future drug therapy for hypertension. Eur Heart J. 2017;38(15):1101-11.
[22] Azizi M, Pereira H, Hamdidouche I, et al. Adherence to antihypertensive treatment and the blood pressure-lowering effects of renal denervation in the renal denervation for hypertension (DENERHTN) trial. Circulation. 2016;134(12):847-57.
[23] Liang B, Liang Y, Li R, Gu N. Effect of renal denervation on long-term outcomes in patients with resistant hypertension. Cardiovasc Diabetol. 2021;20(1):1-5.
[24] Krum H, Schlaich M, Whitbourn R, et al. Catheter-based renal sympathetic denervation for resistant hypertension: a multicentre safety and proof-of-principle cohort study. Lancet. 2009;373(9671):1275-81.
[25] Papademetriou V, Tsioufis CP, Sinhal A, et al. Catheter-based renal denervation for resistant hypertension: 12-month results of the EnligHTN I first-in-human study using a multielectrode ablation system. Hypertension. 2014;64(3):565-72.
[26] Krum H, Schlaich MP, Sobotka PA, et al. Percutaneous renal denervation in patients with treatment-resistant hypertension: final 3-year report of the Symplicity HTN-1 study. Lancet. 2014;383(9917):622-9.
[27] Esler MD, Böhm M, Sievert H, et al. Catheter-based renal denervation for treatment of patients with treatment-resistant hypertension: 36 month results from the SYMPLICITY HTN-2 randomized clinical trial. Eur Heart J. 2014;35(26):1752 9.
[28] Verheye S, Ormiston J, Bergmann MW, et al. Twelve-month results of the rapid renal sympathetic denervation for resistant hypertension using the OneShotTM ablation system (RAPID) study. EuroIntervention. 2015;10(10):1221-9.
[29] Bakris GL, Townsend RR, Flack JM, et al. 12-month blood pressure results of catheter-based renal artery denervation for resistant hypertension: the SYMPLICITY HTN-3 trial. J Am Coll Cardiol. 2015;65(13):1314-21.
[30] Sievert H, Schofer J, Ormiston J, et al. Bipolar radiofrequency renal denervation with the Vessix catheter in patients with resistant hypertension: 2-year results from the REDUCE-HTN trial. J Hum Hypertens. 2017;31(5):366-8.
[31] Worthley SG, Wilkins GT, Webster MW, et al. Safety and performance of the second generation EnligHTN™ renal denervation system in patients with drug-resistant, uncontrolled hypertension. Atherosclerosis. 2017;262:94-100.
[32] Mahfoud F, Böhm M, Schmieder R, et al. Effects of renal denervation on kidney function and long-term outcomes: 3-year follow-up from the Global SYMPLICITY registry. Eur Heart J. 2019;40(42):3474-82.
[33] Persu A, Jin Y, Azizi M, et al. Blood pressure changes after

renal denervation at 10 European expert centers. J Hum Hypertens. 2014;28(3):150-6.

[34] Azizi M, Schmieder RE, Mahfoud F, et al. Endovascular ultrasound renal denervation to treat hypertension (RADIANCE-HTN SOLO): a multicentre, international, single-blind, randomised, sham-controlled trial. Lancet. 2018;391(10137):2335-45.

[35] Kandzari DE, Böhm M, Mahfoud F, et al. Effect of renal denervation on blood pressure in the presence of antihypertensive drugs: 6-month efficacy and safety results from the SPYRAL HTN-ON MED proof-of-concept randomised trial. Lancet. 2018;391(10137):2346-55.

[36] Azizi M, Sanghvi K, Saxena M, et al. Ultrasound renal denervation for hypertension resistant to a triple medication pill (RADIANCE-HTN TRIO): a randomised, multicentre, single-blind, sham-controlled trial. The Lancet. 2021;397(10293):2476-2486.

[37] Burnier M, Prejbisz A, Weber T, et al. Hypertension healthcare professional beliefs and behaviour regarding patient medication adherence: a survey conducted among European Society of Hypertension Centres of Excellence. Blood Press. 2021;30(5):282-290.

[38] Lane D, Lawson A, Burns A, et al. Nonadherence in hypertension: how to develop and implement chemical adherence testing. Hypertension. 2022;79(1):12-23.

[39] Gupta P, Patel P, Tomaszewski M. Measurements of antihypertensive medications in blood and urine. 2018:29-41Oct 25, 2018.

第 24 章　患者对高血压治疗方法的偏好

Patient Preference for Therapies in Hypertension

Filip M. Szymanski　Anna E. Platek　著
陈雪峰　译　　刘　凯　校

医生的有效沟通行为，如获取和提供信息，占与患者互动的 60%，其中 23% 专门用于回答患者的问题[1]。许多患者认为，医生花在向患者介绍病情和治疗方案上的时间太少，而且患者的偏好往往没有得到探讨或考虑。

几个世纪以来，医疗方法发生了巨大变化。在过去的几十年里，医生对待患者的方法也发生了变化。在过去的几个世纪里，人们主要关注疾病的生物医学方面，而较少关注精神因素对健康的影响。1946 年，世界卫生组织提出了健康的新定义，这是这一概念的一个突破性改变。它不仅将健康定义为没有疾病，还定义为身体、精神和社会的全面健康。它促使人们重新以希波克拉底式的方式对待健康和疾病，并重新全面地对待患者。另一个关键时刻是巴林特提出的“以患者为中心”这一概念，他认为每个患者“必须被理解为一个独特的人”[2]。除其他外，这些时刻为我们今天所熟知的以人为本的医疗方法和医学奠定了基础。

在患者成为治疗的主体而非客体之前，需要很长时间。以患者为中心被定义为“充分尊重、响应个体患者的偏好、需求和价值诉求的医疗服务”[3]。患者偏好已成为疗效研究和医疗产品开发中的一个概念，并被纳入多项临床实践指南。

遗憾的是，有关患者偏好的研究仍不充分，文献中的结果研究也存在很大异质性。这可能是因为患者的偏好取决于多种因素，不易衡量[4]。

重要的是，患者的偏好会影响治疗的多个方面。它似乎在包括高血压在内的慢性病治疗中起着至关重要的作用。高血压的终身有效治疗，尤其是无症状或症状轻微的高血压，需要高度的决心和医患合作。因此，目前对患者偏好使用哪种降压策略进行了广泛的研究。坚持特定治疗的一个主要因素是患者的偏好。文献回顾显示，有几个因素对依从性起着至关重要的作用：用药时间安排、类型和疗效[5]。研究表明，一般来说，患者更愿意选择疗效更好的药物，而不是更安全的药物。导致患者长期坚持治疗的因素包括剂量及费用。

另据报道，在服用心血管药物的患者中，与患者偏好不符的给药时间安排会对服药依从性产生负面影响[6]。每 4 例患者中就有 1 例报告称，他们的服药时间安排给他们带来了不便，与没有报告不便的患者相比，这些患者对药物治疗的依从性较差（46.2% vs. 16.7%）。考虑患者服药时间的偏好，可显著提高依从性。

一、患者对高血压治疗的偏好

教育是提高患者治疗参与度的关键因素。即使是简单的方面，如药物清单的组成，也会对患者的治疗态度产生影响。一项针对服用 8 种或 8 种以上药物的患者的研究旨在确定患者偏好的药物清单构成[7]。结果显示，患者喜欢更详细的药单，包括用药剂量、用药时间、治疗起始时间和用药原因。更重要的是，据调查，22.7% 的患者不知道他们正在服用的所有药物的名称；13.2% 的患者不知道他们服药所针对的疾病，30.2% 的患者不知道药物的剂量。然而，96.2% 的人认为他们积极参与了医疗保健。这表明，尽管患者在理解所提供的信息方面存在问题，但他们仍感到有必要积极参与。

关于患者对高血压管理偏好的一项重要研究是在英国进行的无标签离散选择实验（DCE）[8]。在离散选择实验中，参与者会被提出一些问题，要求在假设的备选方案中做出选择。在上述研究中，参与者的年龄为 50—86 岁，73% 的人被诊断患有高血压超过 5 年。通过与他们进行访谈，以帮助确定他们对高血压管理的偏好，这些偏好基于 4 个因素：治疗模式、测量血压的频率、降低 5 年心血管风险及国民医疗服务的成本。在治疗模式方面，与药剂师、远程医疗或自我管理相比，患者更倾向于在医生指导下进行治疗。至于测量血压的频率，患者倾向于更频繁地测量血压，而不是每年测量 2 次或 1 次。影响患者治疗偏好的最重要因素是预测的 5 年心血管风险降低率。情境分析表明，当结果从最低风险降低类别变为最高风险降低类别时，参与者选择医疗模式的可能性增加了一倍。患者倾向于更大程度降低风险的疗法，并愿意为这类疗法支付更多费用（5 年心血管疾病风险降低 10%、15% 和 25%，每年分别为 374.74 英镑、398.98 英镑和 673.45 英镑）。总之，该研究表明，在提供新的医疗模式时，必须从风险和风险降低的角度来讨论结果，这可能会影响患者的“买进”。

在一项评估患者偏好对启动治疗的影响的调查中，对一组 52 例高血压患者进行了评估[9]。研究结果表明，56% 的患者在了解病情后倾向于接受高血压药物治疗，而不是拒绝治疗。此外，患者的决定与实际开始的药物治疗之间存在实质性的分歧。

在德国进行的另一项研究中，对传统药物治疗方法和导管去肾神经术（RDN）进行了比较[10]。研究对象包括在门诊接受治疗的 1 期或 2 期高血压患者。一项基于问卷的横断面调查收集了有关人口统计学、高血压病程、降压药物治疗时间、药物治疗（药片数量和副作用）的信息，旨在寻找接受 RDN 替代治疗的意愿及其决定因素。共有 1011 例平均年龄为 66 岁的患者完成了调查。高血压的平均病程和接受降压治疗的时间分别为 10.8 年和 10.2 年。在之前未接受过治疗的患者中，61.7% 的调查参与者倾向于选择药片，38.2% 的调查参与者选择一次性 RDN。在整个研究人群中，36.3%～39% 的人选择了 RDN，其中年龄＜50 岁的患者对这种治疗方法的接受度略高。当被问及在药物治疗无效的情况下，患者会选择哪种二线疗法时，71.8% 的患者会选择额外服用一片药片，28.2% 的患者会选择 RDN。

总之，研究表明，只要血压能明显降低，相当一部分高血压患者会选择 RDN，而不是终身药物治疗。与选择药物治疗的患者相比，选择这种治疗方法的患者更年轻，更可能是男性。

我们还研究了患者偏好对妊娠相关高血压的影响[11]。这项研究包括 183 例孕妇，其中 1/3 报告了既往的妊娠高血压，1/4 报告了现有的妊娠高血压。所有患者都填写了一份调查问卷，该问卷旨在确定妇女对严格或不严格控制血压的偏好，她们如何优先考虑潜在的治疗策略（如服用药物）和不良后果作为决策的一部分，以及她们希望如何在决策中得到支持。根据回答，患者被分为 3 组：①避免早产者（占受访者的 23%），他们优先考虑降低早产风险；②药物治疗最小化者（占受访者的 14%），他们优先考虑降低服药的可能性；③同等优先者（占受访者的 62%），他们对治疗的所有方面和益处给予同等优先考虑。所有受访者都表达了不同的决策需求，但大多数女性更愿意自己做出最终治疗决定（70%），其中 48% 的决定需要医生的意见。

二、患者对心血管疾病预防和慢性病治疗的偏好

治疗高血压的主要目标是降低心血管疾病的发病率和死亡率。因此，以心血管预防和降低风险为导向关注患者对治疗的偏好是一个重要方面。最近的一项Meta分析旨在回顾目前的证据，即患者认为有理由每天服用预防性药物的最低可接受的心血管事件风险降低程度[12]Meta分析包括22项研究，共有17 751人参与。在6项研究中，向患者传达的筛选治疗方法的结果是延长生命；在12项研究中，结果是降低绝对风险；在14项研究中，结果是需要治疗的人数。在结果为延长生命的研究中，如果某种药物能延长患者的生命<8个月，平均48%的参与者会考虑服用这种药物；如果能延长患者的生命≥8个月，平均64%的参与者会考虑服用这种药物。在以绝对风险降低为框架的研究中，平均54%的参与者会考虑服用可将其5年心血管疾病风险降低<3%的药物，平均77%的参与者会考虑服用可将其5年心血管疾病风险降低≥3%的药物。在以需要5年治疗所需人数（number needed to treat，NNT）为结果的研究中，平均60%的参与者会考虑服用NNT>30的药物，平均71%的参与者会考虑服用NNT<30的药物。这项研究表明，宣传降低心血管发病率和死亡风险等潜在益处非常重要。即使心血管风险略有降低，也足以说服大多数患者接受治疗。然而，预防性药物治疗的意愿也取决于治疗的形式和费用。一项研究对患者进行了离散选择调查，以评估基于多药治疗对心血管预防治疗偏好的影响[13]。属性包括自付费用、药片数量、用药方法和处方医生出诊频率。调查设计在预防心血管疾病的两种假设的治疗方案和不治疗之间进行选择，结果显示，与不治疗相比，绝大多数患者（93%）选择积极治疗。随着自付费用和药片数量的增加，治疗意愿明显降低。这表明，固定剂量组合和侵入性治疗是心血管疾病预防治疗的可行选择。

此外，对于慢性病患者来说，积极的药物疗法可能会带来更严重的不良反应，因此，应由患者自行决定。患者和医疗服务提供者对积极药物疗法的偏好可能有所不同。最近的一项研究[14]显示，约有40%的患者选择积极的药物治疗，即使面临潜在的较强不良反应。该研究还显示，医疗服务提供者预测患者选择的能力普遍较低。因此，无论医生的观念如何，都应向患者介绍所有的治疗方案。

三、基于指南的患者偏好方法

人们注意到，指南中对患者偏好的处理方式正在逐渐发生变化。与其他慢性病的治疗一样，管理模式正转向更加注重患者的偏好、自我管理和提高健康素养，以获得更好的疾病控制[15, 16]。此外，不同科学学会在选择治疗策略时尊重患者意愿的做法也不尽相同。在2018年欧洲心脏病学会动脉高血压管理指南中，几乎完全省略了“患者偏好”一词[17]。仅在提及不良依从性管理的章节中提及，“最佳依从性的障碍可能与医生的态度、患者的信念和行为、药物疗法的复杂性和耐受性、医疗保健系统以及其他一些因素有关。应找到个性化的解决方案”。2020年国际高血压学会全球高血压实践指南也未提及患者偏好在选择降压治疗策略中的作用[18]。

美国心脏协会指南倡导的是一种完全不同的方法。在2017年高血压指南和2019年一级预防指南中，明确指出在选择治疗策略时还必须考虑偏好、个人信仰、价值观和文化[19, 20]。让患者参与决策的过程以提高对建议的依从性。

未来几年，患者偏好对日常实践的影响将逐渐增大，并对指南建议和临床实践产生更重要的影响。

四、结论

总之，当前的医疗实践正在转向结合当前的医学知识和个人的偏好、信仰的以患者为中心的方法。此法的最终目的是最大限度地提高治疗效

果，同时优化依从性，减少不良反应，并尽可能减轻治疗负担。治疗高血压的原则与治疗其他慢性疾病相同。此外，应根据患者的偏好决定是否启动、调整剂量或暂停治疗。包括几种侵入性治疗策略在内存在多种治疗策略，这一点非常重要。

参考文献

[1] Tobiasz-Adamczyk B. Relacje lekarz-pacjent w perspektywie socjologii medycyny. Kraków: Wydawnictwo Uniwersytetu Jagiellońskiego; 2002.

[2] Balint E. The possibilities of patient-centered medicine. J R Coll Gen Pract. 1969;17:269-76.

[3] National Academies Press. Crossing the quality chasm. Washington, DC: National Academies Press; 2001. https://doi.org/10.17226/10027.

[4] Meara A, Crossnohere NL, Bridges JFP. Methods for measuring patient preferences. Curr Opin Rheumatol. 2019;31:125-31. https://doi.org/10.1097/BOR.0000000000000587.

[5] Laba TL, Essue B, Kimman M, Jan S. Understanding patient preferences in medication nonadherence: a review of stated preference data. Patient. 2015;8:385-9. https://doi.org/10.1007/s40271-014-0099-3.

[6] Martin-Latry K, Cazaux J, Lafitte M, Couffinhal T. Negative impact of physician prescribed drug dosing schedule requirements on patient adherence to cardiovascular drugs. Pharmacoepidemiol Drug Saf. 2014;23:1088-92. https://doi.org/10.1002/pds.3608.

[7] Scott-Horton T, Vest K, Kliethermes MA. Using patient preference to customise a patient's medication list. Consult Pharm. 2014;29:520-30. https://doi.org/10.4140/TCP.n.2014.520.

[8] Fletcher B, Hinton L, McManus R, Rivero-Arias O. Patient preferences for management of high blood pressure in the UK: a discrete choice experiment. Br J Gen Pract. 2019;69:e629-37. https://doi.org/10.3399/bjgp19X705101.

[9] Montgomery AA, Harding J, Fahey T. Shared decision making in hypertension: the impact of patient preferences on treatment choice. Fam Pract. 2001;18:309-13. https://doi.org/10.1093/fampra/18.3.309.

[10] Schmieder RE, Högerl K, Jung S, Bramlage P, Veelken R, Ott C. Patient preference for therapies in hypertension: a cross-sectional survey of German patients. Clin Res Cardiol. 2019;108:1331-42. https://doi.org/10.1007/s00392-019-01468-0.

[11] Metcalfe RK, Harrison M, Hutfield A, Lewisch M, Singer J, Magee LA, et al. Patient preferences and decisional needs when choosing a treatment approach for pregnancy hypertension: a stated preference study. Can J Cardiol. 2020;36:775-9. https://doi.org/10.1016/j.cjca.2020.02.090.

[12] Albarqouni L, Doust J, Glasziou P. Patient preferences for cardiovascular preventive medication: a systematic review. Heart. 2017;103:1578-86. https://doi.org/10.1136/heartjnl-2017-311244.

[13] Laba T-L, Howard K, Rose J, Peiris D, Redfern J, Usherwood T, et al. Patient preferences for a Polypill for the prevention of cardiovascular diseases. Ann Pharmacother. 2015;49:528-39. https://doi.org/10.1177/1060028015570468.

[14] Iihara N, Ohara E, Nishio T, Muguruma H, Matsuoka E, Houchi H, et al. Patient preference for aggressive medication therapies with potentially stronger adverse drug reactions revealed using a scenario-based survey. Yakugaku Zasshi. 2017;137:1161-7. https://doi.org/10.1248/yakushi.17-00086.

[15] Bodenheimer T, Wagner EH, Grumbach K. Improving primary care for patients with chronic illness. JAMA. 2002;288:1775-9. https://doi.org/10.1001/jama.288.14.1775.

[16] McManus RJ, Mant J, Franssen M, Nickless A, Schwartz C, Hodgkinson J, et al. Efficacy of self-monitored blood pressure, with or without telemonitoring, for titration of antihypertensive medication (TASMINH4): an unmasked randomised controlled trial. Lancet. 2018;391:949-59. https://doi.org/10.1016/S0140-6736(18)30309-X.

[17] Williams B, Mancia G, Spiering W, Agabiti Rosei E, Azizi M, Burnier M, et al. 2018 ESC/ESH guidelines for the management of arterial hypertension. Eur Heart J. 2018;39:3021-104. https://doi.org/10.1093/eurheartj/ehy339.

[18] Unger T, Borghi C, Charchar F, Khan NA, Poulter NR, Prabhakaran D, et al. 2020 International Society of Hypertension Global Hypertension Practice Guidelines. Hypertension. 2020;75:1334-57. https://doi.org/10.1161/HYPERTENSIONAHA.120.15026.

[19] Arnett DK, Blumenthal RS, Albert MA, Buroker AB, Goldberger ZD, Hahn EJ, et al. 2019 ACC/AHA guideline on the primary prevention of cardiovascular disease: a report of the American College of Cardiology/American Heart Association Task Force on clinical practice guidelines. Circulation. 2019;140:e596-646. https://doi.org/10.1161/CIR.0000000000000678.

[20] Whelton PK, Carey RM, Aronow WS, Casey DE, Collins KJ, Dennison Himmelfarb C, et al. 2017 ACC/AHA/AAPA/ABC/ACPM/AGS/APhA/ASH/ASPC/NMA/PCNA guideline for the prevention, detection, evaluation, and management of high blood pressure in adults: a report of the American College of Cardiology/American Heart Association Task Force on clinical practice guidelines. Hypertension. 2018;71:e13-115. https://doi.org/10.1161/HYP.0000000000000065.

第 25 章 去肾神经术成本分析和考虑因素

Renal Denervation Cost Analysis and Consideration

Julie Bulsei Isabelle Durand-Zaleski 著

陈雪峰 译 刘 凯 校

一、背景

根据世界卫生组织（WHO）的数据，在降低健康生命年数的因素中，高血压排在第二位，仅次于烟草[1]。因此，治疗高血压至关重要，尤其是采用降压药物治疗可显著减少与高血压相关的心血管（CV）并发症。然而，5%～30%的高血压患者在接受药物治疗后仍无法控制血压[2, 3]。因此，这些难治性高血压患者过早地暴露于高心血管疾病风险之下，从而给社会带来沉重的经济负担。事实上，除了与医疗保健资源使用相关的直接成本（如医疗咨询、住院、药物治疗等）外，未得到控制的高血压还与因残疾和过早死亡所造成的大量生产力损失有关[4]。因此，有必要寻找有效的治疗方法来控制难治性高血压[5]。

去肾神经术（RDN）是治疗难治性高血压的一种创新疗法。与低成本的降压药物治疗（每月约 30 欧元）相比，RDN 的成本约为 8000 欧元（国家不同费用也有所差异）[6]。然而，RDN 可帮助患者实现血压的显著且长期下降，从而大大减少冠心病并发症及其相关费用，要知道在发达国家，冠心病约占医疗总支出的 10%。

与 RDN 一样，每年都有大量创新策略涌入医疗市场。在现有财政资源有限的情况下，卫生部门必须决定是否采用创新战略。经济评估既要审查比较新策略的成本，也要审查其效果，这将有助于决策过程。

二、总体范围

本章的目的首先是强调关于高血压介入治疗的争论，特别是涉及成本问题的 RDN 技术。其次是帮助临床医生对期刊上介绍经济评估的文章进行批判性评价。本文并不是要对 Medline 收录的几百篇关于高血压介入治疗和费用的文章进行详尽的讨论，也不是要讨论关于同一主题的许多综述。

三、经济评估和决策

为什么经济评估是卫生技术评估及其后续成果——比较效益研究的重要组成部分？要确保资源被分配到能产生最大健康效益的地方，除了有效性评估之外，经济评估也是必要的。但是，对使用不同资源并产生不同结果的医疗策略进行比较需要一种具体的方法。

经济评估目前既是一种决策工具，也是一门不断发展的学科。其目的是将诊断或治疗策略的成本与其结果联系起来。因此，评估的两个组成部分是对效果的衡量和对成本的估算。使用增量成本 - 效益比（ICER）对每种替代策略的成本和结果进行比较。该比率的计算方法是成本的增量变化除以健康结果的增量变化，代表每增加一个健康结果单位所需的成本，是经济评估的主要结果。如果结果为正数，则意味着成本的增加会带来更好的医疗效果。成本效益比越低，说明策略越有效[7-11]。

每种替代策略的成本都以货币形式表示，而健康结果则以单一医疗单位表示，如挽救的生命、预期寿命、质量调整生命年（QALY）或减少高血压患者的血压或心血管事件等。

越来越多的随机对照试验被用作经济评估的工具，这为经济和临床数据的取样提供了机会，也为通过传统统计技术量化不确定性提供了可能[12]。目前，降压治疗的经济评估普遍采用更为复杂的不确定性表征方法，该方法基于自助法重复抽样，通过随机抽取一次成本结果除以一次效果结果的操作生成 1000 次分析结果并予以呈现。这些估计 ICER 的集合以成本效益平面上 1000 个点的散点图表示。根据 Bulsei 等[6]的文章所述："随后将呈现成本效果平面各象限中 ICER 的百分比分布，从而确定相较于参照策略，创新策略主要集中位于哪个区域。"如果新策略位于左上象限，则会被拒绝；相反，如果位于右下象限，则会被公共决策者接受。如果新策略位于右上象限或左下象限，分别表示成本越高，效果越好或成本越低，效果越差。这种情况下公共决策者必须设定一个支付意愿（WTP）阈值[9, 10]。

图 25-1 显示了法国 DENER-HTN 研究的成本效益计划，该计划评估了 RDN 与参考药物治疗相比在成本和有效性（收缩压降低）方面的影响。94% 的重复结果位于右上象限，表明 RDN 的疗效越好，成本越高[6]。因此，公共决策者必须设定一个 WTP 临界值，以决定是否采用 RDN。

正如 Bulsei 等在文章[6]中所述，WTP 临界值对应于决策者可能愿意为单位结果变化支付的最大货币价值，可以在成本效益可接受性曲线上直观地体现出来，该曲线是通过自举法得出的。可接受性曲线显示了根据阈值，治疗方法与替代方法相比具有成本效益的概率[13]。例如，图 25-2 显示了 DENER-HTN 研究的可接受性曲线。当收缩压降低阈值为 1500€/mmHg 时，RDN 具有成本效益的概率为 50%；当收缩压降低阈值为 4000€/mmHg 时，RDN 具有成本效益的概率为 90%[6]。

有些国家明确规定了阈值，有些国家则没

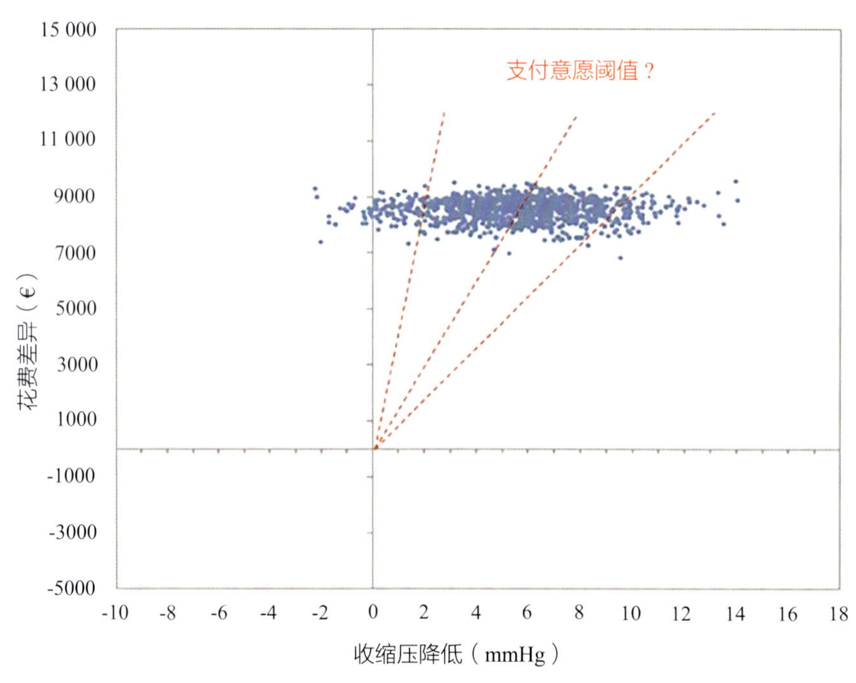

▲ 图 25-1　6 个月时 RDN 与对照药物治疗的增量成本和有效性散点图[6]

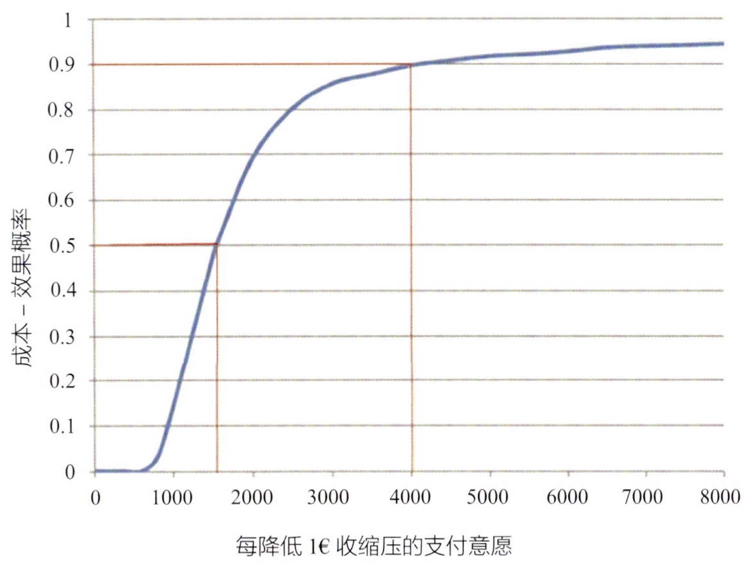

▲ 图25-2 成本－效果可接受度曲线显示6个月时RDN与参考药物治疗相比具有成本－效果的概率[6]

有。世界卫生组织（WHO）建议，这一阈值以人均国民生产总值（GDP）为基础。如果阈值是人均GDP的3倍，创新策略就被认为具有成本效益，如果阈值是人均GDP的1倍，则具有非常高的成本效益。

在英国，根据不同的论点，通常提到的阈值是每个QALY 20 000～50 000英镑。在法国，卫生当局没有具体规定WTP阈值，而是根据具体情况决定是否采用创新策略[14]。这些阈值通常在每个QALY的成本中是固定的。然而，以DENER-HNT研究为例，健康结果可以使用另一种医疗单位，如降低高血压患者的血压或心血管事件。将经济学研究结果与使用相同临床标准的国际文献进行比较，可以帮助卫生当局做出决定。

四、去肾神经术经济评估

较低的血压对心血管疾病的长期发病率和（或）死亡率有积极影响，因此RDN经济评估的时间范围必须超过几年，最好是终生。然而，由于RDN的长期有效性尚不清楚，因此必须做出假设，以便在更长的时间范围内推断临床研究的结果。需要做出的假设如下。

- 由于目前的临床研究随访期相对较短（6个月），考虑依从性的丧失，可能会出现长期疗效的可持续性问题。
- 心血管风险的线性可逆性：风险模型用于估算血压升高时心血管事件风险的增加，但治疗引起的血压降低所产生的心血管风险回归程度可能低于风险评分或方程式理论上估算的程度。

在国际文献中，关于RDN的成本－效果研究很少。他们中的大多数使用Markov模型或决策树来评估RDN与降压药物治疗相比在成本和效果方面的长期影响。这些研究得出了RDN成本效益的结论，但ICER因国家和输入数据的不同而有很大差异[15-20]。

基于Symplicity HTN-2结果的德国模型预测，相对风险降低0.7～0.8相当于收缩压降低32mmHg。估计的ICER非常好（2500€/QALY），且97%的自助法重复抽样结果<25 000€/QALY的支付意愿阈值[15]。其他已发表的经济模型大多基于相同的Symplicity HTN-2结果，结果比Symplicity HTN-3结果更为有利。澳大利亚的一项研究使用了Symplicity HTN-3的结果，但仅针对65岁以下人群，因为这是该研究唯一证明血压（5.7mmHg）有效降低的人群。估计的ICER

为 32 503€/QALY，高于德国的研究，但仍具有成本效益（不到澳大利亚人均 GDP 的 1 倍）[20]。最后，法国的 DENER-HTN 研究使用了一项开放标签、随机对照试验的前瞻性临床数据，并采用盲终点评价来估计 ICER。6 个月的 ICER 收缩压下降为 1450€/mmHg，10 年的 ICER 为 1 375 304€/ 避免心血管死亡和 408 021€/ 避免心血管事件的患者。这些结果无法与机构的 WTP 临界值进行比较，但卫生部门将能够使用 ICER，以及引导和可接受性曲线进行决策支持 [6]。

这些经济研究的主要局限性在于，RDN 的长期有效性只是一种假设，尚未得到证实。这就是为什么这些研究必须通过风险评分或风险方程来估算心血管事件的风险，因此很可能会高估 RDN 的益处。此外，这些研究是基于小规模临床试验（如 Symplicity HTN-2、DENER-HTN）或大型研究（如 Symplicity HTN-3）中患者亚类的阳性结果，而不是基于 Symplicity HTN-3 研究中 6 个月收缩压的非显著降低。因此，读者对这些结果应保持谨慎。

新的 RDN 技术（允许更深入和更少变化的消融）在美国和欧洲的出现，以及基于更好方法的新研究，应有助于卫生部门重新定义 RDN 在难治性高血压治疗中的地位。

五、去肾神经术替代方案及经济评价

目前唯一替代 RDN 的治疗方法是加用剂量滴定的降压药。使用这种治疗方法，血压降低仍然不完全，患者可能面临不良反应和不遵医嘱增加的风险 [21, 22]。单侧颈动脉压力感受器刺激似乎也是一种创新的替代方案 [23]。与降压药物治疗相比，使用决策分析模型来评估压力刺激在成本和效果方面的影响，结果显示不同国家的 ICER 差异很大（美国为 58 000€/QALY，德国为 8000€/QALY）[24, 25]。目前，法国正在一项前瞻性随机对照试验中评估压力感受器刺激程序，并将评估成本效益 [26, 27]。

六、展望

任何关于卫生经济学的章节，如果给读者留下的印象是政策决定直接来自于上述计算，那都是不完整的。M. Goddard 等在其关于确定卫生工作重点的文章中提供了一个分析决策者如何使用信息的框架 [28]。医疗服务的世界并不局限于临床医生和经济学家，包括政治家、官僚、纳税人、利益集团和行业等其他利益相关者也参与其中。公共和专业机构寻求最大限度地扩大其在医疗保健领域的权力和影响力，而政策制定者则寻求最大化其政治支持。消费者（患者）追求结果最大化，医疗服务提供者（私营部门）追求利润最大化。有鉴于此，医疗服务和技术的组织与提供过程似乎比直接应用经济评估结果所显示的更为复杂。

七、结论

与对照降压治疗相比，RDN 似乎更有效，但也更昂贵。然而，由于 RDN 短期疗效尚未在所有临床研究中得到证实，长期疗效也只是一种假设，读者应对目前的经济研究结果持谨慎态度。新设备的出现以及随后的新研究应有助于卫生部门决定是否将 RDN 纳入难治性高血压的治疗范围。

参考文献

[1] Chapitre 4: Quantification de certains risques majeurs pour la santé. In: Rapport sur la santé dans le monde [Internet]. World Health Organization; 2002. Disponible sur: https://www.who.int/whr/2002/en/chapter4fr.pdf?ua=1

[2] Steichen O, Sapoval M, Frank M, Bobrie G, Plouin P-F, Azizi M. Dénervation rénale endovasculaire par radiofréquence dans l’hypertension artérielle résistante : La prudence reste encore de mise à ce jour. avr. 2012;41(4):349-57.

[3] Évaluation par classe des médicaments antihypertenseurs [Internet]. Haute Autorité de Santé. [cité 16 oct 2020]. Disponible sur: https://www.has-sante.fr/jcms/c_1554860/fr/evaluation-par-classe-des-medicaments-antihypertenseurs

[4] Adler AJ, Prabhakaran D, Bovet P, Kazi DS, Mancia G, Mungal-Singh V, et al. Reducing cardiovascular mortality through prevention and management of raised blood pressure: a world heart federation roadmap. Glob Heart. 2015; 10(2):111-22.
[5] Prise en charge de l'hypertension artérielle de l'adulte [Internet]. Haute Autorité de Santé. [cité 16 oct 2020]. Disponible sur: https://www.has-sante. fr/jcms/c_2059286/fr/prise-en-charge-de-l-hypertension-arterielle-de-l-adulte
[6] Bulsei J, Darlington M, Durand-Zaleski I, Azizi M, DENERHTN Study Group. How to perform a cost-effectiveness analysis with surrogate endpoint: renal denervation in patients with resistant hypertension (DENERHTN) trial as an example. Blood Press. 2018;27(2):66-72.
[7] Le Pen C, Levy P. L'évaluation médico-économique, concepts et méthodes [Internet]. 177 p. (LGM Sciences). Disponible sur: https://www.ces-asso. org/sites/default/files/levaluation_medico-economique_levy_et_le_pen.pdf
[8] Raftery J, Young A, Stanton L, Milne R, Cook A, Turner D, et al. Theme 5: economic analysis alongside clinical trials [Internet]. Clinical trial metadata: defining and extracting metadata on the design, conduct, results and costs of 125 randomised clinical trials funded by the National Institute for Health Research Health Technology Assessment programme. NIHR Journals Library; 2015 [cité 14 mai 2020]. Disponible sur: https://www.ncbi.nlm.nih.gov/books/NBK274338/
[9] Collège des Économistes de la Santé. Guide méthodologique pour l'évaluation économique des stratégies de santé [Internet]. 2003 [cité 6 mars 2020]. Disponible sur: https://www.ces-asso. org/sites/default/files/Guide_Methodologique_CES_2003.pdf
[10] Haute Autorité de santé. Guide méthodologique, Choix méthodologiques pour l'évaluation économique à la HAS [Internet]. 2011 [cité 12 mars 2020]. Disponible sur: https://www.has-sante.fr/upload/docs/application/pdf/2011-11/guide_methodo_vf.pdf
[11] The guidelines manual, Process and methods, Assessing cost effectiveness [Internet]. NICE. NICE; [cité 14 mai 2020]. Disponible sur: https://www.nice.org.uk/process/pmg6/chapter/assessing-cost-effectiveness#economic-evidence-and-guideline-recommendations
[12] Briggs A, Sculpher M. Sensitivity analysis in economic evaluation: a review of published studies. Health Econ. 1995;4(5):355-71.
[13] Fenwick E, Byford S. A guide to cost-effectiveness acceptability curves. Br J Psychiatry. 2005;187:106-8.
[14] Haute Autorité de santé. Valeurs de référence pour l'évaluation économique en santé [Internet]. 2014 [cité 12 avr 2020]. Disponible sur: https://www.has-sante. fr/upload/docs/application/pdf/2014-12/valeurs_de_reference_vf.pdf
[15] Geisler BP, Egan BM, Cohen JT, Garner AM, Akehurst RL, Esler MD, et al. Cost-effectiveness and clinical effectiveness of catheter-based renal denervation for resistant hypertension. J Am Coll Cardiol. 2012;60(14):1271-7.
[16] Dorenkamp M, Bonaventura K, Leber AW, Boldt J, Sohns C, Boldt L-H, et al. Potential lifetime cost-effectiveness of catheter-based renal sympathetic denervation in patients with resistant hypertension. Eur Heart J. 2013;34(6):451-61.
[17] Gladwell D, Henry T, Cook M, Akehurst R. Cost effectiveness of renal denervation therapy for the treatment of resistant hypertension in the UK. Appl Health Econ Health Policy. 2014;12(6):611-22.
[18] Henry TL, De Brouwer BFE, Van Keep MML, Blankestijn PJ, Bots ML, Koffijberg H. Cost-effectiveness of renal denervation therapy for the treatment of resistant hypertension in The Netherlands. J Med Econ. 2015;18(1):76-87.
[19] Tilden D, McBride M, Whitbourn R, Krum H, Walton T, Gillespie J. Cost effectiveness of catheter-based renal denervation for treatment resistant hypertension—an Australian payer perspective. Value Health. 2014;17(7):A762.
[20] Chowdhury EK, Reid CM, Zomer E, Kelly DJ, Liew D. Cost-effectiveness of renal denervation therapy for treatment-resistanthypertension: a best case scenario. Am J Hypertens. 2018;31(10):1156-63.
[21] Braam B, Taler SJ, Rahman M, Fillaus JA, Greco BA, Forman JP, et al. Recognition and management of resistant hypertension. Clin J Am Soc Nephrol. 2017;12(3):524-35.
[22] Berra E, Azizi M, Capron A, Høieggen A, Rabbia F, Kjeldsen SE, et al. Evaluation of adherence should become an integral part of assessment of patients with apparently treatment-resistant hypertension. Hypertension. 2016;68(2):297-306.
[23] Yoruk A, Bisognano JD, Gassler JP. Baroreceptor stimulation for resistant hypertension. Am J Hypertens. 2016;29(12):1319-24.
[24] Young KC, Teeters JC, Benesch CG, Bisognano JD, Illig KA. Cost-effectiveness of treating resistant hypertension with an implantable carotid body stimulator. J Clin Hypertens (Greenwich). 2009;11(10):555 63.
[25] Borisenko O, Beige J, Lovett EG, Hoppe UC, Bjessmo S. Cost-effectiveness of Barostim therapy for the treatment of resistant hypertension in European settings. J Hypertens. 2014;32(3):681-92.
[26] Rossignol P. Carotid barostimulation in the treatment of resistant hypertension. Nephrol Ther. 2016;12(Suppl 1):S133-134.
[27] Rossignol P, Massy ZA, Azizi M, Bakris G, Ritz E, Covic A, et al. The double challenge of resistant hypertension and chronic kidney disease. Lancet. 2015;386(10003):1588-98.
[28] Goddard M, Hauck K, Preker A, Smith PC. Priority setting in health—a political economy perspective. Health Econ Policy Law. 2006;1:79-90.

第 26 章　去肾神经术在临床应用前需要证明什么

What Needs to Be Shown Before Renal Denervation Can Be Used in Clinical Practice

Manish Saxena　Melvin D. Lobo　著
陈雪峰　译　　刘　凯　校

缩略语

ABP	ambulatory blood pressure	动态血压
CTA	computed tomography angiography	计算机断层血管造影
eGFR	e-glomerular fltration rate	估算肾小球滤过率
FDA	Food and Drug Administration	美国食品药品管理局
HTN	hypertension	高血压
MRA	magnetic resonance angiography	磁共振血管造影
NICE	National Institute for Health and Care Excellence	国家健康与护理卓越研究所
SNS	sympathetic nervous system	交感神经系统
US	ultrasound	超声
RF	radio frequency	射频

最近的随机、盲法、假手术对照研究结果再次证明，RDN 是一种很有前景的基于设备的高血压治疗方法，它通过肾神经消融对交感神经进行靶向调节[1-5]（第 10 章）。这些研究数据促使射频（RF）和超声波（US）RDN 更接近获得监管机构的市场授权，从而成为获批的高血压治疗方法。

然而，对于在常规临床实践中使用 RDN 作为高血压的潜在治疗方案（与药物治疗相比成本极高），临床界仍存在一些担忧。这是由于现有的证据与目前的研究存在差距，需要解决这些问题，才能让临床对推荐 RDN 作为高血压患者的潜在治疗方案更有信心，更放心。此外，随着RDN更接近临床应用，在国家资助的卫生经济体中对这些治疗策略进行临床试验的要求仍不清楚。

在此，我们将讨论当前数据与正在进行的研究之间的证据差异、临床和患者群体的特点，以及在将RDN用于常规临床实践之前，支付方和（或）医疗保健专员希望看到的情况。

一、目前缺少哪些临床证据

（一）去肾神经术的长期安全性

基于器械的高血压治疗方法临床共识会议建议进行至少3年的术后安全监测[6, 7]。根据这一建议，目前的研究使用肾脏成像（多普勒和CTA/MRA）和肾功能生化评估定期对肾脏和肾动脉进行密切监测。迄今为止，所有研究均未发现短期安全性问题。RADIANCE-HTN单项研究提供了12个月的扩展安全性数据，全球Symplicity注册研究提供了长达3年的安全性数据，均未发现任何长期安全性问题[8, 9]。一项对48个研究队列进行的Meta分析发现，平均随访9个月后，估计肾小球滤过率（eGFR）无统计学差异[10]。因此，RDN的中短期安全性仍然良好。

不过，RDN长达5年的长期安全性数据将更能让患者和临床医生放心。目前的大多数安全性数据都来自使用经验丰富的介入中心，每项手术都由赞助商进行监查。这些研究患者在严格监管的临床试验环境中进行了随访。然而，一旦该疗法获得许可，并在缺乏经验的中心和监测水平低的社区环境中更广泛地使用，其安全性可能会发生变化。实验数据还表明，尽管RDN降低血压并改善肾功能，但在急性期存在潜在的安全性问题，因为它会明显影响出血的代偿血流动力学反应[11]。

（二）去肾神经术降低血压的持久性

当前的RDN研究采用稳健的随机、盲法、假手术对照研究设计来评估动态血压的变化，并将其作为术后2个月、3个月或6个月的主要疗效终点，显示动态血压和诊室血压持续降低[12]。术后治疗策略改变是允许的，因为让患者长时间处于次优血压控制是不道德的。这些药物变化使得直接评估RDN血压降低的持久性具有挑战性。然而，Radiance HTN Solo研究6个月时的数据显示，在调整药物数量后，RDN组的日间动态收缩压明显降低[2]。12个月后，与假手术组相比，RDN患者的用药明显减少，24h动态血压无差异[8]。国际全球Symplicity登记处的3年随访数据显示，难治性高血压患者的24h收缩压和舒张压分别降低8.9mmHg和8.7mmHg[9]。

据推测，RDN后肾脏的再神经支配可能是无法实现血压持续降低的原因之一[13]。肾移植后患者的长期数据未显示任何有临床意义的神经再生[14]。总之，RDN的血压降低在3年的随访中是持久的，但如果有更长期的血压随访数据，则会更令人放心。尽管主要目的是评估对预后的影响，但先前评估新型药理学降压疗法（如ASCOT-BPLA）的心血管疾病结果研究的中位随访时间为5.5年[15]。

（三）不同的患者群体

迄今为止，RDN已在不同高血压等级的队列中显示出降压效果：在未用药的轻中度高血压患者中，以及在降压药物治疗后仍更严重的难治性高血压患者中[1-5]。值得注意的是，所有这些研究都针对收缩期/舒张期高血压患者，研究排除了孤立收缩期高血压（ISH）患者。

脉压增大的ISH表型主要是由于与衰老有关的动脉僵化造成的[16]。此外，随着年龄的增长心血管疾病的风险也会增加，任何降压干预措施都将有利于降低这一高风险人群的心血管疾病风险。有必要在ISH队列中进行强有力的、有证据的研究，以证明RDN对经主动脉脉搏波传导速度和颈动脉扩张等标准技术证实动脉僵硬的高血压患者的有效性和安全性[16]。

此外，目前的研究纳入了肾功能保留（eGFR>45ml/min）的患者，并排除了肾功能较严重的慢性肾脏病（CKD）患者。一项针对eGFR<45ml/min患者的RDN研究的初步试点数据没有引起任何安全性问题，但需要更多、更大晚期CKD患者

队列的长期数据，是目前正在进行的研究主题[14]（NCT04264403）。

除高血压外，许多其他疾病（如充血性心力衰竭、慢性肾病、阻塞性睡眠呼吸暂停和心律失常）的特征都是交感神经系统（SNS）过度活跃。专家们认为，与高血压相比，RDN 在治疗这些交感神经驱动的疾病过程中可能更加成功[17]。未来计划对这些患者群组进行研究（NCT02064764 和 NCT02115100），但目前除了现有研究的事后分析外，还没有这些心血管疾病高风险患者群组的现有数据[9]。

（四）应答预测与患者选择

最近的 Symplicity 和 Radiance RDN 研究表明，RDN 后血压应答存在明显的异质性，约 25%～30% 的患者在 RDN 后完全没有效果，甚至表现出血压升高[1-5]。对先前的射频 RDN 研究的事后分析发现，基线收缩压（SBP）、年龄较小、较高的 eGFR、较高的心率、中枢交感神经抑制药或醛固酮拮抗剂的使用、基线交感神经过度刺激指标以及各种生物标志物可作为导管射频 RDN 反应的标志物[18-22]。RADIANCE-HTN SOL 研究的事后分析发现，筛查时使用降压药物、较高的日间动态舒张压（dADBP）基线、腹部肥胖、女性和直立性高血压（OHTN）是血管内超声 RDN 对血压反应的积极预测因素[23]。除解剖学预测因子外，超声 RDN 对血压反应的积极预测因素主要与交感神经系统（SNS）活动增强有关。

我们需要从解剖学、生物学和临床角度更好地预测血压对 RDN 的反应，这将有助于更好地选择接受 RDN 治疗的患者。理想情况下，预测反应的指标应该是非侵入性的、具有成本效益的，并且易于在临床实践中使用。一些事后分析确定了某些 SNS 过度活跃的患者表型（女性、腹部肥胖、OHTN、DBP 升高）[23]，这些表型在 RDN 后显示出更大的血压下降，符合这些标准，但其临床实用性还需要在更大队列的前瞻性研究中加以证明。

（五）手术成功的标志

RDN 仍是一个黑箱操作，没有有效的标记来确认效果。交感神经过度活动在高血压病理生理学中的作用已得到广泛认可[24-26]。动物和早期人体 RDN 研究表明，RDN 后交感神经流出减少，去甲肾上腺素溢出减少[14]，RDN 后肌肉交感神经活动（MSNA）减少[27, 28]。但这些评估很难进行，而且仅限于极少数专业中心。

SPYRAL HTN-OFF MED 研究在药物治疗新患者中的数据显示，RDN 可降低血浆肾素活性，这已被确定为反应的预测指标[29]，但其他研究并未显示这一点[30]。在 Valsalva 手术过程中，（交感神经驱动的）内脏自身血供的减少也被认为是手术成功的标志[31]，但需要在更大规模的研究中得到证实。

临床社区和监管机构希望看到手术成功的实时验证标记，这既有助于理解 RDN 患者 BP 反应的异质性，也有助于最终进一步完善手术以改善结果。

（六）对心血管疾病结果的影响

目前的 RDN 研究显示了降低血压的疗效，但没有显示对心血管疾病结果的疗效。因此，RDN 缺乏心血管结果数据被认为是证据缺口中最大的缺口之一，也是常规临床应用的潜在障碍[32]。在当前的健康环境下，大多数针对心血管风险因素（如血脂异常、心力衰竭、糖尿病）的新型疗法都是根据疗效数据获得批准并纳入治疗指南的。

然而，量化某些新型干预措施（如 RDN）对心血管预后的影响具有挑战性，因为这需要对大量高风险患者进行长期随访评估，以探究干预措施对预后的影响。RDN 的合格队列很难找到，而且根据解剖学适用性，合格队列相对较小。对于像高血压这样的危险因素，让患者长期处于血压控制不达标的对照组或假手术治疗组是不道德的。开展大型不良心血管事件预后研究的其他一些限制还包括开展此类试验的高昂成本、难以长期保持盲法；由于患者的依从性不一，难以坚持用药；在迄今为止的严格试验中，临床医生未能坚持用药的滴定方案；鉴于替代性 RDN 即将开展短期研究，不可能招募患者参与此类研究。

考虑到这些挑战，目前还没有正在进行或即将进行的 RDN 对不良心血管事件预后的研究，因此我们需要推断 RDN 降低血压对心血管疾病结果的影响。对全球 Symplicity 注册中心的 3 年数据进行的荟萃回归分析表明，假设收缩压基线保持不变，则主要心血管事件的相对风险降低 26%，卒中的相对风险降低 34%[12]。值得注意的是，RDN 具有 24h 降低血压的作用，在 24h 动态血压监测中，白天和夜间的血压均可降低。众所周知，夜间血压降低比白天更能预测心血管疾病的结局[33, 34]。此外，RDN 还可减轻早晨血压的骤升，而早晨血压的骤升对预后具有不利影响[35]。

高血压是心血管疾病的公认替代指标。血压升高与心血管疾病结局之间的关联[33]，以及降低血压对心血管疾病事件和死亡的有利影响已得到广泛认可[36]。在 3 项 Meta 分析中，通过药物治疗降低收缩压与主要心血管事件发生率的降低有关，甚至呈线性关系[12, 36–38]。药物治疗降低血压对心血管疾病结局的有利影响在很大程度上与血压降低有关，无论血压降低是如何实现的。

因此，可以得出这样的结论：使用 RDN 进行心血管疾病结果研究可能并不可行，但使用 RDN 降低血压很可能会改善心血管疾病结果。一旦该疗法获得许可并被更广泛地使用，就可以利用实际登记研究来收集有关心血管疾病结果的数据。

二、用户的观点是什么：临床社区和患者

（一）临床社区

临床界对使用 RDN 治疗无并发症的高血压看法不一。有观点认为，与其针对无并发症的高血压，不如使用 RDN 治疗合并其他心血管疾病的高危高血压患者[12]。在 CHA2DS2-VASc 评分增高的高血压患者人群中，它可用于心房颤动的一级预防[39]。一些临床医生建议对伴有交感神经驱动的心血管合并症（如心力衰竭、糖尿病、睡眠呼吸暂停综合征）的高危患者进行心血管结局的研究[40]。急性心肌梗死和（或）心力衰竭患者的心脏重塑主要是由 SNS 活动增加引起的，因此也可使用 RDN 治疗[41]。

（二）学术团体的共识声明

ESH 2021 关于 RDN 的共识声明[12]承认，“除了生活方式和降压药物外，RDN 是治疗高血压的循证选择和安全的血管内手术。RDN 是一种替代或补充，而不是一种竞争性的治疗策略。考虑到患者对个体化治疗策略的观点和偏好，该报告建议在日常临床实践中使用 RDN 的结构化路径”。报告还指出了我们在上文讨论过的主要知识差距。

亚洲去肾神经术联盟的《2020 年共识声明》承认，“在亚洲，肾脏去神经支配是一种有效的高血压管理策略，不应将其视为最后的治疗手段，而应将其作为一种初始治疗选择，可以单独使用，也可以作为降压药物治疗的补充疗法，并将患者的偏好作为患者与医生共同决策过程的一部分加以考虑”[32]。报告还建议，“在亚洲开展新的 RDN 随机临床试验，重点关注未得到控制的晨间高血压，并最终关注临床结果，以进一步优化治疗”[32]。

美国心血管血管造影和干预学会（SCAI）2021 年关于 RDN 的共识声明强调了 RDN 在改善公共卫生结果和解决不受控制的高血压流行方面的潜力，未来将采取措施确定合适的患者并建立一个跨学科的转诊网络。

（三）当前指南

2018 年发布的最新 ESC/ESH 动脉高血压管理指南[33]是在第二代假手术对照 RDN 关键研究发表之前发布的。在缺乏这些数据的情况下，他们不建议将基于设备的疗法用于高血压的常规治疗，除非在临床研究和 RCT 的背景下，直到获得有关其安全性和有效性的进一步证据。现在，已有几项研究性试验提供了更可靠的证据，因此应更早地进行指南审查，以评估有关 RDN 的新数据。在英国，国家健康与临床优化研究所（NICE）目前正在对指南 IPG418（最初于 2012 年发布，最后一次更新于 2016 年）进行技术再

评估，并计划于 2022 年夏季发布。

（四）患者偏好

监管机构现在考虑到患者对新疗法的观点和偏好，并要求将这些作为市场授权的先决条件进行评估。先前的调查研究已经捕获了高血压患者对其疾病的看法和对 RDN 治疗的偏好[42]。一项横断面流行病学调查研究[43]显示，与终生药物治疗相比，大约 1/3 的高血压患者更倾向于 RDN 来降低血压。然而，在这一领域还需要对不同等级的高血压患者进行更大规模的研究，以便在更广泛的适应证范围内了解患者对 RDN 的偏好。

三、付款人 / 医疗保健专员希望看到什么

（一）如何获得去肾神经术的委托

采用 RDN 作为高血压护理治疗标准的道路既需要监管当局的批准，也需要正式的报销代码。有必要明确 RDN 等基于设备的疗法的可接受成本效益。根据卫生保健供资机构（国家或私人医疗保险）和优先事项的不同，不同的卫生经济体系将采用不同的报销模式，并将确定各国患者获得 RDN 疗法的具体途径。尽管这些随机对照试验提供了所有的疗效和安全性数据，但目前尚不清楚需要哪些证据才能将 RDN 作为常规临床服务进行委托和资助。

（二）哪种能量形态

根据目前的数据，射频和超声技术更接近于市场授权，而乙醇 / 化学 RDN 的关键研究仍在进行中。到目前为止，不同技术和导管系统之间很少有直接的正面比较研究。只有一项开放标签的单中心研究[44]将肾主动脉的射频 RDN 与主动脉及分支的射频 RDN 和超声 RDN（主动脉及大分支）进行了比较。仅主动脉的射频 RDN 低于其他两种，但超声 RDN 与主动脉及分支的射频 RDN 在降压方面无显著差异[44]。

一旦 RDN 在临床上投入使用，患者和临床医生希望看到更多来自比较研究的疗效 / 安全性数据，以便根据肾血管情况决定哪种能量模式或导管系统更适合个别患者。如果硬件 / 程序成本存在显著差异，那么单项技术的成本效益可能会有很大不同，从而使一种方法优先于另一种方法。

（三）谁最有可能接受去肾神经术

RDN 是一种侵入性治疗，相对昂贵，监管机构和委员们希望看到确切的心血管获益。因此，在难以控制（难治性 HTN）或具有多种疾病（如既往 CV 事件、CKD、糖尿病、心房颤动、充血性心力衰竭和阻塞性睡眠呼吸暂停等）的高危 CV 患者中使用 RDN 可能比在年轻、健康、不愿将降压药物作为生活方式选择的患者中使用 RDN 更容易证明其正当性。鉴于高血压的全球负担和患者倾向于避免终身药物治疗，后者有相当大的成本影响。另外，可考虑优先获得 RDN 的高风险、难以控制的患者队列可能是对降压药物不耐受的患者[45]。这些有多种药物不耐受和生活质量差的患者只有很少的治疗选择，与低风险人群相比，他们将从血压降低和随之而来的心血管风险降低中获益更多。

（四）地理因素

RDN 的调试和患者路径将取决于地区或国家指南。在德国，德国心脏、肾脏和高血压学会发表了一份共识声明，描述了如何在临床实践中实施 RDN，重点关注医院设施的能力和选择 RDN 手术的能力[12]。目前，在欧洲的德国和瑞士，RDN 被有限度地批准用于常规临床。

在英国，常规调试的路线涉及 NICE 正在进行的审查，之后可能直接通过 NHS 英格兰专业调试以制定调试政策。NICE 正式的卫生技术评估审查的好处是能够将明确的重点纳入质量调整生命年（QALY），作为患者和卫生系统价值的衡量标准。

在美国，一旦 RF 技术的关键研究完成，美国食品药物管理局最早将于下一年对 RDN 进行市场授权审查。

四、结论

欧洲、美国和亚洲学术机构的最新共识声明越来越支持将 RDN 作为治疗高血压的一种潜在方法。一旦获得监管机构的批准，还需要观察在不

同的医疗机构中如何使用和报销。最初接受 RDN 治疗的患者可能包括合并有心血管疾病的高危耐药高血压患者，也可能包括对降压药物有多种不耐受且治疗选择极少的患者。在现阶段，很难证明向不愿将降压药物作为生活方式选择的轻度至中度无并发症高血压患者提供 RDN 是合理的。

在国家和地区层面，应像德国正在规划的那样[12]，围绕少数几个专门的、经验丰富的、选定的转诊中心，制定明确的患者识别和转诊路径。重要的是要考虑到这些中心实施选择性 RDN 的能力，以及提供多学科投入的范围。但在所有这些结构的核心，应该有有效的工具来获得患者对他们当前疾病管理的看法，以及他们对设备治疗的偏好，作为他们高血压的治疗选择，最终与他们的医生根据最新的风险 / 收益证据共同决策。

正如临床医生和主要意见主导者所认为的那样，我们需要探索 RDN 在其他适应证和 SNS 过度活跃的高危患者中的应用，如伴有房颤的高血压、慢性心力衰竭、慢性肾功能衰竭和 OSA。这些患者可能会从 RDN 实现的交感神经调节中获得最大益处。要实现这一目标，仅靠业界是不够的，还需要慈善机构、资助机构和政府的财政支持。这可以通过使用全球统一协议建立现实世界的国家登记处来实现，目标是按风险分层的明确定义的患者群体，并在全球范围内整理数据，以建立足够强大的数据集来检验不同的假设。随着时间的推移，在更大的人群中进行这样的真实世界研究将有助于更好地识别反应的预测因素，并可能定义成功的标记，从而有助于患者做出最适当的选择并减少对治疗无反应的数量。

参考文献

[1] Azizi M, Schmieder RE, Mahfoud F, Weber MA, Daemen J, Davies J, et al. Endovascular ultrasound renal denervation to treat hypertension (RADIANCE-HTN SOLO): a multicentre, international, single-blind, randomised, sham-controlled trial. Lancet. 2018;391(10137):2335-45.

[2] Azizi M, Schmieder RE, Mahfoud F, Weber MA, Daemen J, Lobo MD, et al. Six-month results of treatment-blinded medication titration for hypertension control following randomization to endovascular ultrasound renal denervation or a sham procedure in the RADIANCE-HTN SOLO trial. Circulation. 2019;

[3] Townsend RR, Mahfoud F, Kandzari DE, Kario K, Pocock S, Weber MA, et al. Catheter-based renal denervation in patients with uncontrolled hypertension in the absence of antihypertensive medications (SPYRAL HTN-OFF MED): a randomised, sham-controlled, proof-of-concept trial. Lancet. 2017;390(10108):2160-70.

[4] Kandzari DE, Bohm M, Mahfoud F, Townsend RR, Weber MA, Pocock S, et al. Effect of renal denervation on blood pressure in the presence of antihypertensive drugs: 6-month efficacy and safety results from the SPYRAL HTN-ON MED proof-of-concept randomised trial. Lancet. 2018;391(10137):2346-55.

[5] Azizi M, Sanghvi K, Saxena M, Gosse P, Reilly JP, Levy T, et al. Ultrasound renal denervation for hypertension resistant to a triple medication pill (RADIANCE-HTN TRIO): a randomised, multicentre, single-blind, sham-controlled trial. Lancet. 2021;397(10293):2476-86.

[6] Mahfoud F, Schmieder RE, Azizi M, Pathak A, Sievert H, Tsioufis C, et al. Proceedings from the 2nd European clinical consensus conference for device-based therapies for hypertension: state of the art and considerations for the future. Eur Heart J. 2017;38(44):3272-81.

[7] Mahfoud F, Azizi M, Ewen S, Pathak A, Ukena C, Blankestijn PJ, et al. Proceedings from the 3rd European clinical consensus conference for clinical trials in device-based hypertension therapies. Eur Heart J. 2020;41(16):1588-99.

[8] Azizi M, Daemen J, Lobo MD, Mahfoud F, Sharp ASP, Schmieder RE, et al. 12-month results from the unblinded phase of the RADIANCE-HTN SOLO trial of ultrasound renal denervation. JACC Cardiovasc Interv. 2020;13(24):2922-33.

[9] Mahfoud F, Mancia G, Schmieder R, Narkiewicz K, Ruilope L, Schlaich M, et al. Renal denervation in high-risk patients with hypertension. J Am Coll Cardiol. 2020;75(23):2879-88.

[10] Sanders MF, Reitsma JB, Morpey M, Gremmels H, Bots ML, Pisano A, et al. Renal safety of catheter-based renal denervation: systematic review and meta-analysis. Nephrol Dial Transplant. 2017;32(9):1440-7.

[11] Singh RR, Sajeesh V, Booth LC, McArdle Z, May CN, Head GA, et al. Catheter-based renal denervation exacerbates blood pressure fall during Hemorrhage. J Am Coll Cardiol. 2017;69(8):951-64.

[12] Schmieder RE, Mahfoud F, Mancia G, Azizi M, Bohm M, Dimitriadis K, et al. European Society of Hypertension position paper on renal denervation 2021. J Hypertens. 2021;39(9):1733-41.

[13] Singh RR, McArdle ZM, Iudica M, Easton LK, Booth LC, May CN, et al. Sustained decrease in blood pressure and reduced anatomical and functional reinnervation of renal nerves in hypertensive sheep 30 months after catheter-based renal denervation. Hypertension. 2019;73(3):718-27.

[14] Schmieder RE. Renal denervation: where do we stand and what is the relevance to the nephrologist? Nephrol Dial Transplant. 2020;

[15] Dahlof B, Sever PS, Poulter NR, Wedel H, Beevers DG, Caulfield M, et al. Prevention of cardiovascular events with an antihypertensive regimen of amlodipine adding perindopril as required versus atenolol adding bendroflumethiazide as required, in the Anglo-Scandinavian cardiac outcomes trial-blood pressure lowering arm (ASCOT-BPLA): a multicentre randomised controlled trial. Lancet. 2005;366(9489):895-906.
[16] Verwoert GC, Franco OH, Hoeks AP, Reneman RS, Hofman A, v Duijn CM, et al. Arterial stiffness and hypertension in a large population of untreated individuals: the Rotterdam study. J Hypertens. 2014;32(8):1606-12. discussion 12
[17] Messerli FH, Bavishi C, Bangalore S. Renal denervation in hypertension: barking up the wrong tree? J Am Coll Cardiol. 2021;77(23):2920-2.
[18] Gosse P, Cremer A, Pereira H, Bobrie G, Chatellier G, Chamontin B, et al. Twenty-four-hour blood pressure monitoring to predict and assess impact of renal denervation: the DENERHTN study (renal denervation for hypertension). Hypertension. 2017;69(3):494-500.
[19] Kandzari DE, Bhatt DL, Brar S, Devireddy CM, Esler M, Fahy M, et al. Predictors of blood pressure response in the SYMPLICITY HTN-3 trial. Eur Heart J. 2015;36(4):219-27.
[20] Krum H, Schlaich M, Whitbourn R, Sobotka PA, Sadowski J, Bartus K, et al. Catheter-based renal sympathetic denervation for resistant hypertension: a multicentre safety and proof-of-principle cohort study. Lancet. 2009;373(9671):1275-81.
[21] Rohla M, Nahler A, Lambert T, Reiter C, Gammer V, Grund M, et al. Predictors of response to renal denervation for resistant arterial hypertension: a single center experience. J Hypertens. 2016;34(1):123-9.
[22] Persu A, Azizi M, Jin Y, Volz S, Rosa J, Fadl Elmula FE, et al. Hyperresponders vs. nonresponder patients after renal denervation: do they differ? J Hypertens. 2014;32(12):2422-7. discussion 7
[23] Saxena M, Schmieder RE, Kirtane AJ, Mahfoud F, Daemen J, Basile J, et al. Predictors of blood pressure response to ultrasound renal denervation in the RADIANCE-HTN SOLO study. J Hum Hypertens. 2021;
[24] Guyenet PG. The sympathetic control of blood pressure. Nat Rev Neurosci. 2006;7(5):335-46.
[25] Grassi G, Biffi A, Seravalle G, Trevano FQ, Dell'Oro R, Corrao G, et al. Sympathetic neural overdrive in the obese and overweight state. Hypertension. 2019;74(2):349-58.
[26] Joyner MJ, Barnes JN, Hart EC, Wallin BG, Charkoudian N. Neural control of the circulation: how sex and age differences interact in humans. Compr Physiol. 2015;5(1):193-215.
[27] Grassi G, Seravalle G, Brambilla G, Trabattoni D, Cuspidi C, Corso R, et al. Blood pressure responses to renal denervation precede and are independent of the sympathetic and baroreflex effects. Hypertension. 2015;65(6):1209-16.
[28] Hering D, Lambert EA, Marusic P, Walton AS, Krum H, Lambert GW, et al. Substantial reduction in single sympathetic nerve firing after renal denervation in patients with resistant hypertension. Hypertension. 2013;61(2):457-64.
[29] Mahfoud F, Townsend RR, Kandzari DE, Kario K, Schmieder RE, Tsioufis K, et al. Changes in plasma renin activity after renal artery sympathetic denervation. J Am Coll Cardiol. 2021;77(23):2909-19.
[30] Fisher NDL, Kirtane AJ, Daemen J, Rader F, Lobo MD, Saxena M, et al. Plasma renin and aldosterone concentrations related to endovascular ultrasound renal denervation in the RADIANCE-HTN SOLO trial. J Hypertens. 2021.
[31] Saxena M, Shour T, Shah M, Wolff CB, Julu POO, Kapil V, et al. Attenuation of splanchnic autotransfusion following noninvasive ultrasound renal denervation: a novel marker of procedural success. J Am Heart Assoc. 2018;7(12)
[32] Kario K, Kim BK, Aoki J, Wong AY, Lee YH, Wongpraparut N, et al. Renal denervation in Asia: consensus statement of the Asia renal denervation consortium. Hypertension. 2020;75(3):590-602.
[33] Williams B, Mancia G, Spiering W, Agabiti Rosei E, Azizi M, Burnier M, et al. 2018 ESC/ESH guidelines for the management of arterial hypertension: the task force for the management of arterial hypertension of the European Society of Cardiology and the European Society of Hypertension: the task force for the management of arterial hypertension of the European Society of Cardiology and the European Society of Hypertension. J Hypertens. 2018;36(10):1953-2041.
[34] Kario K, Hoshide S, Mizuno H, Kabutoya T, Nishizawa M, Yoshida T, et al. Nighttime blood pressure phenotype and cardiovascular prognosis: practitioner-based Nationwide JAMP study. Circulation. 2020;142(19):1810-20.
[35] Kario K, Weber MA, Bohm M, Townsend RR, Mahfoud F, Schmieder RE, et al. Effect of renal denervation in attenuating the stress of morning surge in blood pressure: post-hoc analysis from the SPYRAL HTN-ON MED trial. Clin Res Cardiol. 2021;110(5):725-31.
[36] Ettehad D, Emdin CA, Kiran A, Anderson SG, Callender T, Emberson J, et al. Blood pressure lowering for prevention of cardiovascular disease and death: a systematic review and meta-analysis. Lancet. 2016;387(10022):957-67.
[37] Thomopoulos C, Parati G, Zanchetti A. Effects of blood pressure lowering on outcome incidence in hypertension. 1. Overview, meta-analyses, and meta-regression analyses of randomized trials. J Hypertens. 2014;32(12):2285-95.
[38] Trialists BPLT, C. Pharmacological blood pressure lowering for primary and secondary prevention of cardiovascular disease across different levels of blood pressure: an individual participant-level data meta-analysis. Lancet. 2021;397(10285):1625-36.
[39] Messerli FH, Rexhaj E, Dobner S. Renal denervation: the study that shattered its halo. JACC Cardiovasc Interv. 2020;13(24):2934-6.
[40] Bohm M, Linz D, Urban D, Mahfoud F, Ukena C. Renal sympathetic denervation: applications in hypertension and beyond. Nat Rev Cardiol. 2013;10(8):465-76.
[41] Sharp TE 3rd, Polhemus DJ, Li Z, Spaletra P, Jenkins JS, Reilly JP, et al. Renal denervation prevents heart failure progression via inhibition of the renin-angiotensin system. J Am Coll Cardiol. 2018;72(21):2609-21.
[42] Schmieder RE, Kandzari DE, Wang TD, Lee YH, Lazarus G, Pathak A. Differences in patient and physician perspectives on pharmaceutical therapy and renal denervation for the management of hypertension. J Hypertens. 2021;39(1):162-8.
[43] Schmieder RE, Hogerl K, Jung S, Bramlage P, Veelken R, Ott C. Patient preference for therapies in hypertension: a cross-sectional survey of German patients. Clin Res Cardiol. 2019;108(12):1331-42.
[44] Fengler K, Rommel KP, Blazek S, von Roeder M, Besler C, Hartung P, et al. Predictors for profound blood pressure response in patients undergoing renal sympathetic denervation. J Hypertens. 2018;36(7):1578-84.
[45] Antoniou S, Saxena M, Hamedi N, de Cates C, Moghul S, Lidder S, et al. Management of Hypertensive Patients with Multiple Drug Intolerances: a single-Center experience of a novel treatment algorithm. J Clin Hypertens. 2016;18(2):129-38.